空天信息技术系列丛书

复杂背景中目标散射理论、试验与应用

童创明　孙华龙　彭　鹏　梁建刚
蔡继亮　宋　涛　王　童　姬伟杰　编著

西北工业大学出版社
西　安

【内容简介】 本书是空天信息技术系列丛书之一。本书系统介绍了复杂背景中雷达目标散射特性与SAR成像的理论与方法。全书分为9章，主要内容包括地海面环境建模、地海平面环境中目标的电磁散射问题、地海面与二维目标复合散射数值算法研究、大范围粗糙地海面与复杂目标复合电磁散射问题的高频混合方法求解、随机粗糙面环境中目标SAR成像技术研究以及导体-介质复合型目标与环境复合散射建模等。

本书是笔者在总结近年来目标与环境复合特性建模理论与方法的部分研究成果的基础上编写而成的，适合于高等院校相关专业高年级本科生及研究生和相关科研院所的工程技术人员研究环境中目标电磁散射特性时阅读参考。

图书在版编目(CIP)数据

复杂背景中目标散射理论、试验与应用 / 童创明等编著. — 西安 ：西北工业大学出版社，2023.3

ISBN 978-7-5612-8265-6

Ⅰ.①复… Ⅱ.①童… Ⅲ.①电磁波散射-研究 Ⅳ.①O441.4

中国版本图书馆CIP数据核字(2022)第122383号

FUZA BEIJING ZHONG MUBIAO SANSHE LILUN、SHIYAN YU YINGYONG

复杂背景中目标散射理论、试验与应用

童创明 孙华龙 彭鹏 梁建刚 蔡继亮 宋涛 王童 姬伟杰 编著

责任编辑：付高明 杨丽云 **策划编辑**：杨 睿

责任校对：李阿盟 **装帧设计**：童晓伟

出版发行：西北工业大学出版社

通信地址：西安市友谊西路127号 邮编：710072

电　　话：(029)88491757，88493844

网　　址：www.nwpup.com

印 刷 者：西安五星印刷有限公司

开　　本：787 mm×1 092 mm 1/16

印　　张：14.125

字　　数：361千字

版　　次：2023年3月第1版 2023年3月第1次印刷

书　　号：ISBN 978-7-5612-8265-6

定　　价：75.00元

前言

目标与环境特性在主动遥感和被动遥感、目标分类与识别、射电天文学以及雷达系统设计等众多民用和军事领域具有十分重要的研究和应用价值，因此，目标与环境电磁散射特性研究一直是电磁散射领域较为复杂且具有实际应用价值的课题，引起了广大计算电磁学工作者的广泛关注。本书介绍了地海面环境的粗糙面建模问题，实践求解环境中目标电磁散射问题的多种计算方法，并将仿真数据用于 SAR 成像。本书分为 9 章，主要内容介绍如下：

第 1 章为概论。主要分析研究意义，阐明环境中目标电磁散射仿真方法的国内外研究动态。

第 2 章为地海面环境建模。结合粗糙表面模型建立的发展，简要介绍二维高斯模型，着重分析多重分形的散射模型。考虑到介电常数的色散特性，本章结合土壤、海水介电常数模型的发展，提出修正的介电常数模型，并分析其色散效应。

第 3 章为地海平面环境中目标的电磁散射问题。将地海平面及其上方空间等效为半空间背景，研究了积分方程中不同形式格林函数的表达式，介绍了求解格林函数的 DCIM 方法，改进传统 DCIM 中的积分路径，使之包含更多有关奇异点的信息，提出了一种高效的改进 DCIM 方法，计算了地海平面背景中上方目标、半埋目标以及下方目标的电磁散射特性，同时对散射特性做了相应分析。

第 4 章为地海面与二维目标复合散射数值算法。计算了一维导体粗糙面与上方目标的复合散射、一维介质粗糙面与上方/下方目标的复合散射给出了分层粗糙面与目标的复合散射特性，介绍了求解分层粗糙面的 FBM/SAA 算法；计算了下方埋藏目标的 ACF 特性，结果表明较之散射系数，ACF 能够很好地抑制粗糙面的散射，使得目标的散射特性更为显著。

第 5 章为粗糙地海面与三维目标复合散射问题的数值方法求解。介绍了求解了二维粗糙面与目标的复合散射的快速迭代算法。给出了二维导体/介质粗糙面与上方三维金属目标、二维粗糙面下方埋藏金属目标的表面积分方程组，并用迭代算法进行求解，粗糙面部分的方程用 SMFIA/CAG 和 SMCG 快速求解，而目标部分的方程用 MoM 求解，目标与粗糙面之间的相互作用通过迭代更新方程两边的激励项来实现。同时给出了该迭代算法的物理解释。介绍了基于方位角采样的散射系数与 ACF 计算方法。

第 6 章为粗糙地海面与目标复合电磁散射问题的数值解析方法求解。介绍了粗糙面与临空导体目标的复合电磁散射问题。首先建立了适合二维目标与一维粗糙面复合电磁散射问题的 KH - EFIE 模型。然后，将二维目标与一维粗糙面复合电磁散射中的 KH - EFIE 模型扩展应用到三维问题。通过多个粗糙面样本下的统计复合电磁散射特性仿真计算，计算了粗糙面粗糙度、介质介电常数、目标形状以及目标临空高度等参数对复合散射特性的影响，用 KH - EFIE 模型计算了三维导弹目标与粗糙面的复合散射问题，并对其复合散射特性做了相应的分析。

第 7 章为大范围粗糙地海面与复杂目标复合电磁散射问题的高频混合方法求解。本章将改进 SBR 方法与积分方程法结合在一起，形成改进 SBR - IEM 混合方法，并应用于大范围粗糙面背景下电大尺寸目标的电磁散射问题。分别计算了在地海面背景下典型导弹、飞机和舰船目标的电磁散射特性，并分析了地海面粗糙参数、介质参数等对散射特性的影响。

第 8 章为随机粗糙面背景中目标 SAR 成像技术。介绍了一维粗糙面与目标、分层粗糙面以及二维粗糙面与目标的 SAR 成像算法和二维 SAR 成像的后向投影算法，给出不同窗函数对成像结果的影响。给出了目标位置与尺寸变化与粗糙面参数变化对成像结果的影响；利用三维圆周 SAR 成像算法计算得到海面上立方体的像，结果表明不论何种极化入射波照射，均能得到良好的成像结果；应用文中介绍的算法计算海面上舰船目标的 SAR 成像，得到不同姿态舰船目标的像。

第 9 章分析了导体-介质复合型目标及其与环境复合散射建模问题。介绍了导体-介质复合型目标的快速计算方法、用于导体-介质复合目标与理想导体环境的复合散射计算的 SIE - KA - FMM 混合算法和用于导体-介质复合目标与分区域环境的复合散射计算的 SIE - KA - MLFMA混合算法，还介绍了考虑介质环境表面的磁流以及改进加速策略。利用数值-高频算法迭代框架，给出了超低空目标同时含有多种介质组成部分的条件下，用于导体-多重介质目标与环境的复合散射计算的 JMCFIE - MSIE - PO 迭代算法。

本书是在《复杂环境中目标电磁散射仿真方法与应用研究》(西北工业大学出版社，2014 年 1 月第 1 版)的基础上，经过修订、增添部分章节而再版的，是国内高校与研究院所长期从事雷达目标探测研究领域的专家教授共同编著完成的。本书由空军工程大学童创明主编，参加编著的还有空军工程大学孙华龙、彭鹏、梁建刚、蔡继亮、宋涛、王童，以及 93995 部队姬伟杰。全书由童创明统稿。

本书的出版得到了“十三五”信息技术(电子科学与技术)重点学科建设领域“重点教材建设”项目的资助，电子科学与技术重点学科建设项目的资助，在此表示感谢。在编写本书的过程中，笔者曾参阅了相关文献和资料，在此谨向其作者表示诚挚的谢意。由于笔者水平有限，书中难免存在缺点和错误，敬请广大读者批评指正。

编著者

2022 年 1 月

目 录

第1章 概 论

1.1 研究背景及意义

目标与环境特性是一体化战场传感器感知信息的重要组成部分。随着现代军事革命对武器装备的需求，在复杂电磁环境下对军事目标的感知能力，越来越成为夺取战争主动权和充分发挥先进攻防武器效能的关键，并在一定程度上成为局部战争胜负的决定性因素。而目标与环境特性信息，直接影响到一体化监视、侦察、预警体系对作战目标的探测、识别能力，因此，它是一体化战场感知信息的重要组成部分。目标与环境特性信息是实现精确打击的依据。精确打击要求能准确、及时地确定目标的位置及特征，重点是在各种地形及气象条件下探测并识别采用隐蔽技术、伪装手段及欺骗技术的固定和活动目标，为此，武器平台必须能实时接收和处理复杂的目标与环境信息，并把武器精确地导向目标。目标和环境电磁特性研究已成为遥感信息处理、目标分类识别等多种应用的瓶颈所在。在遥感信息处理领域，需要通过分析研究遥感环境和目标的电磁特性，设计制造与之相匹配的传感器，以便获得最佳的目标遥感信息。雷达是目标遥感最常采用的一种传感器，它利用电磁信号对目标进行感知，具有全天候工作的能力。因此，分析和获取目标、环境特性，建立目标和环境特性数据库对遥感信息处理具有十分重要的意义。另外，目标和环境特征提取与识别是实现战场精确感知、精确打击和导弹攻防对抗的基础性技术，因此目标特征信号提取与识别技术是目标与环境特性研究的高级阶段。目标与环境电磁散射特性分析是目标识别的基础，基于模型的目标识别方法在很大程度上依赖于目标与环境电磁散射特性建模的准确性。

目标与环境特性在主动遥感和被动遥感、目标分类与识别、射电天文学以及雷达系统设计等众多民用和军事领域具有十分重要的研究和应用价值，因此目标与环境电磁散射特性研究一直是电磁散射领域较为复杂且具有实际应用价值的课题，引起了越来越多的关注。很多国防和民用研究都涉及复杂目标及环境的电磁散射问题。例如，军用目标（飞机、坦克、军舰等）的隐身与反隐身研究，雷达系统设计，采用合成孔径雷达（Synthetic Aperture Radar, SAR）测量后向散射系数、探矿和探雷等主动微波遥感研究，对于风驱动起伏海面上的舰艇、低空飞行目标、陆地上的战车及地表植被中隐藏目标的特征提取与识别研究等，都涉及目标与环境的电磁散射问题。

获取目标与环境电磁散射特性的途径通常有实测和仿真计算两种。实测结果虽然可信程度高，但费用高昂，而且受诸多实际条件的限制，很难得到完备的散射特性数据。随着计算机技术的迅猛发展，利用其强大的计算能力，以往高精度的复杂目标三维重建和电磁计算问题变得越来越容易实现，从而为目标与环境电磁散射特性的获取开辟了一条新的途径。

目前，国际上已经建立了完善的目标特性研究实验体系和目标特性模型国家代码，并开发了一些专门用于目标电磁散射特性仿真的典型软件。国内从20世纪80年代开始进行电磁仿真计算方面的研究，经过30年的研究和发展，许多单位相继开发了一批用于复杂目标电磁散射特性仿真计算的软件系统和雷达目标特征信息预估系统等。这些软件和模型现已存入目标环境特性中心库，并在武器系统的半实物仿真、导弹的突防设计、飞机和舰船的隐身评估等方面获得应用。但是，对于无限大环境背景与有限尺寸目标的复合电磁散射特性的研究，无论是理论方法还是仿真软件的开发等方面，都明显滞后于目标电磁散射特性的研究。

开展目标与环境电磁散射问题的研究，通过建模建库和特征提取，从而建立环境杂波下目标的复合散射模型，为目标回波特性的数据采集、特征提取、控制和识别、精确制导、仿真以及隐身与反隐身技术的深入研究提供必要的仿真模型与理论依据，可为环境中目标的识别与提取提供基础性的参考数据，为我军武器装备研制、试验、作战仿真以及评估提供技术支撑。

1.2 国内外研究概况

美国、俄罗斯和欧盟等军事先进国家和地区十分重视目标与环境特性的研究工作，都建立了完善的目标特性研究试验体系。例如，近年来美国已组织完成了目标特性模型国家代码，并不断更新完善，通过专项建模计划和专项试验计划，丰富了实用的目标特性模型库和数据库；俄罗斯对飞机、巡航导弹进行了系统的试验和研究，积累了丰富的测量数据和研究成果，这些成果的应用，促进了新一代武器装备的诞生和发展。目前，国外已经开发了一些专门用于目标电磁散射特性仿真的典型软件，如美国政府资助开发的Xpatch软件，美国表面光学公司的RadBase软件，还有一些应用范围较广的综合性电磁计算商业软件，如法国的EMC2000、南非的FEKO等。在这些软件中，Xpatch软件功能最为强大，经过不断地完善，目前已成为美国各大研究机构开展雷达目标特性研究的主要工具，大量的研究报告都使用该软件产生的数据进行理论分析和性能检验。

国内从20世纪80年代开始进行电磁仿真计算方面的研究。经过20多年的研究和发展，经历了从无到有、从简单到复杂的过程。前期主要是进行一些简单目标的模拟和特殊背景下（特定频率、特定目标等）目标电磁特性仿真，截至目前，许多单位相继开发了一批用于复杂目标电磁散射特性仿真计算的软件系统，如北京航空航天大学的GRECO-CMT软件系统、北京理工大学的中算电磁仿真软件、东南大学的NESC软件和成都电子科技大学的A-UEST软件以及航天二〇七所的雷达目标特征信息预估系统等。这些软件和模型已存入目标与环境特性中心库，并在武器系统的半实物仿真、导弹的突防设计、飞机和舰船的隐身评估等方面获得应用。以上都是针对自由空间目标的仿真软件，目标与环境相结合的仿真软件仍在进一步研制当中。

1.3 目标与环境电磁散射的研究方法

在目标与环境电磁散射问题的研究中，最理想的环境可视为无限大的平面，进而采用计算半空间或分层媒质背景中目标电磁散射问题的方法，实际的环境往往有一定的随机起伏性，可采用随机生成的粗糙面来模拟。此时，不能再用传统分层媒质的格林函数来描述目标与粗糙面的耦合作用，而须引入计算粗糙面散射的计算方法，并考虑电磁波在目标和粗糙面之间的多次散射情况。下面简单介绍目标与环境电磁散射问题的国内外研究进展情况。

1.3.1 地海平面环境中目标电磁问题计算方法研究进展

地海平面环境中目标的电磁问题，一般可视为半空间或分层媒质中目标的电磁问题，早在20世纪60年代，就有学者研究了单色平面波和偶极子源在分层媒质中的传播问题[1]。几十年来，众多学者在这方面做了许多研究，为现在迅速发展的各种计算方法提供了基础。按对数值计算的依赖程度，常用的计算方法可分为解析近似方法和数值方法，其中数值方法又分为积分方程法和微分方程法。

对于经典的索莫非半空间问题[2]，最初都是通过解析近似方法来研究的，R. W. P. King 和 S. S. Sandler 研究了半空间和分层媒质中偶极子的辐射场的求解方法[3-6]，张红旗和潘威炎分析了两层或三层媒质中偶极子的激励场[7-8]。从理论上讲，格林函数就是特定背景下偶极子的辐射场，所以偶极子辐射场的解析计算方法可用于分层媒质中格林函数的计算。

由于矩量法[9]（Method of Moment, MoM）求解技术的迅速发展，积分方程法在半空间电磁问题中得到了广泛应用[10-43]。在积分方程法的电磁建模中，多采用混合位积分方程[14]（Mixed Potentials Integral Equation, MPIE），电子科技大学徐利明采用 MPIE 研究了分层媒质中任意位置、任意跨嵌导体目标的电磁散射问题[44]，国防科技大学李晋文采用 MPIE 分析了分层微带结构的电磁特性[45]。

MPIE 多采用 MoM 求解，其关键技术之一是分层媒质中格林函数的高效计算。为了解决格林函数计算过程中的索莫非无穷积分问题，文献[46－50]采用离散复镜像系数法（Discrete Complex Image Method, DCIM）来计算索莫非积分，其基本思路是，借助参数估计的方法[51]，利用索莫非恒等式将无穷积分转化为有限指数项的求和。但是传统的 DCIM 在近场区和远场区精度不足，而且当场源位于不同层的媒质中时，DCIM 效率低下。为此，M. I. Aksun 等人提出两级 DCIM 方法解决了传统 DCIM 在近场区精度不足的问题[52-53]；M. Yuan 等人通过提取表面波解决了 DCIM 在远场区的精度问题[54]；M. Yuan 和 Y. Zhang 提出了二维 DCIM[55]（2D－DCIM），将谱域函数视为二维函数，采用二维的参数估计方法[56-58]，产生一组不依赖于纵坐标的离散复镜像，再利用索莫非恒等式将积分转化为级数求和的形式，从而克服了 DCIM 在场源位于不同层媒质时效率低下的问题。

当遇到电大尺寸的电磁问题时，MoM 求解积分方程时又涉及另一项关键技术，即阻抗矩阵的快速计算。在未知量个数为 N 时，MoM 所需的存储量为 $O(N^2)$，直接求解时计算量达 $O(N^3)$，即使采用迭代方法求解也须 $O(N^2)$ 的计算量。巨大的存储量和计算量限制了 MoM 在电大目标电磁问题中的应用，为此，各种基于 MoM 的快速算法应运而生，常用的有自适应积分方程法[59-60]、共轭梯度迭代快速傅里叶变换法[61-63]、快速非均匀平面波算法[64-65]和快速多极子方法[66-75]等。其中，以快速多极子方法的发展最为迅速，形成了各种多层快速多极子算法(Multi - Level Fast Multipole Methed, MLFMM)[76-78]。伊利诺伊大学的 Song，Velamparambil 等将并行算法引入多层快速多极子算法，解决了 1 000 万未知量的超大规模的电磁问题[79-81]。土耳其 Bilkent 大学的计算电磁学研究中心(BiLCEM)利用并行 MLFMM 解决了 8 500 万未知量的电磁问题，并创造了当时的世界纪录[82-83]。在国内，西安电子科技大学张玉博士在 MoM 的并行计算方面做了大量的研究[84-85]，电子科技大学的聂在平教授、东南大学的崔铁军教授、南京理工大学的陈如山教授、北京理工大学的盛新庆教授等也在多层快速多极子算法方面做了大量的深入研究。

在求解分层媒质中电磁问题的方法中，相对于求解积分方程的 MoM，同样倍受关注的一种方法就是求解微分方程的时域有限差分法(Finite Difference Time Domain, FDTD)。目前，对于均匀半空间或层状半空间入射波问题主要用的是 P. B. Wong 提出的三波法[86-87]，Winton 等讨论了层状半空间 TF/SF 边界处加入时域平面波源的直接方法[88]，Capoglu 等采用 FDTD 处理了非色散、非有耗介质问题[89]。张晓燕、盛新庆在三波法的基础上，采用半空间并行计算，研究了地下非色散背景下的散射问题[90]；西安电子科技大学的姜彦南等在层状半空间散射问题的 FDTD 并行计算方面做了大量深入的研究工作[91-92]。

此外，在半空间中目标的电磁散射研究中：西安电子科技大学的李晓峰等将半空间格林函数引入物理光学法，考虑地面与涂敷目标间的相互电磁散射，并利用阻抗边界条件考虑电大涂敷目标的电磁散射特性，提出半空间物理光学分析方法，并分析了半空间中电大导体及涂敷目标的电磁散射特性[93-94]；王运华等基于矩量法、互易性定理及镜像理论提出了一种新的混合方法，用于研究水平分界面上方二维介质目标对垂直入射高斯波束的差值散射场[95]；李清波等用离散复镜像法严格处理近场区的半空间并矢格林函数，利用实镜像源和反射系数近似计算交界面处远场的作用，应用快速多极子方法研究了有耗半空间环境中任意三维导体目标的雷达散射特性[96]。

1.3.2 粗糙面与目标复合电磁散射问题计算方法研究进展

由于目标与粗糙面复合电磁散射特性在遥感和目标识别等领域的重要军事应用价值很高，因此目标与粗糙面的复合散射研究在国内外发展很快，针对复合散射的各种算法也随之出现。

常用的研究方法大致可分为基于 MoM 求解积分方程的加速算法、基于 FDTD/FEM 求解微分方程的算法以及高低频混合计算方法等 3 种。下面按时间顺序分别介绍国际和国内的研究现状。

国际上，Johnson 利用“四路径”模型首次计算了无限大介质平板上介质目标的散射[97]，之后在“四路径”模型的基础上，又通过引入修正反射系数提出了一种计算介质粗糙面上方三维目标电磁散射特性的数值模型[98]，Johnson 等还利用迭代矩量法(Iterative Method of Moments，IMoM)、耦合规范网格法(Coupled Canonical Grid，CCG)和离散双极子法(Discrete Dipole Approach，DDA)计算了可穿透粗糙面上方或下方的三维介质目标的散射特性[99]。Burkholder 等利用广义前后向算法(General Forward Backward Method，GFBM)计算了在二维粗糙面上船形目标的水平极化雷达散射截面[100]。Chiu 等用互易原理计算了微粗糙面上介质圆柱的电磁散射[101]。El-Shenawee 等利用 MoM 和最速下降快速多极子方法计算了二维粗糙面下两个目标的电磁散射和相互干涉[102]。X. Wang 等采用 MoM 研究了 TM 波照射下粗糙面上方和下方二维导体目标的电磁散射特性，并采用角度关联函数研究了粗糙面下方导体目标的探测问题[103]。Y. Zhang 等采用模式展开法(Mode Expansion Method，MEM)计算了海洋粗糙面上二维舰船目标的双站雷达散射截面(Radar Crass Section，RCS)[104]。Mahta Moghaddam 等采用扩展边界条件法(Extened Boundary Condition Method，EBCM)结合散射矩阵分析了分层粗糙面中二维柱状目标的散射问题[105]。

近年来，在粗糙面与目标的复合散射研究中，国际学术界又出现了一些新的研究成果。N. D'echamps 等将 PILE (Propagation-Inside-Layer Expansion) 方法扩展层办波传波算方[106]扩展到更一般的情况，并应用改进的 PILE 方法求解了粗糙面上方目标的电磁散射问题[107]。

国内学者对粗糙面与目标复合散射问题的研究也取得了丰硕的成果，复旦大学金亚秋教授课题组、西安电子科技大学郭立新教授课题组和谢拥军教授课题组、武汉大学朱国强教授课题组、东南大学崔铁军教授课题组以及空军工程大学童创明教授课题组等学术团队，在这方面做了大量的研究，且在国内处于领先水平。

高火涛等[108]利用分形函数模拟海地粗糙表面，并采用基尔霍夫近似法(Kirchhoff Approximation，KA)分析了粗糙面与其上方目标的双次反弹散射场。李中新等[109-110]提出了一种结合 GFBM 与谱加速算法快速求解双站散射的 Monte Carlo 数值方法，研究了风驱动粗糙海面上有船目标时的双站散射，并采 FBM/SAA 混合算法研究了低掠角入射时一维介质粗糙面与半埋目标的电磁散射特性。刘鹏等[111-114]提出了电磁波低掠角入射大范围二维粗糙海面上舰船与低空目标双站电磁散射的有限元区域分解方法，实现了大范围粗糙海面上舰船与低空目标的双站散射与海况和目标特征参数关系的数值模拟。汤炜等采用 FDTD 方法计算了有耗地面与三维目标的复合散射[115]。王运华应用小斜率近似研究了非高斯海面的电磁散射特性，结合表面等效电磁流法和互易性定理研究了导体海面与其上方二维目标的复合电磁散射问题[116]。匡磊等采用 FDTD 研究了三维周期性延拓的随机粗糙面与上方目标的复合电磁散射问题，将无限伸展的粗糙面视为一种周期性延拓的随机粗糙面，建立了粗糙面上方放置单个三维目标的双站散射 FDTD 计算模型，计算了全方位角度下的粗糙面和目标的双站散射系数[117-118]。叶红霞等研究了粗糙面与二维目标复合散射的 FBM-CG快速互耦迭代算法[119-120]，提出了三维导体目标与导体粗糙面复合散射的解析数值混合迭代算法，粗糙面采用基尔霍夫近似解析计算，再与目标矩量法的混合数值迭代，分析了理想导体高斯粗糙面上不同取向导体目标的散射[121-122]。徐丰等针对三维电大舰船目标与海面的复合散射问题，提出双向解析射线追踪的方法(BART)，使问题的复杂度摆脱了目标电尺寸的限制，并对粗糙海面上舰船目标的复合散射多方位 RCS 进行了仿真计算和分析[123-124]。陈勇、董纯柱等针对粗粗海面上舰船类超大电尺寸的复杂目标的电磁散射问题，提出了一种基于混合面元投影和物理光学法的计算目标与海面耦合散射的快速算法，并给出了典型实例的计算结果[125]。王蕊、郭立新等用矩量法结合基尔霍夫近似的混合算法分析了一维随机粗糙面与上方二维无限长任意截面导体目标的复合电磁散射[126-127]，将互易性定理在两相邻目标散射中的理论扩展到求解时变介质海面与其上方运动导体平板的耦合场中[128],还利用时域积分方程方法计算了一维高斯导体粗糙面的瞬态电磁散射及其与上方二维无限长任意截面目标的瞬态复合电磁散射[129-130]。郭立新、李娟等采用并行 FDTD 算法计算了粗糙面上方目标的散射问题[131-133],还计算了分层粗糙面上方目标的电磁散射特性[134]。崔铁军等基于 KA 近似求出了二维导体粗糙面背景下的等效半空间格林函数,并采用 MoM 分析了二维导体粗糙面上方三维导体目标的电磁散射问题[135]。王鹏等将海面视为位于海水介质半空间上方的介质粗糙面,利用半空间格林函数建立混合积分方程,并采用迭代算法求解矩阵方程,计算了粗糙海面上金属目标的散射特性[136]。何思远等采用三维多级"UV"分解的方法计算了粗糙面和上方目标的矢量波复合散射问题[137]。姬伟杰等提出一种广义稀疏矩阵规范网格法,并用此方法分析了介质粗糙海面中半埋目标的双站散射特性[138]。

粗糙面与目标的复合散射研究中最大的问题在于巨大的计算量和存储量,尤其针对大范围粗糙面上电大尺寸复杂目标的电磁散射问题,研究快速有效的新型算法势在必行。

参考文献

[1] WAIT J R. Electromagnetic waves in stratified Media[M]. London:Pergamon,1962.

[2] SOMMERFELD A. Partial differential equations [M]. New York: Academic Press, 1949.

[3] KONG J A, SHEN L C, TSANG L. Field of an antenna submerged in a dissipative dielectric medium[J]. IEEE Transactions on Antenna and Propagation, 1977, 25 (6):887 - 889.

[4] KING R W P. Electromagnetic field of a vertical dipole over an imperfectly conducting half-space[J]. Radio Sci. , 1990(25):149 - 160.

[5] KING R W P, SANDLER S S. The electromagnetic field of a vertical electric dipole over the earth or sea[J]. IEEE Trans. 1994, 42(3):382 - 389.

[6] KING R W P, SANDLER S S. The electromagnetic field of a vertical electric dipole in the presence of a three-layered region[J]. Radio Sci. , 1994(29):97 - 113.

[7] 张红旗, 潘威炎. 垂直电偶极子在涂有介质层导电平面上激起的场[J]. 电波科学学报, 2000, 15(1):12 - 19.

[8] 张红旗, 潘威炎. 水平电偶极子在涂有介质层的导电基片上激起的场[J]. 电波科学学报, 2001, 16(3):367 - 384.

[9] HARRINGTON R F. Field computation by moment method [M]. New York: MacMillan, 1968.

[10] MOSIG J R, GARDIOL F E. General integral equation formulation for microstrip antennas and scatters[J]. Inst. Elect. Eng. Proc. , pt. H, 1985(132):424 - 432.

[11] MICHALSKI K A. On the scalar potential of a point charge associated with a timeharmonic dipole in a layered medium[J]. IEEE Transactions on Antenna and Propagation, 1987(35):1299 - 1301.

[12] MICHALSKI K A, ZHENG D. Electromagnetic scattering and radiation by surfaces of arbitrary shape in layered nedia, Part I: Theory[J]. IEEE Transactions

on Antenna and Propagation, 1990(38):335－344.

[13] MICHALSKI K A, ZHENG D. Electromagnetic scattering and radiation by surfaces of arbitrary shape in layered nedia, Part II: Implementation and results for contiguous half-spaces[J]. IEEE Transactions on Antenna and Propagation, 1990(38):344－352.

[14] CHEN J Y, KISHK A, GLISSON A W. Application of a new MPIE formulation to the analysis of a dielectric resonator embedded in a multilayered medium coupled to a microstrip circuit[J]. IEEE Transactions on Microwave Theory and Techniques, 2001, 49(2):140－150.

[15] PAN S G, WOLLF I. Scalarization of dyadic spectral Green's functions and network formalism for three-dimensional full-wave analysis of planar lines and antennas[J]. IEEE Transactions on Microwave Theory and Techniques, 1994(42): 2118－2127.

[16] MICHALSKI K A, MOSIG J R. Multilayered media Green's functions in integral equation formulations[J]. IEEE Transactions on Antenna and Propagation, 1997(45): 508－519.

[17] CUI T J, WERNER W, ALEXANDER H. Electromagnetic scattering by multiple three-dimensional scatters buried under multilayered media, Part I: Theory[J]. IEEE Trans-Geo & Remo., 1998, 36(2): 526－534.

[18] CUI T J, WERNER W, ALEXANDER H. Electromagnetic scattering by multiple three-dimensional scatters buried under multilayered media, Part Ⅱ: Numerical implementations and results[J]. IEEE Trans-Geo & Remo., 1998, 36(2): 535－546.

[19] CHEW W CH, ZHAO J S, CUI T J. The layered medium Green's function-A new look[J]. Microwave and Optical Technology Letters, 2001, 31(4): 252－255.

[20] VITEBSKIY S, CARIN L. Moment method modeling of short-pulse scattering from and the resonances of a wire buried inside a lossy, dispersive half-space[J]. IEEE Transactions on Antenna and Propagation, 1995, 43(11): 1303－1312.

[21] VITEBSKIY S, STURGESS K, CARIN L. Short-pulse plane-wave scattering from buried perfectly conducting bodies of revolution[J]. IEEE Transactions on Antenna and Propagation, 1996(44): 143－151.

[22] CARIN L, GENG N, MCLURE M, et al. Nguyen. Ultrawide-band synthetic-aperture radar for mine-field detection[J]. IEEE Antennas Propagat. Mag., 1999(41):18－33.

[23] GENG N, CARIN L. Wideband electromagnetic scattering from a dielectric BOR buried in a layered, dispersive medium[J]. IEEE Transactions on Antenna and Propagation, 1999(47): 610－619.

[24] SIEGEL M, KING R W P. Radiation from linear antenna over a dissipative half-space[J]. IEEE Transactions on Antenna and Propagation, 1971(19):477－485.

[25] SORBELLO R M, KING R W P, et al. The horizontal-wire antenna over a dissipative half-space: Generalized formula and measurements [J]. IEEE Transactions on Antenna and Propagation, 1977, 25(6):850 - 854.

[26] HARRISON C A, BUTLER C M. An experimental study of acylindrical antenna in two half-spaces[J]. IEEE Transactions on Antenna and Propagation, 1984, 32(4): 387 - 390.

[27] MICHALSKI K A, SMITH C E, Butler C M. Analysis of a horizontal two-element array antenna above a dielectric half space[J]. Inst. Elect. Eng. Proc., 1985(132):335 - 338.

[28] BURKE G J, JOHNSON W A, MILLER E K. Modeling of simple antennas near to and penetrating an interface[J]. Proc. IEEE, 1983, 71(1):174 - 175.

[29] BURKE G J, MILLER E K. Modeling antennas near to and penetrating a lossy interface [J]. IEEE Transactions on Antenna and Propagation, 1984, 32:1040 - 1049.

[30] POLJAK D. Electromagnetic modeling of finite length wires buried in a lossy half-space[J]. Engineering Analysis with Boundary Elements, 2002(2): 81 - 86.

[31] CUI T J, CHEW W C. Modeling of arbitrary wire antennas above ground[J]. IEEE Trans. Geosci. Remote Sensing, 2000, 38(2):357 - 365.

[32] BUTLER C M, XU X B, GLISSON A W. Current induced on a conducting cylinder located near the planar interface between two semi-infinite half-spaces[J]. IEEE Transactions on Antenna and Propagation, 1985(33):616 - 624.

[33] XU X B, BUTLER C M. Current induced by TE excitation on a conducting cylinder located near the planar interface between two semi-infinite half-spaces[J]. IEEE Transactions on Antenna and Propagation, 1986(34): 880 - 890.

[34] XU X B, BUTLER C M. Scattering of TM excitation by coupled and partially buried cylinders at the interface between two media[J]. IEEE Transactions on Antenna and Propagation, 1987(35): 529 - 538.

[35] XU X B, BUTLER C M. Current induced by TE excitation on coupled and partially buried cylinders at the interface between two media[J]. IEEE Transactions on Antenna and Propagation, 1990(38): 1823 - 1828.

[36] BAERTLEIN B A, WAIT J R, DUDLEY D G. Scattering by a conducting strip over a lossy half-space[J]. Radio Sci., 1989(24): 485 - 497.

[37] MARX E. Scattering by an arbitrary cylinder at a plane interface: Broadside incidence[J]. IEEE Transactions on Antenna and Propagation, 1989 (37): 1823 - 1828.

[38] CHANG H S, MEI K K. Scattering ofelectromagnetic waves by buried and partly buried bodies of revolution[J]. IEEE Trans. Geosci. Remote Sensing, 1985(23): 596 - 598.

[39] MOSIG J R, GARDIOL F E. Analytic and numerical techniques in the Grees's

function treatment of microstrip antennas and scatterers[J]. Proc. Inst. Elect. Eng., 1983(130):175-182.

[40] GE Y, ESSELLE K P. New closed-form Green′s functions for microstrip Structures-Theory and results[J]. IEEE Trans. Microw. Theory Tech., 2002 (50):1556-1560.

[41] POZAR D M. A rigorous analysis of a micro strip feed patch antenna[J]. IEEE Transactions on Antenna and Propagation, 1985(33): 1045-1053.

[42] POZAR D M. Radiation and scattering from a microstrip patch on a uniaxial substrate [J]. IEEE Transactions on Antenna and Propagation, 1987 (35):613-621.

[43] DAS N K, POZAR D M. A generalized spectral-domain Green's function for multilayer dielectric substrates with application to multilayer transmission lines[J]. IEEE Trans. Microwave Theory Tech., 1987(35): 326-335.

[44] 徐利明. 分层介质中三维目标电磁散射的积分方程方法及其关键技术[D]. 成都：电子科技大学，2005.

[45] 李晋文. 基于MPIE的分层微带结构电磁特性分析[D]. 长沙：国防科技大学，2003.

[46] CHOW Y L, YANG J J, FANG D G, et al. A closed-form spatial Green's function for the thick microstrip substrate[J]. IEEE Trans. Microw. Theory Tech., 1991, 39(3): 588-592.

[47] AKSUN M I. A robust approach for the derivation of closed-form Green's functions[J]. IEEE Trans. Microw. Theory Tech., 1996, 44(5): 651-658.

[48] LING F, JIN J M. Discrete complex image method for Green's functions of general multilayer media [J]. IEEE Microw. Guided Wave Lett., 2000, 10 (10): 400-402.

[49] GE Y, ESSELLE K P. New closed-form Green's functions for microstrip structures-Theory and results[J]. IEEE Trans. Microw. Theory Tech., 2002, 50 (6): 1556-1560.

[50] TEO S A, CHEW S T, LEONG M S. Error analysis of the discrete complex image method and pole extraction[J]. IEEE Trans. Microw. Theory Tech., 2003, 51 (2): 406-413.

[51] SARKAR T K, PEREIRA O. Using the matrix pencil method to estimate the parameters of a sum of complex exponentials[J]. IEEE Antennas Propag. Mag., 1995(37): 48-55.

[52] AKSUN M I. A robust approach for the derivation of closed-form Green's functions[J]. IEEE Trans. Microw. Theory Tech., 1996(44): 651-658.

[53] AKSUN M I, DURAL G. Clarification of issues on the closed-form Green's functions in stratified media[J]. IEEE Trans. Antennas Propag., 2005(53): 3644-3653.

[54] YUAN M, SARKAR T K. Computation of Sommerfeld integral tails by matrix

pencil method[J]. IEEE Trans. Antennas Propag., 2006(54): 1358-1362.

[55] YUAN M, ZHANG Y, ARIJIT D E, et al. Two-dimensional discrete complex image method (DCIM) for closed-form Green's function of arbitrary 3D structures in general multilayered media[J]. IEEE Trans. Antennas Propag., 2008, 56(5): 1350-1357.

[56] CHAN C H, KIPP R A. Application of the complex image method to characterization of microstrip vias[J]. Int. J. Microw. Millimeter-Wave Comput.-Aided Eng., 1997(7): 368-379.

[57] LING F, LIU J, JIN J M. Efficient electromagnetic modeling of three-dimensional multilayer microstrip antennas and circuits[J]. IEEE Trans. Microw. Theory Tech., 2002(50): 1628-1635.

[58] MICHALSKI K A, MOSIG J R. Multilayered media Green's functions in integral equation formulations[J]. IEEE Trans. Antennas Propag., 1997, 45(3): 508-519.

[59] BLESZYNSKI E, BLESZYNSKI M, JAROSZEWICZ T. AIM: adaptive integral method for solving large-scale electromagnetic scattering and radiation problems [J]. Radio Science, 1996, 31(5): 1225-1251.

[60] EIBERT T F, VOLAKIS J L. Adaptiveintegral method for hybrid FE/BI modeling of 3-D doubly periodic structures. IEE Proceeding Microwave Antennas Propagation, 1999, 146(1): 17-22.

[61] SARKAR T K, ARVAS E, RAO S M. Application of FFT and the conjugate gradient method for the solution of electromagnetic radiation from electrical large and small conducting bodies. IEEE Trans. Antennas and Propagation, 1986, 24(5): 635-640.

[62] GENDNEY S D, MITTRA R. The use of FFT for the efficient solution of the problem of electromagnetic scattering by a body of revolution. Microwave and Optical Technology Letters, 1990, 15(3): 313-322.

[63] SHEN C Y, GLOVER K J, SANCER M I, et al. The discrete fourier transform method of solving differential-integral equations in scattering theory. IEEE Trans. Antennas and Propagation, 1989, 37(8): 1032-1041.

[64] HU B, CHEW W C, MICHIELSSEN E, et al. Fast inhomogeneous plane wave algorithm for the fast analysis of two-dimensional problems[J]. Radio science, 1999, 34(4): 759-772.

[65] JIANG L J, CHEW W C. Low-frequency fast inhomogeneous plane-wave algorithm (LF-FIPWA)[J]. Micro. Opt. Tech. Lett., 2004, 40(2): 117-122.

[66] CHEW W C, JIN J M, MICHIELSSEN E, et al. Fast and efficient algorithms in computational electromagnetics[M]. Boston: Artech House, 2001.

[67] COIFMAN R, ROKHLIN V, WANDZURA S. The fast multipole method for the wave equation: a pedestrian prescription[J]. IEEE Antennas and Propagation

Magazine, 1993, 35(3): 7 - 12.

[68] HAMILTON L R, STALZER M A, TURLEY R S. Scatteringcomputation using the fast multipole method[C]. IEEE Antennas Propagation Symposium, 1993: 853 - 855.

[69] LU C C, CHEW W C. Fast algorithm for solving hybrid integral equations[J]. IEEE Proceedings-H, 1993, 140(5): 455 - 460

[70] WAGNER R L, CHEW W C. Aray-propagation fast multipole algorithm[J]. Microwave and Optical Technology Letters, 1994, 7(10): 435 - 438.

[71] LU C C, CHEW W C. Amultilevel algorithm for solving a boundary integral equation of wave scattering[J]. Microwave and Optical Technology Letters, 1994, 7(10): 466 - 470.

[72] SONG J W, CHEW W C. Fastmultipole method solution using parametric geometry[J]. Microwave and Optical Technology Letters, 1994, 7(16): 760 - 765.

[73] SONG J M, CHEW W C. Fastmultipole method solution of three dimensional integral equation[C]. IEEE Antennas Propagation Symposium, 1995: 1528 - 1531.

[74] SONG J W, CHEW W C. Fastmultipole method solution of combined field integral Equation[C]. Proc. Ann. Rec. ACES, Monterey, 1995: 629 - 636.

[75] LU C C, CHEW W C. Fast far-field approximation for calculating the RCS of large objects[J]. Microwave and Optical Technology Letters, 1995, 8(5): 238 - 241.

[76] GENG N, SULLIVAN A, CARIN L. Multilevel fast multipole algorithm for scattering from conducting targets above or embedded in a lossy half space[J]. IEEE Trans. Geoscience and Remote Sensing, 2000, 38(4): 1561 - 1573.

[77] SONG J M, LU C C, CHEW W C. Multilevel fast multipole algorithm for electromagnetic scattering by large complex objects[J]. IEEE Trans. Antennas and Propagation, 1997, 45(10): 1488 - 1493.

[78] GYURE M E, STALIZER M A. A prescription for the multilevel helmholtz FMM [J]. IEEE Computational Science and Engineering, 1998(3): 39 - 47.

[79] SONG J M, LU C C, CHEW W C, et al. Fast Illinois Solver Code (FISC)[J]. IEEE Antennas and Propagation Magazine, 1998, 40(3): 27 - 34.

[80] SONG J M, CHEW W C. The fast illinois solver code: requirements and scaling properties[J]. IEEE Computational Science and Engineering, 1998(3): 19 - 23.

[81] VELAMPARAMBIL S, CHEW W C, SONG J M. 10 million unknowns: is tt that big? [J]. IEEE Antennas and Propagation Magazine, 2003, 45(2): 43 - 58.

[82] ERGÜL O, GÜREL L. Efficient parallelization of the multilevel fast multipole algorithm for the solution of large-scale scattering problems[J]. IEEE Trans. Antennas and Propagation, 2008, 56(8): 2335 - 2345.

[83] http://www. cem. bilkent. edu. tr/, World Records are presented All over the world, CEM Conters,2013.

[84] 张玉,王萌,梁昌洪. PC集群系统中并行矩量法研究[J]. 电子与信息学报, 2005, 27

(4): 647 - 650

[85] 张玉.电磁场并行计算[M].西安:西安电子科技大学出版社，2006.

[86] DEMAREST K, PLUMB R, HUANG Z. FDTD modeling of scatterers in stratified media[J]. IEEE Trans. Antennas and Propagation, 1995, 43(10): 1164 - 1168.

[87] WONG P B, TYLER G L, BARON J E, et al. A three-wave FDTD approach to surface scattering with applications to remote sensing of geophysical surface [J]. IEEE Trans. Antennas and Propagation, 1996 , 44(4) : 504 - 513.

[88] WINTON S C, KOSMAS P, Rappaport C M.. FDTD dimulation of TE and TM plane waves at nonzero incidence in arbitrary layered media [J]. IEEE Trans. Antennas and Propagation, 2005, 53(5): 1721 - 1728.

[89] CAPOGLU I R, SMITH G S. Atotal-field/scattered-field plane-wave source for the FDTD analysis of layered media[J]. IEEE Trans. Antennas and Propagation, 2008, 56(1): 158 - 169.

[90] 张晓燕，盛新庆. 地下目标散射的 FDTD 计算[J]. 电子与信息学报，2007，29(8): 1997 - 2000.

[91] 姜彦南，葛德彪，张玉强，等. 三维并行 FDTD 在层状空间散射问题中的应用[C]// 2008 全国电磁散射与逆散射学术交流会论文集.西安:2008,169 - 172.

[92] 姜彦南. FDID 算法及层状半空间散射问题研究[D]. 西安：西安电子科技大学，2008.

[93] LI X F , XIE Y J , WAN G P , et al. High frequency method for scattering from electrically large conductive target s in half-space[J] . IEEE Antennas and Wireless Propagation Letters, 2007, 6 (11) : 259 - 262.

[94] 李晓峰,谢拥军,王鹏,等. 半空间电大涂敷目标散射的高频分析方法[J]. 物理学报，2008，57(5): 2930 - 2935.

[95] 王运华，张彦敏，郭立新. 平面上方二维介质目标对高斯波束的电磁散射研究[J]. 物理学报，2009，57(9): 5529 - 5532.

[96] 李清波，朱汉清，陈如山. 有耗半空间环境中导体目标电磁散射的快速分析[J]. 微波学报，2009，25(5): 32 - 36.

[97] JOHNSON J T. A study of the "four-path" mode for scattering from an object above a half-space[J]. Microwave Optical Technology Letters, 2001, 30(2), 130 - 134.

[98] JOHNSON J T. A numerical study of scattering from an object above a rough surface[J]. IEEE Trans. Antennas and Propagation, 2002, 50(10): 1361 - 1367.

[99] JOHNSON J T, BURKHOLDER R J. Coupled canonical grid/discrete dipole approach for computing scattering from objects above or below a rough interface [J]. IEEE Trans. Geoscience and Remote Sensing, 2001, 39(6): 1214 - 1220.

[100] BURKHOLDER R J, PINO M R, OBELLEIRO F. A Monte Carlo study of the rough-sea-surface influence on the radar scattering from two-dimensional ships

[J]. IEEE Antennas and Propagation Magazine, 2001,43(2): 25 - 33.
[101] CHIU T, SARABANDI K. Electromagnetic scattering interaction between a dielectric cylinder and a slightly rough surface[J]. IEEE Trans. Antennas and Propagation, 1999, 47(5): 902 - 913.
[102] EL-SHENAWEE M, RAPPAPORT C. Electromagnetic scattering interference between two shallow objects buried under - D random rough surfaces[J]. IEEE Microwave and Wireless Components Letters, 2003, 13(6): 223 - 225.
[103] WANG X, WANG C F, GAN Y B. Electromagnetic scattering from a circular target above or below rough surface [J]. Progress In Electromagnetics Research, 2003(40): 207 - 227.
[104] ZHANG Y, LU J, PACHECO J, et al. Mode-expansion method for calculating electromagnetic waves scattered by objects on rough ocean surfaces[J]. IEEE Trans. Antennas and Propagation, 2005, 53(5): 1631 - 1639.
[105] KUO C H, MOGHADDAM M. Electromagnetic scattering from a buried cylinder in layered media with rough interfaces [J]. IEEE Trans. Antennas and Propagation, 2006, 54(8): 2392 - 2401.
[106] N D'ECHAMPS, BEAUCOUDREY N D, BOURLIER C, et al. Fast iterative approach to electromagnetic scattering from the target above a rough surface[J]. IEEE Trans. Geosci. Remote Sensing, 2006(44): 108 - 115.
[107] KUBICK G, BOURLIER C, SAILLARD J. Scattering by an object above a randomly rough surface from a fast numerical method: Extended PILE method combined with FB - SA[J]. Waves in Random and Complex Media, 2008(18): 495 - 519.
[108] 高火涛，徐鹏根，鲁述. 分形粗糙面上方目标电磁散射的双站特性[J]. 武汉大学学报，1998，44(5)：651 - 654.
[109] 李中新，金亚秋. 数值模拟低掠角入射海面与船目标的双站散射[J]. 电波科学学报，2001，16(2)：231 - 240.
[110] LI Z X. Bistatic scattering from rough dielectric soil surface with a conducting object with arbitrary closed contour partially buried by using the FBM/SAA method[J]. Progress In Electromagnetics Research, 2007(76): 253 - 274.
[111] 刘鹏，金亚秋. 大范围粗糙海面上舰船与低空目标电磁散射的区域分解计算[J]. 自然科学进展，2004，14(2)：201 - 208.
[112] LIU P, JIN Y Q. Numerical simulation of bistatic scattering from a target at low altitude above rough sea surface under an EM wave incidence at low grazing angle by using the finite element method[J]. IEEE Trans. Antennas and Propagation, 2004, 52(5): 1205 - 1210.
[113] LIU P, JIN Y Q. The finite-element method with domain decomposition for electromagnetic bistatic scattering from the comprehensive model of a ship on and a target above a large-scale rough sea surface[J]. IEEE Trans. Geosci. Remote

Sensing, 2004, 42(5): 950 - 956.
[114] LIU P, JIN Y Q. Numerical simulation of doppler spectrum of a flying target above dynamic oceanic surface by using the FEM - DDM method[J]. IEEE Trans. Antennas and Propagation, 2005, 53(2): 825 - 832.
[115] 汤炜, 李清亮, 吴振森. 有耗平面和三维目标复合散射的 FDTD 分析[J]. 电波科学学报, 2004, 19(4): 438 - 443.
[116] 王运华. 粗糙面与其上方简单目标的复合电磁散射研究[D]. 西安:西安电子科技大学,2006.
[117] 匡磊, 金亚秋. 三维随机粗糙面与目标复合电磁散射的 FDID 方法[J]. 计算物理, 2007, 24(5): 550 - 560.
[118] KUANG L, JIN Y Q. Bistatic scattering from a three-dimensional object over a randomly rough surface using the FDTD algorithm[J]. IEEE Trans. Antennas and Propagation, 2007, 55(8): 2302 - 2312.
[119] YE H X, JIN Y Q. Parameterization of the tapered incident wave for numerical simulation of electromagnetic scattering from rough surface[J]. IEEE Trans. Antennas and Propagation, 2005, 53(3): 1234 - 1237.
[120] YE H X, JIN Y Q. Fast iterative approach to electromagnetic scattering from the target above a rough surface[J]. IEEE Trans. Geosci. Remote Sensing, 2006, 44(1): 108 - 115.
[121] 叶红霞, 金亚秋. 三维随机粗糙面上导体目标散射的解析-数值混合算法[J]. 物理学报, 2008, 57(2): 839 - 846.
[122] YE H X, JIN Y Q. A hybrid analytic-numerical algorithm of scattering from an object above a rough surface[J]. IEEE Trans. Geosci. Remote Sensing, 2007, 45(5): 1174 - 1180.
[123] XU F, JIN Y Q. Bidirectional analytic ray tracing for fast computation of composite scattering from electric-large target over a randomly rough surface[J]. IEEE Trans. Antennas and Propagation , 2009, 57(5): 1495 - 1505.
[124] 徐丰. 全极化合成孔径雷达的正向与逆向遥感理论[D]. 上海: 复旦大学, 2007.
[125] 陈勇, 董纯柱, 王超,等. 基于 HPP/PO 的舰船与海面耦合散射快速算法[J]. 系统工程与电子技术, 2008, 30(4): 589 - 592.
[126] WANG R, GUO L X, LI JUAN, et al. Investigation on transient electromagnetic scattering from a randomly rough surface and the perfect electric conductor (PEC) target with arbitrary cross section above it [J]. Science in Chian Series G. Physics, Mechanics, Astronomy, 2009, 52(5): 665 - 675.
[127] WANG R, GUO L X. Numerical simulations of wave scattering form two-layered rough surfaces[J]. Progress in Electromagnetic Research B, 2008(10): 163 - 175.
[128] WANG R, GUO L X. Study on electromagnetic scattering form time-varying lossy dielectric ocean and a moving conducting plate above it[J]. J. Opt. Soc. Am. A, 2009, 26(3): 517 - 529.

[129] 郭立新，王蕊，王运华，等. 时变海面与其上方导体平板的复合电磁散射研究[J]. 地球物理学报，2008，51(6)：1695 - 1703.

[130] 王蕊，郭立新，李娟，等. 粗糙面及其上方任意形状截面导体目标的瞬态散射[J]. 中国科学G辑，2009，39(2)：201 - 212.

[131] GUO L X, LI J, ZENG H. Bistatic scattering from a three-dimensional object above a two-dimensional randomly rough surface modeled with the parallel FDTD approach[J]. J. Opt. Soc. Am. A, 2009, 26(11): 2383 - 2392.

[132] LI J, GUO L X, ZENG H. FDTD investigation on the electromagnetic scattering from a target above a randomly rough sea surface[J]. Waves in Random and Complex Media, 2008, 18(4): 641 - 650.

[133] LI J, GUO L X, ZENG H, et al. Investigation of composite electromagnetic scattering from ship - like target on the randomly rough sea surface using FDTD method[J]. Chinese Physics B, 2009, 18(7): 2757 - 2763.

[134] LI J, GUO L X, ZENG H. FDTD investigation on bistatic scattering from a target above two-layered rough surfaces using upml absorbing condition[J]. Progress In Electromagnetics Research, 2008(88): 197 - 211.

[135] GUAN B, ZHANG J F, ZHOU X Y, et al. Electromagnetic scattering from objects above a rough surface using the method of moments with half-space Green's Function[J]. IEEE Trans. Geosci. Remote Sensing, 2009(10): 3309 - 3405.

[136] 王鹏，蒋小勇，谢拥军. 粗糙海面上三维金属目标的电磁散射特性分析[J]. 电子与信息学报，2008，30(2)：492 - 493.

[137] HE S Y, DENG F S, CHEN H T, et al. Range profile analysis of the 2-D target above a rough surface based on the electromagnetic numerical simulation[J]. IEEE Trans. Antennas and Propagation, 2009, 57(10): 3258 - 3263.

[138] JI W J, TONG C M. Bistatic scattering from two-dimensional dielectric ocean rough surface with a PEC object partially embedded by using the G-SMCG method[J]. Progress In Electromagnetics Research, 2010(105): 119 - 139.

第 2 章　地海面环境建模

分析目标与地海面环境特性，首先需要考虑的是建立合适的环境散射模型。在粗糙表面电磁散射建模研究方面，以往常常基于随机的统计方法来建立模型，如高斯粗糙面和指数粗糙面等。近年来，随着分形几何描述自然地貌的成功应用，又引入了分形函数来表征粗糙面。为此，本章结合粗糙表面建模的发展，简要介绍二维高斯模型，着重分析多重分形的散射模型。此外，在考虑土壤粗糙面和海面的超宽带特性时，需要计及介电常数的色散特性，为此本章结合土壤、海水介电常数模型的发展，提出修正的介电常数模型，并分析其色散效应。

2.1　谱密度和特征函数

一般说来，不同表面模型的区别就在于其谱密度的不同。因此，首先从统计学的角度说明粗糙表面的谱密度，然后再给出高阶解析法推导使用的特征函数。

2.1.1　谱密度

令二维粗糙面的高度函数 $z=f(\boldsymbol{r}_\perp)$，其中 $\boldsymbol{r}_\perp=x\hat{\boldsymbol{x}}+y\hat{\boldsymbol{y}}$，$\hat{\boldsymbol{x}}$，$\hat{\boldsymbol{y}}$ 表示方向矢量，$f(\boldsymbol{r}_\perp)$ 是变量(x,y) 的平稳随机函数，均值为零，且有

$$\langle f(\boldsymbol{r}_{1\perp})f(\boldsymbol{r}_{2\perp})\rangle=h^2C(\boldsymbol{r}_{1\perp}-\boldsymbol{r}_{2\perp}) \tag{2.1}$$

式中：$\langle\ \rangle$ 表示集平均；h 表示粗糙面的均方根高度；$C(\cdot)$ 表示归一化的相关函数。

高度函数的傅里叶(Fourier) 变换为

$$F(\boldsymbol{k}_\perp)=\frac{1}{(2\pi)^2}\int_{-\infty}^{\infty}\mathrm{e}^{-\mathrm{j}\boldsymbol{k}_\perp\cdot\boldsymbol{r}_\perp}f(\boldsymbol{r}_\perp)\mathrm{d}\boldsymbol{r}_\perp \tag{2.2}$$

由于 $f(\boldsymbol{r}_\perp)$ 是实函数，因此由傅里叶变换的性质有 $F^*(\boldsymbol{k}_\perp)=F(-\boldsymbol{k}_\perp)$，则对式(2.1)进行傅里叶变换，得

$$\langle F(\boldsymbol{k}_{1\perp})F^*(\boldsymbol{k}_{2\perp})\rangle=\langle F(\boldsymbol{k}_{1\perp})F(-\boldsymbol{k}_{2\perp})\rangle=\delta(\boldsymbol{k}_{1\perp}-\boldsymbol{k}_{2\perp})W(\boldsymbol{k}_{1\perp}) \tag{2.3}$$

式中：$W(\boldsymbol{k}_{1\perp})$ 表示粗糙面的谱密度。

由维纳-辛钦(Wiener-Khintchine) 公式知，谱密度与相关函数的关系为

$$W(\boldsymbol{k}_\perp)=\frac{1}{(4\pi)^2}\int_{-\infty}^{\infty}\mathrm{e}^{-\mathrm{j}\boldsymbol{k}_\perp\cdot\boldsymbol{r}_\perp}h^2C(\boldsymbol{r}_\perp)\mathrm{d}\boldsymbol{k}_\perp \tag{2.4}$$

当表面相关函数已知时，就可根据式(2.4) 求出不同模型的谱密度函数。当高斯模型的相关函数为

$$C(\tau_x,\tau_y)=\exp\left(-\frac{\tau_x^2}{l_x^2}-\frac{\tau_y^2}{l_y^2}\right) \tag{2.5}$$

式中：τ_x 和 τ_y 及 l_x 和 l_y 分别表示 $\hat{\boldsymbol{x}}$,$\hat{\boldsymbol{y}}$ 方向两点间的距离及相关长度时，由式(2.4) 即可求得其谱密度函数为

$$W(k_x,k_y)=\frac{h^2 l_x l_y}{4\pi}\exp\left(-\frac{k_x^2 l_x^2}{4}-\frac{k_y^2 l_y^2}{4}\right) \tag{2.6}$$

需要指出的是，式(2.6) 表示的是各向异性粗糙面的谱密度，其均方根斜率分别定义为 $\rho_x=\sqrt{2}h/l_x$，$\rho_y=\sqrt{2}h/l_y$。当 $l_x=l_y$ 时，则表示各向同性的粗糙面，此时谱密度函数为

$$W(k_x,k_y)=\frac{h^2 l^2}{4\pi}\exp\left[-\frac{(k_x^2+k_y^2)l^2}{4}\right] \tag{2.7}$$

当表面存在很多尖峰时，常用指数模型表示，其谱密度函数为

$$W(\boldsymbol{k}_\perp)=\frac{h^2 l^2}{2\pi}\left[1+(\boldsymbol{k}_\perp l)^2\right]^{-3/2} \tag{2.8}$$

由式(2.8) 可知，当 $\boldsymbol{k}_\perp$ 较大时，指数谱密度具有负幂指数的形式。

对统计随机模型，由于其相关函数易知，因此谱密度具有明确的解析表达式；对分形或多重分形模型，由于相关长度复杂，因此难以求得谱密度，在求解时，常用统计意义上的谱密度。

为了直观比较高斯、指数、分形模型的差异，采用一阶微扰法(Small Pertwrbation Method，SPM)求解 HH 极化下海面的后向散射系数 $\sigma_{\rm hh}$，$\theta_{\rm i}$ 为入射角度，如图 2.1 所示，表面参数为 $kh=0.1$，$kl=2.6$，$\varepsilon_{\rm r}=15.34-{\rm j}3.66$，$D=2.5$，$s^2=0.008$，频率 $f=1.5$ GHz。仿真计算结果表明：在中等入射角下，三种模型的求解结果较为一致；在大入射角下，指数模型和分形模型的结果一致。与测量数据比较可知，分形模型能更好地模拟粗糙地、海面。

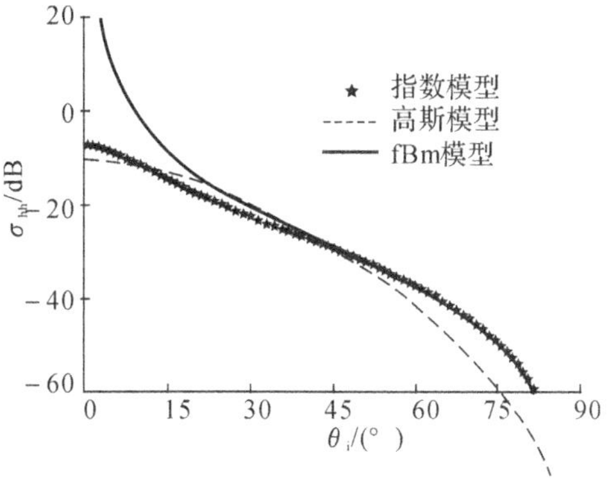

图 2.1 不同模型后向散射系数的比较

2.1.2 特征函数

在推导高阶基尔霍夫法时，需要用到粗糙面的特征函数，这里直接以二维粗糙面加以介绍。对高斯随机过程 $f(\boldsymbol{r}_\perp)$，其概率密度函数(Probability Density Function，PDF) 为

$$p(f)=\frac{1}{\sqrt{2\pi}h}\exp\left(-\frac{f^2}{2h^2}\right) \tag{2.9}$$

$f(\boldsymbol{r}_{1\perp})=f_1$ 和 $f(\boldsymbol{r}_{2\perp})=f_2$ 的联合概率密度函数表示为

$$p(f_1,f_2)=\frac{1}{2\pi h^2\sqrt{1-C(\boldsymbol{r}_\perp)^2}}\exp\left\{-\frac{f_1-2C(\boldsymbol{r}_\perp)f_1 f_2+f_2^2}{2h^2\left[1-C(\boldsymbol{r}_\perp)^2\right]}\right\} \tag{2.10}$$

因此，特征函数为

$$\langle e^{jvf} \rangle = \int_{-\infty}^{\infty} p(f) e^{jvf} df = \exp(-h^2 v^2 / 2) \tag{2.11}$$

$$\langle e^{jv(f_1 - f_2)} \rangle = \int_{-\infty}^{\infty} df_1 \int_{-\infty}^{\infty} p(f_1, f_2) e^{jv(f_1 \cdot f_2)} df_2 = \exp[-h^2 v^2 (1 - C)] \tag{2.12}$$

式中：v 为函数自变量；C 由式(2.1)确定。

2.2 分形和多重分形散射模型

从1975年Mandelbrot首先将分形(fractal)用来表征复杂图形和复杂过程以来，分形几何获得了大量应用。由于分形可集周期函数和随机函数的特性于一体，其几何特征可以方便地被几个分形量控制，近年来有关分形粗糙面散射的研究越来越多，国内学者也将分形理论用于了粗糙表面的建模研究。通常采用限带WM(Weiersuass-Mundelbrot)分形函数和fBm(fractional Brownian motion)分形函数来表征粗糙面，下面介绍这两类分形函数。

2.2.1 传统的WM及fBm分形模型

WM分形函数，由Weiersuass在1872年提出。在用于粗糙面的表征时，常用其带限形式，就是后来命名的WM分形函数[1]，即

$$f(x) = hC_N \sum_{n=0}^{N_f - 1} b^{(D-2)n} \sin(K_0 b^n x + \varphi_n) \tag{2.13}$$

式中：N_f 表示谐波数；D 表示分维数；K_0 表示空间基波数；b 表示不同频谱的密度；φ_n 为 $(0, 2\pi)$ 上均匀分布的随机相位；C_N 表示幅度控制因子，且有

$$C_N = \sqrt{2(1 - b^{2(D-2)}) / (1 - b^{2(D-2)N_f})} \tag{2.14}$$

随着粗糙面研究的深入，后来又发展到二维分形和动态分形，其函数表达式分别为

$$f(x, y) = hC \sum_{n=0}^{N-1} b^{(D-2)n} \sin\{K_0 b^n [x\cos(\beta_n) + y\sin(\beta_n)] + \varphi_n\} \tag{2.15}$$

$$f(x, y, t) = hC \sum_{n=0}^{N-1} b^{(D-2)n} \sin\{K_0 b^n [(x + v_x t)\cos(\beta_n(t)) + (y + v_y t)\sin(\beta_n(t))] + \varphi_n\} \tag{2.16}$$

式中：β_n 表示第 n 个谐波的角传播方向；v_x 为 x 方向的分形运动速度；v_y 为 y 方向的分形运动速度。

由于描述分子随机运动的布朗运动随机分形，模拟自然现象有很大的实际意义，所以在粗糙表面的模型表征中，也常采用fBm的散射模型，它的功率谱函数为

$$W(\boldsymbol{k}_\perp) = W_0 |\boldsymbol{k}_\perp|^{-\alpha} = W_0 |\boldsymbol{k}_\perp|^{-(2+2H)} = \begin{cases} W_0 |\boldsymbol{k}_\perp|^{-(8-2D)}, & H = 3 - D \\ W_0 |\boldsymbol{k}_\perp|^{-(5-2D)}, & H = 2 - D \end{cases} \tag{2.17}$$

式中：D 表示分维数；W_0 为常数。

对比WM分形函数和fBm分形函数的表达式可知，WM分形函数具有解析表达式，通过改变参变量，便可得到不同的表面模型，但未知变量较多，散射场表达式复杂；而fBm分

形函数的负幂指数形式，在土壤表面散射场的测量和海洋表面散射场的测量及理论分析中都得到了证实，但受其有效性假设的限制。由于各自的优缺点不同，因此它们在不同的领域都得到了应用。

2.2.2　多重分形的散射模型

在 WM 分形函数和 fBm 分形函数中，都有一个关键性参数——分维数 D，在已有研究中，都是基于 D 为一个定量的数值展开讨论的。但事实上，简单分维数对所研究的对象只能做整体上的表征，无法体现出更全面精细的信息。而且，在各个复杂形体的形成过程中，其局域条件是十分重要的，不同的局域条件或者由起伏引起的参量的波动是造成这类形体形态各异的主要原因之一。近年来的研究结果表明，并不存在一个普适的分维数。因此，仅用一个分维数来描述经过复杂的非线性动力学演化过程而形成的表面结构显然是不够的。为此，构造了双尺度 WM 分形函数，提出了多重 fBm 的散射模型来更好地表征粗糙面。

1. 双尺度 WM 分形模型

传统双尺度模型的散射解，是由反射率予以修正的大尺度起伏 KA 解的贡献，再加上小尺度起伏 SPM 解对小尺度起伏在大尺度起伏上造成的几何斜率作平均之后的贡献。尽管大、小尺度的划分和独立叠加只是一种假定和方法，但与实验数据吻合得也较好，仍有较宽的适用范围。SPM 解和高频近似下 KA 解独立叠加的结果如图 2.2 所示，表面参数为$\sqrt{2}h/l=0.1$，频率 $f=8.91$ GHz，$\varepsilon_r=48.3-j34.9$。由图 2.2 可以看出，合成曲线在入射角 $\theta_i=20°$ 附近转折。

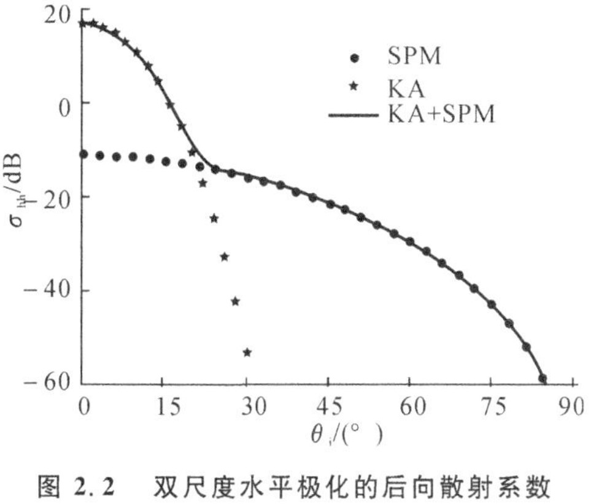

图 2.2　双尺度水平极化的后向散射系数

结合近年来分形模型的成功应用，并针对传统分形粗糙面在小角度入射下的仿真值与实验数据相差甚远的特点，按照双尺度分析的思路首先构造双尺度的 WM 分形模型。与传统双尺度模型不同的有两点：一是，双尺度 WM 分形模型的尺度划分因子是临界入射角 θ_d，依据 KA 和 SPM 有效性的特点，设定 $\theta_d=20°$，在 $\theta_i<\theta_d$ 的范围内，采用较大的分维数，反之则采用较小的分维数；二是，大小尺度各部分的散射解，可单独采用解析法或数值法求解，然后再独立叠加求得，而不局限于 KA 和 SPM 的求解。

为了便于实际构造双尺度的 WM 分形粗糙面，由式(2.13) 构造出类似的限带双尺度 WM 分形函数，其表征形式为

$$f(x)=T_1\sum_{n=0}^{n_c}b^{(D_1-2)n}\sin(K_0b^nx+\varphi_n)+T_2\sum_{n_c}^{N-1}b^{(D_2-2)n}\sin(K_0b^nx+\varphi_n) \quad (2.18)$$

式中：T_1 和 T_2 分别表示大、小尺度的特征长度；b^n 表示临界入射角对应的转角频率。

对各向同性的粗糙面，可得出具有双分形特性的表面功率谱[2]为

$$W(f)=\begin{cases}\dfrac{(5-2D_1)(7-2D_1)E(D_1)T_1^{2(D_1-1)}}{2\pi\ln b}f^{-(5-2D_1)}, & 0\leqslant f\leqslant b^n\\ \dfrac{(5-2D_2)(7-2D_2)E(D_2)T_2^{2(D_2-1)}}{2\pi\ln b}f^{-(5-2D_2)}, & b^n\leqslant f\leqslant\infty\end{cases} \quad (2.19)$$

式中：$D_1>1$，$D_2<2$，$b>1$，$E(D)$ 为

$$E(D)=\int_0^{\pi/2}[\cos^{(5-2D)}\theta-\cos^{(7-2D)}\theta]\,\mathrm{d}\theta \quad (2.20)$$

从双尺度WM分形模型的构造思路及函数表征形式可知，双尺度WM分形模型打破了单一分维数表征粗糙面过于简单的局限，使得模型可以更好地模拟真实粗糙面，改变特征参数，还可以得到具有不同分维特性的双尺度分形粗糙面。因此，双尺度WM分形模型为粗糙表面的合理表征提供了新途径，它必将在地球物理学、摩擦学及计算机图形学等方面获得广泛应用。

在实际构造双尺度分形表面时，通常采用WM分形函数和分形插值两种方法，但它们都存在一定的局限性，这也给双尺度WM分形模型的应用带来困难。因为，在构造WM分形函数时将表面看作是平稳的随机表面进行处理，而在实际中随机的分形表面均为非平稳的随机过程，因此所构造的表面在某种程度上具有一定的局限性。虽然分形插值法是模拟粗糙表面的一种较好的方法，但是由于确定性迭代的数据是成倍增加的，因此两个分形区域交界处的转角频率难以精确控制，从而使两个区域的迭代次数的控制比较困难。

值得指出的是，双尺度WM分形模型主要应用于大、小尺度叠加的粗糙海面的描述。为了有效利用双尺度WM分形模型，在粗糙表面求解的正问题中，可以在不同尺度范围内，采用不同的WM分形函数形式来模拟粗糙面，从而使仿真结果与测量值更为接近；在逆问题中，则可以通过不同尺度范围内，模型参数变化与测量值比较的差异，来模拟粗糙面。

2. 多重fBm散射模型

在fBm谱函数 $f^{-\alpha}$ 中，谱指数 α 仅取几个固定值，如 $\alpha=0$ 对应于白噪声函数，$\alpha=1$ 对应于人体心律不齐的函数，$\alpha=2$ 对应于布朗运动函数，等等。为了描述粗糙表面构造过程中的不同层次和特征，引入多重分形谱 $f(\alpha)$，来精细表征多重分维数的粗糙面。具体说来，就是把粗糙面分为 N 个子区域，设第 i 个子区域长度为 L_i，表面在该子区域的生长概率为 P_i，不同区域概率不同，采用不同的谱指数 α_i 来表征，即

$$P_i=L_i^{\alpha_i},\quad i=1,2,3,\cdots,N \quad (2.21)$$

若长度 L_i 的大小趋于零，则式(2.21)可写为

$$\alpha=\lim_{x\to\infty}\frac{\ln P}{\ln L} \quad (2.22)$$

谱指数 α 反映了分形体各个子区域在尺寸 L_i 下，高度分布概率随 L_i 变化的各个子集的性质，α 越大，子集的概率 P_i 越小。若把粗糙面上以 α 标记的子集中具有相同概率的区域数记为 $N_\alpha(L_i)$，一般 $N_\alpha(L_i)$ 随 L_i 的减小而增大，则有

$$N_\alpha(L_i) \sim L_i^{-f(\alpha)} \tag{2.23}$$

于是便可得到一个不同谱 α 所对应的维数 $f(\alpha)$，α 和 $f(\alpha)$ 便是描述多重分形的一组参量。

求解 $f(\alpha)$ 有两种方法：一种是解析法[3]，仅适用于规则分形，如 Cantor 二分集和三分集分布所生成的粗糙面；另一种是配分函数法[4]，适宜于规则和不规则多重分形计算。下面以规则 Cantor 集为例，说明多重分维数 $f(\alpha)$ 的计算，并分析 α 和 $f(\alpha)$ 所包含的精细的粗糙表面信息。

Cantor 二分集表示为 $P/0/1-P$ 的分布。按照 Cantor 集的生成规则，分布生成到 k 代后，表面轮廓尺寸 $L_i=(1/3)^k$ 上的分布概率 P_i 为

$$P_i = P^m (1-P)^{k-m} \tag{2.24}$$

相应概率相同的子区域数 $N_\alpha(P_i)$ 为

$$N_\alpha(P_i) = \frac{k!}{m!\,(k-m)!} \tag{2.25}$$

设 $m=k\zeta$，变量 ζ 的范围为 $0 \leqslant \zeta \leqslant 1$，将 P_i 和 $N_\alpha(P_i)$ 重新写成

$$P_\zeta = P^{k\zeta} (1-P)^{k(1-\zeta)} \tag{2.26}$$

$$N_\alpha(\zeta) = \frac{k!}{(k\zeta)!\,[k(1-\zeta)]!} \tag{2.27}$$

由式(2.22)可得

$$\alpha = \frac{\ln P_\zeta}{\ln L_i} = -\frac{\zeta \ln P + (1-\zeta)\ln(1-P)}{\ln 3} \tag{2.28}$$

由式(2.23)可得

$$f(\alpha) = -\frac{\ln N_\alpha(\zeta)}{\ln L_i} = -\frac{\zeta \ln \zeta + (1-\zeta)\ln(1-\zeta)}{\ln 3} \tag{2.29}$$

同理，可求得 Cantor 三分集 $P/1-2P/P$ 分布的谱指数和奇异谱的解析表达式为

$$\alpha = \frac{\ln P_\zeta}{\ln L_i} = -\frac{\zeta \ln P + (1-\zeta)\ln(1-2P)}{\ln 3} \tag{2.30}$$

$$f(\alpha) = -\frac{\ln N_\alpha(\zeta)}{\ln L_i} = \frac{\zeta \ln 2 - \zeta \ln \zeta - (1-\zeta)\ln(1-\zeta)}{\ln 3} \tag{2.31}$$

当 ζ 由 0 变化到 1 时，求出 α 和 $f(\alpha)$ 的值，$f(\alpha)-\alpha$ 就是相应的多重分形谱，如图 2.3 和图 2.4 所示。

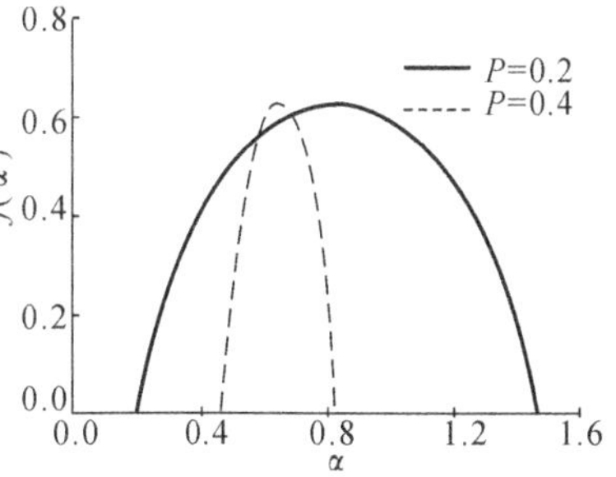

图 2.3 Cantor 二分集的多重分形谱

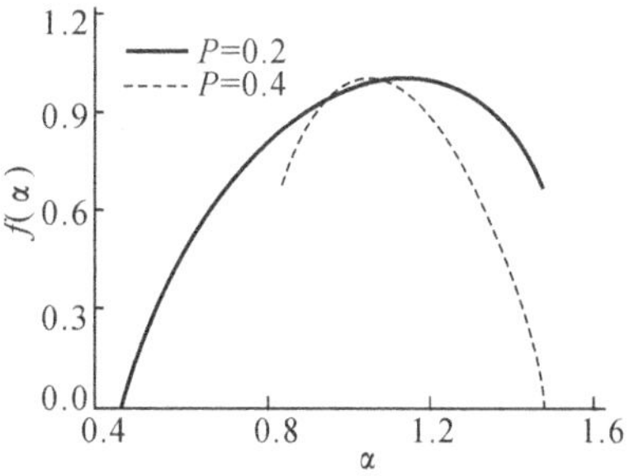

图 2.4 Cantor 三分集的多重分形谱

从图中可以看出，虽然两种生成概率下，粗糙表面的 rms 相同，然而由不同生成概率构造的表面分形维数有明显差别，这也说明了 rms 描述表面粗糙度的局限性。总体上来看，Cantor 二分集的多重分形谱是钟状曲线，Cantor 三分集的多重分形谱是钩状曲线，不同生成概率的谱宽度 $\Delta\alpha(\alpha_{\max}-\alpha_{\min})$ 不同。在 Cantor 三分集中，当小概率占主要地位时，$f(\alpha)$ 呈右钩状；大概率占主要地位时，$f(\alpha)$ 呈左钩状。

在粗糙表面的构造过程中，用多重分形谱宽度 $\Delta\alpha$ 定量表征表面的起伏程度，亦即表面的粗糙度，由式(2.22)可知

$$\Delta\alpha=\frac{\ln P_{\min}}{\ln L_i}-\frac{\ln P_{\max}}{\ln L_i}=\frac{\ln\left(P_{\max}/P_{\min}\right)}{\ln\left(1/L_i\right)} \tag{2.32}$$

式(2.32)表明，$\Delta\alpha$ 随 $\ln\left(P_{\max}/P_{\min}\right)$ 的增大而增大，并与之呈线性变化。因此，$\Delta\alpha$ 定量表征了最大、最小概率间的差别。

在粗糙面的生成过程中，用多重分形维数 Δf 表征表面的形状，它反映了表面沉积在峰、谷位置数目的比例，由式(2.23)可知

$$\Delta f=f(\alpha_{\min})-f(\alpha_{\max})=\frac{\ln\left(N_{P\max}/N_{P\min}\right)}{\ln L_i} \tag{2.33}$$

式(2.33)表明，Δf 的大小还可以统计具有最大、最小概率区域的数目的比例。由于 $L_i<1$，当 Δf 大于 0 时，这时概率最小子集的数目大于概率最大子集的数目，则表面尖峰比较突出；相反当 Δf 小于 0 时，表面颗粒更多沉积在峰位，则表面比较平坦；而 Δf 等于 0 时颗粒沉积在峰、谷位置的概率相等。

由此可知，分形和多重分形理论，在对粗糙表面的描述上克服了 rms 的缺点。简单分维数是对表面形貌的整体表征，而多重分形全面反映了表面上几何高度的概率分布，谱宽度可以定量表征表面的起伏程度，分维数的差别则可以统计表面不同高度处的数目比例。

为此，将基于多重分维数 $f(\alpha)$ 来研究粗糙表面的散射特性。由式(2.3)可知，解析法求解时，不同模型粗糙面散射系数的求解，其差异就体现在表面功率谱函数的不同。由分形布朗运动的功率谱函数 $W(\boldsymbol{k}_{\perp})=W_0\mid\boldsymbol{k}_{\perp}\mid^{-\alpha}$，构造出多重分形布朗运动的功率谱函数，即

$$W(\boldsymbol{k}_{\perp})=W_0\mid\boldsymbol{k}_{\perp}\mid^{-f(\alpha)} \tag{2.34}$$

由上述分析可知，多重 fBm 散射模型，打破了传统 fBm 模型单一分维数的限制，使得表面模拟更加精细，它适用于不同类型粗糙面的模拟，在不同频率范围内，它可以利用不同的分维数 $f(\alpha)$ 来模拟表面，也可以表征双尺度 WM 分形模型表征的表面，因而具有更宽的应用范围。多重 fBm 散射模型的优越性，将在下一章介绍高阶微扰法求解二维导体粗糙面的散射特性时加以例证说明。而它的局限性在于，实际构造过程中，难以确定每一表面区域沉积颗粒的概率，因而难以确定每一部分的分维数。

在具体应用时，可从两方面着手：①构造一块已知统计特性的粗糙面，求出其多重分形维数，再通过式(2.34)求解不同生长概率下的散射系数，并和简单分维数及传统的随机模型比较，以说明多重分形模型表征的优越性；②可行的方向就是按照双尺度的思路，根据不同入射角，采用分段分维数的 fBm 谱函数来表征实际粗糙面，然后采用仿真算法求解粗糙面的散射特性。

2.3　多区域复合粗糙面环境模型

实际地貌环境更多的是多种复杂类型环境组成的多区域复合环境。本节讨论多区域复合粗糙面环境模型的建立方法。建模方法的技术方案如图2.5所示(以海陆交界环境为例)。首先,基于Monte Carlo方法,根据所要模拟的环境表面轮廓的统计特性,选择合适的谱函数,来生成各个区域的表面轮廓。在所列举的几个典型的复杂分区域环境中,其子区域的类型主要分为以下两类:第一类为陆地表面,采用适合于模拟陆地表面起伏特性的高斯谱函数来生成陆地区域的表面;第二类为海面,由于海面所处的地理位置差异,其所处位置对应的海水深度会对海浪的形成带来影响,从而影响海面的统计特性;这里再将其细分为深海海面与近海海面,采用适合于模拟深海表面起伏特性的Pierson－Moskowitz(PM)海谱来生成深海区域的表面;采用变浅系数与JONSWAP谱相结合的有限水深海谱来生成近海区域的表面。接着,根据所要模拟的分区域环境具体类型,构造区域边界的具体形状,设置边界调制权函数,例如海陆交界环境就存在四种边界类型:线型、月牙型、抛物线型与分形型,峡谷型由于也存在着河流区域与陆地的交接,因此将其单独作为一种分区域环境类别。随后,提出了一种区域边界建模方法,在交界处采用加权反正切函数平滑处理,以反正切函数为权函数进行的功率谱调制,可以既保持不同粗糙区域的统计特征不被改变,又能在不同区域的交界处实现平滑衔接,能够很好地模拟出分区域环境相邻区域边界附近环境的统计特征,完成分区域环境的建模。

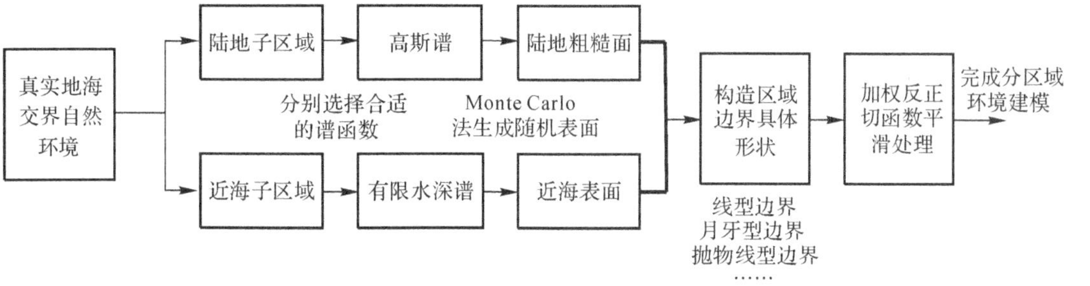

图2.5　复杂分区域环境建模方法的技术方案

具体技术方案包括以下步骤:

步骤1:根据子区域的统计特性,选取合适的谱函数生成子区域的随机粗糙面(子区域的建模方法已在上节常规环境建模方法中给出)。

步骤2:根据所要模拟的分区域环境具体类型,构造区域边界的具体形状,设置边界调制权函数(这里边界调制权函数的设置,将在仿真算例部分详细给出)。

步骤3:采用区域边界建模方法,在交界处采用加权反正切函数平滑处理,完成分区域环境的建模。传统的谱函数只能模拟单一类型的随机粗糙面,而真实战场环境往往是多介质、多种统计特性的,以海陆交界地带为例:海陆交界环境表面通常是既具备陆地粗糙面又包含海面的,为了贴近真实的海陆交界环境中的地理轮廓和地形结构,采用高斯谱和变浅系数与 JONSWAP 谱结合而成的有限水深海谱，利用 Monte Carlo 方法，生成同时具备两种统计特性的随机粗糙面，在交界处采用加权反正切函数平滑处理，生成海陆交界分区域复合粗糙面。

该建模方法的理论基础如下：

(1) 陆地区域粗糙面的统计特性可由均方根高度 h_{rms} 和相关长度 l_x，l_y 来描述。

(2) 深海海面区域粗糙面的统计特性可由海面上方 19.5 m 高度处的风速 $v_{19.5}$ 来描述，近海海面区域粗糙面的统计特性可由海面上方 10 m 高度处的风速 v_{10}、风区因子 f 和变浅系数 $\zeta(d)$ 来描述。

(3) 以 Monte Carlo 方法模拟生成粗糙面实质上是对线性滤波后的谱密度函数进行逆傅里叶变换，从而得到粗糙面的高低起伏。

(4) 以反正切函数为权函数进行的功率谱调制，可以既保持不同粗糙区域的统计特征不被改变，又能在不同区域的交界处实现平滑衔接，能够很好地模拟出海岸线附近环境的特征。

利用加权反正切函数对交界处进行平滑处理，实质上就是对线性系统中频谱的调制。加权反正切函数表达式为

$$f_{com}(x,y)=f_{sur1}(x,y)\cdot\frac{[\pi/2+\arctan f_w(x,y)]}{\pi}+f_{sur2}(x,y)\cdot\frac{[\pi/2-\arctan f_w(x,y)]}{\pi} \tag{2.35}$$

式中：$f_{sur1}(x,y)$、$f_{sur2}(x,y)$ 和 $f_{com}(x,y)$ 分别表示分区域表面 sur1、sur2 和分区域复合粗糙面的高低起伏轮廓 com；$f_w(x,y)$ 为边界调制权函数，其形式根据具体所需生成的表面结构来确定。加权反正切函数平滑处理效果如图 2.6 所示。

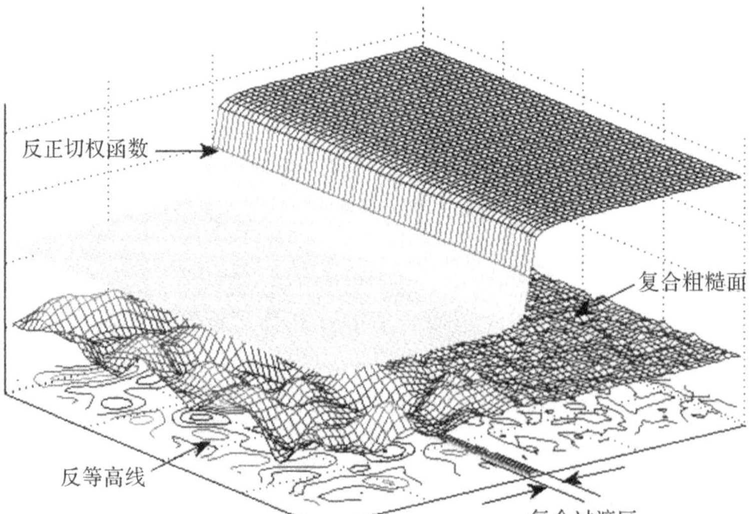

图 2.6 加权反正切函数平滑处理效果示意图

2.3.1　分区陆地环境模型

陆地指的是地球表面的固体部分，占地球表面积的 29.2%，由大陆、岛屿、半岛和地峡这几部分所组成。本书所研究的复杂陆地环境，是所属于上述部分的局部区域。陆地，是人类活动的集中地带，也是军事活动主要背景环境，传统的陆地表面建模主要集中在单一统计特性环境的构建，而实际的陆地表面往往是复杂的、分区域的、多介质的、多粗糙度的，如图 2.7 所示。

图 2.7　复杂陆地自然环境

按照 2.2 节所提出的分区域复合粗糙面建模理论，对复杂陆地分区域复合粗糙面进行建模。采用高斯谱函数作为生成粗糙面的基本函数，其统计特性可由均方根高度 h_{rms} 和相关长度 l_x，l_y 来描述。

（1）双重粗糙度分区域复合粗糙面的建模方法。实现生成的随机粗糙面具备双重粗糙度，必须先采用两种统计特性不相同的谱函数进行线性滤波和逆傅里叶变换，采用反正切函数作为权函数对其进行调制和区域间的平滑衔接。加权反正切函数表达式为

$$f_{\mathrm{com}}(x,y)=f_{\mathrm{sur1}}(x,y)\cdot\frac{[\pi/2+\arctan(y-y_0)]}{\pi}+f_{\mathrm{sur2}}(x,y)\cdot\frac{[\pi/2-\arctan(y-y_0)]}{\pi}\tag{2.36}$$

式中：y_0 表示分界线所在位置，可以根据实际需要进行调整，也可以取 x_0 方向；$f_{\mathrm{sur1}}(x,y)$、$f_{\mathrm{sur2}}(x,y)$ 表示统计特性不同的随机表面 sur1 和 sur2。设置参数 $y_0=0$，工作频率 $f=1$ GHz，设对应波长为 λ，粗糙面尺寸为 $L_x\times L_y$：$40\lambda\times40\lambda$，表面 sur1 统计参数为 $h_{\mathrm{sur1}}=0.01\lambda$，$l_x=l_y=1.0\lambda$，表面 sur2 统计参数为 $h_{\mathrm{sur2}}=1.0\lambda$，$l_x=l_y=1.0\lambda$，每个波长取 5 个采样点，仿真图像如图 2.8 所示。

（2）三重粗糙度分区域复合粗糙面的建模方法。采用 3 种统计特性不相同的谱函数进行线性滤波和逆傅里叶变换，采用反正切函数作为权函数对其进行调制和区域间的平滑衔接。加权反正切函数表达式为

$$f_{\mathrm{com}}(x,y)=f_{\mathrm{sur1}}(x,y)\cdot\frac{[\pi/2+\arctan(y-y_1)]}{\pi}+f_{\mathrm{sur3}}(x,y)\cdot\frac{[\pi/2-\arctan(y-y_2)]}{\pi}+f_{\mathrm{sur2}}(x,y)\cdot\frac{[\pi/2-\arctan(y-y_1)]}{\pi}\cdot\frac{[\pi/2+\arctan(y-y_2)]}{\pi}\tag{2.37}$$

式中：y_1、y_2 表示分界线所在位置，可以根据实际需要进行调整；$f_{\text{sur1}}(x,y)$、$f_{\text{sur2}}(x,y)$、$f_{\text{sur3}}(x,y)$ 表示统计特性不同的随机表面 sur1、sur2 和 sur3。设置参数 $y_1 = L_y/6$、$y_2 = -L_y/6$，工作频率 $f=1$ GHz，粗糙面尺寸为 $L_x \times L_y$：$40\lambda \times 40\lambda$，表面 sur1 统计参数为 $h_{\text{sur1}} = 0.01\lambda$，$l_x = l_y = 1.0\lambda$，表面 sur2 统计参数为 $h_{\text{sur2}} = 0.5\lambda$，$l_x = l_y = 1.0\lambda$，表面 sur3 统计参数为 $h_{\text{sur3}} = 1.0\lambda$，$l_x = l_y = 1.0\lambda$，每个波长取 5 个采样点，仿真图像如图 2.9 所示。

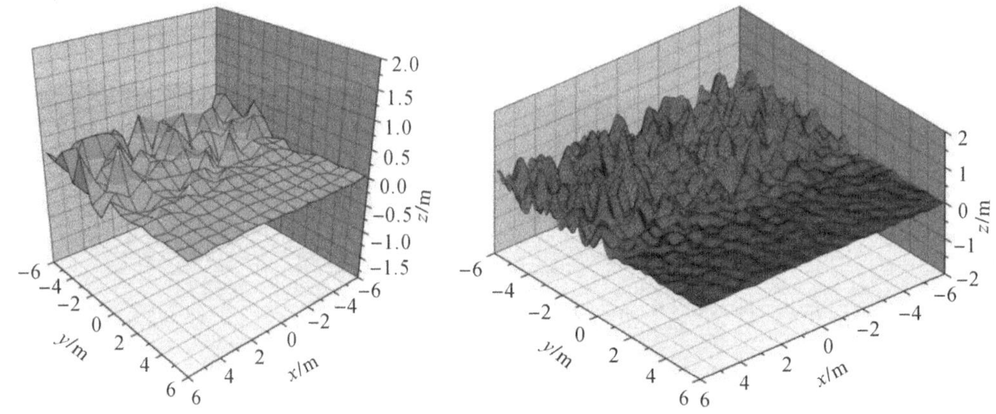

(a) (b)

图 2.8　双重粗糙度分区域复合粗糙面仿真图像

(a) 双重粗糙度几何结构；(b) 真实环境仿真

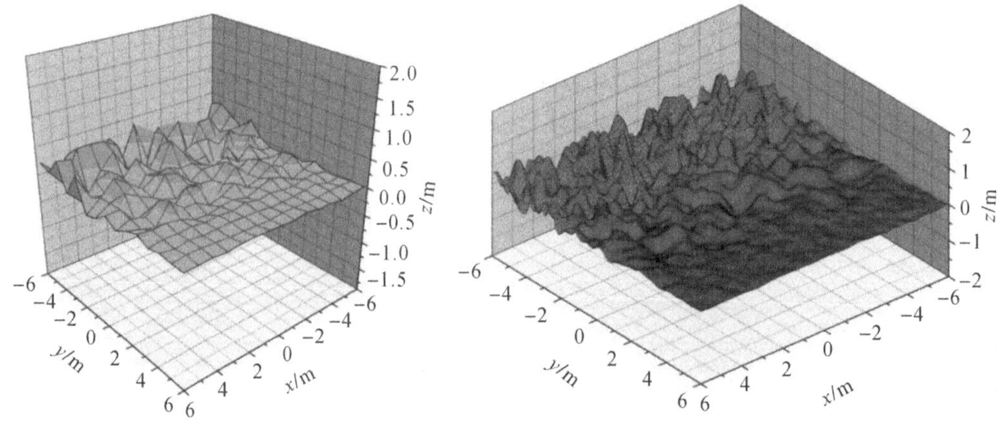

(a) (b)

图 2.9　三重粗糙度分区域复合粗糙面仿真图像

(a) 三重粗糙度几何结构；(b) 真实环境仿真

(3) 多重粗糙度分区域复合粗糙面的建模方法。采用多种统计特性不相同的谱函数进行线性滤波和逆傅里叶变换，采用反正切函数作为权函数对其进行调制和区域间的平滑衔接。该加权调制处理将平面均分为四块区域，$f_{\text{sur1}}(x,y)$、$f_{\text{sur2}}(x,y)$、$f_{\text{sur3}}(x,y)$、$f_{\text{sur4}}(x,y)$ 表示统计特性不同的随机表面 sur1、sur2、sur3 和 sur4。加权反正切函数表达式为

$$f_{\text{com}}(x,y) = f_{\text{sur1}}(x,y) \cdot \frac{[\pi/2 + \arctan(y)]}{\pi} \cdot \frac{[\pi/2 + \arctan(x)]}{\pi} + f_{\text{sur2}}(x,y) \cdot$$

$$\frac{[\pi/2+\arctan(y)]}{\pi}\cdot\frac{[\pi/2-\arctan(x)]}{\pi}+f_{\mathrm{sur3}}(x,y)\cdot\frac{[\pi/2-\arctan(y)]}{\pi}\cdot\frac{[\pi/2+\arctan(x)]}{\pi}+f_{\mathrm{sur4}}(x,y)\cdot\frac{[\pi/2-\arctan(y)]}{\pi}\cdot\frac{[\pi/2-\arctan(x)]}{\pi} \tag{2.38}$$

设置工作频率 $f=1$ GHz，粗糙面尺寸为 $L_x\times L_y$：$40\lambda\times40\lambda$，表面 sur1 统计参数为 $h_{\mathrm{sur1}}=0.01\lambda$，$l_x=l_y=1.0\lambda$，表面 sur2 统计参数为 $h_{\mathrm{sur2}}=0.5\lambda$，$l_x=l_y=2.0\lambda$，表面 sur3 统计参数为 $h_{\mathrm{sur3}}=0.1\lambda$，$l_x=l_y=1.0\lambda$，表面 sur4 统计参数为 $h_{\mathrm{sur4}}=1.0\lambda$，$l_x=l_y=1.0\lambda$，每个波长取 5 个采样点，仿真图像如图 2.10 所示。

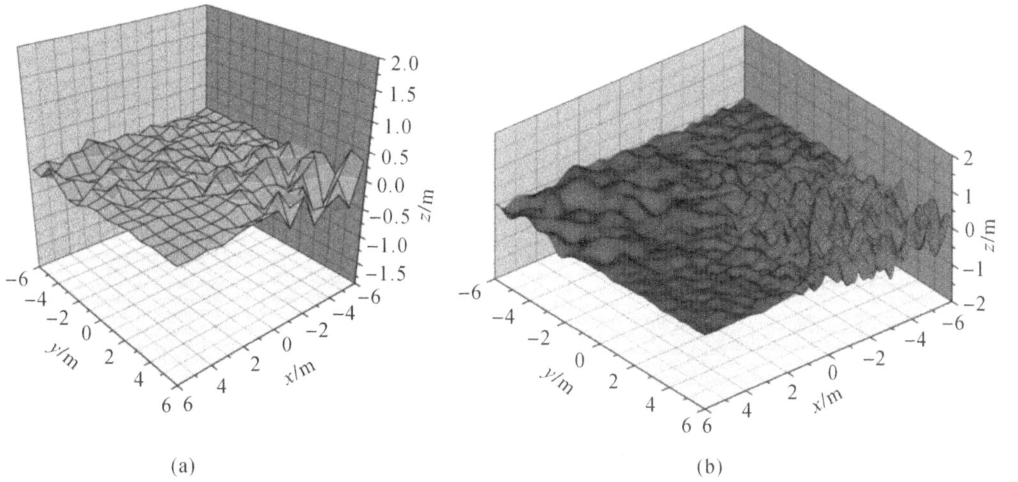

图 2.10　三重粗糙度分区域复合粗糙面仿真图像

(a) 多重粗糙度几何结构；(b) 真实环境仿真

2.3.2　海陆交界环境模型

海洋和陆地是地球表面的两个基本单元，海岸线即是陆地与海洋的分界线。地海交界环境就是既包含陆地粗糙面，同时也包含海面的自然环境，具有复合性、分区域性和复杂性的特点。按照海岸线的几何特性，可以将其近似分为如下三类：线型边界、月牙型边界和抛物线型边界的地海交界环境，其对应的真实地貌轮廓如图 2.11 所示。

基于分区域复合粗糙面建模理论，采用带有不同边界调制权函数 $f_{\mathrm{w}}(x,y)$ 的反正切权函数实现地海交界地带的平滑处理。其中，线型边界的反正切权函数加权处理公式为

$$f_{\mathrm{com}}(x,y)=f_{\mathrm{gro}}(x,y)\cdot\frac{[\pi/2-\arctan(y-y_{\mathrm{b}})]}{\pi}+f_{\mathrm{sea}}(x,y)\cdot\frac{[\pi/2+\arctan(y-y_{\mathrm{b}})]}{\pi} \tag{2.39}$$

式中：y_{b} 为交界取 y 方向时地海交界的位置，根据实际情况也可以取 x 方向。工作频率设定为 $f=1$ GHz，分区域粗糙面尺寸为 $L_x\times L_y$：$40\lambda\times40\lambda$，陆地粗糙面统计参数为 $h_{\mathrm{rms}}=1.0\lambda$ 和 $l_x=l_y=1.0\lambda$，海面统计参数为 $v_{10}=1.0$ m/s，边界参数 $y_{\mathrm{b}}=0$，每个波长取 5 个采样点，

得到地海交界分区域复合粗糙面模型如图 2.12 所示。

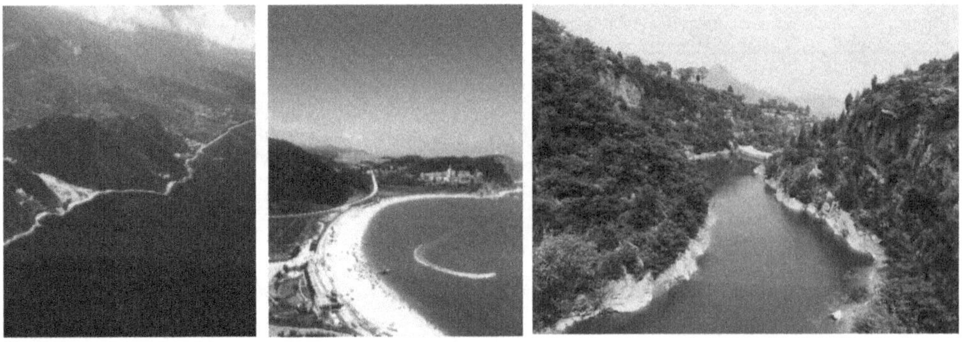

(a)　　(b)　　(c)

图 2.11　地海交界自然环境

(a) 线型边界；(b) 月牙型边界；(c) 抛物线型边界

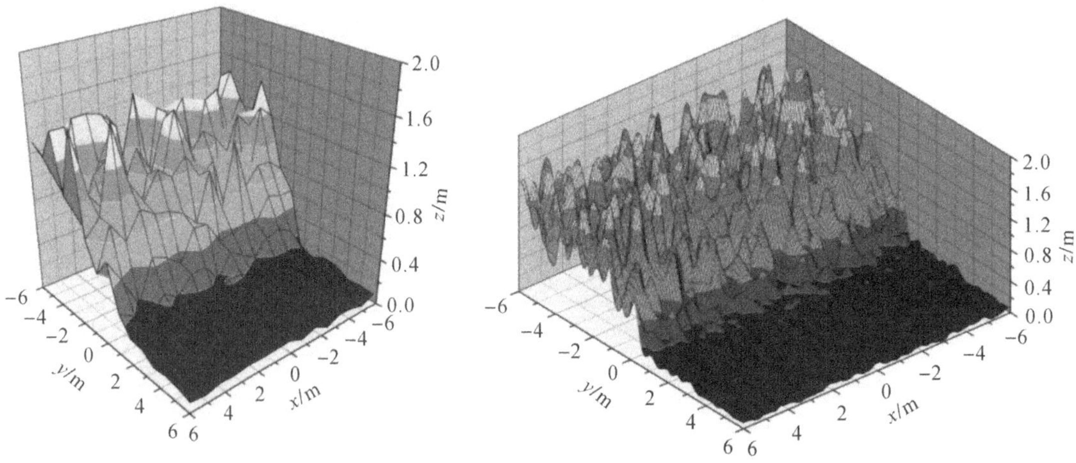

(a)　　(b)

图 2.12　线型边界分区域复合粗糙面仿真图像

(a) 线型边界几何结构；(b) 真实环境仿真

图 2.12 所示为模拟的是海岸线较为平直的情况，真实的地海交界往往是随机的、非线性的。改变边界调制权函数为月牙型边界，加权反正切函数表达式为

$$f_{\text{com}}(x,y)=f_{\text{gro}}(x,y)\cdot\frac{\left[\pi/2-\arctan\left(\sqrt{(x-r_{x0})^2+(y-r_{y0})^2}-R_0\right)\right]}{\pi}+f_{\text{sea}}(x,y)\cdot\frac{\left[\pi/2+\arctan\left(\sqrt{(x-r_{x0})^2+(y-r_{y0})^2}-R_0\right)\right]}{\pi}\tag{2.40}$$

式中：(r_{x0},r_{y0}) 为月牙开口所对应的圆心位置；R_0 为月牙开口圆的半径。根据实际环境的情况，通过调整 (r_{x0},r_{y0})、R_0 的取值，可以很好地模拟出月牙型海岸线的地海交界分区域复合粗糙面，仿真图像如图 2.13 所示。

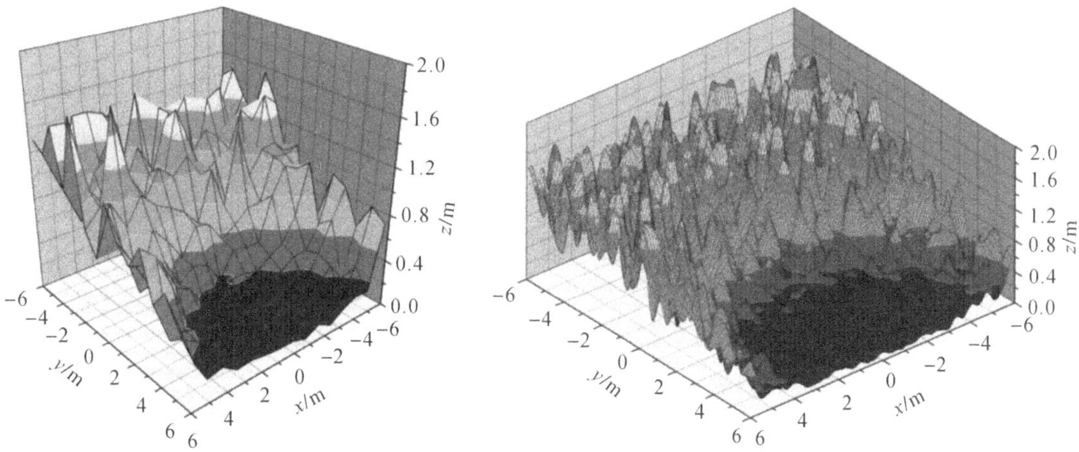

(a)　　(b)

图 2.13　月牙型边界分区域复合粗糙面仿真图像

(a) 月牙型边界几何结构；(b) 真实环境仿真

某些特殊的地海交界环境是以海面向陆地延伸较深的形式存在的，这类自然环境也是我们所感兴趣的领域，通过仿真实验，发现抛物线函数能够很好地模拟出这类交界环境。改变边界调制权函数为抛物线型边界，加权反正切函数表达式为

$$f_{\mathrm{com}}(x,y)=[f_{\mathrm{gro}}(x,y)+H_{\mathrm{gro}}]\cdot\frac{[\pi/2-\arctan(ax+P_x-y^2)]}{\pi}+f_{\mathrm{sea}}(x,y)\cdot\frac{[\pi/2+\arctan(ax+P_x-y^2)]}{\pi}\tag{2.41}$$

其中抛物线 $y=ax^2$ 确定了地海交界环境的几何构型，将 a 定义为开口因子，a 的大小影响海面开口的范围，H_{gro} 确定陆地粗糙面的海拔高度，P_x 确定海面纵深范围。根据实际环境的情况，通过调整 a、H_{gro}、P_x 的取值，可以很好地模拟出抛物线型海岸线的地海交界分区域复合粗糙面，仿真图像如图 2.14 所示。

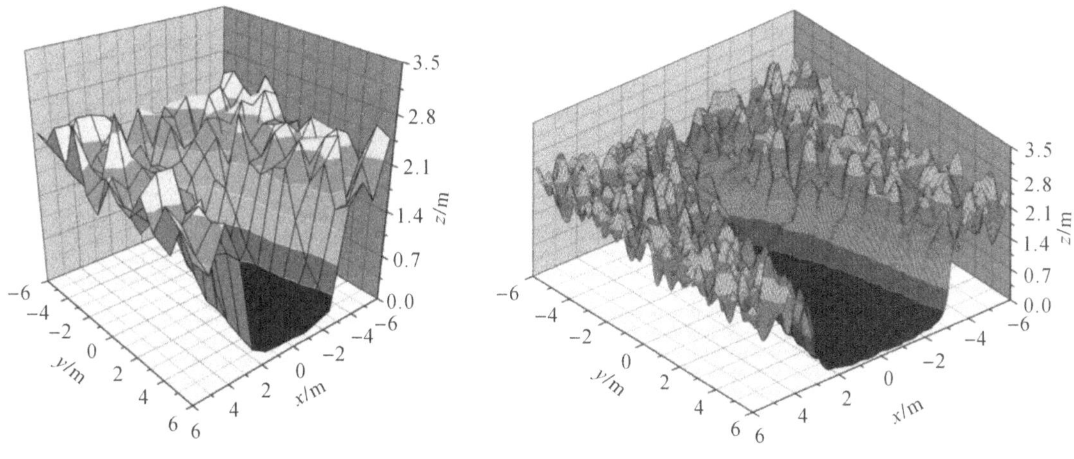

(a)　　(b)

图 2.14　抛物线型边界分区域复合粗糙面仿真图像

(a) 抛物线型边界几何结构；(b) 真实环境仿真

上述三种近似的建模方法，是对地海交界环境整体的几何特征进行模拟，在此基础之上，本书提出了一种基于分形理论的边界赋形方法，引入一维带限 Weierstrass - Mandelbrot 分形函数，它具有一定的内、外尺度，能够保证在一定区间内保持分形的主要特征，利用该函数来构造地海交界环境海岸线的几何形状，能够较好地模拟海岸线的局部特性。其具体形式为

$$f_{\text{fractal}}(x)=\sqrt{2}\kappa\sqrt{\frac{1-b^{2(D-2)}}{1-b^{2N(D-2)}}}\sum_{n=0}^{N-1}b^{n(D-2)}\cos(k_0 b^n x+\varphi_n) \tag{2.42}$$

式中：κ 用来控制所生成分形边界的起伏程度；b 为尺度因子；D 为分维数（$1<D<2$）；k_0 为自由空间波数，决定空间频谱的位置；φ_n 为 $(0,2\pi)$ 上均匀分布的随机相位。改变边界调制权函数为分形型边界，加权反正切函数表达式为

$$f_{\text{com-fractal}}(x,y)=f_{\text{gro}}(x,y)\cdot\frac{[\pi/2-\arctan(y-y_b+f_{\text{fractal}}(x))]}{\pi}+f_{\text{sea}}(x,y)\cdot\frac{[\pi/2+\arctan(y-y_b+f_{\text{fractal}}(x))]}{\pi} \tag{2.43}$$

式中：$f_{\text{fractal}}(x)$ 为分形边界的轮廓；$f_{\text{com-fractal}}(x,y)$、$f_{\text{gro}}(x,y)$ 和 $f_{\text{sea}}(x,y)$ 分别表示分形型边界地海交界分区域复合粗糙面、陆地粗糙面和近海海面的高低起伏轮廓。设置分形边界的参数如下：$\kappa=25\lambda$，$b=0.5e$ 和 $D=1.5$，可以很好地模拟出分形型海岸线的地海交界分区域复合粗糙面，仿真图像如图 2.15 所示。

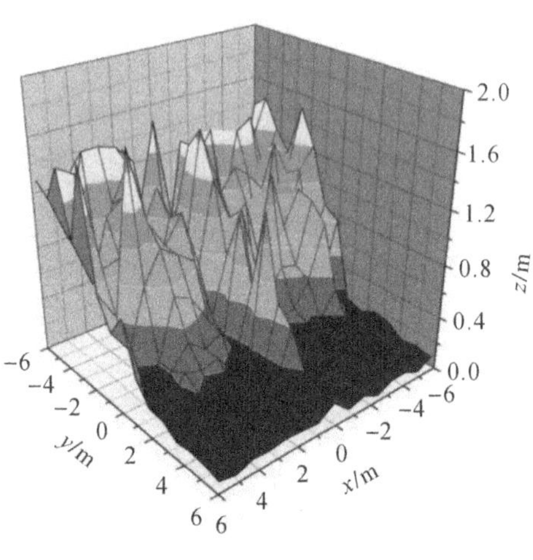

(a)

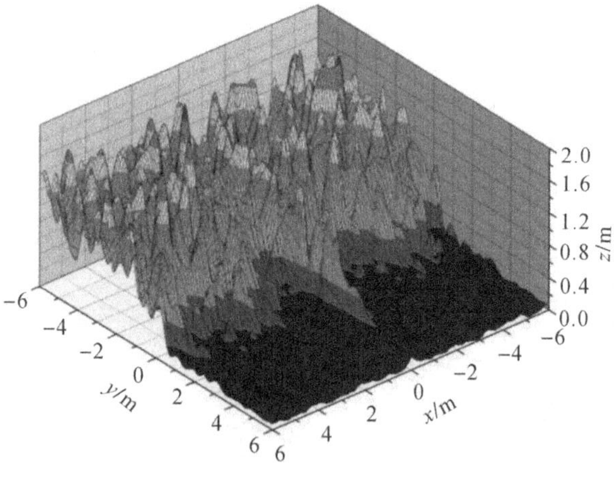

(b)

图 2.15　分形型边界分区域复合粗糙面仿真图像

(a) 分形型边界几何结构；(b) 真实环境仿真

为了直观地比较上述四类加权反正切处理的效果，绘制上述四种地海交界分区域复合粗糙面的等高线图，如图 2.16 所示。

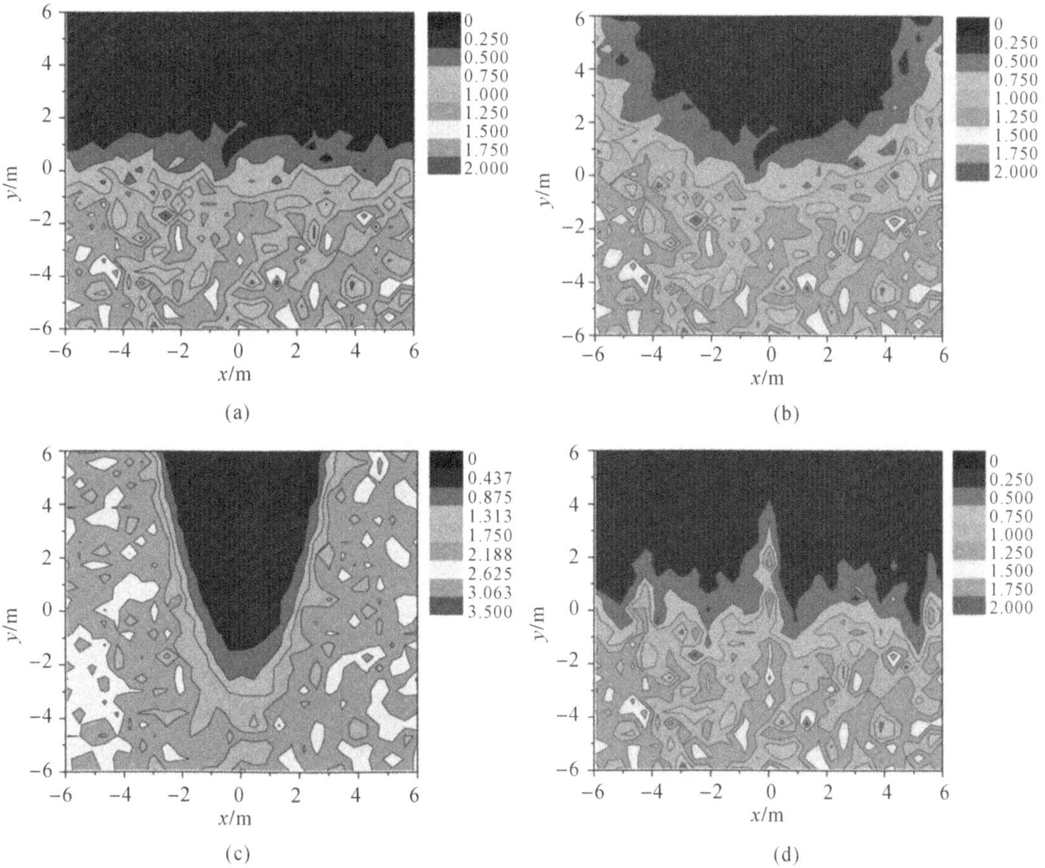

图 2.16　地海交界分区域复合粗糙面等高线图

(a) 线型边界；(b) 月牙型边界；(c) 抛物线型边界；(d) 分形型边界

由图 2.16 可以得到，通过不同的反正切权函数的加权处理，实现了陆地区域与近海区域的平滑衔接，并且能够很好地将各类海岸线的几何形状反映到所建立的粗糙面模型之中；由图 2.16(d) 可以得到，经过分形函数加权处理过的边界形状，更加符合实际海岸线随机、曲折的特点，可以很好地模拟海岸线的局部特性。

2.3.3　峡谷型复合环境模型

这类环境是由中部为河流冲刷的平原(中部也可为河流表面)与两侧为山地组成的，如图 2.17 所示，所建立的山地必须存在一定的坡度。这里子区域均用高斯谱函数模拟其统计特性，加权反正切函数表达式为

$$f_{\mathrm{com}}(x,y)=[f_{\mathrm{sur1}}(x,y)+k_1 y]\cdot\frac{[\pi/2+\arctan(y-y_1)]}{\pi}+[f_{\mathrm{sur1}}(x,y)+k_2 y]\cdot\frac{[\pi/2-\arctan(y-y_2)]}{\pi}+f_{\mathrm{sur2}}(x,y)\cdot\frac{[\pi/2-\arctan(y-y_1)]}{\pi}\cdot\frac{[\pi/2+\arctan(y-y_2)]}{\pi}\tag{2.44}$$

式中：$f_{\mathrm{sur1}}(x,y)$、$f_{\mathrm{sur2}}(x,y)$ 和 $f_{\mathrm{com}}(x,y)$ 分别表示陆地粗糙面 sur1、陆地粗糙面 sur2 和峡

谷地带分区域复合粗糙面的高低起伏轮廓。工作频率设定为 $f=1$ GHz，分区域粗糙面尺寸为 $L_x \times L_y$：$40\lambda \times 40\lambda$，陆地粗糙面 sur1 统计参数为 $h_{\mathrm{rms}}=0.5\lambda$ 和 $l_x=l_y=1.0\lambda$，陆地粗糙面 sur2 统计参数为 $h_{\mathrm{rms}}=0.1\lambda$ 和 $l_x=l_y=1.0\lambda$，y_1 与 y_2 共同决定峡谷地带中央平原区域的宽度，k_1 和 k_2 分别表示峡谷两侧山地的坡度，这里一般取 $k_1=-k_2$，也可以取两个不同的值生成两侧坡度不同的环境，每个波长取 5 个采样点，这里取 $y_1=-y_2=L_x/6$，设置 $k_1=-k_2=\tan(\pi/6)$，可以很好地模拟出峡谷地带分区域复合粗糙面，仿真图像如图 2.18 所示。

图 2.17 峡谷地带

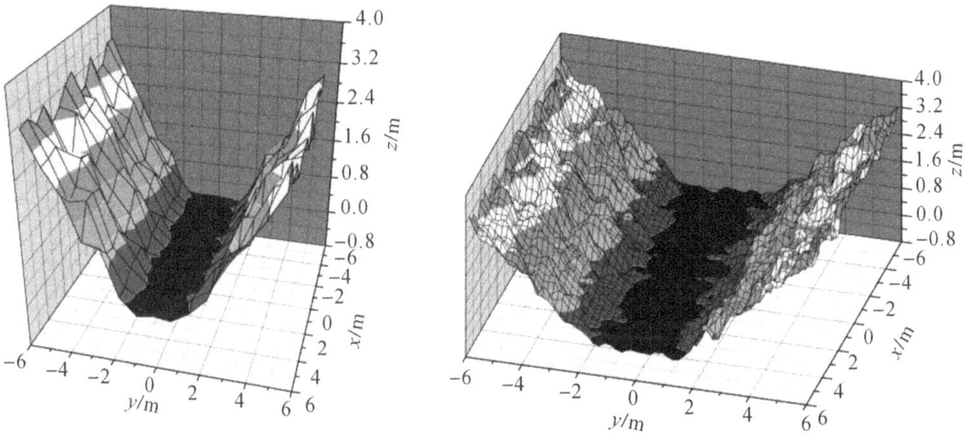

图 2.18 峡谷地带分区域复合粗糙面仿真图像

(a) 峡谷地带几何结构；(b) 真实环境仿真

2.3.4 分层环境模型

分层环境模型的各单层粗糙面几何建模均可参考上述提供的方法构建。在本小节以分层环境的各层均为高斯粗糙面为例，如图 2.19 所示，z_1 与 z_2 表示上、下层高斯粗糙面的轮廓分布，z_{depth} 表示上、下层高斯粗糙面对应基准面的距离，也可以叫作下层高斯粗糙面的深度。

分层环境的各个单层粗糙面均由 Monte Carlo 方法生成，构建分层环境的方法有两种，第一种是将上层高斯粗糙面沿 z 轴负方向平移，则根据式(2.1)，下层高斯粗糙面的表达式为

$$z_2=z_1-z_{\text{depth}}=f_1(x,y)-z_{\text{depth}}=\frac{1}{L_xL_y}\sum_{m=-\infty}^{\infty}\sum_{n=-\infty}^{\infty}b_{mn}\exp\left(\frac{\mathrm{j}2\pi mx}{L_x}\right)\exp\left(\frac{\mathrm{j}2\pi ny}{L_y}\right)-z_{\text{depth}} \tag{2.45}$$

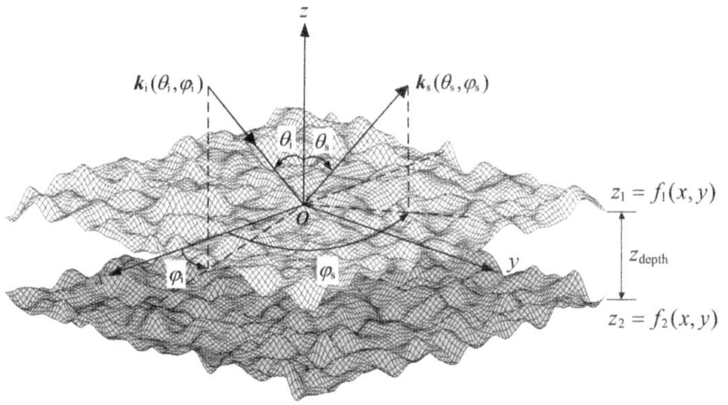

图 2.19　分层粗糙面散射示意图

第二种是各个单层粗糙面独立生成，则上层粗糙面轮廓 $z_1=f_1(x,y)$ 与下层粗糙面轮廓 $z_2=f_2(x,y)$ 不再是平移关系，且它们退化为平滑分界面时，其距离为 z_{depth}。上层粗糙面轮廓 $z_1=f_1(x,y)$ 与下层粗糙面轮廓 $z_2=f_2(x,y)$ 的统计特性可能存在下列两种情况：一是 $z_1=f_1(x,y)$ 与 $z_2=f_2(x,y)$ 服从相同的统计分布（$h_{\text{rms}}=h'_{\text{rms}}$，$l_x=l_y$，$l'_x=l'_y$ 且 $l_x=l'_x$，$l_y=l'_y$），但经由 Monte Carlo 方法生成的上、下层粗糙面轮廓完全不相同；二是 $z_1=f_1(x,y)$ 与 $z_2=f_2(x,y)$ 服从不同的统计分布，其表达式为

$$z_1=f_1(x,y)=\frac{1}{L_xL_y}\sum_{m=-\infty}^{\infty}\sum_{n=-\infty}^{\infty}b_{mn}\exp\left(\frac{\mathrm{j}2\pi mx}{L_x}\right)\exp\left(\frac{\mathrm{j}2\pi ny}{L_y}\right) \tag{2.46}$$

$$z_2=f_2(x,y)-z_{\text{depth}}=\frac{1}{L_xL_y}\sum_{m=-\infty}^{\infty}\sum_{n=-\infty}^{\infty}b'_{mn}\exp\left(\frac{\mathrm{j}2\pi mx}{L_x}\right)\exp\left(\frac{\mathrm{j}2\pi ny}{L_y}\right)-z_{\text{depth}} \tag{2.47}$$

式中二维高斯粗糙面的系数 b_{mn} 与 b'_{mn} 中的统计参数将满足下列关系：$h_{\text{rms}}\neq h'_{\text{rms}}$ 或 $l_x\neq l'_x$，$l_y\neq l'_y$。上述分层环境建模方法以各个单层粗糙面为高斯面为例，实际运用中，各个单层粗糙面的生成不仅限于采用高斯谱函数，上、下层粗糙面所采取的谱函数也可以均不相同，谱函数的选择视环境具体情况而定。

2.4　随机介质的介电常数

在陆地微波遥感中，植被和土壤是两类相互联系的地物目标。由于微波具有一定的穿透性，它能穿过稀疏植被层到达地面，并被地表土壤散射，因此，在植被的主、被动式微波遥感中，接收到的信号都是植被和土壤介电常数的函数。在海洋微波遥感中，目标的散射与辐射特性同样也与海水的介电常数有关。由此可见，介电常数的深入研究是遥感技术应用的基础工作，是解译、判读微波遥感图像和数据，从中得到所需信息的关键。在粗糙地、海面的研究中，土壤和海水等是色散介质，它们的介电常数常随照射频率的改变而改变，为便于研究粗糙地、海面的超宽带特性，结合分析土壤、海水介电常数的发展，提出了土壤和海水介电常数的新模型，并分析其色散特性。

2.4.1 土壤的介电常数

土壤分干土和潮湿土壤两类，干土介电常数实部一般在 2 ～ 4 变化，而且基本上与频率、温度无关，虚部的典型值小于 0.05。因此，这里只针对潮湿土壤的介电常数模型展开研究。

介电常数与土壤湿度、含盐量和温度等因素有关，围绕它们对介电常数的影响及其应用的研究不断，这是因为土壤湿度在环境科学、水文地理学和气象学等方面具有重要作用，含盐量在监测耕地的盐化等方面也有重要作用，而土壤发射率的变化也能用来监测地表温度的变化。因此，在粗糙表面散射特性的研究中，常将介电常数作为一个重要的因子来考虑，因为它不仅影响到表面的色散特性，也影响到后向散射或镜向散射的极化指数。

在土壤介电常数模型的研究中，1985 年 Dobson 等人[5]提出了半经验模型，它由经验模型和体模型混合组成，是目前最为常用的模型。其一般式为

$$\varepsilon_{\mathrm{soil}}^{\alpha}=v_{\mathrm{s}}\varepsilon_{\mathrm{s}}^{\alpha}+v_{\mathrm{a}}\varepsilon_{\mathrm{a}}^{\alpha}+v_{\mathrm{fw}}\varepsilon_{\mathrm{fw}}^{\alpha}+v_{\mathrm{bw}}\varepsilon_{\mathrm{bw}}^{\alpha} \tag{2.48}$$

式中：ε_{s}，ε_{a}，$\varepsilon_{\mathrm{fw}}$，$\varepsilon_{\mathrm{bw}}$分别表示土壤固体材料、空气、自由水、结合水的介电常数；$v_{\mathrm{s}}=1-v_{\varphi}$，$v_{\mathrm{a}}=v_{\varphi}-m_{\mathrm{v}}$，$m_{\mathrm{v}}=v_{\mathrm{fw}}+v_{\mathrm{bw}}$，$v_{\varphi}=(\rho_{\mathrm{s}}-\rho_{\mathrm{d}})/\rho_{\mathrm{s}}$，$v_{\mathrm{s}}$，$v_{\mathrm{a}}$，$v_{\mathrm{fw}}$，$v_{\mathrm{bw}}$分别代表不同材质的介电常数的权重系数；$m_{\mathrm{v}}$ 表示土壤中的两种水的介电常数权重之和；v_{φ} 表示土壤空隙度；ρ_{d} 表示干土密度；$\rho_{\mathrm{d}}=1.6\ \mathrm{g/cm^3}$；$\rho_{\mathrm{s}}$ 表示土壤密度。根据实验测量结果，当 $\rho_{\mathrm{s}}=2.65\ \mathrm{g/cm^3}$ 时，$\varepsilon_{\mathrm{s}}=4.7$。

下述简要分析自由水和结合水的介电常数，以便提出改进的 Dobson 模型。在盐度 $s\leqslant 10‰$，温度 $T=22℃$ 条件下，自由水介电常数的 Debye 型方程为

$$\varepsilon_{\mathrm{fw}}=4.9+\frac{75}{1+\mathrm{j}f/18}-\mathrm{j}\,\frac{18\sigma}{f} \tag{2.49}$$

式中：下标 fw 表示自由水；σ 为自由水溶液的离子电导率，单位是 $\mathrm{B\cdot m^{-1}}$，它与盐度的关系为 $\sigma\overset{\mathrm{def}}{=\!=}0.16s-0.0013s^2$。

结合水介电常数为

$$\varepsilon_{\mathrm{bw}}=2.9+\frac{55}{1+(\mathrm{j}f/0.18)^{1/2}} \tag{2.50}$$

式中：下标 bw 表示结合水。

在图 2.20 和图 2.21 中，给出了自由水和结合水介电常数随频率的变化特性。需要指出的是，图中虚部均是以 $-\mathrm{Im}\ (\varepsilon_{\mathrm{fw}})$ 的形式绘图的。从两图中可以看出，Re（·）随频率的升高而单调减小；$-$Im（·）则是先增大再减小；两者转角频率的比较是，自由水高于结合水；两者随频率变化趋势的比较则是，结合水远大于自由水。

仔细对比图 2.20 和图 2.21 可知，在低频段（$f<1$ GHz），自由水和结合水的介电常数相当；在中频段（1 GHz$\leqslant f\leqslant$20 GHz），自由水的介电常数明显大于结合水；而在较高频段（$f>20$ GHz），结合水的介电常数则大于自由水，特别是实部。因此，在简化式（2.48）时，Dobson 等人采用的舍弃结合水的近似计算显然是不准确的。为此，本书提出了土壤介电常数新的半经验模型，即

$$\varepsilon_{\mathrm{msoil}}^{\alpha}=(1-v_{\varphi})\varepsilon_{\mathrm{s}}^{\alpha}+v_{\varphi}-m_{\mathrm{v}}+v_{\mathrm{fw}}\varepsilon_{\mathrm{fw}}^{\alpha}+v_{\mathrm{bw}}\varepsilon_{\mathrm{bw}}^{\alpha}\cong 1+\rho_{\mathrm{d}}/\rho_{\mathrm{s}}(\varepsilon_{\mathrm{s}}^{\alpha}-1)+m_{\mathrm{v}}^{\beta}(\varepsilon_{\mathrm{fw}}^{\alpha}+\varepsilon_{\mathrm{bw}}^{\alpha}-1) \tag{2.51}$$

式中：α 的最优值为 0.65；β 是可调整参数，由沙土、黏土含量确定，即

$$\beta=1.09-0.11s+0.18c \tag{2.52}$$

式中：s(%)、c(%)分别为沙土、黏土含量，如沃土的沙土、黏土含量分别为 42.0% 和 8.5%，其余为泥土的含量，由此可求出沃土的 $\beta=1.06$。图 2.22 给出了沃土介电常数随频率的变化，图 2.23 给出了新旧模型的比较。

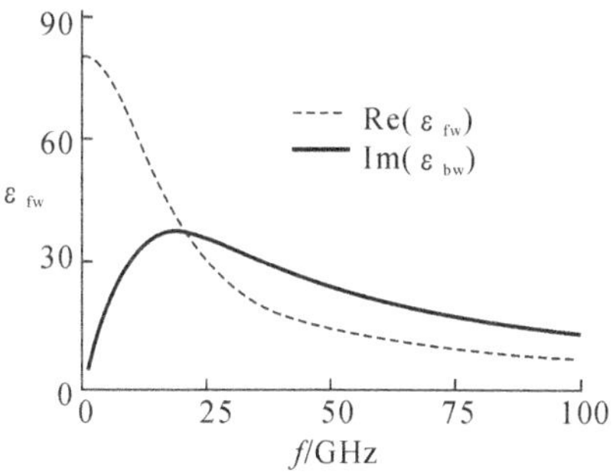

图 2.20　自由水介电常数随频率的变化

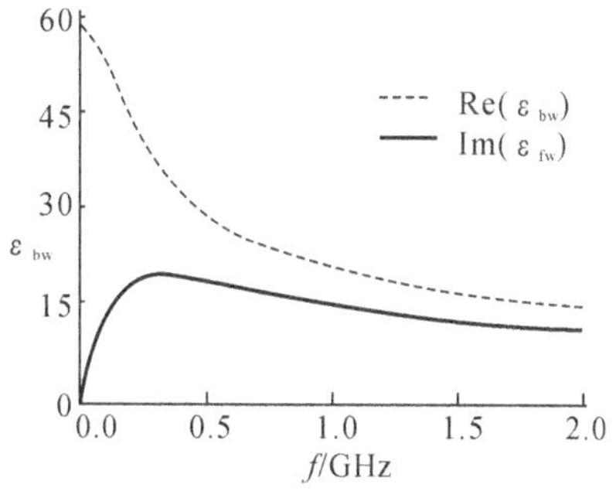

图 2.21　结合水介电常数随频率的变化

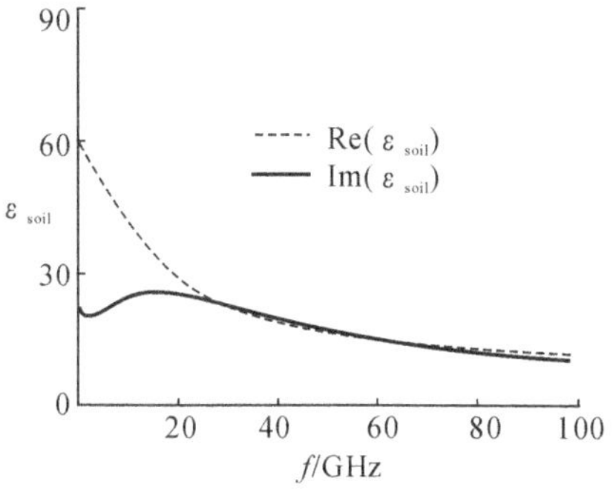

图 2.22　沃土介电常数 ε_{s} 随频率的变化

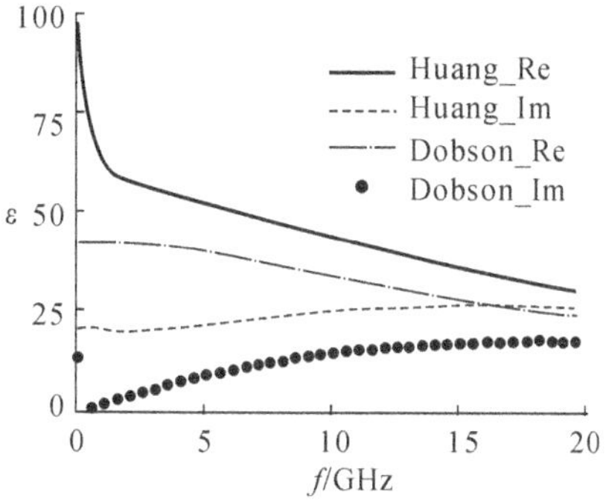

图 2.23　不同土壤模型介电常数的比较

由图 2.22 可知，当频率小于 40 GHz 时，介电常数随频率的变化特性非常明显，而当频率超过 40 GHz 时，变化较小。对比研究表明，这种变化幅度受体积含水量 m_{v} 的影响，m_{v} 越小，介电常数随频率的变化幅度越小。

需要说明的是，图 2.23 中采用的是简写的 NRe、NIm(Huang-Re，Huang-Im)和 ORe，OIm(Dokson-Re，Dokson-Im)分别表示新旧模型的实部、虚部。由图可知，旧模型对结合水的舍弃近似，造成的误差较大，特别是在 10 GHz 以内。因此，在研究粗糙地、海面的色散特性时，应基于本书提出的新模型展开研究。

2.4.2　海水的介电常数

海水的介电常数对海面散射、大气传播及微波辐射传输研究等具有重要作用，它是照射频率、海水温度和盐度的函数。在海水介电常数模型的研究中，1977 年 Klein 等人[6]提出了单 Debye 模型，即

$$\varepsilon_{sea}(T,S)=\varepsilon_{\infty}+\frac{\varepsilon_s(T,S)-\varepsilon_{\infty}}{1+[\mathrm{j}f/f_1(T,S)]^{1-\eta}}-\mathrm{j}\frac{\sigma(T,S)}{(2\pi\varepsilon_0)f} \tag{2.53}$$

式中：S 表示含盐量(‰)；T 表示海面温度(℃)；η 表征松弛时间传播因子，一般取 $\eta=0.02\pm0.007$。实验测量表明，单 Debye 模型仅在低频($f\leqslant2.66$ GHz)时有效，当频率升高时误差变大。

针对单一 Debye 模型不能适用于高频，Stogryn 的双 Debye 模型又不能适用于低温的特点，2004 年 Meissner 等人[7]提出了双 Debye 海水介电常数模型，即

$$\varepsilon_{sea}(T,S)=\frac{\varepsilon_s(T,S)-\varepsilon_1(T,S)}{1+\mathrm{j}f/f_1(T,S)}+\frac{\varepsilon_1(T,S)-\varepsilon_{\infty}(T,S)}{1+\mathrm{j}f/f_2(T,S)}+\varepsilon_{\infty}(T,S)-\mathrm{j}\frac{\sigma(T,S)}{(2\pi\varepsilon_0)f} \tag{2.54}$$

式中：$f_1(T,S)$和 $f_2(T,S)$分别表示一阶、二阶 Debye 松弛频率(GHz)，即

$$f_1(T,S)=\frac{45+T}{a_1+a_2T+a_3T^2}[1+S(b_1+b_2T+b_3T^2)] \tag{2.55a}$$

$$f_2(T,S)=\frac{45+T}{a_4+a_5T+a_6T^2}[1+S(b_4+b_5T)] \tag{2.55b}$$

式中：$a_i(i=1,\cdots,6)$，$b_k(k=1,\cdots,5)$表示测量值和理论计算值的匹配参数，其值和其他表达式参见参考文献[7]。

由式(2.54)知，Meissner 等人的双 Debye 模型并没有考虑松弛参数的影响，为了使双 Debye 模型适用更高频段，本书提出了修正的 Meissner 模型，即

$$\varepsilon_{msea}(T,S)=\varepsilon_{\infty}(T,S)+\frac{\varepsilon_s(T,S)-\varepsilon_1(T,S)}{1+[\mathrm{j}f/f_1(T,S)]^{1-\eta}}+\frac{\varepsilon_1(T,S)-\varepsilon_{\infty}(T,S)}{1+[\mathrm{j}f/f_2(T,S)]^{1-\eta}}-\mathrm{j}\frac{\sigma(T,S)}{(2\pi\varepsilon_0)f} \tag{2.56}$$

当要研究高频或低温下纯水的介电常数时，只需令盐度含量 $S=0$。

图 2.24 所示给出了式(2.56)求得的介电常数随频率的变化，其中 $\eta=0.012$，$S=0.035$。从图中可看出随着频率的升高，海水介电常数迅速减小。总的来说，温度越高，介电常数越大。不同温度、频段下，实、虚部的变化规律并不一致，低温时，实部在 X 波段以下迅速减小，虚部变化却很缓慢；常温时，两者的变化则相反，这就是介电常数虚部对影响较大的缘故，因为此时虚部随频率的变化很大。这也说明在求解海面的色散特性时，需要考虑介电常数对色散特性的影响。

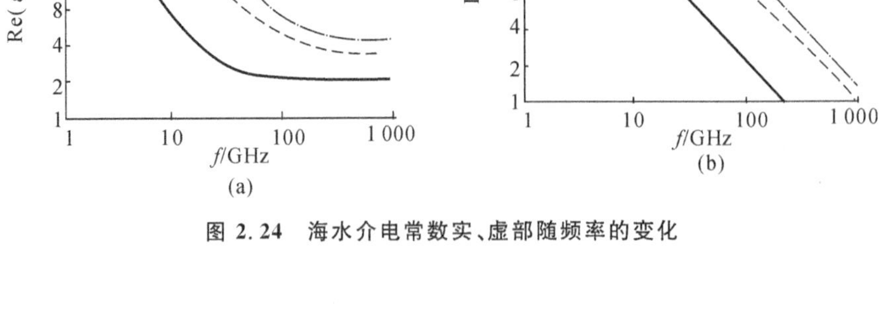

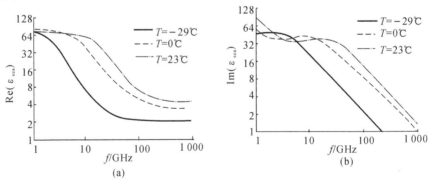

图 2.24　海水介电常数实、虚部随频率的变化

图 2.25 所示给出了 4 组频率下海水介电常数随温度的变化关系，此时含盐量同图 2.22 所示。从图中可以看出，温度升高，介电常数增大，不同频段下增大的幅度不同；当频率超过 W 波段时，温度变化对介电常数的影响很小。需要进一步说明的是，较低温度（$T<-50$℃）下，介电常数实部随温度升高而减小。

图 2.26 所示给出了两个 Debye 松弛频率随温度的变化关系，含盐量同图 2.24 所示。图 2.26 所示的计算表明，第一个松弛频率的变化范围为 0.566 8～2.659 5 GHz，而第二个松弛频率的变化范围为 10.779～335.33 GHz，正是第二个松弛频率变化范围大，才拓宽了海水（纯水，盐度 $S=0$）在不同频段和温度下的介电常数的表征，这也证实了新模型的优越性。

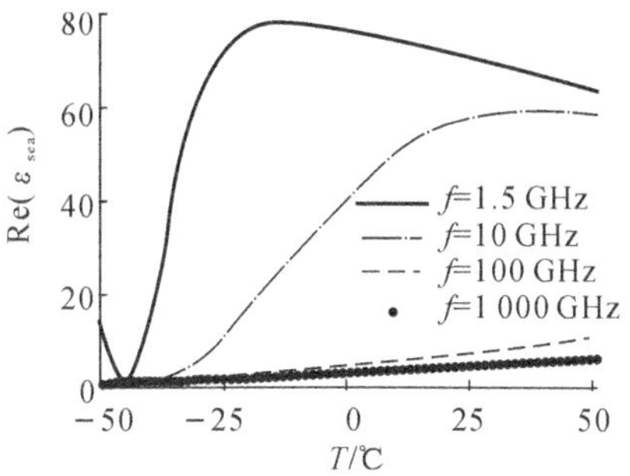

图 2.25 海水介电常数实部随温度的变化

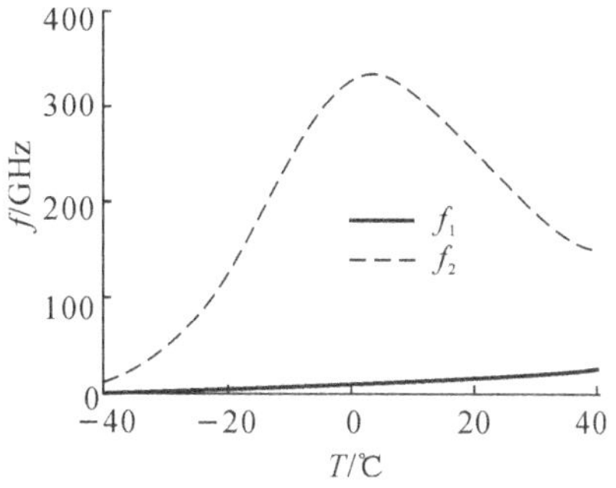

图 2.26 两个松弛频率随温度的变化

2.5 本章小结

本章通过粗糙表面高斯、指数、WM 分形及 fBm 分形功率谱函数的分析，提出了双尺度的 WM 模型和多重分形的 fBm 模型，分析了 Cantor 二分集和三分集中谱指数和分维数的关系。针对粗糙表面超宽带特性研究中，需要计及介电常数的色散特性，书中提出了修正的 Dobson 土壤经验模型和修正的 Meissner 双 Debye 海水模型，并对比分析了土壤、海水介电常数实、虚部随频率和温度的变化特性。

参考文献

[1] APEL J R. An improved model of the ocean surface wave vector spectrum and its effects on radar backscatter[J]. Journal of Geophysical Research, 1994(99): 16269-16291.

[2] JORDAN D L, HOLLES R C, IAKEMAN E. Measurement and characterization of multiscale surfaces[J]. Wear, 1986(109):127-134.

[3] CHEN H P, SUN X, CHEN H X, et al. Some problems in multifractal spectrum computation using a statistical method[J]. New Journal of Physics, 2004(6): 84-100.

[4] BARREIRA L. Variational properties of multifractal spectra[J]. Nonlinearity, 2001(14): 259-274.

[5] DOBSON M C, ULABY F T, Hallikainen M T, et al. Microwave dielectric behavior of wet soil - Part Ⅱ: dielectric mixing models[J]. IEEE Transactions on Geoscience and Remote Sensing, 1985, 23(1):35 - 46.

[6] KLEIN L A, SWIFT C T. An improved model for- the dielectric constant of sea water at microwave frequencies [J]. IEEE Transactions on Antennas and Propagation, 1977, 25(1):104 - 111.

[7] MEISSNER T, WENTZ J. The complex dielectric constant of pure and sea water from microwave satellite observations[J]. IEEE Transactions on Geoscience and Remote Sensing, 2004, 42(9):1836 - 1849.

第3章　地海平面环境中目标的电磁散射问题

自由空间中目标的电磁散射特性在目标探测识别与武器系统预研设计等领域中有着重要的应用价值，在过去的数十年受到了广泛的关注[1-10]，近年来，地海平面环境中目标的电磁散射特性因其更实际的应用价值，越来越受到国内外学者的关注[11-21]。本章将地海平面及其上方自由空间视为半空间背景，针对半空间中的目标，建立相应的积分方程，然后采用基于矩量法的加速技术求解，进而计算地海平面环境中目标的电磁散射特性。

3.1　半空间中目标的电磁散射问题描述

如图3.1所示，任意几何形状的三维理想导体($P \in C$)目标在半空间中，上半空间“0”为自由空间，介电常数为ε_0，磁导率为μ_0；下半空间“1”为介质层(海水或土壤等)，相对介电常数为ε_r，相对磁导率为μ_r。根据目标的空间位置可分为三种情况：目标位于上半空间、目标位于下半空间和目标跨过两层空间的界面(半埋目标)。

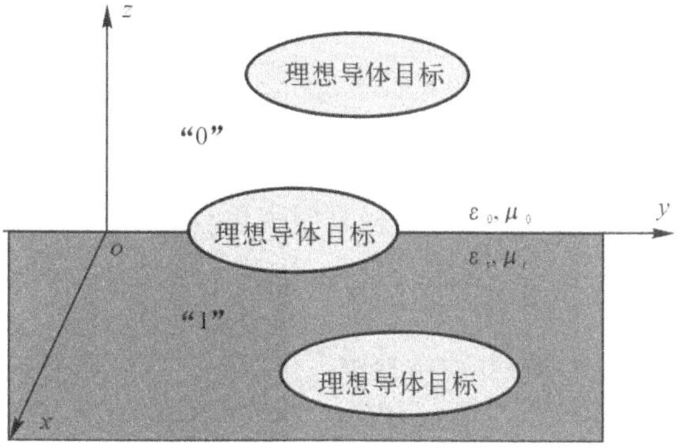

图3.1　半空间中的目标

求解半空间中目标电磁散射问题的数值方法大致可分为两大类：微分方程法和积分方程法。微分方程法(时域有限差分法和有限元法等)不可避免地要处理开域传播空间的离散问题，还存在施加截断边界条件所产生的误差以及网格色散误差等弊端。积分方程方法通过引入半空间格林函数，只需求解目标表面的电流分布即可计算其他散射参数，建模方便，数值稳定性高。常用的积分方程有电场积分方程、磁场积分方程、混合场积分方程和混合位积分方程等，比较而言，混合位积分方程只涉及奇异性较低的位型格林函数，能够简洁地描述处理不同介质中场源点之间的耦合关系，备受计算电磁学研究者的青睐。

3.1.1 混合位积分方程

首先考虑位于分层媒质中导体目标(见图 3.2)的电场积分方程:

$$-\hat{\boldsymbol{n}}_m \times \boldsymbol{E}_m^s(\boldsymbol{r}) = \hat{\boldsymbol{n}}_m \times \boldsymbol{E}_m^{inc}(\boldsymbol{r}) \tag{3.1}$$

式中:$\boldsymbol{r}$ 是位于第 m 层的场点;$\hat{\boldsymbol{n}}_m$ 是第 m 层中目标表面的单位法向量;$\boldsymbol{E}_m^{inc}$ 和 $\boldsymbol{E}_m^s$ 是第 m 层中的入射电场和散射电场。

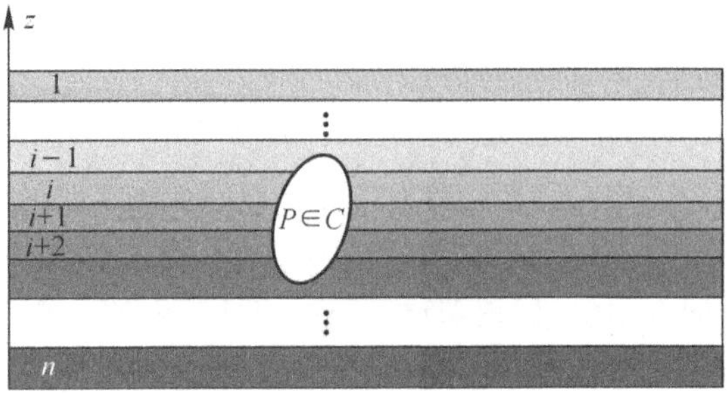

图 3.2 分层媒质中的目标

设第 m 层媒质的介电常数和磁导率分别为 ε_m,μ_m,$\boldsymbol{E}_m^s$ 和散射磁场 $\boldsymbol{H}_m^s$ 可以用位函数表示为

$$\boldsymbol{E}_m^s(\boldsymbol{r}) = \sum_{i=1}^{n} [\mathrm{j}\omega \boldsymbol{A}^{mi}(\boldsymbol{r}) + \nabla \varphi^{mi}(\boldsymbol{r})] \tag{3.2}$$

$$\boldsymbol{H}_m^s(\boldsymbol{r}) = \frac{1}{\mu_m} \nabla \times \sum_{i=1}^{n} \boldsymbol{A}^{mi}(\boldsymbol{r}) \tag{3.3}$$

式中:$\boldsymbol{A}^{mi}$ 是位于第 i 层的电流源 $\boldsymbol{J}$ 在第 m 层产生的磁矢位函数,记 S_i 为目标位于第 i 层中的表面,则

$$\boldsymbol{A}^{mi}(\boldsymbol{r}) = \int_{S_i} \bar{\boldsymbol{G}}_A^{mi}(\boldsymbol{r},\boldsymbol{r}') \cdot \boldsymbol{J}(\boldsymbol{r}')\mathrm{d}S' \tag{3.4}$$

φ^{mi} 是与 $\boldsymbol{A}^{mi}$ 相对应的标量位函数,且二者满足洛仑兹条件,即

$$\varphi^{mi}(\boldsymbol{r}) = \frac{\mathrm{j}\omega}{k_m^2} \nabla \cdot \boldsymbol{A}^{mi}(\boldsymbol{r}) \tag{3.5}$$

式中:$k_m^2 = \omega^2 \varepsilon_m \mu_m$。式(3.4)中的并矢格林函数$\bar{\boldsymbol{G}}_A^{mi}(\boldsymbol{r},\boldsymbol{r}')$(下标 A 表示磁矢位)表示第 i 层中 $\boldsymbol{r}'$ 处任意极化方向的电偶极子在第 m 层中 $\boldsymbol{r}$ 处产生的磁矢位,在切向散射电磁场在分层媒质分界面处连续的前提下,可以通过赫姆霍兹方程来求解,则有

$$(\nabla^2 + k_m^2)\bar{\boldsymbol{G}}_A^{mi}(\boldsymbol{r},\boldsymbol{r}') = -\mu_m \bar{\boldsymbol{I}}\delta(\boldsymbol{r} - \boldsymbol{r}') \tag{3.6}$$

式中:$\bar{\boldsymbol{I}}$ 是单位并矢。在分层介质中,对于水平方向极化的偶极子,需要矢量位的两个分量来满足边界上的边界条件。选择不同的矢量位分量,将对应不同的分量表达形式。若取 z 分量作为水平偶极子矢量位的交叉极化分量时,有

$$\bar{\boldsymbol{G}}_A^{mi} = (\hat{\boldsymbol{x}}\hat{\boldsymbol{x}} + \hat{\boldsymbol{y}}\hat{\boldsymbol{y}})G_{xx}^{mi} + \hat{\boldsymbol{z}}\hat{\boldsymbol{x}}G_{zx}^{mi} + \hat{\boldsymbol{z}}\hat{\boldsymbol{y}}G_{zy}^{mi} + \hat{\boldsymbol{z}}\hat{\boldsymbol{z}}G_{zz}^{mi} \tag{3.7}$$

若取 y 分量作为水平偶极子矢量位的交叉极化分量时,有

$$\bar{\boldsymbol{G}}_A^{mi} = \hat{\boldsymbol{x}}\hat{\boldsymbol{x}}G_{xx}^{mi} + \hat{\boldsymbol{y}}\hat{\boldsymbol{y}}G_{yy}^{mi} + (\hat{\boldsymbol{x}}\hat{\boldsymbol{y}} + \hat{\boldsymbol{y}}\hat{\boldsymbol{x}})G_{xy}^{mi} + \hat{\boldsymbol{z}}\hat{\boldsymbol{z}}G_{zz}^{mi} \tag{3.8}$$

将式(3.2)代入式(3.1),得

$$\hat{\boldsymbol{n}}_m \times \sum_{i=1}^{n}[\mathrm{j}\omega \boldsymbol{A}^{mi}(\boldsymbol{r}) + \nabla \varphi^{mi}(\boldsymbol{r})] = \hat{\boldsymbol{n}}_m \times \boldsymbol{E}_m^{inc}(\boldsymbol{r}),\quad \boldsymbol{r}\text{ 的终点位于点 }S_m\text{ 上} \tag{3.9}$$

为了获得混合位积分方程,将式(3.5)代入式(3.4),得

$$\varphi^{mi}(r) = \frac{\mathrm{j}\omega}{k_m^2}\int_{S_i}[\nabla \cdot \bar{\boldsymbol{G}}_A^{mi}(\boldsymbol{r},\boldsymbol{r}')] \cdot \boldsymbol{J}(\boldsymbol{r}')\mathrm{d}S' \tag{3.10}$$

考虑到$\nabla \cdot \boldsymbol{J}(\boldsymbol{r}') = -\mathrm{j}\omega q$($q$为面电荷),现引入位函数$K_\varphi^{mi}$和矢量函数$\boldsymbol{P}^{mi}$满足

$$\frac{\mathrm{j}\omega}{k_m^2}\nabla \cdot \bar{\boldsymbol{G}}_A^{mi}(r,r') = \frac{1}{\mathrm{j}\omega}\nabla' K_\varphi^{mi}(\boldsymbol{r},\boldsymbol{r}') + \mathrm{j}\omega \boldsymbol{P}^{mi}(\boldsymbol{r},\boldsymbol{r}') \tag{3.11}$$

当然,K_φ^{mi}和$\boldsymbol{P}^{mi}$并不是唯一的,它们可以有多种组合形式。将式(3.11)代入式(3.10)并应用矢量恒等式[22],得

$$\begin{aligned}\varphi^{mi}(\boldsymbol{r}) = &\int_{S_i} K_\varphi^{mi}(\boldsymbol{r},\boldsymbol{r}') \cdot q(\boldsymbol{r}')\mathrm{d}S' + \mathrm{j}\omega\int_{S_i}\boldsymbol{P}^{mi}(\boldsymbol{r},\boldsymbol{r}') \cdot \boldsymbol{J}(\boldsymbol{r}')\mathrm{d}S' + \\ &\frac{1}{\mathrm{j}\omega}\left[\oint_{C_i} K_\varphi^{mi}(\boldsymbol{r},\boldsymbol{r}')J(\boldsymbol{r}') \cdot \hat{\boldsymbol{u}}_i \mathrm{d}C' - \oint_{C_{i-1}} K_\varphi^{mi}(\boldsymbol{r},\boldsymbol{r}')\boldsymbol{J}(\boldsymbol{r}') \cdot \hat{\boldsymbol{u}}_{i-1}\mathrm{d}C'\right]\end{aligned} \tag{3.12}$$

式中:C_{i-1}和C_i分别是第i层的上下边界面的围线;$\hat{\boldsymbol{u}}_{i-1}$和$\hat{\boldsymbol{u}}_i$分别是$\boldsymbol{r}'$处垂直于围线$C_{i-1}$和$C_i$的单位向量。将式(3.12)代入式(3.9),得

$$\begin{aligned}&\hat{\boldsymbol{n}}_m \times \sum_{i=1}^{N}\left\{\mathrm{j}\omega\int_{S_i}\bar{\boldsymbol{K}}_A^{mi}(\boldsymbol{r},\boldsymbol{r}') \cdot \boldsymbol{J}(\boldsymbol{r}')\mathrm{d}S' + \nabla\int_{S_i}K_\varphi^{mi}(\boldsymbol{r},\boldsymbol{r}')q(\boldsymbol{r}')\mathrm{d}S' + \right.\\ &\left.\frac{\nabla}{\mathrm{j}\omega}\left[\oint_{C_i}K_\varphi^{mi}(\boldsymbol{r},\boldsymbol{r}')\boldsymbol{J}(\boldsymbol{r}') \cdot \hat{\boldsymbol{u}}_i\mathrm{d}C' - \oint_{C_{i-1}}K_\varphi^{mi}(\boldsymbol{r},\boldsymbol{r}')\boldsymbol{J}(\boldsymbol{r}') \cdot \hat{\boldsymbol{u}}_{i-1}\mathrm{d}C'\right]\right\} = \\ &\hat{n}_m \times \boldsymbol{E}_m^{inc}(\boldsymbol{r}),\quad \boldsymbol{r}\text{ 的终点位于点 }S_m\text{ 上}\end{aligned} \tag{3.13}$$

式中:$\bar{\boldsymbol{K}}_A^{mi}(\boldsymbol{r},\boldsymbol{r}')$和$K_\varphi^{mi}(\boldsymbol{r},\boldsymbol{r}')$分别被称为变形矢量位格林函数和变形标量位格林函数,则有

$$\bar{\boldsymbol{K}}_A^{mi}(\boldsymbol{r},\boldsymbol{r}') = \bar{\boldsymbol{G}}_A^{mi}(\boldsymbol{r},\boldsymbol{r}') + \nabla\bar{\boldsymbol{P}}_A^{mi}(\boldsymbol{r},\boldsymbol{r}') \tag{3.14}$$

由式(3.13)不难看出,对于跨界面的目标,必将出现围线积分。如果能消除围线积分,式(3.13)将是理想的混合位积分方程形式,3.1.2节中将介绍如何通过合理选择基函数和格林函数来消除围线积分。

3.1.2 变形格林函数表达式

选择不同的$\bar{\boldsymbol{G}}_A^{mi}$和$\bar{\boldsymbol{P}}_A^{mi}$,$\bar{\boldsymbol{K}}_A^{mi}(\boldsymbol{r},\boldsymbol{r}')$和$K_\varphi^{mi}(\boldsymbol{r},\boldsymbol{r}')$将对应3种不同的形式,分别称为Formulation A,Formulation B和Formulation C。

1. Formulation A

在Formulation A中,$\bar{\boldsymbol{G}}_A^{mi}$选择式(3.8)中的表达形式,式(3.11)的$x,y,z$分量对应的谱域形式分别为

$$\frac{\mathrm{j}\omega}{k_m^2}(-\mathrm{j}k_x xx^{mi} - \mathrm{j}k_y xy^{mi}) = \frac{1}{\mathrm{j}\omega}\mathrm{j}k_x\widetilde{K}_\phi^{mi} + \mathrm{j}\omega\widetilde{P}_x^{mi} \tag{3.15}$$

$$\frac{\mathrm{j}\omega}{k_m^2}(-\mathrm{j}k_x\widetilde{G}_{xy}^{mi} - \mathrm{j}k_y\widetilde{G}_{yy}^{mi}) = \frac{1}{\mathrm{j}\omega}\mathrm{j}k_x\widetilde{K}_\phi^{mi} + \mathrm{j}\omega\widetilde{P}_y^{mi} \tag{3.16}$$

$$\frac{\mathrm{j}\omega}{k_m^2}\frac{\partial}{\partial z}\widetilde{G}_{zz}^{mi} = \frac{1}{\mathrm{j}\omega}\frac{\partial}{\partial z}\widetilde{K}_\phi^{mi} + \mathrm{j}\omega\widetilde{P}_z^{mi} \tag{3.17}$$

且$\widetilde{P}_x^{mi}$和$\widetilde{P}_y^{mi}$满足

$$\widetilde{P}_y^{mi}=\frac{k_y}{k_x}\widetilde{P}_x^{mi} \tag{3.18}$$

在 Formulation A 中，选择 $\widetilde{P}_x^{mi}=\widetilde{P}_y^{mi}=0$，这样 K_φ^{mi} 可视为点电荷和水平偶极子产生的标量位函数[23]。求解式(3.15)或式(3.16)，得

$$\widetilde{K}_\phi^{mi}=-\mathrm{j}\omega\frac{\widetilde{G}_{mi}^{V_e}}{k_{zm}^2} \tag{3.19}$$

式中：k_{zm} 表示波数；$\widetilde{G}_{mi}^{V_e}$ 表示第 i 层中单位强度的电流源在第 m 层中产生的电压。再代入式(3.17)，得

$$\widetilde{P}_z^{mi}=\frac{\mu_i\varepsilon_i-\mu_m\varepsilon_m}{\varepsilon_i k_{zm}^2}\widetilde{I}_{mi}^{V_e} \tag{3.20}$$

为描述方便，引入 $\widetilde{I}_{mi}^{V_q}$：

$$\widetilde{I}_{mi}^{V_q}=\begin{cases}\widetilde{Z}_{i-1}^q\widetilde{G}_{ii}^{I_q}(z_{i-1},z')\widetilde{T}_{mi}^{V_q}(z), & i-1\geqslant m\geqslant 1\\ -\widetilde{Z}_i^q\widetilde{G}_{ii}^{I_q}(z_i,z')\widetilde{T}_{mi}^{V_q}(z), & n+1\geqslant m>i+1\end{cases} \tag{3.21}$$

式中：下标 q 代表 e 或 h，e 和 h 分别代表 TM 波和 TE 波传输线网络中的变量；$\widetilde{Z}_{i-1}^q$ 表示第 $i-1$ 段沿 $+z$ 方向的总阻抗；$\widetilde{T}_{mi}^{V_q}$ 为 $i>m$ 时的电压转移函数；$\widetilde{T}_{mi}^{V_q}$ 为 $i<m$ 时的电压转移函数；$\widetilde{Z}_i^q$ 为第 i 段沿 $-z$ 方向的总阻抗。

将式(3.20)代入式(3.14)的谱域形式，再进行逆变换，可得变形矢量位格林函数为

$$\boldsymbol{K}_A^{mi}=\hat{\boldsymbol{x}}\hat{\boldsymbol{x}}K_{xx}^{mi}+\hat{\boldsymbol{y}}\hat{\boldsymbol{y}}K_{yy}^{mi}+\hat{\boldsymbol{z}}\hat{\boldsymbol{z}}K_{zz}^{mi}+(\hat{\boldsymbol{x}}\hat{\boldsymbol{y}}+\hat{\boldsymbol{y}}\hat{\boldsymbol{x}})K_{xy}^{mi}+\hat{\boldsymbol{x}}\hat{\boldsymbol{z}}K_{xz}^{mi}+\hat{\boldsymbol{y}}\hat{\boldsymbol{z}}K_{yz}^{mi} \tag{3.22}$$

其各分量表达式为

$$K_{xx}^{mi}=G_{xx}^{mi}=\frac{1}{2\mathrm{j}\omega}\left\{k_m^2S_0\left(\frac{1}{k_{zm}^2}\widetilde{G}_{mi}^{V_e}\right)+S_0(\widetilde{G}_{mi}^{V_h})+\cos 2\zeta S_2\left[\frac{1}{k_\rho^2}\left(\widetilde{G}_{mi}^{V_h}-\frac{k_m^2}{k_{zm}^2}\widetilde{G}_{mi}^{V_e}\right)\right]\right\} \tag{3.23}$$

$$K_{yy}^{mi}=G_{yy}^{mi}=\frac{1}{2\mathrm{j}\omega}\left\{k_m^2S_0\left(\frac{1}{k_{zm}^2}\widetilde{G}_{mi}^{V_e}\right)+S_0(\widetilde{G}_{mi}^{V_h})-\cos 2\zeta S_2\left[\frac{1}{k_\rho^2}\left(\widetilde{G}_{mi}^{V_h}-\frac{k_m^2}{k_{zm}^2}\widetilde{G}_{mi}^{V_e}\right)\right]\right\} \tag{3.24}$$

$$K_{xy}^{mi}=G_{xy}^{mi}=\frac{1}{2\mathrm{j}\omega}\sin 2\zeta S_2\left[\frac{1}{k_\rho^2}\left(\widetilde{G}_{mi}^{V_h}-\frac{k_m^2}{k_{zm}^2}\widetilde{G}_{mi}^{V_e}\right)\right] \tag{3.25}$$

$$K_{xz}^{mi}=\frac{\partial}{\partial x}P_z^{mi}=-\cos\zeta S_1(\widetilde{G}_z^{mi}) \tag{3.26}$$

$$K_{yz}^{mi}=\frac{\partial}{\partial y}P_z^{mi}=-\sin\zeta S_1(\widetilde{G}_z^{mi}) \tag{3.27}$$

$$K_{zz}^{mi}=G_{zz}^{mi}+\frac{\partial}{\partial z}P_z^{mi}=\frac{\mu_i}{\mathrm{j}\omega\varepsilon_m}S_0(\widetilde{G}_{mi}^{I_e}) \tag{3.28}$$

式中：S 表示索莫菲积分，下标“0”“1”“2”表示不同的积分路径；$Re=\sqrt{k_x^2+k_y^2}$；$S=\arctan\left(\frac{y-y'}{x-x'}\right)$。

同样，对式(3.19)进行逆变换，可得变形标量位格林函数为

$$K_\varphi^{mi}=-\mathrm{j}\omega S_0\left(\frac{\widetilde{G}_{mi}^{V_e}}{k_{zm}^2}\right) \tag{3.29}$$

分析式(3.23)～式(3.29)可以发现，当 $m\neq i$，即目标跨过了分层介质的界面时，$\nabla\bar{\boldsymbol{P}}_A^{mi}$

的引入产生了新增项 K_{xz}^{mi} 和 K_{yz}^{mi}，同时也改变了 G_{zz}^{mi} 项。当 $m=i$，即目标完全位于同层介质中时，$\bar{\boldsymbol{K}}_A^{mi}=\bar{\boldsymbol{G}}_A^{mi}$，此时不需要对格林函数再做修正。

由于标量位函数 K_φ^{mi} 在分界面上关于 z' 坐标的连续性，即 $K_\varphi^{mi}(z'=z_i+0)=K_\varphi^{mi}(z'=z_i-0)$，式(3.13)中的围线积分为零，这是Formulation A的一条重要性质。但是，K_φ^{mi} 在分界面上关于 z 坐标并不连续，即 $K_\varphi^{mi}(z=z_i+0)\neq K_\varphi^{mi}(z=z_i-0)$。

2. Formulation B

在Formulation B中，和Formulation A一样，仍然采用式(3.8)中 $\bar{\boldsymbol{G}}_A^{mi}$ 的表达形式，不同之处在于，在式(3.15)～式(3.17)中，不再选择 $\widetilde{P}_x^{mi}=\widetilde{P}_y^{mi}=0$，而是令 $\widetilde{P}_z^{mi}=0$，这样 K_φ^{mi} 可视为点电荷和垂直偶极子产生的标量位函数。由式(3.17)，得

$$\widetilde{K}_\phi^{mi}=-\mathrm{j}\omega\frac{\widetilde{G}_{mi}^{V_e}}{k_{zi}^2} \tag{3.30}$$

再代入式(3.15)，得

$$\widetilde{P}_x^{mi}=\omega k_x\frac{\mu_m\varepsilon_m-\mu_i\varepsilon_i}{k_{zi}^2k_{zm}^2}\widetilde{G}_{mi}^{V_e} \tag{3.31}$$

将 $\widetilde{P}_x^{mi}$ 代入式(3.18)即可得到 $\widetilde{P}_y^{mi}$。

按照Formulation A中的步骤对式(3.14)进行变换与逆变换，得

$$\bar{\boldsymbol{K}}_A^{mi}=\hat{\boldsymbol{x}}\hat{\boldsymbol{x}}K_{xx}^{mi}+\hat{\boldsymbol{y}}\hat{\boldsymbol{y}}K_{yy}^{mi}+\hat{\boldsymbol{z}}\hat{\boldsymbol{z}}K_{zz}^{mi}+(\hat{\boldsymbol{x}}\hat{\boldsymbol{y}}+\hat{\boldsymbol{y}}\hat{\boldsymbol{x}})K_{xy}^{mi}+\hat{\boldsymbol{z}}\hat{\boldsymbol{x}}K_{zx}^{mi}+\hat{\boldsymbol{z}}\hat{\boldsymbol{y}}K_{zy}^{mi} \tag{3.32}$$

其各分量表达式为

$$K_{xx}^{mi}=G_{xx}^{mi}+\frac{\partial}{\partial x}P_x^{mi}=\frac{1}{2\mathrm{j}\omega}\left\{k_i^2S_0\left(\frac{1}{k_{zi}^2}\widetilde{G}_{mi}^{V_e}\right)+S_0(\widetilde{G}_{mi}^{V_h})+\cos 2\zeta S_2\left[\frac{1}{k_\rho^2}\left(\widetilde{G}_{mi}^{V_h}-\frac{k_i^2}{k_{zi}^2}\widetilde{G}_{mi}^{V_e}\right)\right]\right\} \tag{3.33}$$

$$K_{yy}^{mi}=G_{yy}^{mi}+\frac{\partial}{\partial y}P_y^{mi}=\frac{1}{2\mathrm{j}\omega}\left\{k_i^2S_0\left(\frac{1}{k_{zi}^2}\widetilde{G}_{mi}^{V_e}\right)+S_0(\widetilde{G}_{mi}^{V_h})-\cos 2\zeta S_2\left[\frac{1}{k_\rho^2}\left(\widetilde{G}_{mi}^{V_h}-\frac{k_i^2}{k_{zi}^2}\widetilde{G}_{mi}^{V_e}\right)\right]\right\} \tag{3.34}$$

$$K_{xy}^{mi}=G_{xy}^{mi}+\frac{\partial}{\partial x}P_y^{mi}=\frac{1}{2\mathrm{j}\omega}\sin 2\zeta S_2\left[\frac{1}{k_\rho^2}\left(\widetilde{G}_{mi}^{V_h}-\frac{k_i^2}{k_{zi}^2}\widetilde{G}_{mi}^{V_e}\right)\right] \tag{3.35}$$

$$K_{zx}^{mi}=\frac{\partial}{\partial z}P_x^{mi}=\cos\zeta S_1(\widetilde{R}^{mi}) \tag{3.36}$$

$$K_{zy}^{mi}=\frac{\partial}{\partial z}P_y^{mi}=\sin\zeta S_1(\widetilde{R}^{mi}) \tag{3.37}$$

$$K_{zz}^{mi}=G_{zz}^{mi}=\frac{\mu_m}{\mathrm{j}\omega\varepsilon_i}S_0(\widetilde{G}_{mi}^{I_e}) \tag{3.38}$$

式中：$\widetilde{R}^{mi}=\dfrac{\mu_i\varepsilon_i-\mu_m\varepsilon_m}{\varepsilon_mk_{zi}^2}\widetilde{I}_{mi}^{I_e}$，显然，当 $m=i$ 时，$\widetilde{R}^{mi}=0$。

对式(3.30)进行逆变换，可得变形标量位格林函数为

$$K_\varphi^{mi}=-\mathrm{j}\omega S_0\left(\frac{\widetilde{G}_{mi}^{V_e}}{k_{zi}^2}\right) \tag{3.39}$$

在Formulation B中，$\nabla\bar{\boldsymbol{P}}_A^{mi}$ 的引入产生了新增项 K_{zx}^{mi} 和 K_{zy}^{mi}，同时也改变了 G_{xx}^{mi}，G_{yy}^{mi} 和 G_{xy}^{mi} 项。只有当 $m=i$，即目标完全位于同层介质中时，$\bar{\boldsymbol{K}}_A^{mi}=\bar{\boldsymbol{G}}_A^{mi}$，Formulation A和Formulation B相同。

Formulation B 中标量位函数 K_{φ}^{mi} 在分界面上的连续性与 Formulation A 中恰恰相反，即 $K_{\varphi}^{mi}(z'=z_i+0)\neq K_{\varphi}^{mi}(z'=z_i-0)$，$K_{\varphi}^{mi}(z=z_i+0)\neq K_{\varphi}^{mi}(z=z_i-0)$。故式(3.13)中的围线积分依然存在。

3. Formulation C

在 Formulation C 中，采用式(3.7)中$\bar{\boldsymbol{G}}_A^{mi}$ 的表达形式，式(3.11)的 x,y,z 分量对应的谱域形式分别为

$$\frac{\mathrm{j}\omega}{k_m^2}\left(-\mathrm{j}k_x\widetilde{G}_{xx}^{mi}+\frac{\partial}{\partial z}\widetilde{G}_{zx}^{mi}\right)=\frac{1}{\mathrm{j}\omega}\mathrm{j}k_x\widetilde{K}_{\phi}^{mi}+\mathrm{j}\omega\widetilde{P}_x^{mi} \tag{3.40}$$

$$\frac{\mathrm{j}\omega}{k_m^2}\left(-\mathrm{j}k_y\widetilde{G}_{xx}^{mi}+\frac{\partial}{\partial z}\widetilde{G}_{zy}^{mi}\right)=\frac{1}{\mathrm{j}\omega}\mathrm{j}k_y\widetilde{K}_{\phi}^{mi}+\mathrm{j}\omega\widetilde{P}_y^{mi} \tag{3.41}$$

$$\frac{\mathrm{j}\omega}{k_m^2}\frac{\partial}{\partial z}\widetilde{G}_{zz}^{mi}=\frac{1}{\mathrm{j}\omega}\frac{\partial}{\partial z'}\widetilde{K}_{\phi}^{mi}+\mathrm{j}\omega\widetilde{P}_z^{mi} \tag{3.42}$$

分析式(3.40)和式(3.41)，可知式(3.18)仍然成立。令式(3.40)、(式3.41)中的 $\widetilde{P}_x^{mi}=\widetilde{P}_y^{mi}=0$，可求得

$$\widetilde{K}_{\phi}^{mi}=\frac{\mathrm{j}\omega}{k_\rho^2}(\widetilde{G}_{mi}^{V_e}-\widetilde{G}_{mi}^{V_h}) \tag{3.43}$$

再结合式(3.42)，可推导出

$$\widetilde{P}_z^{mi}=\frac{1}{\mathrm{j}\omega}\left[\frac{\mu_m}{k_m^2\varepsilon_i}\frac{\partial}{\partial z}\widetilde{G}_{mi}^{I_e}+\frac{1}{k_\rho^2}\frac{\partial}{\partial z'}(\widetilde{G}_{mi}^{V_h}-\widetilde{G}_{mi}^{V_e})\right] \tag{3.44}$$

将式(3.44)代入式(3.14)的谱域形式，再进行逆变换，可得变形矢量位格林函数

$$\bar{\boldsymbol{K}}_A^{mi}=(\hat{\boldsymbol{x}}\hat{\boldsymbol{x}}+\hat{\boldsymbol{y}}\hat{\boldsymbol{y}})K_{xx}^{mi}+\hat{\boldsymbol{x}}\hat{\boldsymbol{z}}K_{xz}^{mi}+\hat{\boldsymbol{y}}\hat{\boldsymbol{z}}K_{yz}^{mi}+\hat{\boldsymbol{z}}\hat{\boldsymbol{x}}K_{zx}^{mi}+\hat{\boldsymbol{z}}\hat{\boldsymbol{y}}K_{zy}^{mi}+\hat{\boldsymbol{z}}\hat{\boldsymbol{z}}K_{zz}^{mi} \tag{3.45}$$

其各分量表达式为

$$K_{xx}^{mi}=G_{xx}^{mi}=\frac{1}{\mathrm{j}\omega}S_0(\widetilde{G}_{mi}^{V_h}) \tag{3.46}$$

$$K_{xz}^{mi}=\frac{\partial}{\partial x}P_z^{mi}=-\frac{\mu_i}{\mathrm{j}\omega\varepsilon_m}\cos\zeta S_1\left[\frac{1}{k_\rho^2}\left(\widetilde{W}_{mi}^{V_e}-\frac{k_m^2}{k_{zm}^2}\widetilde{W}_{mi}^{V_h}\right)\right] \tag{3.47}$$

$$K_{yz}^{mi}=\frac{\partial}{\partial y}P_z^{mi}=-\frac{\mu_i}{\mathrm{j}\omega\varepsilon_m}\sin\zeta S_1\left[\frac{1}{k_\rho^2}\left(\widetilde{W}_{mi}^{V_3}-\frac{k_m^2}{k_{zm}^2}\widetilde{W}_{mi}^{V_h}\right)\right] \tag{3.48}$$

$$K_{zx}^{mi}=G_{zx}^{mi}=-\frac{1}{\mathrm{j}\omega}\cos\zeta S_1\left[\frac{1}{k_\rho^2}\left(\frac{k_m^2}{k_{zm}^2}\widetilde{W}_{mi}^{I_e}-\widetilde{W}_{mi}^{I_h}\right)\right] \tag{3.49}$$

$$K_{zy}^{mi}=G_{zy}^{mi}=-\frac{1}{\mathrm{j}\omega}\sin\zeta S_1\left[\frac{1}{k_\rho^2}\left(\frac{k_m^2}{k_{zm}^2}\widetilde{W}_{mi}^{I_e}-\widetilde{W}_{mi}^{I_h}\right)\right] \tag{3.50}$$

$$K_{zz}^{mi}=G_{zz}^{mi}+\frac{\partial}{\partial z}P_z^{mi}=\frac{\mu_m}{\mathrm{j}\omega\varepsilon_i}S_0\left[\widetilde{G}_{mi}^{I_e}-\frac{k_i^2}{k_\rho^2}\left(\frac{k_{zm}^2}{k_m^2}\widetilde{G}_{mi}^{I_e}-\widetilde{G}_{mi}^{I_h}\right)\right] \tag{3.51}$$

式中

$$\widetilde{W}_{mi}^{V}=-\frac{\mathrm{j}k_{zi}}{2Z_iD_i}\{\overleftarrow{\Gamma}_i\mathrm{e}^{-\mathrm{j}k_{zi}[(z+z')-2z_i]}-\overrightarrow{\Gamma}_{i-1}\mathrm{e}^{-\mathrm{j}k_{zi}[2z_{i-1}-(z+z')]}+$$

$$2\mathrm{j}\overleftarrow{\Gamma}_i\overrightarrow{\Gamma}_{i-1}\mathrm{e}^{-\mathrm{j}2\psi_i}\sin[k_{zi}(z-z')]\},\quad m=i \tag{3.52}$$

$$\widetilde{W}_{mi}^{V}=-\frac{\mathrm{j}k_{zm}}{2Z_m}\widetilde{I}_{mi}^{V},\quad m\neq i \tag{3.53}$$

$\tilde{I}_{mi}^{V}$ 可由式(3.21)求得，为书写简单起见，式(3.52)和式(3.53)中省略了 V 的下标 e 和 h。

对谱域形式的式(3.43)进行逆变换，得

$$K_{\varphi}^{mi}=\mathrm{j}\omega S_0\left[\frac{1}{k_{\rho}^2}(\tilde{G}_{mi}^{V_e}-\tilde{G}_{mi}^{V_h})\right] \tag{3.54}$$

Formulation C 中的 K_{φ}^{mi} 和 Formulation A 中的一样，均可视为点电荷和水平偶极子产生的标量位函数，但它们并不相同，因为二者分别对应不同的矢量位格林函数。从式(3.46)～式(3.51)可见，Formulation C 中 $\nabla\bar{\boldsymbol{P}}_A^{mi}$ 的引入产生了新增项 K_{xz}^{mi} 和 K_{yz}^{mi}，同时也改变了 G_{zz}^{mi} 项。但需要指出的是，即使当 $m=i$，即目标完全位于同层介质中时，$\bar{\boldsymbol{K}}_A^{mi}\neq\bar{\boldsymbol{G}}_A^{mi}$，这一点与 Formulation A 和 Formulation B 不同。此外，Formulation C 中标量位函数 K_{φ}^{mi} 在分界面上关于 z 和 z' 坐标均连续，即 $K_{\varphi}^{mi}(z'=z_i+0)=K_{\varphi}^{mi}(z'=z_i-0)$，$K_{\varphi}^{mi}(z=z_i+0)\neq K_{\varphi}^{mi}(z=z_i-0)$，故式(3.13)中的围线积分可以去掉。

3.1.3　积分方程离散化

混合位积分方程式(3.13)是定义在散射体表面的，因此要对积分方程离散化首先需要对散射体表面进行离散，即目标的表面剖分。根据所采用基函数的类型，可选择不同的剖分方法。

本书拟采用 RWG 基函数[24]来近似表面电流分布。基于三角面元对的 RWG 矢量基函数是由 Rao，Wilton 和 Glisson 共同提出的一种有效的电流基函数，由于三角面元能较精确的逼近任意区域，且剖分具有很大的灵活性，所以 20 多年来该基函数得到了极其广泛的应用。

如图 3.3 所示，RWG 基函数定义在与第 m 条公共边相关的一对三角单元 T_m^+ 和 T_m^- 上，即

$$\boldsymbol{f}_m(\boldsymbol{r})=\begin{cases}\dfrac{l_m}{2A_m^+}\boldsymbol{\rho}_m^+, & \boldsymbol{r}\in T_m^+\\[2ex] \dfrac{l_m}{2A_m^-}\boldsymbol{\rho}_m^-, & \boldsymbol{r}\in T_m^-\\[2ex] 0, & \text{其他}\end{cases} \tag{3.55}$$

式中：l_m 为公共边的边长；$\boldsymbol{r}$ 为面元上任一点的位置矢量；$A_m^{\pm}$ 分别为三角面元 $T_m^{\pm}$ 的面积；$\boldsymbol{\rho}_m^+=\boldsymbol{r}_m^+-\boldsymbol{a}_m^+$，$\boldsymbol{\rho}_m^-=\boldsymbol{r}_m^--\boldsymbol{a}_m^-$，$\boldsymbol{a}_m^{\pm}$ 分别为三角面元 $T_m^{\pm}$ 的自由顶点坐标。图中 $\boldsymbol{r}_m^{c\pm}$ 表示一对面元上的两个面元质心对应的位置矢量。

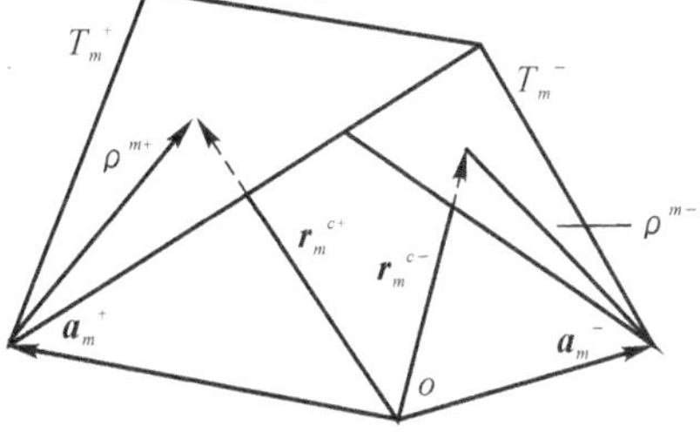

图 3.3　RWG 基函数的定义

在该基函数中，电流从 T_m^+ 流向 T_m^-，函数中的$\rho_m^\pm$ 保证了电流流向的一致性，流经公共边 l_m 总电流为

$$\int_{l_m} \frac{l_m}{2A_m^+}\boldsymbol{\rho}_m^+ \sin\alpha^+ \,\mathrm{d}l \bigg|_{r\in l_m} = \int_{l_m} \frac{l_m}{2A_m^+} h_m^\pm \mathrm{d}l = l_m = \int_{l_m} \frac{l_m}{2A_m^-}\boldsymbol{\rho}_m^- \sin\alpha^- \,\mathrm{d}l \bigg|_{r\in l_m} \tag{3.56}$$

式中：$\sin\alpha^\pm$ 表示 $\boldsymbol{\rho}_m^\pm$ 与公共边 l_m 夹角的正弦，$h_m^\pm$ 分别表示三角形 $T_m^\pm$ 在公共边 l_n 上的高。式(3.56) 表明 RWG 基函数具有电流连续性的特性，而且在公共边上电流还满足局部连续性。根据电流连续性定理，面电荷密度 ρ 满足

$$\rho = \frac{\nabla_s \cdot f_m(\bar{r})}{-\mathrm{j}\omega} = \frac{\mathrm{j}}{\omega}\begin{cases} \dfrac{l_m}{A_m^+}, & \boldsymbol{r} \in T_m^+ \\ -\dfrac{l_m}{A_m^-}, & \boldsymbol{r} \in T_m^- \end{cases} \tag{3.57}$$

式(3.57) 表明电荷分布具有均匀的面密度，∇_s 表示面元上的散度运算算子。在整个定义域上总电荷数为

$$\int_{T_m^+} \rho \,\mathrm{d}s + \int_{T_m^-} \rho \,\mathrm{d}s = 0$$

表明 RWG 基函数不引入虚拟电荷，而且也说明基函数具有偶极子的形式。

混合位积分方程式(3.13) 中的电流 $\boldsymbol{J}$ 可用 RWG 基函数表示为

$$\boldsymbol{J}(\boldsymbol{r}) = \sum_{n=1}^{N} \boldsymbol{I}_n \boldsymbol{f}_n(r) \tag{3.58}$$

将式(3.58) 代入式(3.13)，同时为了消除围线积分，拟采用$\bar{\boldsymbol{K}}_A^{mi}(\boldsymbol{r},\boldsymbol{r}')$ 和 $K_\varphi^{mi}(\boldsymbol{r},\boldsymbol{r}')$ 的 Formulation A 形式，得半空间中混合位积分方程的离散形式为

$$\hat{n}_m \times \sum_{i=1}^{2} \left\{ \mathrm{j}\omega \int_{S_i} \bar{K}_A^{mi}(r,r') \cdot \left(\sum_{n=1}^{N} I_n f_n(r') \right) \mathrm{d}S' - \frac{1}{\mathrm{j}\omega} \nabla \int_{S_i} K_\varphi^{mi}(r,r') \left[\nabla'_s \cdot \left(\sum_{n=1}^{N} I_n f_n(r') \right) \right] \mathrm{d}S' \right\} =$$

$$\hat{n}_m \times \boldsymbol{E}_m^{inc}(\boldsymbol{r}), \quad \boldsymbol{r} \text{ 对应的顶点在 } S_m \text{ 上}(m=1,2)$$

$$\boldsymbol{r}' \text{ 对应的顶点在 } S_i \text{ 上}(i=1,2) \tag{3.59}$$

对式(3.59) 采用 Galerkin 法，对 $p=1,2,\cdots,N$，$n=1,2,\cdots,N$ 生成如下矩阵方程

$$[Z_{pn}]_{N\times N}\ [I_n]_{N\times 1} = [V_n]_{N\times 1} \tag{3.60}$$

式中矩阵元素为

$$Z_{pn} = l_p \left[\frac{\mathrm{j}\omega}{2}(A_{pn}^+ + A_{pn}^-) - \frac{\mathrm{j}}{\omega}(\Phi_{pn}^+ - \Phi_{pn}^+) \right] \tag{3.61}$$

激励到向量元素为

$$V_p = \frac{l_p}{2}(E_p^+ + E_p^-) \tag{3.62}$$

式中

$$A_{pn}^\pm = \int_{S_i} \rho_p^\pm \cdot \bar{\boldsymbol{K}}_A^{mi}(r_p^{c\pm}, r') \cdot f_n(r') \mathrm{d}S' \tag{3.63}$$

$$\Phi_{pn}^\pm = \int_{S_i} K_\varphi^{mi}(r_p^{c\pm}, r')\, \nabla'_s \cdot f_n(r') \mathrm{d}S' \tag{3.64}$$

至此，混合位积分方程离散化完毕，可以看出计算矩阵元素首先要计算格林函数，半空间(或分层媒质) 中的格林函数不像自由空间中的那么简单，下面介绍其计算方法。

3.2　半空间(分层媒质)中格林函数的计算方法

计算半空间(或分层媒质)中格林函数的关键技术是索莫菲积分[25]的计算。用传统的数值积分方法[26]求解索莫菲积分虽然精确可靠,但其效率太低。为了避免繁冗的数值积分,引入了离散复镜像系数法[27-28](Discrete Complex Image Method,DCIM)。DCIM 用参数预估的方法,将索莫菲积分转化为级数数列求和,所以效率大为提高。

3.2.1　离散复镜像系数法

DCIM 起源于镜像法,其基本思想是将索莫菲积分的被积函数用指数序列表示,进而应用索莫菲恒等式来简化计算过程。

用 $f(k_\rho,z,z')$ 表示混合位积分方程中的矢量位格林函数$\bar{\boldsymbol{K}}_A^{mi}$ 的各个分量和标量位格林函数 K_φ^{mi},再将 $f(k_\rho,z,z')$ 由其谱域形式 $\tilde{f}(k_\rho,z,z')$ 用索莫菲积分来表示,而 $\tilde{f}(k_\rho,z,z')$ 可以根据等效传输线格林函数法[16]推导得出

$$f(k_\rho,z,z')=\frac{\mathrm{e}^{-\mathrm{j}kr_0}}{\mathrm{j}kr_0}+\int_0^\infty\tilde{f}(k_\rho,z,z')\mathrm{J}_0(k_\rho\rho)k_\rho\mathrm{d}k_\rho=$$
$$\frac{\mathrm{e}^{-\mathrm{j}kr_0}}{\mathrm{j}kr_0}+\int_0^\infty\frac{-\mathrm{j}k_z\left|z+z'\right|}{\mathrm{j}k_z}\tilde{G}(k_\rho,z,z')\mathrm{J}_0(k_\rho\rho)k_\rho\mathrm{d}k_\rho \tag{3.65}$$

式中:场点到源点的距离为 $r_0=\sqrt{\rho^2+(z-z')^2}$;$\mathrm{J}_0(k_\rho\rho)$ 是第一类零阶 Bessel 函数;$\tilde{G}(k_\rho,z,z')$ 可由 $\tilde{f}(k_\rho,z,z')$ 得到,k_ρ 和 k_z 满足 $k_\rho^2+k_z^2=k^2$,k 为媒质中的波数。

用参数估计方法中的矩阵束方法(Matrix Pencil Method, MPM)[29]将 $\tilde{G}(k_\rho,z,z')$ 近似为级数求和的形式,则有

$$\tilde{G}(k_\rho,z,z')=\sum_{i=1}^{M}a_i\mathrm{e}^{-b_ik_z} \tag{3.66}$$

再用索莫菲恒等式,有

$$\int_0^\infty\frac{\mathrm{e}^{-\mathrm{j}k_z|z|}}{\mathrm{j}k_z}\mathrm{J}_0(k_\rho\rho)k_\rho\mathrm{d}k_\rho=\frac{\mathrm{e}^{-\mathrm{j}kr_1}}{r_1} \tag{3.67}$$

可得

$$f(k_\rho,z,z')\approx\frac{\mathrm{e}^{-\mathrm{j}kr_0}}{\mathrm{j}kr_0}+\int_0^\infty\sum_{i=1}^{M}a_i\frac{-\mathrm{j}k_z(\left|z+z'\right|-\mathrm{j}b_i)}{\mathrm{j}k_z}\mathrm{J}_0(k_\rho\rho)k_\rho\mathrm{d}k_\rho=\frac{\mathrm{e}^{-\mathrm{j}kr_0}}{\mathrm{j}kr_0}+\sum_{i=1}^{M}a_i\frac{\mathrm{e}^{-\mathrm{j}kr_i}}{r_i} \tag{3.68}$$

式中:$r_i=\sqrt{\rho^2+(z+z'-\mathrm{j}b_i)^2}$。在确定 a_i 和 b_i 后,即可把无穷的索莫菲积分表示为级数求和的形式。

确定待定系数 a_i 和 b_i 可视为一个参数估计的过程,此类参数估计问题常采用矩阵束方法。由于 MPM 要求参变量必须为实数,故对式(3.66)进行估计时需要进行变量代换,且式(3.66)中的 $\tilde{G}(k_\rho,z,z')$ 是由 k_z 来表示的,因此需将 k_ρ 平面上的积分路径转换到 k_z 平面上来,在参数估计过程中,积分路径即为采样路径。

在传统 DCIM 中,采样路径为 P_0,如图 3.4 所示。

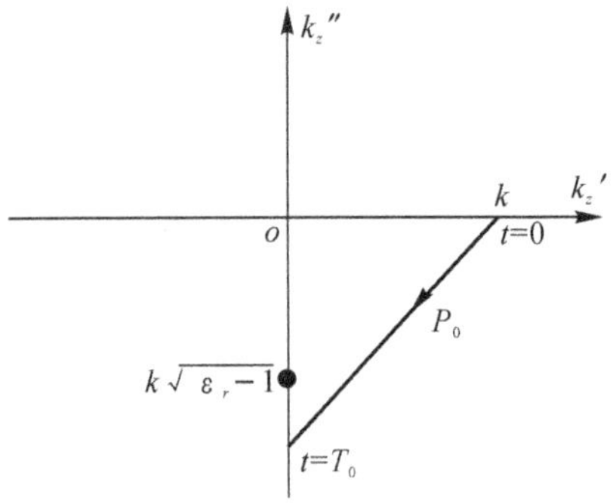

图 3.4 MPM 采样路径

$$k_z = k\left[-\mathrm{j}t + \left(1 - \frac{t}{T_0}\right)\right], \quad 0 \leqslant t \leqslant T_0, \quad T_0 \geqslant \sqrt{\varepsilon_r - 1} \tag{3.69}$$

式(3.69)实现了用实数参变量 t 来表示 k_z 的目的。完成变量代换后,式(3.66)可表示为

$$\tilde{G}(k_\rho, z, z') = \sum_{i=1}^{M} a_i \mathrm{e}^{-b_i k_z} = \sum_{i=1}^{M} R_i \mathrm{e}^{S_i t} \tag{3.70}$$

分别取 $t=0$ 和 $t=T_0$,可得

$$\left.\begin{aligned} a_i \mathrm{e}^{-b_i k} &= R_i \\ a_i \mathrm{e}^{-\mathrm{j} b_i k T_0} &= R_i \mathrm{e}^{S_i T_0} \end{aligned}\right\} \tag{3.71}$$

解式(3.71),可得

$$a_i = R_i \mathrm{e}^{b_i k}, \quad b_i = \frac{S_i T_0}{k(1 - \mathrm{j}T_0)} \tag{3.72}$$

参数 R_i 和 S_i 可通过 MPM 直接求得,下面介绍 MPM 估计 R_i 和 S_i 的具体过程。

记 $\tilde{G}(k_\rho, z, z')$ 为 t 的时间响应 $y(t)$,对 $y(t)$ 在路径 P_0 上进行等间隔采样取点,采样间隔取 ΔT,得

$$y(n\Delta T) = \sum_{i=1}^{M} R_i z_i^k = y_n, \quad n = 0, 1, \cdots, N-1 \tag{3.73}$$

式中:$z_i = \mathrm{e}^{s_i \Delta T}$ 为极点函数,只要确定 z_i,即可得到 $S_i = \ln(z_i / \Delta T)$。

根据函数束的定义构造两个矩阵 $\boldsymbol{Y}_1$ 和 $\boldsymbol{Y}_2$

$$\boldsymbol{Y}_1 = \begin{bmatrix} y_0 & y_1 & \cdots & y_{L-1} \\ y_1 & y_2 & \cdots & y_L \\ \vdots & \vdots & \vdots & \vdots \\ y_{N-L-1} & y_{N-L} & \cdots & y_{N-2} \end{bmatrix}_{(N-L)\times L}, \quad \boldsymbol{Y}_2 = \begin{bmatrix} y_1 & y_2 & \cdots & y_L \\ y_2 & y_3 & \cdots & y_{L+1} \\ \vdots & \vdots & \vdots & \vdots \\ y_{N-L} & y_{N-L+1} & \cdots & y_{N-1} \end{bmatrix}_{(N-L)\times L} \tag{3.74}$$

式中:L 为矩阵束参数(Matrix pencil parameter),其大小选定可参见参考文献[11];N 为采样点个数。鉴于式(3.73)中的函数关系,$\boldsymbol{Y}_1$ 和 $\boldsymbol{Y}_2$ 可以表示为

$$\boldsymbol{Y}_1 = \boldsymbol{Z}_1 \boldsymbol{R} \boldsymbol{Z}_2, \quad \boldsymbol{Y}_2 = \boldsymbol{Z}_1 \boldsymbol{R} \boldsymbol{Z}_0 \boldsymbol{Z}_2 \tag{3.75}$$

式中:$\boldsymbol{R} = \mathrm{Diag}[R_1, R_2, \cdots, R_M]$,$\boldsymbol{Z}_0 = \mathrm{Diag}[z_1, z_2, \cdots, z_M]$,$\mathrm{Diag}[\cdot]$ 表示对角阵:

$$\boldsymbol{Z}_1=\begin{bmatrix}1 & 1 & \cdots & 1\\ z_1 & z_2 & \cdots & z_M\\ \vdots & \vdots & \vdots & \vdots\\ z_1^{N-L-1} & z_2^{N-L-1} & \cdots & z_M^{N-L-1}\end{bmatrix}_{(N-L)\times M},\quad \boldsymbol{Z}_2=\begin{bmatrix}1 & 1 & \cdots & z_1^{L-1}\\ 1 & z_2 & \cdots & z_2^{L-1}\\ \vdots & \vdots & \vdots & \vdots\\ 1 & z_M & \cdots & z_M^{L-1}\end{bmatrix}_{M\times L} \tag{3.76}$$

定义 $M\times M$ 维的单位阵 $\boldsymbol{I}$，再构造 $\boldsymbol{Y}_1$ 和 $\boldsymbol{Y}_2$ 的矩阵束，即

$$\boldsymbol{Y}_2-\lambda\boldsymbol{Y}_1=\boldsymbol{Z}_1\boldsymbol{R}[\boldsymbol{Z}_0-\lambda\boldsymbol{I}]\boldsymbol{Z}_2 \tag{3.77}$$

若选择 L 满足 $M\leqslant L\leqslant N-L$，那么$\boldsymbol{Y}_2-\lambda\boldsymbol{Y}_1$ 的秩通常为 M。令 $\lambda=z_j(j=1,2,\cdots,M)$，$\boldsymbol{Z}_0-\lambda\boldsymbol{I}$ 的第 j 行元素全部为零，$\boldsymbol{Y}_2-\lambda\boldsymbol{Y}_1$ 的秩变为 $M-1$。故，z_j 可以视为$\boldsymbol{Y}_2$ 相对于$\boldsymbol{Y}_1$ 的广义特征值，即求解如下的正规特征值问题：

$$\boldsymbol{Y}_1^{+}\boldsymbol{Y}_2-\lambda\boldsymbol{I}=\boldsymbol{0} \tag{3.78}$$

式中：$\boldsymbol{Y}_1^{+}$ 为 $\boldsymbol{Y}_1$ 的 Moore-Penrose 广义逆，可通过奇异值分解得到。$\boldsymbol{Y}_1$ 的奇导值分解为

$$\boldsymbol{Y}_1=\boldsymbol{UDV}^{\mathrm{H}} \tag{3.79}$$

式中：$\boldsymbol{D}=\mathrm{Diag}[\sigma_1,\sigma_1,\cdots,\sigma_S]$ 为 S 个奇异值构成的对角阵；$\boldsymbol{U}$ 和 $\boldsymbol{V}$ 分别为左右奇异向量(上标 H 表示共轭转置)。取最大的 M 个奇异值构成奇异值对角阵，则有

$$\boldsymbol{Y}_1^{+}=\boldsymbol{VD}^{-1}\boldsymbol{U}^{\mathrm{H}} \tag{3.80}$$

这样$\boldsymbol{Y}_1^{+}\boldsymbol{Y}_2$ 变为 $L\times L$ 维的方阵，可能有 L 个特征值，因此直接求解$\boldsymbol{Y}_1^{+}\boldsymbol{Y}_2$ 的特征值比较困难，考虑间接求解。由式(3.75)，得

$$\boldsymbol{Y}_1^{+}\boldsymbol{Y}_2=\boldsymbol{Z}_2^{+}\boldsymbol{R}^{-1}\boldsymbol{Z}_1^{+}\boldsymbol{Z}_1\boldsymbol{R}\boldsymbol{Z}_0\boldsymbol{Z}_2=\boldsymbol{Z}_2^{+}\boldsymbol{Z}_0\boldsymbol{Z}_2 \tag{3.81}$$

令 $\boldsymbol{p}_j$ 为 $\boldsymbol{Y}_2-z_j\boldsymbol{Y}_1(j=1,2,\cdots,M)$ 的广义特征向量，则有

$$\boldsymbol{Y}_1^{+}\boldsymbol{Y}_1\boldsymbol{p}_j=\boldsymbol{p}_j,\quad \boldsymbol{Y}_1^{+}\boldsymbol{Y}_2\boldsymbol{p}_j=z_j\boldsymbol{p}_j \tag{3.82}$$

将式(3.80)代入式(3.82)，得

$$\boldsymbol{VD}^{-1}\boldsymbol{U}^{\mathrm{H}}\boldsymbol{Y}_2\boldsymbol{p}_j=z_j\boldsymbol{p}_j \tag{3.83}$$

再将式(3.83)两端左乘 $\boldsymbol{V}^{\mathrm{H}}$ 可得到 $M\times M$ 维矩阵为

$$\boldsymbol{D}^{-1}\boldsymbol{U}^{\mathrm{H}}\boldsymbol{Y}_2\boldsymbol{p}_j=z_j\boldsymbol{V}^{\mathrm{H}}\boldsymbol{p}_j \tag{3.84}$$

令 $\boldsymbol{Z}=\boldsymbol{D}^{-1}\boldsymbol{U}^{\mathrm{H}}\boldsymbol{Y}_2\boldsymbol{V}$，$\boldsymbol{v}_j=\boldsymbol{V}^{\mathrm{H}}\boldsymbol{p}_j$，则可得到标准形式的特征值方程

$$\boldsymbol{Z}\boldsymbol{v}_j=z_j\boldsymbol{v}_j \tag{2.85}$$

式中：$\boldsymbol{Z}$ 为 $M\times M$ 维的矩阵，z_j 和 $\boldsymbol{v}_j$ 分别为 $\boldsymbol{Z}$ 的特征值和特征向量。

至此，通过求解式(3.85)中的特征值问题，即可得到极点 z_j，将 z_j 代入式(3.73)，可得

$$\begin{bmatrix}1 & 1 & \cdots & 1\\ z_1 & z_2 & \cdots & z_M\\ \vdots & \vdots & \vdots & \vdots\\ z_1^{N-1} & z_2^{N-1} & \cdots & z_M^{N-1}\end{bmatrix}\begin{bmatrix}R_1\\ R_2\\ \vdots\\ R_M\end{bmatrix}=\begin{bmatrix}y_0\\ y_1\\ \vdots\\ y_{N-1}\end{bmatrix} \tag{3.86}$$

此方程为 $N\times M$ 维的超定方程，可通过最小二乘法即可求解，得到留数 R_j。将 z_j 和 R_j 代入 $S_i=\ln(z_i/\Delta T)$ 和式(3.72)，最终可得到复镜像系数 a_j 和 b_j。

下述采用 DCIM 计算实例中的变形格林函数(取 Formulation A 的形式)。设在半空间背景中，上半空间为空气，下半空间为介质($\varepsilon_r=16.0$，$\mu_r=1.0$)，分界面取 $z=0$，场点纵坐标 $z=0.04$ m，源点纵坐标 $z'=-0.02$ m，频率取 $f=300$ MHz。用 G^q 表示此例中的空域标量

位格林函数，ρ 表示场点和源点之间的横向距离，k_0 表示真空中的波数。用等效传输线格林函数法[30] 可推导 $\widetilde{G}^q$ 的表达式为

$$\widetilde{G}^q = \frac{-\mathrm{j}}{2k_{z0}}[\mathrm{e}^{-\mathrm{j}k_{z0}(z-z')} + (R_{\mathrm{TE}} + R_q)\mathrm{e}^{-\mathrm{j}k_{z0}(z+z')}] \tag{3.87}$$

式中：k_{z0} 表示 z 方向真空中的波数；H 为介质层厚度；R_{TE} 和 R_q 无实际意义，表达式为

$$R_{\mathrm{TE}} = -\frac{r_{10}^{\mathrm{TE}} + \mathrm{e}^{-\mathrm{j}2k_{z1}H}}{1 + r_{10}^{\mathrm{TE}}\mathrm{e}^{-\mathrm{j}2k_{z1}H}} \tag{3.88}$$

$$R_q = \frac{2k_{z0}^2(1-\varepsilon_{\mathrm{r}})(1-\mathrm{e}^{-\mathrm{j}4k_{z1}H})}{(k_{z1}+k_{z0})(k_{z1}+\varepsilon_{\mathrm{r}}k_{z0})(1+r_{10}^{\mathrm{TE}}\mathrm{e}^{-\mathrm{j}2k_{z1}H})(1-r_{10}^{\mathrm{TM}}\mathrm{e}^{-\mathrm{j}2k_{z1}H})} \tag{3.89}$$

$$r_{10}^{\mathrm{TE}} = \frac{k_{z1}-k_{z0}}{k_{z1}+k_{z0}}, \quad r_{10}^{\mathrm{TM}} = \frac{k_{z1}-\varepsilon_r k_{z0}}{k_{z1}+\varepsilon_r k_{z0}} \tag{3.90}$$

$$k_{z0}^2 + k_\rho^2 = k_0^2, \quad k_{z1}^2 + k_\rho^2 = \varepsilon_r k_0^2 \tag{3.91}$$

应用 DCIM 计算时，取 $T_0 = 20$，在积分路径上采样 200 个点，图 3.5 所示给出了 G^q 在不同横向距离 ρ 下 DCIM 计算值和精确数值积分[26] 计算值的对比情况，可以看出，在 $\rho < 0.5\lambda(\lg(k_0\rho) < 0.5)$ 的范围内，DCIM 具有相当高的精度，但随着 ρ 的增大，当 $\rho > 0.5\lambda$ 时，DCIM 计算结果不再准确。

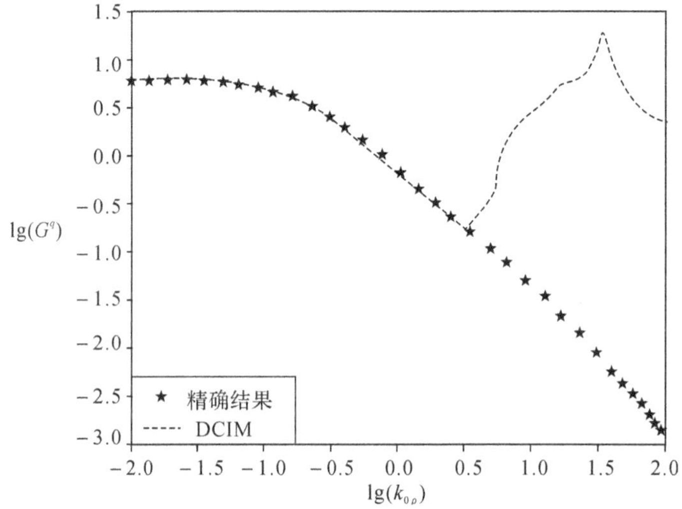

图 3.5　空域标量位格林函数

3.2.2　改进离散复镜像系数法

传统的 DCIM 存在一个致命的缺陷，它在场点距源点较远时精度不够，DCIM 的这一缺陷很明确地体现在图 3.5 中，为改进精度常需要提取表面波项或准静态项来弥补，而提取过程又相当烦琐[31]。为此，本书改进积分路径，提出一种改进离散复镜像系数法(Improved DCIM)，已解决在场点距源点横向距离较远时传统 DCIM 失真的问题。

首先定义新的采样路径为 $P_{11} + P_{12}$，如图 3.6 所示，它由两段路径 P_{11} 和 P_{12} 组成：

$$P_{11}: k_z = k\left[(1-t) - \mathrm{j}t\frac{(1-\gamma)\tan\alpha}{1-(1-\gamma)\tan\alpha}\right], \quad 0 \leqslant t \leqslant 1-(1-\gamma)\tan\alpha \tag{3.92}$$

$$P_{12}: k_z = k(1-\gamma)(1-\mathrm{j})\tan\alpha - \mathrm{j}\gamma k t,\quad 0 \leqslant t \leqslant [T_0 - (1-\gamma)\tan\alpha]/\gamma \tag{3.93}$$

式中：α 为很小的固定角度；$\gamma(0<\gamma<1)$ 为路径控制参数，决定了 P_{12} 路径与虚轴的距离，γ 越小 P_{12} 距虚轴越近；T_0 为新路径选择参数；在此新路径上采样，更能体现谱域格林函数在远场距离上的衰减趋势。但不可忽视的是，γ 减小也导致采样点数增加。在选择 T_0 时应满足 $t=T_0$，$|k_z| > k\sqrt{\varepsilon_r - 1}$，从而避开分支线的支点，避免了奇异性。

然后在两段路径 P_{11} 和 P_{12} 上分别采用 DCIM 方法，步骤如下：

在路径 P_{12} 上用 MPM 方法估计 $\widetilde{G}(k_\rho, z, z')$，有

$$\widetilde{G}(k_\rho, z, z')\Big|_{C_{12}} = \sum_{i=1}^{M_1} a_i \mathrm{e}^{-b_i k_{z0}}_{C_{12}}\Big| \tag{3.94}$$

在路径 P_{11} 上用 MPM 方法估计 $\widetilde{G}(k_\rho, z, z')$，有

$$\widetilde{G}(k_\rho, z, z')\Big|_{C_{11}} - \sum_{i=1}^{M_1} a_i \mathrm{e}^{-b_i k_{z0}}\Big|_{C_{11}} \approx \sum_{i=1}^{M_2} a'_i \mathrm{e}^{-b'_i k_{z0}}\Big|_{C_{11}} \tag{3.95}$$

需要指出的是，路径 P_{12} 上采样间隔 $\mathrm{d}t_1$ 很小，常取 $\mathrm{d}t_1=0.1$；而对路径 P_{11} 上采样间隔 $\mathrm{d}t_2$ 要求不高，常取 $\mathrm{d}t_2=10$，故 $M_1 \gg M_2$。

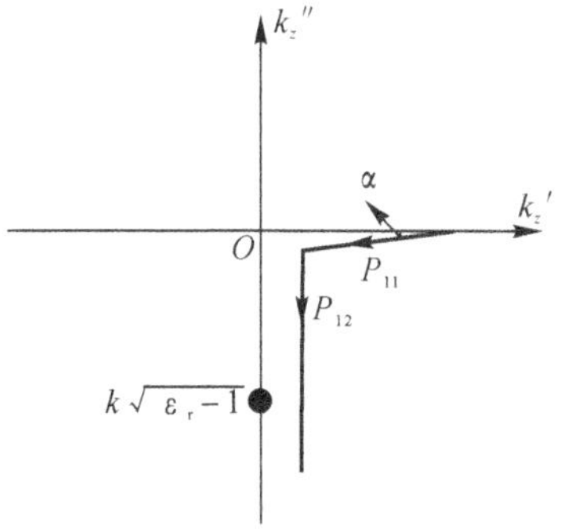

图 3.6　新的采样路径

在新路径上完成参数后，可得空域格林函数分量 $f(k_\rho, z, z')$ 的近似级数求和的表达式，即

$$f(k_\rho, z, z') = \frac{\mathrm{e}^{-\mathrm{j}k_0 r_0}}{r_0} + \sum_{i=1}^{M_1} a_i \frac{\mathrm{e}^{-\mathrm{j}k_0 r_i}}{r_i} + \sum_{i=1}^{M_2} a'_i \frac{\mathrm{e}^{-\mathrm{j}k_0 r'_i}}{r'_i} \tag{3.96}$$

式中：$r_i = \sqrt{\rho^2 + (z+z'-\mathrm{j}b_i)^2}$，$r'_i = \sqrt{\rho^2 + (z+z'-\mathrm{j}b'_i)^2}$。

下述采用改进 DCIM 计算两个实例，以验证其精度。

(1) 单层微带结构。介质相对介电常数 $\varepsilon_r=12.6$，厚度 H 为 1 mm，如图 3.7 所示。设场点和源点均在微带与自由空间的交界面上，工作频率为 30 GHz。采用传统 DCIM 和改进 DCIM，分别计算其空域标量位格林函数 G^q 和空域矢量位格林函数(为并矢)的 $\hat{x}\hat{x}$ 分量 G^A_{xx}，取 $T_0=7.5$，$\alpha=5°$，并将其结果与精确的数值积分方法的结果(Accurate)相对比，如图 3.7 和图 3.8 所示。

由图 3.7、图 3.8 所示的结果可以看出，在都没有提取表面波项的前提下，改进 DCIM 将场源横向距离提高了约 15λ。需要说明的是，由于场点和源点均选在了分界面上，因此传统 DCIM 在 $\rho=2.8\lambda$ 仍满足精度要求；但对场点源点不在同一层媒质时，DCIM 在 $\rho>0.5\lambda$ 就已经失效了(见图 3.5 中的情况)。

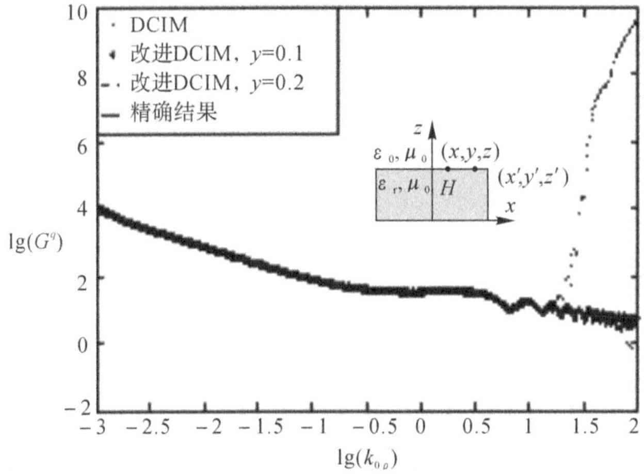

图 3.7 单层微带空域标量位格林函数

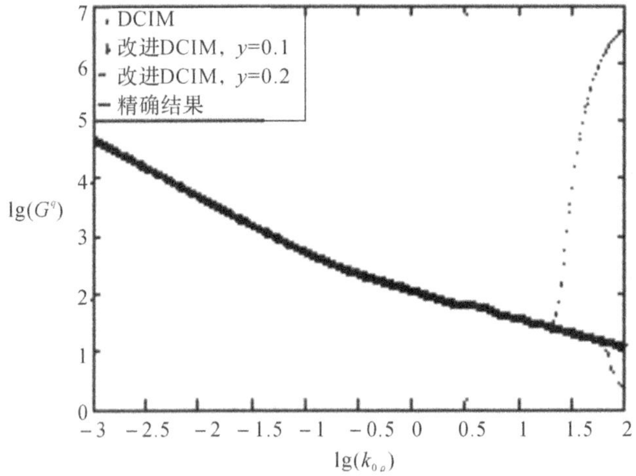

图 3.8 单层微带空域矢量位格林函数

参数 γ 的取值也直接决定了改进 DCIM 在较远场源距离时的精度，如图 3.9 所示给出采用较小 γ 值（$\gamma=0.015$）时计算格林函数的结果，可以看出在场源横向距离达到 170λ 时，改进 DCIM 的精度依然满足要求，证明了改进 DCIM 中新的积分路径的有效性。

（2）多层介质结构。多层介质结构中各层的相对介电常数和厚度如图 3.10 所示，第 5 层为无穷大的自由空间。场点在第 4 层（$z=-0.4$ mm），源点在第 2 层（$z'=-1.4$ mm），工作频率为 30 GHz，$\gamma=0.1$。用改进 DCIM 计算 G^q 和 G_{xx}^A，并将其结果与数值积分方法的精确结果（Accurate）相对比，如图 3.10 所示给出了两种方法的计算结果，二者吻合良好。

此外，改进 DCIM 虽然分别在两段路径上采用 MPM，但它不同于参考文献[32]中两级 DCIM。参考文献[32]中两级 DCIM 旨在高效计算和节省计算时间；而本书对 DCIM 改进的目的在于提高 DCIM 在远场距离上的精度。由于随路径 P_{12} 上采样点的增加指数项也将增多，因此所耗 CPU 运算时间也将随着采样点个数的增加而延长。表 3.1 给出了 $\alpha=5°$ 时在不同的采样密度下，改进 DCIM 的有效作用距离 $\rho_{\max}$（所计算格林函数不失真时场点和源点之间的最大距离）和 CPU 运算时间 T_c，采用计算机配置为 CPU Pentium(R)Dual-Core、主频 2.5 GHz、内存 2GB。

表 3.1　在不同 γ 值下的改进 DCIM 与传统 DCIM 的性能比较

γ	0.015	0.025	0.05	0.1	DCIM
M_1	500	390	180	100	19
M_2	8	8	7	6	0
T_c/s	1 001.0	377.9	33.9	4.84	0.47
ρ_{max}	170λ	120λ	65λ	20λ	0.5λ

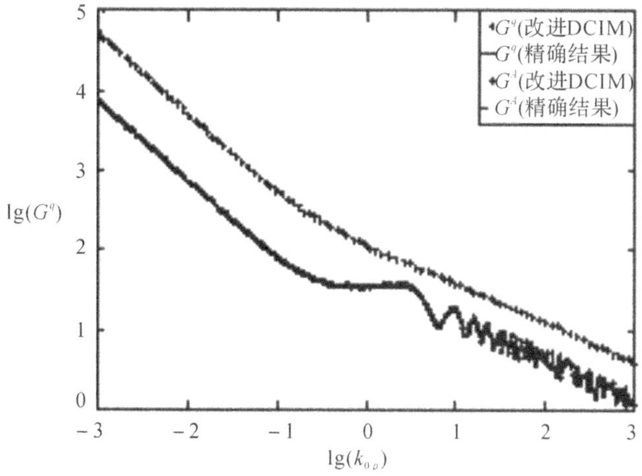

图 3.9　单层微带空域格林函数

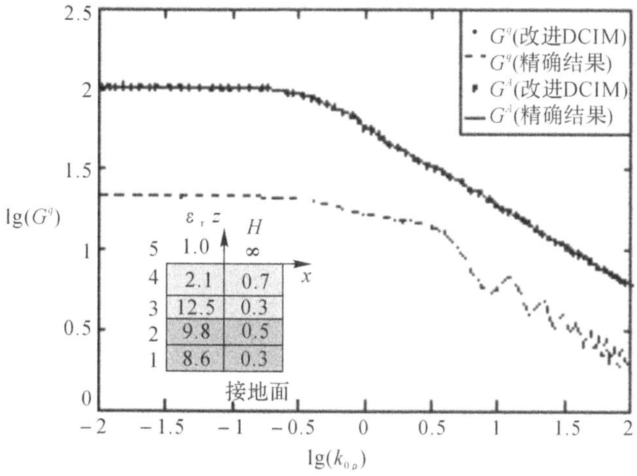

图 3.10　分层媒质空域格林函数

3.2.3 二维离散复镜像系数法

虽然上节中采用改进 DCIM 方法解决了格林函数在远场区的精度问题，但是对位于不同媒质层的场源点组合(z,z')，都需要重新求解离散复镜像系数，而每次求解过程都要应用一次 MPM 参数估计，如此将产生巨大的计算量和存储量。为了节省存储空间，提高计算效率，拟引入二维离散复镜像系数法[13]（2D－DCIM）来求解半空间中的格林函数。

2D－DCIM 的基本思想是，将与 z 有关的指数项从谱域格林函数 $\tilde{f}(k_\rho,z,z')$ 中分离，得到以 k_ρ 和 z' 为自变量的二元谱域函数 $\tilde{G}(k_\rho,z')$，并对 $\tilde{G}(k_\rho,z')$ 采用二维的参数估计方法[33]（2D－MPM），分别在 k_ρ 区间和 z' 区间上均匀采样取点，在求得离散的复镜像系数后，即可将 $\tilde{f}(k_\rho,z,z')$ 表示为由复镜像系数、纵坐标(z,z')以及横向距离 ρ 组成的指数函数表达式，因此只要确定了 z' 区间的范围，只需采用一次 2D－DCIM，就能得到所有场源点组合的空域格林函数。

在两层媒质（分别记为 1 和 2）的分界面处取 $z=0$，源点位于媒质层 1 中，场点位于媒质层 2 中，由等效传输线格林函数法可将 $\tilde{f}(k_\rho,z,z')$ 写为

$$\tilde{f}(k_\rho,z,z')=A(k_{z1})\mathrm{e}^{-\mathrm{j}k_{z1}|z'|}B(k_{z2})\mathrm{e}^{-\mathrm{j}k_{z2}|z|} \tag{3.97}$$

式中：$k_{z1}=\sqrt{k_1^2-k_\rho}$，$k_{z2}=\sqrt{k_2^2-k_\rho}$，$k_1$ 和 k_2 分别为媒质层 1 和 2 中的波数。将 $\mathrm{e}^{-\mathrm{j}k_{z2}|z|}$ 从 $\tilde{f}(k_\rho,z,z')$ 中分离，得

$$\tilde{f}(k_\rho,z,z')=[A(k_{z1})\mathrm{e}^{-\mathrm{j}k_{z1}|z'|}B(k_{z2})]\mathrm{e}^{-\mathrm{j}k_{z2}|z|}=\frac{\tilde{G}(k_{z2},z')}{\mathrm{j}k_{z2}}\mathrm{e}^{-\mathrm{j}k_{z2}|z|} \tag{3.98}$$

视式(3.98)中的 $\tilde{G}(k_{z2},z')$ 为二元函数，由式(3.92)和式(3.93)，k_{z2} 可用 t 来表示，$\tilde{G}(k_{z2},z')$ 转化为 $\tilde{G}(t,z')$，对 $\tilde{G}(t,z')$ 在 t 取值区间和 z' 的取值区间分别采样取点，设 t 方向以 Δt 的采样间隔取 M 个点，z' 方向以 $\Delta z'$ 的采样间隔取 N 个点，令

$$y(m,n)=\tilde{G}(m\Delta t,n\Delta z') \tag{3.99}$$

应用二维 MPM(2D－MPM) 可将 $y(m,n)$ 估计为

$$y(m,n)\approx\sum_{p=1}^{P}C_p(X_p^m+Y_p^n) \tag{3.100}$$

为了便于应用索莫菲恒等式需将 $\tilde{G}(t,z')$ 写成指数形式，先采用下列变换

$$X'_p=\frac{\ln X_p}{\Delta t},\quad Y'_p=\frac{\ln Y_p}{\Delta z'} \tag{3.101}$$

于是 $\tilde{G}(t,z')$ 就可以写为

$$\tilde{G}(t,z')\approx\sum_{p=1}^{P}C_p\mathrm{e}^{tX'_p+z'Y'_p} \tag{3.102}$$

由于式(3.92)、式(3.93)中 k_z 和 t 存在着线性关系，故 $\tilde{G}(k_{z2},z')$ 也可以写为级数求和的形式，即

$$\tilde{G}(k_{z2},z')\approx\sum_{p=1}^{P}c_p\mathrm{e}^{k_{z2}x_p+z'y_p} \tag{3.103}$$

若将 k_{z2} 和 t 的线性关系表示为

$$k_{z2}=[(x_2-x_1)t+x_1]+\mathrm{j}[(y_2-y_1)t+y_1] \tag{3.104}$$

则 x_p, y_p, c_p 可以由 X'_p, Y'_p, C'_p 表示为

$$x_p = \frac{X'_p}{(x_2 - x_1) + \mathrm{j}(y_2 - y_1)}, \quad y_p = Y'_p, \quad c_p = \mathrm{e}^{-(x_1 + \mathrm{j}y_1)x_p} + C'_p \tag{3.105}$$

再将式(3.103)代入

$$f(k_\rho, z, z') = \frac{\mathrm{e}^{-\mathrm{j}kr_0}}{\mathrm{j}kr_0} + \int_0^\infty \tilde{f}(k_\rho, z, z') J_0(k_\rho \rho) k_\rho \mathrm{d}k_\rho = \frac{\mathrm{e}^{-\mathrm{j}kr_0}}{\mathrm{j}kr_0} + \int_0^\infty \frac{-\mathrm{j}k_{z2}|z|}{\mathrm{j}k_{z2}} \tilde{G}(k_{z2}, z, z') J_0(k_\rho \rho) k_\rho \mathrm{d}k_\rho \tag{3.106}$$

得

$$f(k_\rho, z, z') \approx \frac{\mathrm{e}^{-\mathrm{j}kr_0}}{\mathrm{j}kr_0} + \int_0^\infty \sum_{p=1}^{P} c_p \mathrm{e}^{k_{z2} x_p + z' y_p} \cdot \frac{-\mathrm{j}k_{z2}|z|}{\mathrm{j}k_{z2}} J_0(k_\rho \rho) k_\rho \mathrm{d}k_\rho = \frac{\mathrm{e}^{-\mathrm{j}kr_0}}{\mathrm{j}kr_0} + \sum_{p=1}^{P} c_p \mathrm{e}^{z' y_p} \frac{\mathrm{e}^{-\mathrm{j}k_2 r_p}}{r_p} \tag{3.107}$$

式中：$r_p = \sqrt{\rho^2 + (|z| + \mathrm{j}x_p)^2}$。至此，格林函数 $f(k_\rho, z, z')$ 可以用系数 x_p, y_p, c_p 和(z, z')解析表达。但需要说明的是，当场点和源点的所在媒质层改变时，应用 MPM 时采用的采样路径(积分路径)会发生改变，需要重新应用 2D-DCIM 计算系数 x_p, y_p, c_p，再得到格林函数 $f(k_\rho, z, z')$ 新的指数形式的解析表达式。

如果式(3.104)中线性关系是沿式(3.69)中的积分路径，则称为传统的 2D-DCIM 方法，且有$(x_1, y_1) = (k_2, 0)$，$(x_2, y_2) = (0, -k_2 T_0)$；如果(3.104)式中线性关系是沿式(3.92)和式(3.93)中的积分路径，则称为改进的 2D-DCIM(Improved 2D-DCIM)，且对路径 P_{11}：$(x_1, y_1) = (k_2, 0)$，$(x_2, y_2) = [k_2(1-\gamma)\tan\alpha, -k_2(1-\gamma)\tan\alpha]$，路径 P_{12}：$(x_1, y_1) = [k_2(1-\gamma)\tan\alpha, -k_2(1-\gamma)\tan\alpha)]$，$(x_2, y_2) = [k_2(1-\gamma)\tan\alpha, -k_2 T_0]$。

计算量分析：对 2D-DCIM，如果矩阵束参数设为 $K \approx M/2$，$L \approx N/2$，二维参数估计中的计算量约为 $O(M^3 N^3)$；对 Improved 2D-DCIM，在路径 P_{12} 上的采样点数为 M_1，在路径 P_{11} 上的采样点数为 M_2，则二维参数估计中的计算量约为 $O(M_1^3 N^3 + M_2^3 N^3)$，矩阵填充只是解析函数的赋值运算，计算量可忽略不计；而对于传统的 1D-DCIM，如果积分路径上采样点数为 M，电磁问题中所分析目标的未知数个数为 N_u，阻抗元素数值积分计算时采用高斯积分的取样点数为 N_p，那么计算量约为 $O(M^3 N_u^2 N_\mathrm{p}^2)$；如果将传统的 1D-DCIM 和插值方法相结合[44]，计算量可缩减至 $O(M^3 N_\mathrm{u} N_\mathrm{p})$。

下述分别采用传统 2D-DCIM 和 Improved 2D-DCIM 计算半空间中的格林函数。上半空间取 $\varepsilon_\mathrm{r} = 1$，$\mu_\mathrm{r} = 1$，下半空间取 $\varepsilon_\mathrm{r} = 16$，$\mu_\mathrm{r} = 1$，设场点位于上半空间 $z > 0$，源点位于下半空间 $z' < 0$。

固定源点纵坐标 $z' = -0.02$ m，计算不同 z 值下的空域矢量位格林函数 $\hat{z}\hat{z}$ 分量 G_{zz}^A，并同时与精确数值积分的结果相对比，结果如图 3.11 所示；固定场点纵坐标 $z = 0.04$ m，计算不同 z' 值下的空域矢量位格林函数 $\hat{z}\hat{z}$ 分量 G_{zz}^A，并同时与精确数值积分的结果相比，结果如图3.12 所示。从图 3.11 和图 3.12 可以看出，2D-DCIM 的精度仅在 $\rho < 0.8\lambda$ 的范围内是可靠的。

再采用 Improved 2D-DCIM 计算上例中的空域标量位格林函数 G^q，固定源点坐标 $z' = -0.02$ m，计算不同 z 值下 G^q 的值，如图 3.13 所示。从结果中可以看出，Improved 2D-DCIM 在 $\rho = 5.1\lambda$ 时，精度仍然满足要求。

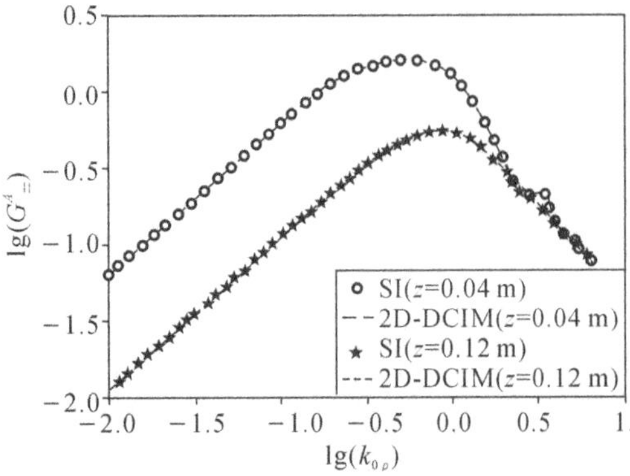

图 3.11　2D－DCIM 计算结果(源点固定)

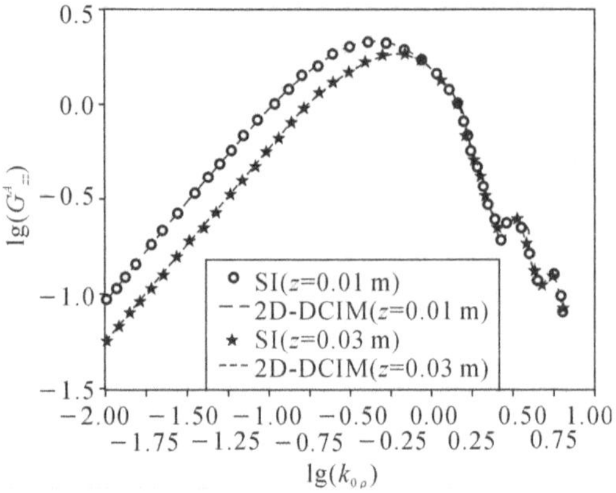

图 3.12　2D－DCIM 计算结果(场点固定)

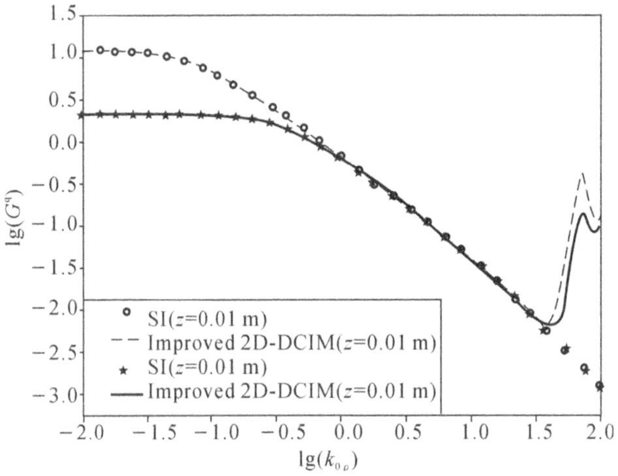

图 3.13　Improved 2D－DCIM 计算结果

3.3　实例计算与分析

3.3.1　半埋目标的电磁问题

1. 半埋在土壤中的线天线的辐射问题

天线尺寸如图 3.14 所示，带状线的等效宽度为 $4a=1$ mm，土壤中部分天线的长度为 0.0625 m，地面上天线长度为 0.25 m，天线与 z 轴正向夹角为 α。设工作频率为 $f=300$ MHz，在天线上 $l=0.1176$ m 处施加 δ 间隙电压源作为激励。土壤的相对介电常数取 $\varepsilon_r=16.0$(干燥土壤)。

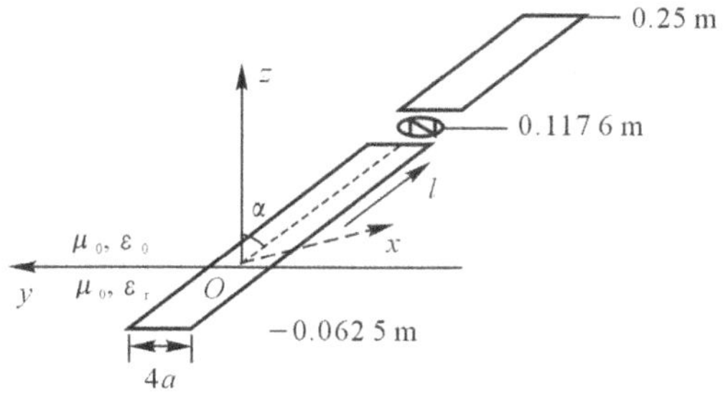

图 3.14　天线几何结构示意图

考虑天线的横向电尺寸在 0.5λ 之内，不需采用 Improved 2D - DCIM，仅用传统的 2D - DCIM 即可满足精度要求。将带状天线用三角面片的组合来模拟，基函数选取 RWG 基函数，产生维数为 65×65 的阻抗矩阵，填充阻抗矩阵时将涉及 4 种格林函数的计算：场点和源点位于上半空间的 Ⅰ 型格林函数；场点和源点位于下半空间的 Ⅱ 型格林函数；场点位于上半空间、源点位于下半空间的 Ⅲ 型格林函数；场点位于下半空间、源点位于上半空间的 Ⅳ 型格林函数。其中，Ⅰ 型和 Ⅱ 型格林函数仅由 DCIM 计算即可，而 Ⅲ 型和 Ⅳ 型格林函数则需 2D - DCIM 计算。下面针对不同的 α 夹角，应用 DCIM 和 2D - DCIM 计算天线表面的电流分布。

（1）当 $\alpha=0^\circ$ 时：应用 2D - MPM 消耗约 200 s，积分路径上采样数取 $M=100$，纵向采样间隔取 $dz'=0.02\lambda$。其中对于 Ⅰ 型和 Ⅱ 型格林函数需要 8～11 个镜像，对于跨界的 Ⅲ 型和 Ⅳ 型格林函数大约需要 55～75 个镜像，由于阻抗矩阵的填充仅仅是指数函数的累加求和，消耗时间很短，仅为 5 s，整个计算过程消耗时间为 205 s 左右。天线表面电流分布如图 3.15 所示，同时给出了传统 DCIM 方法的计算结果作为验证。

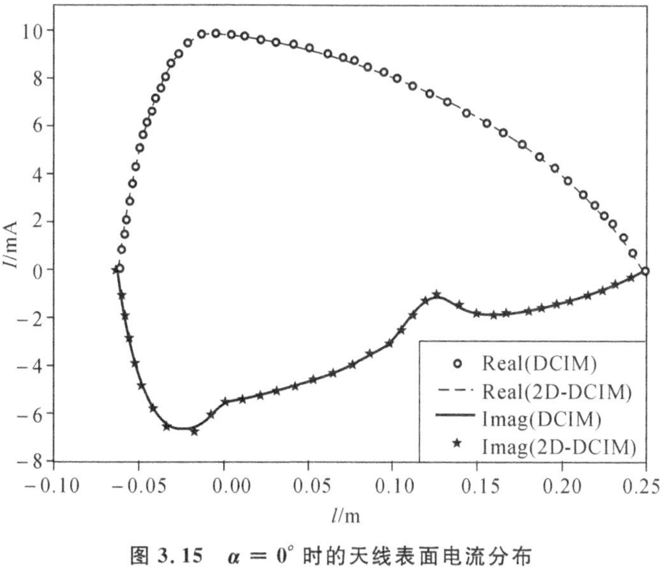

图 3.15　$\alpha=0^\circ$ 时的天线表面电流分布

（2）当 $\alpha=10^\circ$ 时：采用 $\alpha=0^\circ$ 时的离散复镜像系数，矩阵填充消耗 4 s。天线表面电流分布如图 3.16 所示，同时给出了传统 DCIM 方法的计算结果作为验证。

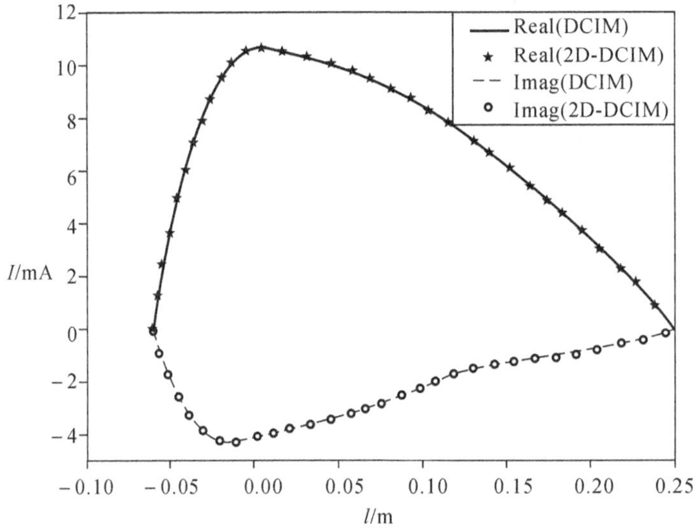

图 3.16 $\alpha=10^\circ$ 时的天线表面电流分布

(3) 当 $\alpha=45^\circ$ 时:仍然采用 $\alpha=0^\circ$ 时的离散复镜像系数,矩阵填充消耗时间为 3 s 左右。计算得到的天线表面电流分布如图 3.17 所示,同时给出了传统 DCIM 方法的计算结果作为验证。

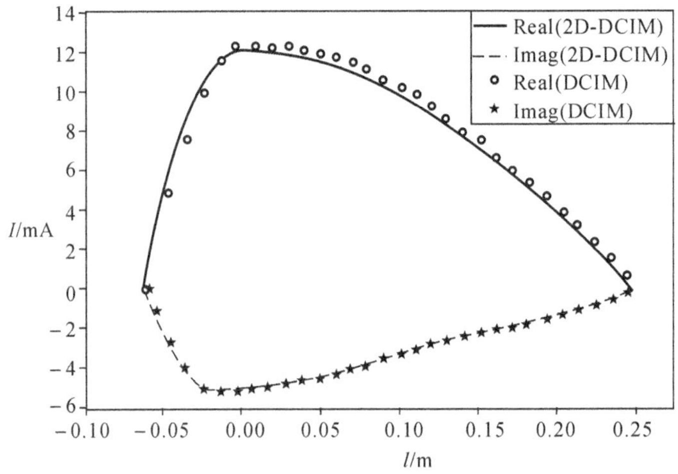

图 3.17 $\alpha=45^\circ$ 时的天线表面电流分布

由以上 3 种计算情况下的结果可见,虽然目标的位置发生了改变,但在相同的媒质层中,当 $\alpha=0^\circ$ 时所求得的离散复镜像系数仍然有效,这就验证了2D-DCIM的优势,即针对位于同层媒质中不同几何结构的目标,不需要因为 ρ, z 和 z' 的改变而重新求解系数 x_p, y_p, c_p,只需采用一次 2D-MPM 即可,得到系数 x_p, y_p, c_p 后,再结合目标表面的几何坐标来解析计算格林函数,进而填充阻抗矩阵。为说明 2D-DCIM 的效率,不同方法的计算量和计算时间见表 3.2。

表 3.2　不同方法计算量和计算时间比较

采用方法	计算量	计算时间
1D-DCIM	$O(M^3 N_u^2 N_p^2)$	33 min
1D-DCIM 结合插值	$O(M^3 N_u N_p)$	15 min
2D-DCIM	$O(M^3 N^3)$	205 s

2. 半埋在土壤中的导体圆柱的散射问题

图 3.18 所示的导体圆柱跨越了空气和土壤界面，土壤相对介电常数 $\varepsilon_r=4.0$。圆柱半径 0.125 m，长度 0.8 m。入射波取沿 x 轴负方向极化的平面波，垂直照射在圆柱表面，工作频率取 $f=300$ MHz。

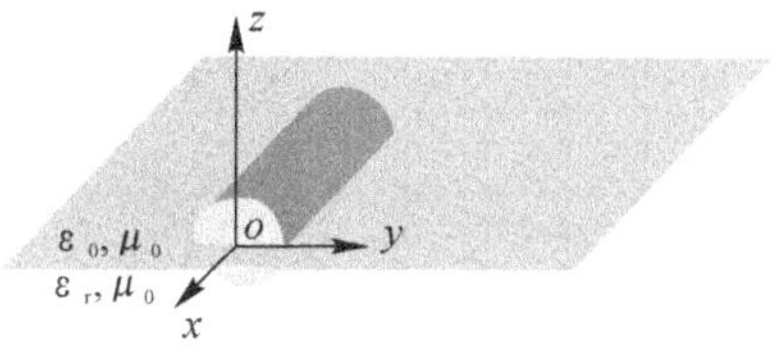

图 3.18　半埋圆柱的几何结构

剖分时采用 394 个三角面元模拟圆柱表面。由于圆柱跨越半空间分界面，目标的横向跨度达到了 0.8λ，因此在计算格林函数时，当场点和源点不在同一层时需采用 Improved 2D-DCIM，当计算场源点同处一层时采用 Improved DCIM，参数设置为 $\gamma=0.5$，$M_1=40$，$M_2=2$，$N=13$（即纵向采样间隔 $dz'=0.02\lambda$），整个计算过程耗时 10 min。如图 3.19 所示给出了 $\theta=85°$ 时方位面内的双站 RCS 结果，对比本书方法计算结果和参考文献[11]中的结果，两者完全吻合。

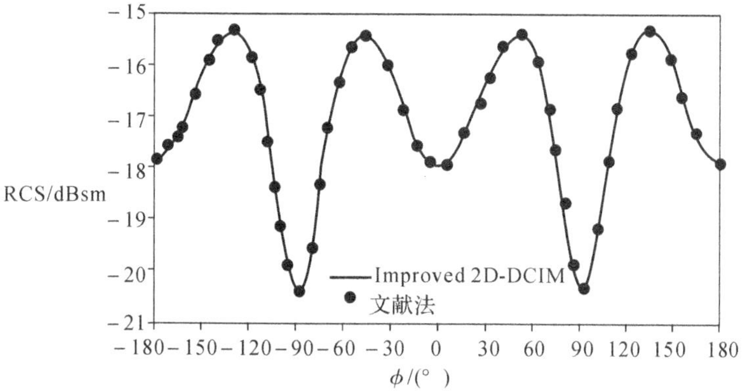

图 3.19　半埋导体圆柱的 RCS

为了说明不同方法的计算复杂度，本书方法和参考文献方法分别涉及的索莫非积分计算次数的对比情况见表 3.3。

表 3.3 不同方法中索莫非积分计算次数比较

方法	直接逐点计算	插值方法	本书方法
次数	4 180 734	2 199	4

显然，在同样的精度要求下，本书采用的 Improved 2D-DCIM 和 Improved DCIM 大大减少了索莫非积分计算次数，尽管在 Improved 2D-DCIM 中应用 2D-MPM 时会产生一定的计算量，但与数千次的重复计算离散复镜像系数相比，这是微不足道的。

3. 海面上舰船目标的散射问题

图 3.20 所示的简单舰船模型，舰船长 137 m，宽 17 m，高 25 m，海面下深度 5 m，海水相对介电常数为 $\varepsilon_r=81-0.0338j$。入射平面波的频率取 $f=15$ MHz，极化方式为垂直极化，入射角为 $\theta=60°$，$\varphi=0°$。

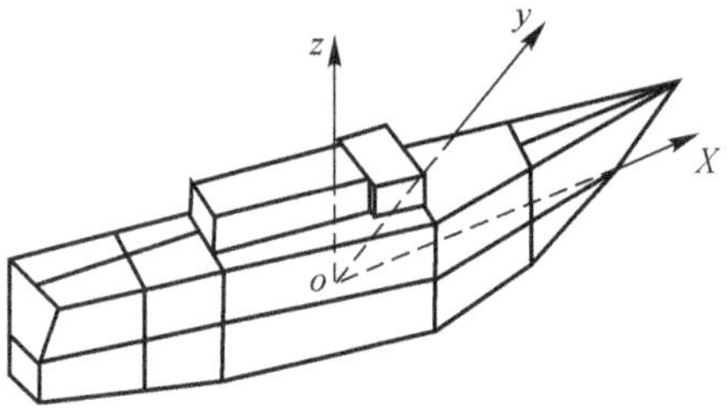

图 3.20 舰船的几何结构

考虑到模型横向跨度达 20λ，且有部分位于海面之下，因此采用 Improved 2D-DCIM，参数设置为 $\gamma=0.1$，$M_1=150$，$M_2=20$，纵向采样点数海面之下取 $N=15$，海面之上取 $N=63$。拟采用4000个三角面元来模拟此舰船表面，由本书方法计算得到的双站 RCS 和 BART 方法[34] 的结果对比如图 3.21 所示，两者吻合良好。由图中曲线可以看出，在了入射波的后向和反射方向的舰船的散射最强，这可以解释为海平面和舰船相互作用时，海平面的镜向反射作用以及目标的后向散射效应，致使 RCS 曲线在镜面反射方向和后向散射方向出现了峰值。

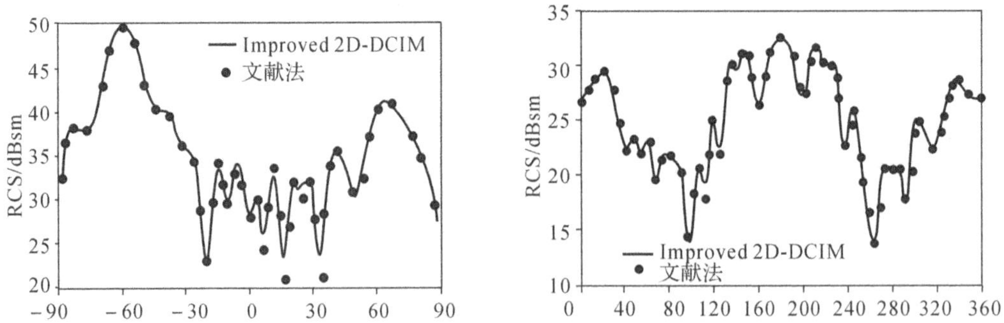

图 3.21 舰船的 RCS

(a) 俯仰面； (b) 方位面

3.3.2　上半空间中目标的电磁散射问题

1. 有耗土壤上方导体柱的 RCS

土壤相对介电常数为 $\varepsilon_r=6.0-0.5j$，相对磁导率 $\mu_r=1.0$，上方 0.2 m 处有一导体圆柱，其几何结构如图 3.22 所示。频率为 $f=600$ MHz 的平面波以 $\theta=60°$ 入射。

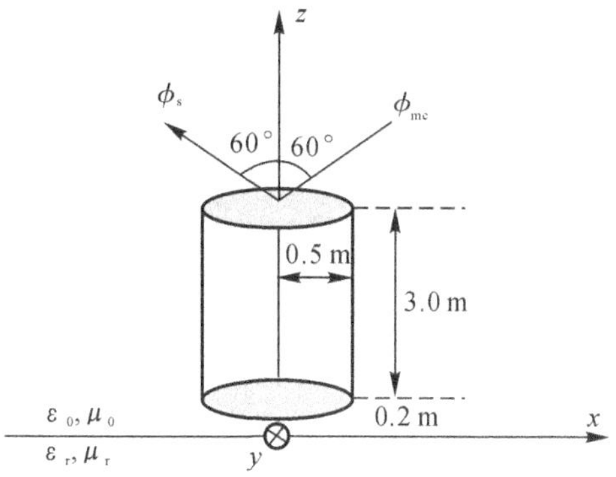

图 3.22　有耗土壤上方的导体柱

由于圆柱完全位于上半空间，目标的横向跨度达到了 2λ，因此计算格林函数时采用 Improved DCIM 就足够了（$\gamma=0.3, M_1=80, M_2=3$）。使用 0.15λ 的网格密度剖分圆柱表面，产生未知量约 3900 个，整个计算过程耗时 13.5 min，图 3.23 所示将本书方法结算结果和参考文献[11]结果做以对比，证明本书结果精度是可靠的。参考文献[11]采用的混合方法耗时约 2 h，采用的插值方法约 15 min。

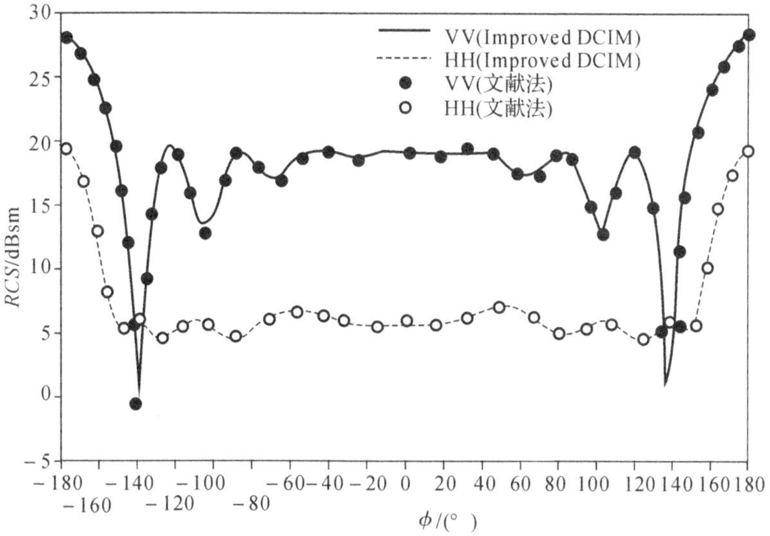

图 3.23　有耗土壤上方导体柱在方位面内的双站 RCS

2. 上半空间中金属球的 RCS

如图 3.24 所示，上半空间中有一导体球，下半空间相对介电常数 $\varepsilon_r = 6 - j$，相对磁导率 $\mu_r = 1.0$，上半空间为空气，入射波频率 $f = 300$ MHz，入射角 $\theta = 60°$。

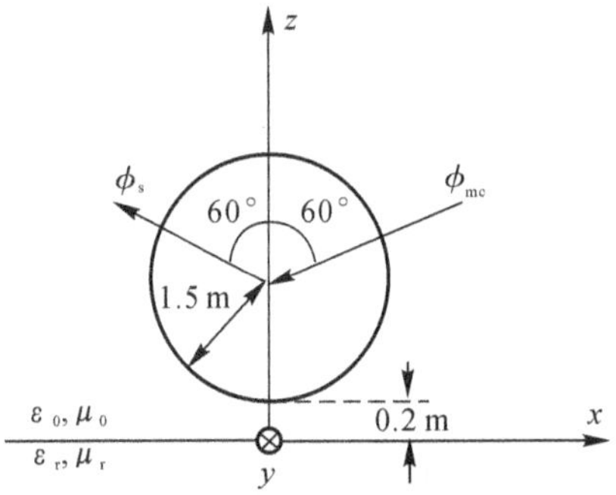

图 3.24　上半空间中的导体球

考虑到模型横向达 3λ，纵向没有跨界，因此采用 Improved DCIM，参数设置为 $\gamma = 0.25$，$M_1 = 100$，$M_2 = 10$。以 0.1λ 的尺寸来剖分球面，将产生约 12700 个未知数，由本书方法计算得到的球体双站 RCS 和 MLFMA 的结果对比如图 3.25 所示，两者十分吻合。在计算阻抗矩阵的过程中，MLFMA 占用内存 60.1 MB，本书方法占用 31.3 MB。

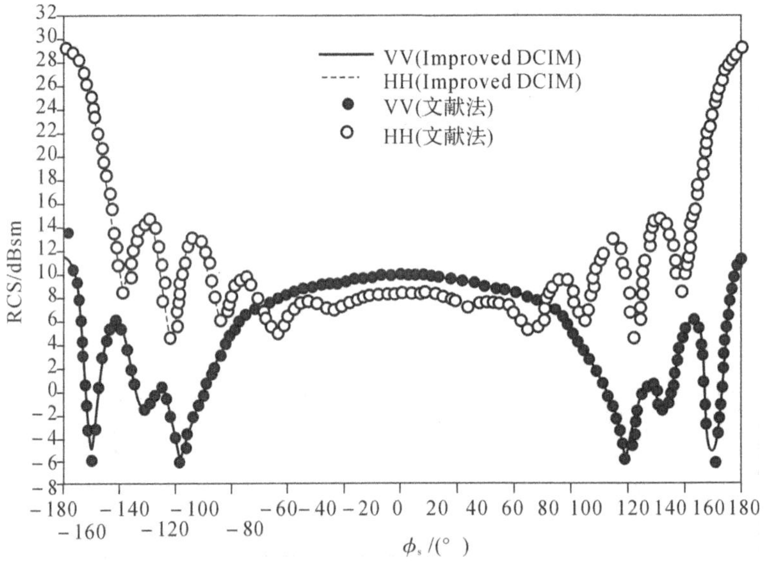

图 3.25　上半空间中导体球在方位面内的双站 RCS

3.3.3　埋地目标的电磁散射问题

1. 埋地金属球体的 RCS

土壤相对介电常数实部为 $\varepsilon_r = 3.0$，相对磁导率 $\mu_r = 1.0$，电导率 $\sigma = 0.00167$ S/m，水平极化入射波的频率取 $f = 300$ MHz。地下埋有金属球体，球半径为 1.5 m，球心距地面2.0 m。

考虑到球体横向达3λ,纵向没有跨界,因此采用Improved DCIM,参数设置为$\gamma=0.25$,$M_1=100$,$M_2=10$。以0.1λ的尺寸来剖分球面,将产生约8448个未知数,计算埋地金属球在不同入射角度下的双站 RCS,结果如图 3.26 所示,图中同时给出了参考文献[36]的结果作为对比。

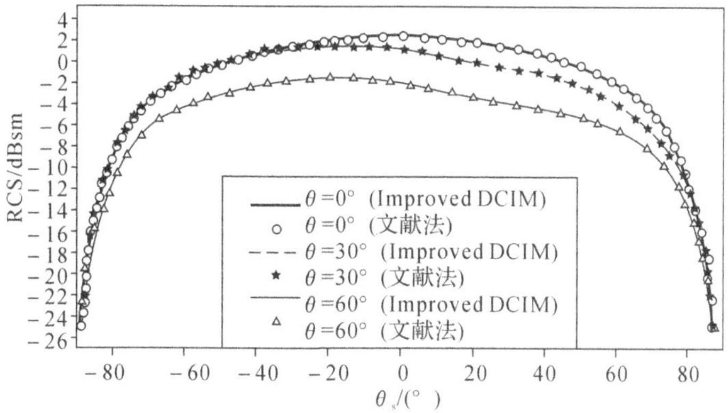

图 3.26　埋地金属球的双站 RCS

2. 埋地金属立方体的 RCS

将上例中的金属球换作金属立方体,边长取 3.0 m,立方体中心距地平面 2.0 m。采用Improved DCIM,参数设置同上例,用边长为 0.1λ 的三角面元模拟立方体表面,产生 16722 个未知数。取不同的入射角度,计算埋地立方体的双站 RCS,结果如图 3.27 所示,同时给出了参考文献结果[36]作对比验证。可以看出,埋地球体和立方体随着散射高低角的增大,散射均呈下降趋势,尤其对球体,下降趋势更为明显。另一方面,立方体的双站 RCS 变化较大,RCS 曲线出现几个散射峰值,这是由地平面和立方体面的镜向反射所造成的。

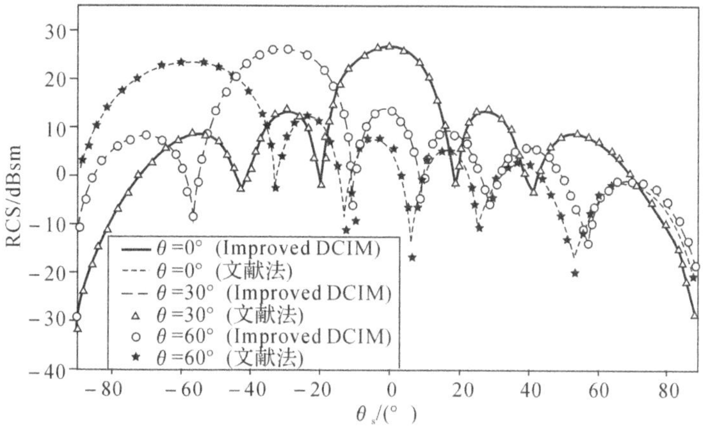

图 3.27　埋地金属立方体的双站 RCS

3.4 本章小结

本章主要分析了地海平面背景下目标的电磁散射问题。首先将地海平面及其上方空间等效为半空间背景，详细推导了半空间和分层媒质中积分方程MPIE的表达形式，并采用RWG基函数实现了MPIE的数值离散化，将MPIE转化为了矩阵方程形式。然后，研究了积分方程中不同形式格林函数的表达式，介绍了求解格林函数的DCIM方法，改进传统DCIM中的积分路径，使之包含更多有关奇异点的信息，提出了一种高效的改进DCIM方法，在不用提取表面波和准静态波的情况下，完成了近场和远场区格林函数的高效计算。最后，计算了地海平面环境中上方目标、半埋目标以及下方目标的电磁散射特性，并与已有成熟方法的结果相对比，验证了本文算法的高效性和精确性，同时对散射特性做了相应分析。

参考文献

[1] WAIT J R. Electromagnetic waves in stratified media[M]. London: Pergamon, 1962.

[2] SOMMERFELD A. Partial differential equations[M]. New York: Academic Press, 1949.

[3] KONG J A, SHEN L C, TSANG L. Field of an antenna submerged in a dissipative dielectric medium[J]. IEEE Transactions on Antenna and Propagation, 1997, 25(6): 887-889.

[4] KING R W P. Electromagnetic field of a vertical dipole over an imperfectly conducting half-space[J]. Radio Sci., 1990(25): 149-160.

[5] KING R W P, SANDLER S S. The electromagnetic field of a vertical electric dipole over the earth or sea[J]. IEEE Trans. AP, 1994, 42(3): 382-389.

[6] KING R W P, SANDLER S S. The electromagnetic field of a vertical electric dipole in the presence of a three-layered region[J]. Radio Sci., 1994(29): 97-113.

[7] 张红旗，潘威炎. 垂直电偶极子在涂有介质层导电平面上激起的场[J]. 电波科学学报，2000，15(1): 12-19.

[8] 张红旗，潘威炎. 水平电偶极子在涂有介质层的导电基片上激起的场[J]. 电波科学学报，2001，16(3): 367-384.

[9] HARRINGTON R F. Field Computation by moment method[M]. New York: MacMillan, 1968.

[10] MOSIG J R, GARDIOL F. General integral equation formulation for microstrip antennas and scatters[J]. Inst. Elect. Eng. Proc., pt. H, 1985(132): 424-432.

[11] 徐历明. 分层介质中三维目标电磁散射的积分方程方法及其关键技术[D]. 成都：电子科技大学，2005.

[12] 李晋文. 基于MPIE的分层微带结构电磁特性分析[D]. 长沙：国防科技大学，2003.

[13] YUAN M, ZHANG Y, ARIJIT DE, et al. Two-dimensional discrete complex image method (DCIM) for closed-form Green's function of arbitrary 3D structures in general multilayered media[J]. IEEE Trans. Antennas Propag., 2008, 56(5): 1350-1357.

[14] DEMAREST K, PLUMB R, HUANG ZH B. FDTD modeling of scatterers in stratified media[J]. IEEE Trans. Antennas and Propagation, 1995, 43(10): 1164-1168.

[15] WONG P B, LTYLER G, BARON J E, et al. A three-wave FDTD approach to surface scattering with applications to remote sensing of geophysical surface [J]. IEEE Trans. Antennas and Propagation, 1996 , 44(4) : 504-513.

[16] 张晓燕，盛新庆. 地下目标散射的 FDTD 计算[J]. 电子与信息学报，2007，29(8)：1997-2000.

[17] 姜彦南，葛德彪，张玉强，等. 三维并行 FDTD 在层状空间散射问题中的应用[C]//2008 全国电磁散射与逆散射学术交流会论文集. 西安：2008，169-172.

[18] 姜彦南. FDID 算法及层状半空间散射问题研究[D]. 西安：西安电子科技大学，2008.

[19] LI X F , XIE Y J , WAN G P, et al. High frequency method for scattering from electrically large conductive target s in half-space[J] . IEEE Antennas and Wireless Propagation Letters, 2007, 6 (11) : 259-262.

[20] 李晓峰，谢拥军，王鹏，等. 半空间电大涂敷目标散射的高频分析方法[J]. 物理学报，2008，57(5)：2930-2935.

[21] 王运华，张彦敏，郭立新. 平面上方二维介质目标对高斯波束的电磁散射研究[J]. 物理学报，2009，57(9)：5529-5532.

[22] 王一平. 工程电动力学[M]. 西安：西安电子科技大学出版社，2006.

[23] CHEN J Y, AHMED A K, ALLEN W G. Application of New MPIE formulation to the analysis of a dielectric resonator embedded in a multilayered medium coupled to a microstrip circuit[J]. IEEE Transactions on Microwave Theory and Techniques, 2001, 49(2):8-13.

[24] RAO S M, WILTON D R, GLISSON A W. Electromagnetic scattering by surfaces of arbitrary sharp[J]. IEEE Trans. Antennas and Propagation, 1982, 30(3):409-418.

[25] SOMMERFELD A. Partial differential equations in physics[M]. New York: Van Nostrand, 1990.

[26] MICHALSKI K A. Extrapolation methods for Sommerfeld integral tails[J]. IEEE Trans. Antennas and Propagation, 1998, 46(10): 1405-1418.

[27] CHOW Y L, YANG J J, FANG D G, et al. A closed-form spatial Green's function for the thick microstrip substrate [J]. IEEE Trans. Microw. Theory Tech., 1991, 39(3): 588-592.

[28] LING F, JIN J M. Discrete complex image method for Green's functions of general multilayer media [J]. IEEE Microw. Guided Wave Lett., 2000, 10(10): 400-402.

[29] SARKAR T K, PEREIRA O. Using the matrix pencil method to estimate the parameters of a sum of complex exponentials[J]. IEEE Antennas Propag. Mag.,

1995(37): 48 - 55.

[30] AKSUN M I. A robust approach for the derivation of closed-form Green's functions[J]. IEEE Trans. Microw. Theory Tech., 1996, 44(5): 651 - 658.

[31] 周永祖. 非均匀介质中的场与波[M]. 聂在平，柳清伙，译. 北京：电子工业出版社，1992.

[32] AKSUN M I. A robust approach for the derivation of closed-form Green's functions[J]. IEEE Trans. Microw. Theory Tech., 1996(44): 651 - 658.

[33] ROUQUETTE S, NAJIM M. Estimation of frequencies and damping factors by two-dimensional ESPRIT type methods[J]. IEEE Trans. Signal Processing, 2001(49): 237 - 245.

[34] XU F, JIN Y Q. Bidirectional analytic ray tracing for fast computation of composite scattering from electric-large target over a randomly rough surface[J]. IEEE Trans. Antennas and Propagation, 2009, 57(5): 1495 - 1505.

[35] 赵勋望. 复杂电磁环境中快速多极子方法的研究与应用[D]. 西安：西安电子科技大学，2008.

[36] 张晓燕. 地下目标电磁散射的时域有限差分计算[D]. 北京：中国科学院研究生院，2007.

第4章 地海面与二维目标复合散射数值算法

粗糙面和目标的复合散射在雷达探测、目标识别和海洋遥感等领域有着重要的应用。近年来，计算粗糙面和目标的复合散射的数值解法引起了诸多学者的兴趣。“四路径”模型、GFBM/SAA、互耦迭代方法、互易定理和矩量法已经被应用于研究一维粗糙面与二维目标的复合散射。本章分析了一维单层粗糙地海面与二维目标的复合散射，推导其表面积分方程组，并用迭代算法进行求解；介绍了一维分层粗糙面与目标的复合散射特性。为更好地对地面下方埋藏目标进行探测，还介绍了粗糙面下方埋藏目标的角关联度函数(ACF)。

4.1 地海面与上方二维目标复合散射

粗糙面图4.1所示为导体粗糙面上方目标示意图，上半空间为自由空间。图4.1中，粗糙面的表面高度用 $z=f(x)$ 表示，$\boldsymbol{k}_i$ 与 $\boldsymbol{k}_s$ 分别为入射和散射方向矢量，θ_i 为入射角(相对于 z 轴逆时针方向)，θ_s 是散射角(相对于 z 轴顺时针方向)，ψ^{inc} 表示入射波，目标中心距离 x 轴高度为 H。

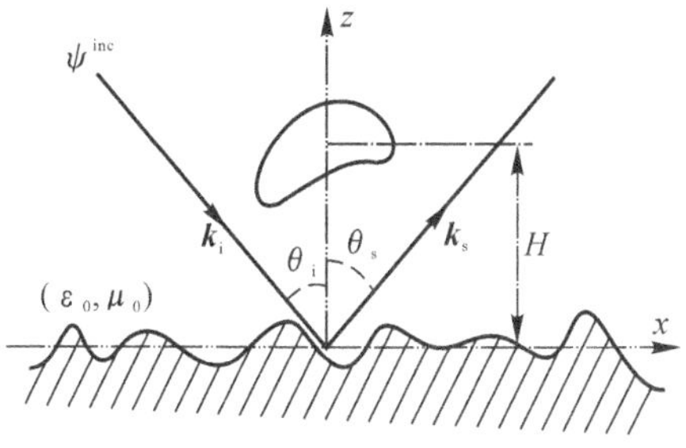

图4.1 导体粗糙面上方目标示意图

4.1.1 一维导体粗糙面表面积分方程

当入射波为水平极化时，一维导体粗糙面表面积分方程如下：

$$\psi^{inc}(\boldsymbol{r})=-\int_S G_0(\boldsymbol{r},\boldsymbol{r}')\frac{\partial\psi(\boldsymbol{r}')}{\partial n'}\mathrm{d}s',\quad \boldsymbol{r}\in S \tag{4.1}$$

式中：$\int_S$ 表示对粗糙面表面进行积分，垂直极化入射波照射时导体粗糙面的表面积分方程为

$$\frac{\psi(r)}{2}+\int_S\psi(r')\frac{\partial G_0(\boldsymbol{r},\boldsymbol{r}')}{\partial n'}\mathrm{d}s'=\psi^{inc}(r),\quad \boldsymbol{r}\in S \tag{4.2}$$

式中：$G_o(r,r')$ 表示自由空间中的格林函数，即

$$G_0(\boldsymbol{r},\boldsymbol{r}')=\frac{i}{4}H_0^{(1)}(k_0|\boldsymbol{r}-\boldsymbol{r}'|) \tag{4.3}$$

式中：k_0 为自由空间电磁波传播的波数。

设粗糙面长度为 L，对粗糙表面用离散密度 Δx 均匀离散，边界面在区域 $[-L/2,L/2]$ 内被离散为 N 个部分，离散点 x_n 可以写为

$$x_n=-\frac{L}{2}+(n-1)\Delta x,\quad n=1,2,\cdots,N \tag{4.4}$$

对式(4.1)和式(4.2)采用脉冲基函数和点匹配法离散，得到矩阵方程为

$$\boldsymbol{Z}^{\mathrm{r}}\boldsymbol{J}^{\mathrm{r}}=\boldsymbol{V}^{\mathrm{r}} \tag{4.5}$$

式中：$\boldsymbol{Z}^{\mathrm{r}}$ 为粗糙面阻抗矩阵；$\boldsymbol{J}^{\mathrm{r}}$ 为待求未知向量；$\boldsymbol{V}^{\mathrm{r}}$ 为激励向量；r 代表粗糙面(rough)；对应的矩阵元素为[1]

$$\text{TE:}\begin{cases}z_{mn}^{\mathrm{r}}=\Delta x\dfrac{\mathrm{j}k_0}{4}\dfrac{f'(x_n)(x_n-x_m)-[f(x_n)-f(x_m)]}{r_{mn}}H_1^{(1)}(k_0r_{mn}), & m\neq n\\ z_{mn}^{\mathrm{r}}=\dfrac{1}{2}-\dfrac{f''(x_m)\Delta x}{4\pi\gamma_m^2}, & m=n\\ V_m^{\mathrm{r}}=\psi^{\mathrm{inc}}(x_m)\\ J_n^{\mathrm{r}}=\psi(x_n)\end{cases} \tag{4.6}$$

$$\text{TM:}\begin{cases}z_{mn}^{\mathrm{r}}=\Delta x\dfrac{\mathrm{j}}{4}H_1^{(0)}(k_0r_{mn}), & m\neq n\\ z_{mn}^{\mathrm{r}}=\Delta x\dfrac{\mathrm{j}}{4}H_1^{(0)}(k_0\Delta x\gamma_{mn}/2\mathrm{e}), & m=n\\ V_m^{\mathrm{r}}=\psi^{\mathrm{inc}}(x_m)\\ J_n^{\mathrm{r}}=\sqrt{1+[f'(x_n)]^2}\dfrac{\partial\psi(x_n)}{\partial n}\end{cases} \tag{4.7}$$

式中：$H_1^{(1)}(\cdot)$ 为一阶第一类汉克尔函数；$\gamma_m=\sqrt{1+[f'(x_m)]^2}$，$r_{mn}=\sqrt{(x_n-x_m)^2+[f(x_n)-f(x_m)]^2}$；$\mathrm{e}=2.71828183$；$f'(x_m)$ 与 $f''(x_m)$ 为 $f(x_m)$ 在 x_m 的一、二阶导数。用前面章节介绍的 FBM 方法对式(4.5)进行求解即得到粗糙面表面未知向量。

4.1.2 结合谱积分加速的前后向迭代算法(FBM/SAA)

前面章节介绍了求解粗糙面散射的 FBM，当粗糙面长度较大时，未知量的个数非常庞大，因此需要对 FBM 算法进一步加速。下述介绍用格林函数的谱积分形式对其进行加速[2]。在 FBM 迭代求解式(4.5)过程中需要重复计算，即

$$\boldsymbol{Z}_f^{\mathrm{s}}\boldsymbol{J}_b^{\mathrm{s}}=\boldsymbol{V}_f^{\mathrm{s}}(r_m)=\sum_{n=1}^{m-1}z_{mn}^{\mathrm{s}}\cdot J_n^{\mathrm{s}} \tag{4.8}$$

$$\boldsymbol{Z}_b^{\mathrm{s}}\boldsymbol{J}_f^{\mathrm{s}}=\boldsymbol{V}_b^{\mathrm{s}}(r_m)=\sum_{n=m+1}^{N}z_{mn}^{\mathrm{s}}\cdot J_n^{\mathrm{s}} \tag{4.9}$$

它们分别为前向和后向传播，定义强作用距离为 L_s。若源单元与场单元的距离在 L_s 以内，则称之为强作用组；反之则为弱作用组，例如对前向贡献，有

$$\boldsymbol{V}_f^s(r_m)=\boldsymbol{V}_f^{s,(s)}+\boldsymbol{V}_f^{s,(w)}=\sum_{n=m-N_s}^{m-1} z_{mn}^s \cdot J_n^s+\sum_{n=1}^{m-N_s-1} z_{mn}^s \cdot J_n^s \tag{4.10}$$

式(4.10)中右边第一项表示接受场单元附近 L_s 以内的 N_s 个源单元对其共同作用产生的贡献，仍采用精确的方法求解，**s** 表示强矩阵(strong)，**w** 表示弱矩阵(weak)。第二项表示距离接收场单元 L_s 以外的 $(n-N_s-1)$ 个源单元对其共同作用产生的贡献。

将二维格林函数的谱积分形式[2]

$$G(\boldsymbol{r},\boldsymbol{r}')=\frac{\mathrm{j}}{4}H_0^{(1)}(k|\boldsymbol{r}-\boldsymbol{r}'|)=$$

$$\frac{\mathrm{j}}{4\pi}\int_{C_\theta}\exp\{(i)k[(x-x')\cos\theta+(z-z')\sin\theta]\}\,\mathrm{d}\theta \tag{4.11a}$$

$$\frac{\partial G(\boldsymbol{r},\boldsymbol{r}')}{\partial n'}=\frac{\mathrm{j}}{4\pi}\int_{C_\theta}\exp\{\mathrm{j}k[(x-x')\cos\theta+(z-z')\sin\theta]\}\frac{\mathrm{j}k[-\sin\theta+f'(x)\cos\theta]}{\sqrt{1+[f'(x)]^2}}\mathrm{d}\theta \tag{4.11b}$$

代入式(4.10)，可得

$$V_f^{s,(w)}(r_m)=\sum_{n=1}^{m-N_s-1} z_{mn}^s \cdot J_n^s=\frac{\mathrm{j}\Delta x}{4}\int_{C_\theta}F_n(\theta)\exp(\mathrm{j}kz_{mn}\sin\theta)\mathrm{d}\theta \tag{4.12}$$

式中：当 TE 波入射时，有

$$F_n(\theta)=F_{n-1}(\theta)\exp(\mathrm{j}k\Delta x\cos\theta)-\mathrm{j}k[-\sin\theta+f'(x_m)\cos\theta]\cdot J_{m-N_s-1}^s]\cdot$$
$$\exp[\mathrm{j}k(N_s+1)\Delta x\cos\theta]\exp(-\mathrm{j}kz_{m-N_s-1}\sin\theta) \tag{4.13}$$

当 TM 波入射时，有

$$F_n(\theta)=F_{n-1}(\theta)\exp(\mathrm{j}k\Delta x\cos\theta)+J_{m-N_s-1}^s\cdot\exp[\mathrm{j}k(N_s+1)\Delta x\cos\theta]\cdot$$
$$\exp(-\mathrm{j}kz_{m-N_s-1}\sin\theta) \tag{4.14}$$

上述两个方程可以通过 SAA(谱加速算法) 加速计算。

所有远场单元的弱贡献 $F_n(\theta)$ 现在通过式(4.13) 和式(4.14) 连续递归计算，所有在积分路径上缓慢变化的场模式使得 SAA 算法具有高效性。由于较长粗糙面上的远场弱贡献 $F_n(\theta)$ 在实 θ 空间趋于有一个狭窄的主瓣和多个狭窄的旁瓣，式(4.13) 和式(4.14) 对复平面 θ 的积分路径选择可考虑由 C_θ 改为 C_δ，如图 4.2 所示，使得 $F_n(\theta)$ 在 C_δ 上有缓慢变化模式，SAA 算法的高效性就在于这种缓慢变化的远场模式。图中参数的选择如下[2]。

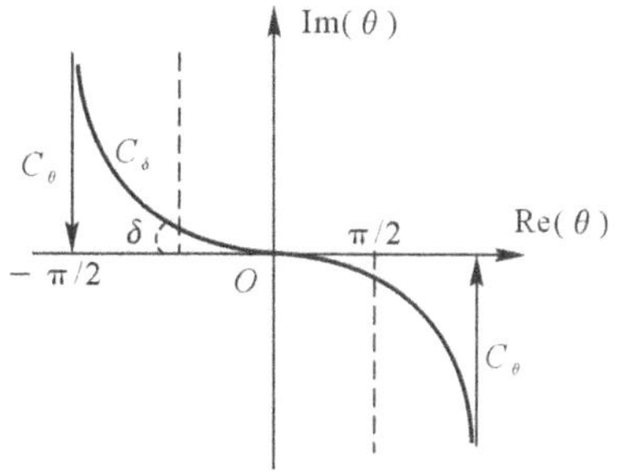

图 4.2　谱积分路径示意图

$$\delta=\arctan(1/b),b=\max(\sqrt{kR_s/20}\cdot\theta_s-1,1) \tag{4.15}$$

$$\theta_{s,\max}=\arctan\left(\frac{z_{\max}-z_{\min}}{R_s}\right),\quad R_s=\sqrt{L_s^2+(z_{\max}-z_{\min})^2} \tag{4.16}$$

4.1.3 一维导体粗糙面与上方目标表面积分方程

目标位于粗糙面上方，如图4.1所示，表面轮廓 S_o 用 $z_o=f_o(x)$ 表示，设目标为导体，当入射波为水平极化(TE波入射)时，由式(4.1)可以得到粗糙面与目标的表面积分方程为

$$\psi^{\text{inc}}(\boldsymbol{r})+\int_S G_0(\boldsymbol{r},\boldsymbol{r}')\frac{\partial\psi(\boldsymbol{r}')}{\partial n'}\mathrm{d}s'+\int_{S_o} G_0(\boldsymbol{r},\boldsymbol{r}')\frac{\partial\psi(\boldsymbol{r}')}{\partial n'}\mathrm{d}s'=0,\quad \boldsymbol{r}\in S \tag{4.17a}$$

$$\psi^{\text{inc}}(\boldsymbol{r})+\int_S G_0(\boldsymbol{r},\boldsymbol{r}')\frac{\partial\psi(\boldsymbol{r}')}{\partial n'}\mathrm{d}s'+\int_{S_o} G_0(\boldsymbol{r},\boldsymbol{r}')\frac{\partial\psi(\boldsymbol{r}')}{\partial n'}\mathrm{d}s'=0,\quad \boldsymbol{r}\in S_o \tag{4.17b}$$

同理当入射波为垂直极化(TM波入射)时，由式(4.2)得到粗糙面与目标的表面积分方程为

$$\frac{\psi(\boldsymbol{r})}{2}+\int_S\psi(\boldsymbol{r}')\frac{\partial G_0(\boldsymbol{r},\boldsymbol{r}')}{\partial n'}\mathrm{d}s'+\int_{S_o}\psi(\boldsymbol{r}')\frac{\partial G_0(\boldsymbol{r},\boldsymbol{r}')}{\partial n'}\mathrm{d}s'=\psi^{\text{inc}}(\boldsymbol{r}),\quad \boldsymbol{r}\in S \tag{4.18a}$$

$$\frac{\psi(r)}{2}+\int_S\psi(\boldsymbol{r}')\frac{\partial G_0(\boldsymbol{r},\boldsymbol{r}')}{\partial n'}\mathrm{d}s'+\int_{S_o}\psi(\boldsymbol{r}')\frac{\partial G_0(\boldsymbol{r},\boldsymbol{r}')}{\partial n'}\mathrm{d}s'=\psi^{\text{inc}}(\boldsymbol{r}),\quad \boldsymbol{r}\in S_o \tag{4.18b}$$

式中：$\int_{S_o}$ 表示对目标表面进行积分。

对式(4.17)和式(4.18)采用脉冲基函数和点匹配法离散，目标表面离散为 M 个点，得到矩阵方程为

$$\begin{bmatrix}\boldsymbol{Z}^{\mathrm{r}} & \boldsymbol{Z}^{\mathrm{o}\to\mathrm{r}}\\ \boldsymbol{Z}^{\mathrm{r}\to\mathrm{o}} & \boldsymbol{Z}^{\mathrm{o}}\end{bmatrix}\begin{bmatrix}\boldsymbol{J}^{\mathrm{r}}\\ \boldsymbol{J}^{\mathrm{o}}\end{bmatrix}=\begin{bmatrix}\boldsymbol{V}^{\mathrm{r}}\\ \boldsymbol{V}^{\mathrm{o}}\end{bmatrix} \tag{4.19}$$

$\boldsymbol{Z}^{\mathrm{r}}$ 为粗糙面阻抗矩阵($N\times N$)，$\boldsymbol{Z}^{\mathrm{o}}$ 为目标阻抗矩阵($M\times M$)，$\boldsymbol{Z}^{\mathrm{o}\to\mathrm{r}}$ 和 $\boldsymbol{Z}^{\mathrm{r}\to\mathrm{o}}$ 为目标与粗糙面相互作用的阻抗矩阵，$\boldsymbol{J}^{\mathrm{r}}$ 和 $\boldsymbol{J}^{\mathrm{o}}$ 分别为粗糙面与目标待求未知向量，$\boldsymbol{V}^{\mathrm{r}}$ 和 $\boldsymbol{V}^{\mathrm{o}}$ 分别为粗糙面与目标激励向量。$\boldsymbol{Z}^{\mathrm{o}}$、$\boldsymbol{J}^{\mathrm{o}}$ 和 V^{o} 中的元素与 $\boldsymbol{Z}^{\mathrm{r}}$、$\boldsymbol{J}^{\mathrm{r}}$ 和 $\boldsymbol{V}^{\mathrm{r}}$ 中的矩阵元素类似(见式(4.6)～(4.7))，只不过将其中的粗糙面表面位置向量由目标表面位置向量代替。$\boldsymbol{Z}^{\mathrm{o}\to\mathrm{r}}$ 和 $\boldsymbol{Z}^{\mathrm{r}\to\mathrm{o}}$ 矩阵元素具体表达式为

$$\text{TE:}\begin{cases}z_{mp}^{\mathrm{o}\to\mathrm{r}}=\Delta x\dfrac{\mathrm{j}k_0}{4}\dfrac{f'_{\mathrm{o}}(x_{op})(x_n-x_{op})-[f(x_n)-f_{\mathrm{o}}(x_{op})]}{r_{mp}}H_1^{(1)}(k_0r_{mp})\\[2ex] z_{pm}^{\mathrm{r}\to\mathrm{o}}=\Delta x\dfrac{\mathrm{j}k_0}{4}\dfrac{f'(x_m)(x_{op}-x_m)-[f_{\mathrm{o}}(x_{op})-f(x_m)]}{r_{pm}}H_1^{(1)}(k_0r_{pm})\end{cases} \tag{4.20}$$

$$\text{TM:}\begin{cases}z_{mp}^{\mathrm{o}\to\mathrm{r}}=\Delta x\dfrac{\mathrm{j}}{4}H_1^{(0)}(k_0r_{mp})\\[2ex] z_{pm}^{\mathrm{r}\to\mathrm{o}}=\Delta x\dfrac{\mathrm{j}}{4}H_1^{(0)}(k_0r_{pm})\end{cases} \tag{4.21}$$

式中：下标 p 为变量，代表目标上第 p 个剖分小面元；(x_{op},z_{op}) 为目标表面位置坐标，$r_{mp}=\sqrt{(x_n-x_{op})^2+[f(x_n)-f_{\mathrm{o}}(x_{op})]^2}$。

4.1.4 求解矩阵方程的迭代算法

应用FBM或FBM/SAA直接求解式(4.5)就可以得到导体粗糙面表面电流分布。但是对于式(4.19)，由于同时包括目标的阻抗矩阵，因而并不能直接用FBM求解，下述介绍一

种迭代求解算法。

式(4.19)可以写成方程组的形式为

$$\boldsymbol{Z}^{\mathrm{r}}\boldsymbol{J}^{\mathrm{r}}=\boldsymbol{V}^{\mathrm{r}}-\boldsymbol{Z}^{\mathrm{o}\to\mathrm{r}}\boldsymbol{J}^{\mathrm{o}} \tag{4.22a}$$

$$\boldsymbol{Z}^{\mathrm{o}}\boldsymbol{J}^{\mathrm{o}}=\boldsymbol{V}^{\mathrm{o}}-\boldsymbol{Z}^{\mathrm{r}\to\mathrm{o}}\boldsymbol{J}^{\mathrm{r}} \tag{4.22b}$$

由式(4.22a)可以看出粗糙面表面电流分布不仅受到初始入射波的影响,还受到目标对其的作用;由式(4.22b)可以看出目标表面电流分布同时受到初始入射波以及粗糙面的影响。这与粗糙面与目标相互作用的物理散射机理类似,据此应用迭代法求解该方程组,第 n 步为

$$\boldsymbol{Z}^{\mathrm{r}}\boldsymbol{J}^{\mathrm{r},(n)}=\boldsymbol{V}^{\mathrm{r}}-\boldsymbol{Z}^{\mathrm{o}\to\mathrm{r}}\boldsymbol{J}^{\mathrm{o},(n-1)} \tag{4.23a}$$

$$\boldsymbol{Z}^{\mathrm{o}}\boldsymbol{J}^{\mathrm{o},(n)}=\boldsymbol{V}^{\mathrm{o}}-\boldsymbol{Z}^{\mathrm{r}\to\mathrm{o}}\boldsymbol{J}^{\mathrm{r},(n)} \tag{4.23b}$$

迭代算法以 $\boldsymbol{J}^{\mathrm{r},(0)}=0,\boldsymbol{J}^{\mathrm{o},(0)}=(\boldsymbol{Z}^{\mathrm{o}})^{-1}\boldsymbol{V}^{\mathrm{o}}$ 为初始条件,表示目标直接受到入射波照射时的电流分布,通过更新方程组两边的激励向量来实现粗糙面与目标之间的相互作用。

设置第 n 步迭代误差为

$$\tau(n)=\frac{\left|\boldsymbol{Z}^{\mathrm{r}}(\boldsymbol{J}^{\mathrm{r},(n)}-\boldsymbol{J}^{\mathrm{r},(n-1)})\right|}{\left|\boldsymbol{V}^{\mathrm{r}}\right|} \tag{4.24}$$

当迭代误差达到设置收敛精度时停止迭代,得到粗糙面与目标最终电流分布。

该迭代算法的物理意义如图4.3所示,其中 $\boldsymbol{V}^{\mathrm{r}}$ 和 $\boldsymbol{V}^{\mathrm{o}}$ 分别表示粗糙面与目标的初始入射波,$\boldsymbol{Z}^{\mathrm{o}\to\mathrm{r}}\boldsymbol{J}^{\mathrm{o},(n-1)}$ 表示第 n 步迭代时目标对粗糙面的照射场,$\boldsymbol{Z}^{\mathrm{r}\to\mathrm{o}}\boldsymbol{J}^{\mathrm{r},(n)}$ 表示第 n 步迭代时粗糙面对目标的照射场,而迭代步数 n 则表示粗糙面与目标之间的 n 阶散射。

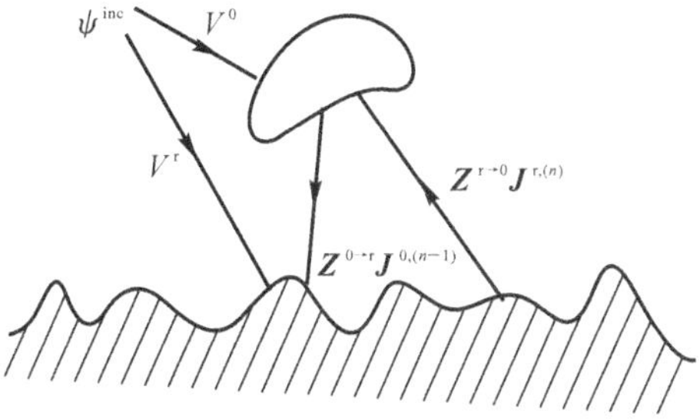

图4.3 迭代法的物理意义

上述迭代算法可以通过快速算法进行加速,式(4.22a)与式(4.5)类似,可以由FBM或FBM/SAA算法来求解,而式(4.22b)可以由Bi-CGSTAB来求解,其中FBM与Bi-CGSTAB的循环成为内循环,整个矩阵方程组的迭代称为外循环。该算法将粗糙面与目标矩阵方程分开考虑,具有原理简单,收敛速度快,适用范围广等优点。

4.2 一维介质粗糙面与目标复合散射

4.2.1 一维介质粗糙面表面积分方程

考虑锥形波 $\psi^{\mathrm{inc}}(\boldsymbol{r})$ 入射到一维随机介质面上,粗糙面轮廓为 $S:z=f(x)$,设 ψ_0 和 ψ_1 分别表示粗糙面界面上半空间和下半空间的场,下层媒质介电常数为 ε_1,磁导率为 μ_1。其满足表面积分方程

$$\frac{\psi_0(\boldsymbol{r})}{2}+\int_S\left[\psi_0(\boldsymbol{r}')\frac{\partial G_0(\boldsymbol{r},\boldsymbol{r}')}{\partial n'}-G_0(\boldsymbol{r},\boldsymbol{r}')\frac{\partial \psi_0(\boldsymbol{r}')}{\partial n'}\right]\mathrm{d}s'=\psi^{\mathrm{inc}}(\boldsymbol{r}),\quad \boldsymbol{r}\in S \tag{4.25a}$$

$$\frac{\psi_1(\boldsymbol{r})}{2}+\int_S\left[\psi_1(\boldsymbol{r}')\frac{\partial G_1(\boldsymbol{r},\boldsymbol{r}')}{\partial n'}-G_1(\boldsymbol{r},\boldsymbol{r}')\frac{\partial \psi_1(\boldsymbol{r}')}{\partial n'}\right]\mathrm{d}s'=0,\quad \boldsymbol{r}\in S \tag{4.25b}$$

式中：$\int_S$ 表示对粗糙面表面的积分；$G_0(\boldsymbol{r},\boldsymbol{r}')$ 为自由空间格林函数；$G_1(\boldsymbol{r},\boldsymbol{r}')$ 为下半空间的格林函数，即

$$G_1(\boldsymbol{r},\boldsymbol{r}')=\frac{\mathrm{j}}{4}H_0^{(1)}(k_1|\boldsymbol{r}-\boldsymbol{r}'|) \tag{4.26}$$

式中：k_1 是下半空间波数。ψ_0 和 ψ_1 满足边界条件：

$$\psi_0(\boldsymbol{r})=\psi_1(\boldsymbol{r}),\quad \frac{\partial \psi_1(\boldsymbol{r})}{\partial n}=\rho\frac{\partial \psi_0(\boldsymbol{r})}{\partial n} \tag{4.27}$$

式中：对 TE 波 $\rho=\mu_1/\mu_0$，对 TM 波 $\rho=\varepsilon_1/\varepsilon_0$。

设粗糙面长度为 L，将粗糙面表面用离散密度 Δx 均匀离散，离散总数为 N，则式(4.25)可以写为

$$\sum_{n=1}^{N}A_{mn}\psi(x_n)+\sum_{n=1}^{N}B_{mn}U(x_n)=\psi^{\mathrm{inc}} \tag{4.28a}$$

$$\sum_{n=1}^{N}C_{mn}\psi(x_n)-\rho\sum_{n=1}^{N}D_{mn}U(x_n)=0 \tag{4.28b}$$

式中：$\psi(x)=\psi_0(x)$，$U(x)=\sqrt{1+[f'(x)]^2}\,\partial\psi_0(x)/\partial n$，矩阵元素表达式为[3]

$$A_{mn}=\begin{cases}-\Delta x\gamma_m\dfrac{\mathrm{j}k_0}{4}(\boldsymbol{n}\cdot\boldsymbol{R})\mathrm{H}_1^{(1)}(k_0|\boldsymbol{r}_m-\boldsymbol{r}_n|), & m\neq n\\[2ex] 0.5-\dfrac{z''(x_m)\Delta x}{4\pi r_m^2}, & m=n\end{cases} \tag{4.29a}$$

$$B_{mn}=\begin{cases}\Delta x\dfrac{\mathrm{j}}{4}\mathrm{H}_0^{(1)}(k_0|\boldsymbol{r}_m-\boldsymbol{r}_n|), & m\neq n\\[2ex] \Delta x\dfrac{\mathrm{j}}{4}\mathrm{H}_0^{(1)}[k_0\Delta x\cdot\gamma_m/(2\mathbf{e})], & m=n\end{cases} \tag{4.29b}$$

$$C_{mn}=\begin{cases}\Delta x\gamma_m\dfrac{\mathrm{j}k_1}{4}(\boldsymbol{n}\cdot\boldsymbol{R})\mathrm{H}_1^{(1)}(k_1|\boldsymbol{r}_m-\boldsymbol{r}_n|), & m\neq n\\[2ex] 0.5+\dfrac{z''(x_m)\Delta x}{4\pi r_m^2}, & m=n\end{cases} \tag{4.29c}$$

$$D_{mn}=\begin{cases}\Delta x\dfrac{\mathrm{j}}{4}\mathrm{H}_0^{(1)}(k_1|\boldsymbol{r}_m-\boldsymbol{r}_n|), & m\neq n\\[2ex] \Delta x\dfrac{\mathrm{j}}{4}\mathrm{H}_0^{(1)}[k_1\Delta x\gamma_m/(2\mathbf{e})], & m=n\end{cases} \tag{4.29d}$$

式中：$\boldsymbol{n}=\dfrac{-f'(x_n)\cdot\boldsymbol{x}+\boldsymbol{z}}{\sqrt{1+[f'(x_n)]^2}}$，$\boldsymbol{x}$ 为 x 轴方向单位矢量，$\boldsymbol{z}$ 为 z 轴方向单位矢量；$\boldsymbol{R}=\dfrac{\boldsymbol{r}_m-\boldsymbol{r}_n}{|\boldsymbol{r}_m-\boldsymbol{r}_n|}$，$\gamma_m=\sqrt{1+[f'(x_m)]^2}$；$\mathbf{e}=2.718\ 281\ 83$；$\mathrm{H}_1^{(1)}(\cdot)$ 为一阶第一类汉克尔函数。

整理式(4.28)得到介质粗糙面矩阵方程为

$$\begin{bmatrix}\boldsymbol{A} & \boldsymbol{B}\\ \boldsymbol{C} & -\rho\boldsymbol{D}\end{bmatrix}\begin{bmatrix}\boldsymbol{\psi}\\ \boldsymbol{U}\end{bmatrix}=\begin{bmatrix}\boldsymbol{\psi}^{\mathrm{inc}}\\ \boldsymbol{0}\end{bmatrix} \tag{4.30}$$

4.2.2 求解介质粗糙面的 FBM/SAA

采用 FBM 求解式(4.30),需要对第 2 章中介绍的 FBM 进行改进[4]。将阻抗矩阵分解为上、下和对角矩阵,分别用上标 U,L 和 D 表示,即

$$\left.\begin{aligned}&\boldsymbol{A}=\boldsymbol{A}^{\mathrm{U}}+\boldsymbol{A}^{\mathrm{L}}+\boldsymbol{A}^{\mathrm{D}},\quad \boldsymbol{B}=\boldsymbol{B}^{\mathrm{U}}+\boldsymbol{B}^{\mathrm{L}}+\boldsymbol{B}^{\mathrm{D}}\\&\boldsymbol{C}=\boldsymbol{C}^{\mathrm{U}}+\boldsymbol{C}^{\mathrm{L}}+\boldsymbol{C}^{\mathrm{D}},\quad \boldsymbol{D}=\boldsymbol{D}^{\mathrm{U}}+\boldsymbol{D}^{\mathrm{L}}+\boldsymbol{D}^{\mathrm{D}}\end{aligned}\right\}\tag{4.31}$$

将未知向量分解为前、后向分量,$\boldsymbol{U}=\boldsymbol{U}^{\mathrm{f}}+\boldsymbol{U}^{\mathrm{b}}$,$\psi=\psi^{\mathrm{f}}+\psi^{\mathrm{b}}$,其中,$f$ 表示前向分量,b 表示后向分量。因此,式(4.30)重新写为

$$\boldsymbol{A}^{\mathrm{L}}\cdot\boldsymbol{\psi}^{\mathrm{f}}+\boldsymbol{B}^{\mathrm{L}}\cdot\boldsymbol{U}^{\mathrm{f}}=\boldsymbol{\psi}^{\mathrm{inc}}-\boldsymbol{A}^{\mathrm{D}}\cdot(\boldsymbol{\psi}^{\mathrm{f}}+\boldsymbol{\psi}^{\mathrm{b}})-\boldsymbol{B}^{\mathrm{D}}\cdot(\boldsymbol{U}^{\mathrm{f}}+\boldsymbol{U}^{\mathrm{b}})\tag{4.32a}$$

$$\boldsymbol{C}^{\mathrm{L}}\cdot\boldsymbol{\psi}^{\mathrm{f}}-\rho\boldsymbol{D}^{\mathrm{L}}\cdot\boldsymbol{U}^{\mathrm{f}}=-\boldsymbol{C}^{\mathrm{D}}\cdot(\boldsymbol{\psi}^{\mathrm{f}}+\boldsymbol{\psi}^{\mathrm{b}})+\rho\boldsymbol{D}^{\mathrm{D}}\cdot(\boldsymbol{U}^{\mathrm{f}}+\boldsymbol{U}^{\mathrm{b}})\tag{4.32b}$$

$$\boldsymbol{A}^{\mathrm{L}}\cdot\boldsymbol{\psi}^{\mathrm{b}}+\boldsymbol{B}^{\mathrm{L}}\cdot\boldsymbol{U}^{\mathrm{b}}=-\boldsymbol{A}^{\mathrm{U}}\cdot(\boldsymbol{\psi}^{\mathrm{f}}+\boldsymbol{\psi}^{\mathrm{b}})-\boldsymbol{B}^{\mathrm{U}}\cdot(\boldsymbol{U}^{\mathrm{f}}+\boldsymbol{U}^{\mathrm{b}})\tag{4.32c}$$

$$\boldsymbol{C}^{\mathrm{L}}\cdot\boldsymbol{\psi}^{\mathrm{b}}-\rho\boldsymbol{D}^{\mathrm{L}}\cdot\boldsymbol{U}^{\mathrm{b}}=-\boldsymbol{C}^{\mathrm{U}}\cdot(\boldsymbol{\psi}^{\mathrm{f}}+\boldsymbol{\psi}^{\mathrm{b}})+\rho\boldsymbol{D}^{\mathrm{U}}\cdot(\boldsymbol{U}^{\mathrm{f}}+\boldsymbol{U}^{\mathrm{b}})\tag{4.32d}$$

式(4.32)采用迭代求解,第 n 步迭代步骤为

$$\boldsymbol{A}^{\mathrm{L}}\cdot\boldsymbol{\psi}^{\mathrm{f},(n)}+\boldsymbol{B}^{\mathrm{L}}\cdot\boldsymbol{U}^{\mathrm{f},(n)}=\boldsymbol{\psi}^{\mathrm{inc}}-\boldsymbol{A}^{\mathrm{D}}\cdot(\boldsymbol{\psi}^{\mathrm{f},(n)}+\boldsymbol{\psi}^{\mathrm{b},(n-1)})-\boldsymbol{B}^{\mathrm{D}}\cdot(\boldsymbol{U}^{\mathrm{f},(n)}+\boldsymbol{U}^{\mathrm{b},(n-1)})\tag{4.33a}$$

$$\boldsymbol{C}^{\mathrm{L}}\cdot\boldsymbol{\psi}^{\mathrm{f},(n)}-\rho\boldsymbol{D}^{\mathrm{L}}\cdot\boldsymbol{U}^{\mathrm{f},(n)}=-\boldsymbol{C}^{\mathrm{D}}\cdot(\boldsymbol{\psi}^{\mathrm{f},(n)}+\boldsymbol{\psi}^{\mathrm{b},(n-1)})+\rho\boldsymbol{D}^{\mathrm{D}}\cdot(\boldsymbol{U}^{\mathrm{f},(n)}+\boldsymbol{U}^{\mathrm{b},(n-1)})\tag{4.33b}$$

$$\boldsymbol{A}^{\mathrm{L}}\cdot\boldsymbol{\psi}^{\mathrm{b},(n)}+\boldsymbol{B}^{\mathrm{L}}\cdot\boldsymbol{U}^{\mathrm{b},(n)}=-\boldsymbol{A}^{\mathrm{U}}\cdot(\boldsymbol{\psi}^{\mathrm{f},(n)}+\boldsymbol{\psi}^{\mathrm{b},(n)})-\boldsymbol{B}^{\mathrm{U}}\cdot(\boldsymbol{U}^{\mathrm{f},(n)}+\boldsymbol{U}^{\mathrm{b},(n)})\tag{4.33c}$$

$$\boldsymbol{C}^{\mathrm{L}}\cdot\boldsymbol{\psi}^{\mathrm{b},(n)}-\rho\boldsymbol{D}^{\mathrm{L}}\cdot\boldsymbol{U}^{\mathrm{b},(n)}=-\boldsymbol{C}^{\mathrm{U}}\cdot(\boldsymbol{\psi}^{\mathrm{f},(n)}+\boldsymbol{\psi}^{\mathrm{b},(n)})+\rho\boldsymbol{D}^{\mathrm{U}}\cdot(\boldsymbol{U}^{\mathrm{f},(n)}+\boldsymbol{U}^{\mathrm{b},(n)})\tag{4.33d}$$

迭代算法以 $\boldsymbol{\psi}^{\mathrm{b},(0)}=\boldsymbol{0}$ 和 $\boldsymbol{U}^{\mathrm{b},(0)}=\boldsymbol{0}$ 为初始条件,首先通过式(4.33a)和式(4.33b)计算更新 $\boldsymbol{\psi}^{\mathrm{f}}$ 和 $\boldsymbol{U}^{\mathrm{f}}$,再将其代入式(4.33c)和式(4.33d)更新 $\boldsymbol{\psi}^{\mathrm{b}}$ 和 $\boldsymbol{U}^{\mathrm{b}}$,如此反复计算直至达到指定收敛精度。

在上述 FBM 求解过程中,需要重复计算矩阵和矢量的乘积,例如在前向迭代过程中有

$$V_f^{(1)}(\boldsymbol{r}_n)=\sum_{m=1}^{n-1}A_{mn}\cdot\psi_m+\sum_{m=1}^{n-1}B_{mn}\cdot U_m\tag{4.34a}$$

$$V_f^{(2)}(\boldsymbol{r}_n)=\sum_{m=1}^{n-1}C_{mn}\cdot\psi_m+\sum_{m=1}^{n-1}D_{mn}\cdot U_m\tag{4.34b}$$

式中:$n=1,2,\cdots,N$。

与导体粗糙面 FBM/SAA 类似,选择强作用距离为 L_s,则式(4.34a)可写为

$$V_f^{(1)}=V_s^{(1)}+V_w^{(1)}=\sum_{n=m-N_s}^{m-1}(A_{mn}\psi+B_{mn}U_m)+\sum_{n=1}^{m-N_s-1}(A_{mn}\psi+B_{mn}U_m)\tag{4.35}$$

结合二维格林函数的谱积分形式,可以推得

$$V_w^{(1)}=\sum_{n=1}^{m-N_s-1}(A_{mn}\psi+B_{mn}U_m)=\frac{\mathrm{j}\Delta x}{4\pi}\int_{C_\theta}F_n(\theta)\exp(\mathrm{j}kz_n\sin\theta)\mathrm{d}\theta\tag{4.36}$$

式中

$$\begin{aligned}F_n(\theta)=&F_{n-1}(\theta)\exp(\mathrm{j}k\Delta x\cos\theta)+[-\mathrm{j}k(-\sin\theta+f'(x_n)\cos\theta)\psi_{m-N_s-1}+U_{m-N_s-1}]\cdot\\&\exp[\mathrm{j}k(N_s+1)\Delta x\cos\theta]\exp(-\mathrm{j}kz_{m-N_s-1}\sin\theta)\end{aligned}\tag{4.37}$$

式(4.37)可以通过连续递归计算,同理可以得到后向迭代过程的谱积分加速公式。谱积分

路径与相关参数的选择与导体粗糙面的一致。

4.2.3 一维介质粗糙面与上方目标散射

如图 4.4 所示，目标位于一维介质粗糙面上方，距离 x 轴高度为 H，目标表面 S_o 用 $z_o=f_o(x)$ 表示，上半空间为自由空间，下半空间媒质参数为(ε_1,μ_1)。

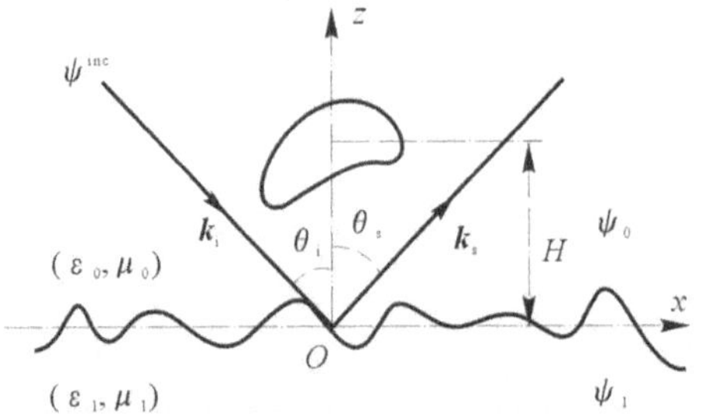

图 4.4　介质粗糙面上方目标示意图

设目标为导体，以 TE 波入射为例，当场点 $\boldsymbol{r}$ 趋于粗糙面与目标表面时，得到表面积分方程为

$$\frac{\psi_0(\boldsymbol{r})}{2}+\int_S\left[\psi_0(\boldsymbol{r}')\frac{\partial G_0(\boldsymbol{r},\boldsymbol{r}')}{\partial n'}-G_0(\boldsymbol{r},\boldsymbol{r}')\frac{\partial\psi_0(\boldsymbol{r}')}{\partial n'}\right]\mathrm{d}s'-\int_{S_o}G_0(\boldsymbol{r},\boldsymbol{r}')\frac{\partial\psi_0(\boldsymbol{r}')}{\partial n'}\mathrm{d}s'=\psi^{\mathrm{inc}}(\boldsymbol{r}),\quad \boldsymbol{r}\in S \tag{4.38a}$$

$$\frac{\psi_0(\boldsymbol{r})}{2}+\int_S\left[\psi_0(\boldsymbol{r}')\frac{\partial G_0(\boldsymbol{r},\boldsymbol{r}')}{\partial n'}-G_0(\boldsymbol{r},\boldsymbol{r}')\frac{\partial\psi_0(\boldsymbol{r}')}{\partial n'}\right]\mathrm{d}s'-\int_{S_o}G_0(\boldsymbol{r},\boldsymbol{r}')\frac{\partial\psi_0(\boldsymbol{r}')}{\partial n'}\mathrm{d}s'=\psi^{\mathrm{inc}}(r),\quad \boldsymbol{r}\in S_o \tag{4.38b}$$

$$\frac{\psi_1(\boldsymbol{r})}{2}+\int_S\left[\psi_1(\boldsymbol{r}')\frac{\partial G_1(\boldsymbol{r},\boldsymbol{r}')}{\partial n'}-G_1(\boldsymbol{r},\boldsymbol{r}')\frac{\partial\psi_1(\boldsymbol{r}')}{\partial n'}\right]\mathrm{d}s'=0,\quad \boldsymbol{r}\in S \tag{4.38c}$$

ψ_0 和 ψ_1 满足边界条件式(4.27)。设粗糙面长度为 L，用离散密度 Δx 均匀离散为 N 部分，目标均匀离散为 M 个单元，则式(4.38) 变为

$$\sum_{n=1}^{N}A_{mn}\psi(x_n)+\sum_{n=1}^{N}B_{mn}U(x_n)+\sum_{p=1}^{M}E_{mp}U_o(x_n)=\psi^{\mathrm{inc}} \tag{4.39a}$$

$$\sum_{n=1}^{N}C_{mn}\psi(x_n)-\rho\sum_{n=1}^{N}D_{mn}U(x_n)=0 \tag{4.39b}$$

$$\sum_{n=1}^{N}F_{qn}\psi(x_n)+\sum_{n=1}^{N}G_{qn}U(x_n)+\sum_{p=1}^{M}H_{qp}U_o(x_n)=\psi^{\mathrm{inc}} \tag{4.39c}$$

式中：A_{mn}，B_{mn}，C_{mn} 与 D_{mn} 的表达式与式(4.29) 中一致，且有[3]

$$E_{mp}=\mathrm{d}s\,\frac{\mathrm{j}}{4}H_0^{(1)}(k_0\,|\boldsymbol{r}_m-\boldsymbol{r}_{op}|) \tag{4.40a}$$

$$F_{qn}=-\Delta x\gamma_{oq}\frac{\mathrm{j}k_0}{4}(\boldsymbol{n}\cdot\boldsymbol{R}_2)H_1^{(1)}(k_0\,|\boldsymbol{r}_{oq}-\boldsymbol{r}_n|) \tag{4.40b}$$

$$G_{qn}=\gamma_{oq}\frac{\mathrm{j}}{4}H_0^{(1)}(k_0\,|\boldsymbol{r}_{oq}-\boldsymbol{r}_n|) \tag{4.40c}$$

$$H_{qp}=\begin{cases}\mathrm{d}s\,\dfrac{\mathrm{j}}{4}H_0^{(1)}(k_0\,|\boldsymbol{r}_{oq}-\boldsymbol{r}_{op}|), & m\neq n\\[2ex] \mathrm{d}s\,\dfrac{\mathrm{j}}{4}H_0^{(1)}[k_0\cdot\mathrm{d}s/(2e)], & m=n\end{cases} \tag{4.40d}$$

式中：ds 为目标每个剖分单元的长度；$U_o(x)=\sqrt{1+[f'_o(x)]^2}\,\partial\psi_0(x)/\partial n$ 为目标表面电流；$\gamma_{op}=\sqrt{1+[f'_o(x_{op})]^2}$；$\boldsymbol{R}_1=\dfrac{\boldsymbol{r}_{oq}-\boldsymbol{r}_n}{|\boldsymbol{r}_{oq}-\boldsymbol{r}_n|}$。

式(4.39)可以写为

$$\begin{bmatrix}\boldsymbol{A} & \boldsymbol{B}\\ \boldsymbol{C} & -\rho\boldsymbol{D}\end{bmatrix}\begin{bmatrix}\boldsymbol{\psi}\\ \boldsymbol{U}\end{bmatrix}=\begin{bmatrix}\boldsymbol{\psi}^{\mathrm{inc}}\\ -\boldsymbol{\psi}_{\mathrm{Tar}}\end{bmatrix} \tag{4.41a}$$

$$\boldsymbol{H}\cdot\boldsymbol{U}_o=-\boldsymbol{\psi}_{\mathrm{Sur}} \tag{4.41b}$$

式中：$\boldsymbol{\psi}_{\mathrm{Tar}}=\boldsymbol{E}\cdot\boldsymbol{U}_o$ 表示目标对粗糙面的散射；$\boldsymbol{\psi}_{\mathrm{Sur}}=\boldsymbol{F}\boldsymbol{\psi}+\boldsymbol{G}\boldsymbol{U}$ 表示粗糙面对目标的散射。用迭代法求解上式，第 n 步迭代过程为

$$\begin{bmatrix}\boldsymbol{A} & \boldsymbol{B}\\ \boldsymbol{C} & -\rho\boldsymbol{D}\end{bmatrix}\begin{bmatrix}\boldsymbol{\psi}^{(n)}\\ \boldsymbol{U}^{(n)}\end{bmatrix}=\begin{bmatrix}\boldsymbol{\psi}^{\mathrm{inc}}\\ -\boldsymbol{\psi}_{\mathrm{Tar}}^{(n-1)}\end{bmatrix} \tag{4.42a}$$

$$\boldsymbol{H}\cdot\boldsymbol{U}_o^{(n)}=-\boldsymbol{F}\boldsymbol{\psi}^{(n)}-\boldsymbol{G}\boldsymbol{U}^{(n)}=-\boldsymbol{\psi}_{\mathrm{Sur}}^{(n)} \tag{4.42b}$$

以 $\boldsymbol{U}_o^{(0)}=\boldsymbol{0}$ 为初始值，代入式(4.41a)中求解 $\boldsymbol{\psi}$ 和 $\boldsymbol{U}$，更新 $\boldsymbol{\psi}_{\mathrm{Sur}}$ 代入式(4.41b)计算 $\boldsymbol{U}_o$，得到 $\boldsymbol{\psi}_{\mathrm{Tar}}$ 新的值，再代入式(4.41a)继续迭代。采用求解介质粗糙面散射的 FBM 或者 FBM/SAA 解方程(4.41a)，用 Bi-CGSTAB 求解(4.41b)。

定义第 n 步迭代误差

$$\tau(n)(=\left|\frac{\boldsymbol{H}(\boldsymbol{U}_o^{(n)}-\boldsymbol{U}_o^{(n-1)})}{\psi_{\mathrm{Sur}}^{(n)}}\right| \tag{4.43}$$

当迭代误差达到指定收敛精度时停止迭代。

4.2.4 一维介质粗糙面与下方埋藏目标散射

如图 4.5 所示，导体目标位于一维介质粗糙面下方，距离 x 轴深度度为 D，其余参数意义与图 4.4 中一致。导体目标位于媒质下方，当 TE 波入射时对应表面积分方程为

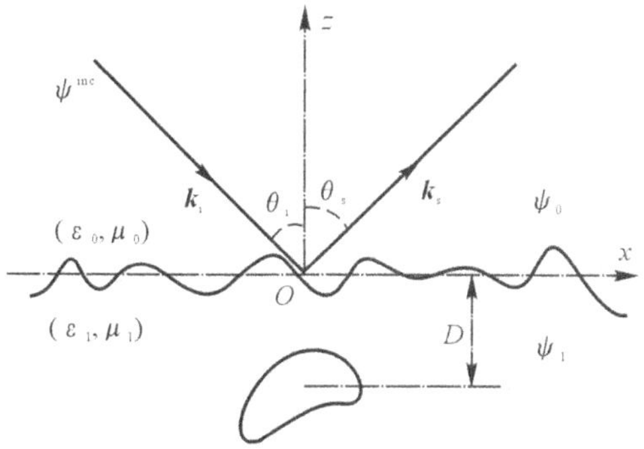

图 4.5 介质粗糙面下方埋藏目标

$$\frac{\psi_0(\boldsymbol{r})}{2}+\int_S\left[\psi_0(\boldsymbol{r}')\frac{\partial G_0(\boldsymbol{r},\boldsymbol{r}')}{\partial n'}-G_0(\boldsymbol{r},\boldsymbol{r}')\frac{\partial\psi_0(\boldsymbol{r}')}{\partial n'}\right]\mathrm{d}s'=\psi^{\mathrm{inc}}(\boldsymbol{r}),\quad \boldsymbol{r}\in S \tag{4.44a}$$

$$\frac{\psi_1(\boldsymbol{r})}{2}+\int_S\left[\psi_1(\boldsymbol{r}')\frac{\partial G_1(\boldsymbol{r},\boldsymbol{r}')}{\partial n'}-G_1(\boldsymbol{r},\boldsymbol{r}')\frac{\partial\psi_1(\boldsymbol{r}')}{\partial n'}\right]\mathrm{d}s'-\int_{S_o}G_1(\boldsymbol{r},\boldsymbol{r}')\frac{\partial\psi_1(\boldsymbol{r}')}{\partial n'}\mathrm{d}s'=0,\quad \boldsymbol{r}\in S \tag{4.44b}$$

$$\frac{\psi_1(\boldsymbol{r})}{2}+\int_S\left[\psi_1(-')\frac{\partial G_1(\boldsymbol{r},\boldsymbol{r}')}{\partial n'}-G_1(\boldsymbol{r},\boldsymbol{r}')\frac{\partial \psi_1(\boldsymbol{r}')}{\partial n'}\right]\mathrm{d}s'-$$

$$\int_{S_o}G_1(\boldsymbol{r},\boldsymbol{r}')\frac{\partial \psi_1(\boldsymbol{r}')}{\partial n'}\mathrm{d}s'=0,\quad \boldsymbol{r}\in S_o \tag{4.44c}$$

ψ_0 和 ψ_1 满足下列边界条件式(4.27)。设粗糙面长度为 L,用离散密度 Δx 均匀离散为 N 部分,目标均匀离散为 M 个单元,则(4.44)写为

$$\sum_{n=1}^{N}A_{mn}\psi(x_n)+\sum_{n=1}^{N}B_{mn}U(x_n)=\psi^{\text{inc}} \tag{4.45a}$$

$$\sum_{n=1}^{N}C_{mn}\psi(x_n)-\rho\sum_{n=1}^{N}D_{mn}U(x_n)+\sum_{p=1}^{M}E_{mp}U_o(x_n)=0 \tag{4.45b}$$

$$\sum_{n=1}^{N}F_{qn}\psi(x_n)-\rho\sum_{n=1}^{N}G_{qn}U(x_n)+\sum_{p=1}^{M}H_{qp}U_o(x_n)=0 \tag{4.45c}$$

式中:A_{mn},B_{mn},C_{mn} 与 D_{mn} 的表达式与式(4.29)中一致,且有[3]

$$E_{mp}=\mathrm{d}s\,\frac{i}{4}H_0^{(1)}(k_1|\boldsymbol{r}_m-\boldsymbol{r}_{op}|) \tag{4.46a}$$

$$F_{qn}=\Delta x\gamma_{oq}\frac{\mathrm{j}k_0}{4}(\boldsymbol{n}\cdot\boldsymbol{R}_2)H_1^{(1)}(k_1|\boldsymbol{r}_{oq}-\boldsymbol{r}_n|) \tag{4.46b}$$

$$G_{qn}=\gamma_{oq}\frac{\mathrm{j}}{4}H_0^{(1)}(k_1|\boldsymbol{r}_{oq}-\boldsymbol{r}_n|) \tag{4.46c}$$

$$H_{qp}=\begin{cases}\mathrm{d}s\,\dfrac{\mathrm{j}}{4}H_0^{(1)}(k_1|\boldsymbol{r}_{oq}-\boldsymbol{r}_{op}|), & m\neq n\\[2mm] \mathrm{d}s\,\dfrac{\mathrm{j}}{4}H_0^{(1)}[k_1\cdot\mathrm{d}s/(2e)], & m=n\end{cases} \tag{4.46d}$$

整理式(4.45)可以得到以下矩阵方程组,即

$$\begin{bmatrix}\boldsymbol{A} & \boldsymbol{B}\\ \boldsymbol{C} & -\rho\boldsymbol{D}\end{bmatrix}\begin{bmatrix}\boldsymbol{\psi}\\ \boldsymbol{U}\end{bmatrix}=\begin{bmatrix}\boldsymbol{\psi}^{\text{inc}}\\ -\boldsymbol{\psi}_{\text{Tar}}\end{bmatrix} \tag{4.47a}$$

$$\boldsymbol{H}\cdot\boldsymbol{U}_o=-\boldsymbol{\psi}_{\text{Sar}} \tag{4.47b}$$

式中:$\boldsymbol{\psi}_{\text{Tar}}=\boldsymbol{E}\cdot\boldsymbol{U}_o$ 表示目标对粗糙面的散射;$\boldsymbol{\psi}_{\text{Sur}}=\boldsymbol{F}\boldsymbol{\psi}-\boldsymbol{G}\boldsymbol{U}$ 表示粗糙面对目标的散射。采用求解式(4.42)的迭代算法计算上述方程组。

4.3 分层地海面与二维目标复合散射

自然界中树叶或积雪覆盖的地面、草地、漂浮着冰块的海面等均可以视为分层媒质粗糙面,因此研究分层媒质粗糙面以及目标的散射具有重要的意义。

4.3.1 分层粗糙面表面积分方程

分层媒质粗糙面如图 4.6 所示,上、下两个粗糙面将媒质分成 3 层,各区域媒质参数分别为(ε_0,μ_0),(ε_1,μ_1)和(ε_2,μ_2)。上层粗糙面轮廓 S_1 用 $z_1=f_1(x)$ 表示,下层粗糙面轮廓 S_2 用 $z_2=f_2(x)$ 表示。ψ^{inc} 为入射场,ψ_0,ψ_1 和 ψ_2 分别为各区域内的场。

在各个区域,$\psi_0(\boldsymbol{r})$,$\psi_1(\boldsymbol{r})$ 和 $\psi_2(\boldsymbol{r})$ 满足边界方程:

$$\frac{\psi_0(\boldsymbol{r})}{2}-\int_{S_1}\left[\psi_0(\boldsymbol{r}')\frac{\partial G_0(\boldsymbol{r},\boldsymbol{r}')}{\partial n'}-G_0(\boldsymbol{r},\boldsymbol{r}')\frac{\partial \psi_0(\boldsymbol{r}')}{\partial n'}\right]\mathrm{d}s'=\psi^{\text{inc}}(\boldsymbol{r}),\quad \boldsymbol{r}\in S_1 \tag{4.48a}$$

$$\frac{\psi_1(\boldsymbol{r}')}{2}-\int_{S_2}\left[\psi_1(\boldsymbol{r}')\frac{\partial G_1(\boldsymbol{r},\boldsymbol{r}')}{\partial n'}-G_1(\boldsymbol{r},\boldsymbol{r}')\frac{\partial\psi_1(\boldsymbol{r}')}{\partial n'}\right]\mathrm{d}s'+$$
$$\int_{S_1}\left[\psi_1(\boldsymbol{r}')\frac{\partial G_1(\boldsymbol{r},\boldsymbol{r}')}{\partial n'}-G_1(\boldsymbol{r},\boldsymbol{r}')\frac{\partial\psi_1(\boldsymbol{r}')}{\partial n'}\right]\mathrm{d}s'=0,\quad \boldsymbol{r}\in S_1 \text{ 或 } \boldsymbol{r}\in S_2 \tag{4.48b}$$

$$\frac{\psi_2(\boldsymbol{r})}{2}+\int_{S_2}\psi_2(\boldsymbol{r}')\frac{\partial G_2(\boldsymbol{r},\boldsymbol{r}')}{\partial n'}-G_2(\boldsymbol{r},\boldsymbol{r}')\frac{\partial\psi_2(\boldsymbol{r})}{\partial n'}\mathrm{d}s'=0,\quad \boldsymbol{r}\in S_2 \tag{4.48c}$$

满足边界条件：

$$\psi_i(\boldsymbol{r})=\psi_{i+1}(\boldsymbol{r}),\quad \frac{\partial\psi_{i+1}(\boldsymbol{r})}{\partial n}=\rho\frac{\partial\psi_i(\boldsymbol{r})}{\partial n},\quad i=0,1 \tag{4.49}$$

式中：对 TE 波 $\rho=\mu_{i+1}/\mu_i$，对 TM 波 $\rho=\varepsilon_{i+1}/\varepsilon_0$。

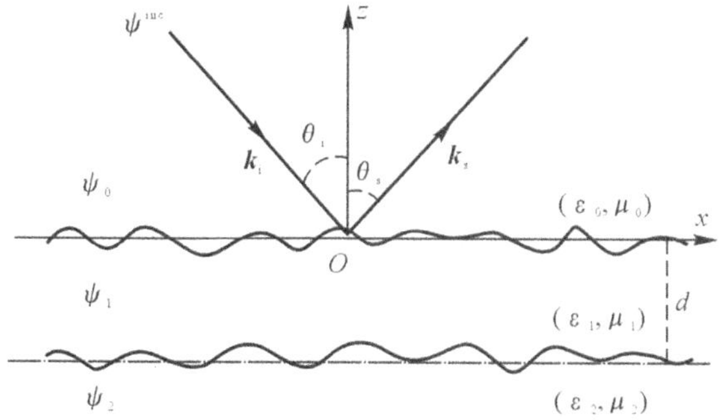

图 4.6　分层媒质示意图

设粗糙面长度均为 L，用离散密度 Δx 均匀离散，则式(4.48)可整理为

$$\boldsymbol{A}^{(0,1,1)}\boldsymbol{U}_1+\boldsymbol{B}^{(0,1,1)}\boldsymbol{\psi}_1=\boldsymbol{\psi}^{\mathrm{inc}} \tag{4.50a}$$

$$\rho_1\boldsymbol{A}^{(1,1,1)}\boldsymbol{U}_1+\boldsymbol{B}^{(1,1,1)}\boldsymbol{\psi}_1+\boldsymbol{A}^{(1,1,2)}\boldsymbol{U}_2+\boldsymbol{B}^{(1,1,2)}\boldsymbol{\psi}_2=\boldsymbol{0} \tag{4.50b}$$

$$\rho_1\boldsymbol{A}^{(1,2,1)}\boldsymbol{U}_1+\boldsymbol{B}^{(1,2,1)}\boldsymbol{\psi}_1+\boldsymbol{A}^{(1,2,2)}\boldsymbol{U}_2+\boldsymbol{B}^{(1,2,2)}\boldsymbol{\psi}_2=\boldsymbol{0} \tag{4.50c}$$

$$\rho_2\boldsymbol{A}^{(2,2,2)}\boldsymbol{U}_2+\boldsymbol{B}^{(2,2,2)}\boldsymbol{\psi}_2=\boldsymbol{0} \tag{4.50d}$$

式中：各矩阵元素的表达式为[5]

$$A_{mn}^{(a,b,c)}=\begin{cases}w^{(a,c)}\dfrac{\mathrm{j}\Delta x}{4}H_0^{(1)}(k_a|\boldsymbol{r}_{m,b}-\boldsymbol{r}_{n,c}|)\Delta l_{m,b}, & b=c,m\neq n \text{ 或 } b\neq c\\ w^{(a,c)}\dfrac{\mathrm{j}\Delta x}{4}\left[1+\dfrac{\mathrm{j}2}{\pi}\ln\left(\dfrac{\mathrm{e}^{\gamma}k_a\Delta x\Delta l_{m,b}}{4\mathrm{e}}\right)\right], & b=c,m=n\end{cases} \tag{4.51a}$$

$$B_{mn}^{(a,b,c)}=\begin{cases}-w^{(a,c)}\dfrac{\mathrm{j}k_a\Delta x}{4}\dfrac{H_1^{(1)}(k_a|\boldsymbol{r}_{m,b}-\boldsymbol{r}_{n,c}|)}{||\boldsymbol{r}_{m,b}-\boldsymbol{r}_{n,c}||}\times\\ \quad (f'_c(x_n)(x_n-x_m)-(f_c(x_n)-f_b(x_m))), & b=c,m\neq n \text{ 或 } b\neq c\\ \dfrac{1}{2}-w^{(a,c)}\dfrac{f_b(x_m)}{4\pi}\dfrac{\Delta x}{1+f'_b(x_m)^2}, & b=c,m=n\end{cases} \tag{4.51b}$$

式中：当 $a=c$ 时，$w^{(a,c)}=1$，当 $a\neq c$ 时，$w^{(a,c)}=-1$，$U_{i,m}=\sqrt{1+(f_i(x_m))^2}\,\partial\psi_i(x_m)/\partial n(i=0,1,2)$；$K_a$ 表示区域 a 中的波数。三个上标的意义是：第一个表示区域、第二个表示场点所在粗糙面、第三个表示源点所在粗糙面。

4.3.2 求解分层粗糙面的 FBM/SAA

整理式(4.50)可得矩阵方程为

$$\begin{bmatrix} \boldsymbol{A}^{(0,1,1)} & \boldsymbol{B}^{(0,1,1)} & \boldsymbol{0} & \boldsymbol{0} \\ \rho_1 \boldsymbol{A}^{(1,1,1)} & \boldsymbol{B}^{(1,1,1)} & \boldsymbol{A}^{(1,1,2)} & \boldsymbol{B}^{(1,1,2)} \\ \rho_1 \boldsymbol{A}^{(1,2,1)} & B^{(1,2,1)} & \boldsymbol{A}^{(1,2,2)} & \boldsymbol{B}^{(1,2,2)} \\ \boldsymbol{0} & \boldsymbol{0} & \rho_2 \boldsymbol{A}^{(2,2,2)} & \boldsymbol{B}^{(2,2,2)} \end{bmatrix} \cdot \begin{bmatrix} \boldsymbol{U}_1 \\ \boldsymbol{\psi}_1 \\ \boldsymbol{U}_2 \\ \boldsymbol{\psi}_2 \end{bmatrix} = \begin{bmatrix} \boldsymbol{\psi}^{\mathrm{inc}} \\ \boldsymbol{0} \\ \boldsymbol{0} \\ \boldsymbol{0} \end{bmatrix} \tag{4.52}$$

将阻抗矩阵分解为上、下和对角矩阵，分别用上标 U，L 和 D 表示。例如，对上标为(l,l,l)的子矩阵为

$$\boldsymbol{A}^{(l,l,l)} = \boldsymbol{A}^{\mathrm{U},(l,l,l)} + \boldsymbol{A}^{\mathrm{L},(l,l,l)} + \boldsymbol{A}^{\mathrm{D},(l,l,l)} \tag{4.53a}$$

$$\boldsymbol{B}^{(l,l,l)} = \boldsymbol{B}^{\mathrm{U},(l,l,l)} + \boldsymbol{B}^{\mathrm{L},(l,l,l)} + \boldsymbol{B}^{\mathrm{D},(l,l,l)} \tag{4.53b}$$

将未知向量分解为前、后向分量，$\boldsymbol{U}_i = \boldsymbol{U}_i + \boldsymbol{U}_i$，$\boldsymbol{\psi}_i = \boldsymbol{\psi}_i + \boldsymbol{\psi}_i$，这里，$\boldsymbol{U}_i$ 和 $\boldsymbol{\psi}_i$ 是前向分量，$\boldsymbol{U}_i$ 和 $\boldsymbol{\psi}_i$ 是后向分量。因此，式(4.44)中前向电流迭代公式写为

$$\boldsymbol{A}^{\mathrm{L},(0,1,1)} \boldsymbol{U}_1^{\mathrm{f}} + \boldsymbol{B}^{\mathrm{L},(0,1,1)} \boldsymbol{\psi}_1^{\mathrm{f}} = \boldsymbol{\psi}^{\mathrm{inc}} - \boldsymbol{A}^{\mathrm{D},(0,1,1)} (\boldsymbol{U}_1^{\mathrm{f}} + \boldsymbol{U}_1^{\mathrm{b}}) - \boldsymbol{B}^{\mathrm{D},(0,1,1)} (\boldsymbol{\psi}_1^{\mathrm{f}} + \boldsymbol{\psi}_1^{\mathrm{b}}) \tag{4.54a}$$

$$\begin{aligned} &\rho_1 \boldsymbol{A}^{\mathrm{L},(1,1,1)} \boldsymbol{U}_1^{\mathrm{f}} + \boldsymbol{B}^{\mathrm{L},(1,1,1)} \boldsymbol{\psi}_1^{\mathrm{f}} + \boldsymbol{A}^{\mathrm{L},(1,1,2)} \boldsymbol{U}_2^{\mathrm{f}} + \boldsymbol{B}^{\mathrm{L},(1,1,2)} \boldsymbol{\psi}_2^{\mathrm{f}} = \\ &\quad -\rho_1 \boldsymbol{A}^{\mathrm{D},(1,1,1)} (\boldsymbol{U}_1^{\mathrm{f}} + \boldsymbol{U}_1^{\mathrm{b}}) - \boldsymbol{B}^{\mathrm{D},(1,1,1)} (\boldsymbol{\psi}_1^{\mathrm{f}} + \boldsymbol{\psi}_1^{\mathrm{b}}) - \boldsymbol{A}^{\mathrm{D},(1,1,2)} (\boldsymbol{U}_2^{\mathrm{f}} + \boldsymbol{U}_2^{\mathrm{b}}) - \\ &\quad \boldsymbol{B}^{\mathrm{D},(1,1,2)} (\boldsymbol{\psi}_2^{\mathrm{f}} + \boldsymbol{\psi}_2^{\mathrm{b}}) \end{aligned} \tag{4.54b}$$

$$\begin{aligned} &\rho_1 \boldsymbol{A}^{\mathrm{L},(1,2,1)} \boldsymbol{U}_1^{\mathrm{f}} + \boldsymbol{B}^{\mathrm{L},(1,2,1)} \boldsymbol{\psi}_1^{\mathrm{f}} + \boldsymbol{A}^{\mathrm{L},(1,2,2)} \boldsymbol{U}_2^{\mathrm{f}} + \boldsymbol{B}^{\mathrm{L},(1,2,2)} \boldsymbol{\psi}_2^{\mathrm{f}} = \\ &\quad -\rho_1 \boldsymbol{A}^{\mathrm{D},(1,2,1)} (\boldsymbol{U}_1^{\mathrm{f}} + \boldsymbol{U}_1^{\mathrm{b}}) - \boldsymbol{B}^{\mathrm{D},(1,2,1)} (\boldsymbol{\psi}_1^{\mathrm{f}} + \boldsymbol{\psi}_1^{\mathrm{b}}) - \boldsymbol{A}^{\mathrm{D},(1,2,2)} (\boldsymbol{U}_2^{\mathrm{f}} + \boldsymbol{U}_2^{\mathrm{b}}) - \\ &\quad \boldsymbol{B}^{\mathrm{D},(1,2,2)} (\boldsymbol{\psi}_2^{\mathrm{f}} + \boldsymbol{\psi}_2^{\mathrm{b}}) \end{aligned} \tag{4.54c}$$

$$\rho_2 \boldsymbol{A}^{\mathrm{L},(2,2,2)} \boldsymbol{U}_1^{\mathrm{f}} + \boldsymbol{B}^{\mathrm{L},(2,2,2)} \boldsymbol{\psi}_1^{\mathrm{f}} = -\rho_2 \boldsymbol{A}^{\mathrm{D},(2,2,2)} (\boldsymbol{U}_2^{\mathrm{f}} + \boldsymbol{U}_2^{\mathrm{b}}) - \boldsymbol{B}^{\mathrm{D},(2,2,2)} (\boldsymbol{\psi}_2^{\mathrm{f}} + \boldsymbol{\psi}_2^{\mathrm{b}}) \tag{4.54d}$$

类似的可得到后向电流的迭代公式。由迭代求解，第 i 次迭代的未知量为 $\boldsymbol{U}_1^{\mathrm{f},(i)}$，$\boldsymbol{U}_1^{\mathrm{b},(i)}$，$\boldsymbol{\psi}_1^{\mathrm{f},(i)}$，$\boldsymbol{\psi}_1^{\mathrm{b},(i)}$，$\boldsymbol{U}_2^{\mathrm{f},(i)}$，$\boldsymbol{U}_2^{\mathrm{b},(i)}$，$\boldsymbol{\psi}_2^{\mathrm{f},(i)}$，$\boldsymbol{\psi}_2^{\mathrm{b},(i)}$，迭代算法以 $\boldsymbol{U}_1^{\mathrm{b},(0)} = \boldsymbol{0}$，$\boldsymbol{\psi}_1^{\mathrm{b},(0)} = \boldsymbol{0}$，$\boldsymbol{U}_2^{\mathrm{b},(0)} = 0$，$\psi_2^{\mathrm{b},(0)} = 0$ 为初始值，迭代计算至指定收敛精度。

FBM 需要重复计算矩阵和矢量的乘积，对于前向迭代过程，有

$$V_f^{(1)}(\boldsymbol{r}_n) = \sum_{m=1}^{n-1} A_{mn}^{(0,1,1)} \cdot U_{1,m} + \sum_{m=1}^{n-1} B_{mn}^{(0,1,1)} \cdot \psi_{1,m} \tag{4.55a}$$

$$V_f^{(2)}(\boldsymbol{r}_n) = \sum_{m=1}^{n-1} A_{mn}^{(1,1,1)} \cdot U_{1,m} + \sum_{m=1}^{n-1} B_{mn}^{(1,1,1)} \cdot \psi_{1,m} + \sum_{m=1}^{n-1} A_{mn}^{(1,1,2)} \cdot U_{2,m} + \sum_{m=1}^{n-1} B_{mn}^{(1,1,2)} \cdot \psi_{2,m} \tag{4.55b}$$

$$V_f^{(3)}(r_n) = \sum_{m=1}^{n-1} A_{mn}^{(1,2,1)} \cdot U_{1,m} + \sum_{m=1}^{n-1} B_{mn}^{(1,2,1)} \cdot \psi_{1,m} + \sum_{m=1}^{n-1} A_{mn}^{(1,2,2)} \cdot U_{2,m} + \sum_{m=1}^{n-1} B_{mn}^{(1,2,2)} \cdot \psi_{2,m} \tag{4.55c}$$

$$V_f^{(4)}(r_n) = \sum_{m=1}^{n-1} A_{mn}^{(2,2,2)} \cdot U_{1,m} + \sum_{m=1}^{n-1} B_{mn}^{(2,2,2)} \cdot \psi_{1,m} \tag{4.55d}$$

式中：$n=1,2,\cdots,N$；$V_f^{(i)}(\boldsymbol{r}_n)(i=1,2,3,4)$表示分界面上第 n 个接收单元前面的源电流产生的辐射贡献。每次迭代需要计算量为 $O(N^2)$。

式(4.55)可以用 SAA 进行加速，其中式(4.55a)、式(4.55d)以及 $\sum_{m=1}^{n-1} A_{mn}^{(1,1,1)} \cdot U_{1,m}$，

$\sum_{m=1}^{n-1} B_{mn}^{(1,1,1)} \cdot \psi_{1,m}$，$\sum_{m=1}^{n-1} A_{mn}^{(1,2,2)} \cdot U_{2,m}$，$\sum_{m=1}^{n-1} B_{mn}^{(1,2,2)} \cdot \psi_{2,m}$ 的加速计算原理与单层粗糙面相同，而 $\sum_{m=1}^{n-1} A_{mn}^{(1,1,2)} \cdot U_{2,m}$，$\sum_{m=1}^{n-1} B_{mn}^{(1,1,2)} \cdot \psi_{2,m}$，$\sum_{m=1}^{n-1} A_{mn}^{(1,2,1)} \cdot U_{1,m}$，$\sum_{m=1}^{n-1} B_{mn}^{(1,2,1)} \cdot \psi_{1,m}$ 应用SAA加速计算需要注意，由于场点与源点不处于同一个粗糙面，因此需要对 SAA 的参数进行改进，强作用距离 L_s 应当适当增大[5]，同时式(4.16) 中参数修正为

$$\theta_{s,\max} = \arctan\left(\frac{z_{\max} - z_{\min} + d}{R_s}\right), \quad R_s = \sqrt{L_s^2 + (z_{\max} - z_{\min} + d)^2} \tag{4.56}$$

4.3.3　分层粗糙面与目标复合散射

目标埋藏于分层粗糙面之间，如图 4.7 所示，目标埋藏深度为 D，目标表面用 S_o：$z_o = f_o(x)$ 表示，ψ^{inc} 为入射场，ψ_0，ψ_1 和 ψ_2 分别为各区域内的场。

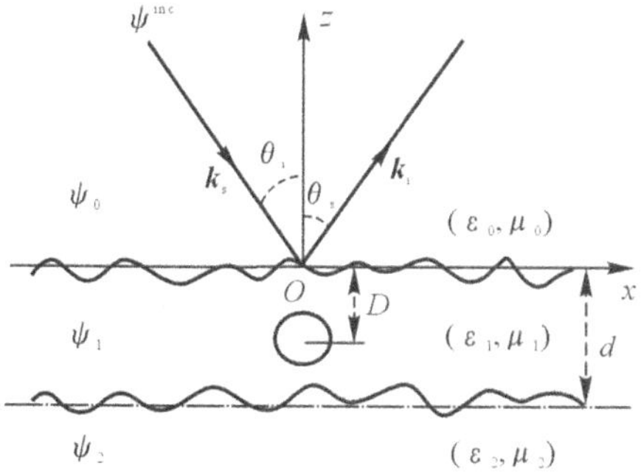

图 4.7　分层粗糙面下方埋藏目标

设目标为导体，以 TE 波入射为例，$\psi_0(\boldsymbol{r})$，$\psi_1(\boldsymbol{r})$ 和 $\psi_2(\boldsymbol{r})$ 满足边界方程，即

$$\frac{\psi_0(r)}{2} - \int_{S_1}\left[\psi_0(\boldsymbol{r}')\frac{\partial G_0(\boldsymbol{r},\boldsymbol{r}')}{\partial n'} - G_0(\boldsymbol{r},\boldsymbol{r}')\frac{\partial \psi_0(\boldsymbol{r}')}{\partial n'}\right]\mathrm{d}s' = \psi^{\text{inc}}(r), \quad \boldsymbol{r} \in S_1 \tag{4.57a}$$

$$\begin{aligned}\frac{\psi_1(r')}{2} &- \int_{S_2}\left[\psi_1(\boldsymbol{r}')\frac{\partial G_1(\boldsymbol{r},\boldsymbol{r}')}{\partial n'} - G_1(\boldsymbol{r},\boldsymbol{r}')\frac{\partial \psi_1(\boldsymbol{r}')}{\partial n'}\right]\mathrm{d}s' + \\ &\int_{S_1}\left[\psi_1(\boldsymbol{r}')\frac{\partial G_1(\boldsymbol{r},\boldsymbol{r}')}{\partial n'} - G_1(\boldsymbol{r},\boldsymbol{r}')\frac{\partial \psi_1(\boldsymbol{r}')}{\partial n'}\right]\mathrm{d}s' + \\ &\int_{S_0}\left[G_0(\boldsymbol{r},\boldsymbol{r}')\frac{\partial \psi_1(\boldsymbol{r}')}{\partial n'}\right]\mathrm{d}s' = 0, \quad \boldsymbol{r} \in S_0 \quad \boldsymbol{r} \in S_1 \text{ 或 } \boldsymbol{r} \in S_2\end{aligned} \tag{4.57b}$$

$$\frac{\psi_2(\boldsymbol{r})}{2} + \int_{S_2}\psi_2(\boldsymbol{r}')\frac{\partial G_2(\boldsymbol{r},\boldsymbol{r}')}{\partial n'} - G_2(\boldsymbol{r},\boldsymbol{r}')\frac{\partial \psi_2(\boldsymbol{r})}{\partial n'}\mathrm{d}s' = 0, \quad \boldsymbol{r} \in S_2 \tag{4.57c}$$

注意式(4.58b) 中包括 3 个方程。

设粗糙面长度为 L，将粗糙面表面用离散密度 Δx 均匀离散，离散总数为 N，将目标表面用离散为 M 部分，则式(4.57) 可写为

$$\boldsymbol{A}^{(0,1,1)}\boldsymbol{U}_1 + \boldsymbol{B}^{(0,1,1)}\boldsymbol{\psi}_1 = \boldsymbol{\psi}^{\text{inc}} \tag{4.58a}$$

$$\rho_1\boldsymbol{A}^{(1,1,1)}\boldsymbol{U}_1 + \boldsymbol{B}^{(1,1,1)}\boldsymbol{\psi}_1 + \boldsymbol{A}^{(1,1,2)}\boldsymbol{U}_2 + \boldsymbol{B}^{(1,1,2)}\boldsymbol{\psi}_2 + \boldsymbol{C}^{(1)}\boldsymbol{U}_o = \boldsymbol{0} \tag{4.58b}$$

$$\rho_1\boldsymbol{A}^{(1,2,1)}\boldsymbol{U}_1 + \boldsymbol{B}^{(1,2,1)}\boldsymbol{\psi}_1 + \boldsymbol{A}^{(1,2,2)}\boldsymbol{U}_1 + \boldsymbol{B}^{(1,2,2)}\boldsymbol{\psi}_1 + \boldsymbol{C}^{(2)}\boldsymbol{U}_o = \boldsymbol{0} \tag{4.58c}$$

$$\rho_2\boldsymbol{A}^{(2,2,2)}\boldsymbol{U}_2 + \boldsymbol{B}^{(2,2,2)}\boldsymbol{\psi}_2 = 0 \tag{4.58d}$$

$$\boldsymbol{E}^{(1)} \cdot \boldsymbol{U}_1 + \boldsymbol{F}^{(1)} \cdot \boldsymbol{\psi}_1 + \boldsymbol{E}^{(2)} \cdot \boldsymbol{U}_2 + \boldsymbol{F}^{(2)} \cdot \boldsymbol{\psi}_2 + \boldsymbol{D} \cdot \boldsymbol{U}_o = \boldsymbol{0} \tag{4.58e}$$

式中：$A_{mn}^{(a,b,c)}$，$B_{mn}^{(a,b,c)}$ 的值与式(4.51)中一致。整理式(4.58)，可得

$$\begin{bmatrix} A^{(0,1,1)} & \boldsymbol{B}^{(0,1,1)} & \boldsymbol{0} & \boldsymbol{0} \\ \rho_1\boldsymbol{A}^{(1,1,1)} & \boldsymbol{B}^{(1,1,1)} & \boldsymbol{A}^{(1,1,2)} & \boldsymbol{B}^{(1,1,2)} \\ \rho_1\boldsymbol{A}^{(1,2,1)} & \boldsymbol{B}^{(1,2,1)} & \boldsymbol{A}^{(1,2,2)} & \boldsymbol{B}^{(1,2,2)} \\ \boldsymbol{0} & \boldsymbol{0} & \rho_2\boldsymbol{A}^{(2,2,2)} & \boldsymbol{B}^{(2,2,2)} \end{bmatrix} \cdot \begin{bmatrix} \boldsymbol{U}_1 \\ \boldsymbol{\psi}_1 \\ \boldsymbol{U}_2 \\ \boldsymbol{\psi}_2 \end{bmatrix} = \begin{bmatrix} \boldsymbol{\psi}^{\mathrm{inc}} \\ -\boldsymbol{\psi}_{\mathrm{Tar}}^1 \\ -\boldsymbol{\psi}_{\mathrm{Tar}}^2 \\ \boldsymbol{0} \end{bmatrix} \tag{4.59a}$$

$$\boldsymbol{D} \cdot \boldsymbol{U}_{\mathrm{o}} = -\boldsymbol{\psi}_{\mathrm{Sur}} \tag{4.59b}$$

式中：$\boldsymbol{\psi}_{\mathrm{Tar}}^l = \boldsymbol{C}^{(l)} \cdot \boldsymbol{U}_0$ 表示目标对上层粗糙面($l=1$)与下层粗糙面($l=2$)的散射；$\boldsymbol{\psi}_{\mathrm{Sur}} = \boldsymbol{E}^{(1)} \cdot \boldsymbol{U}_1 + \boldsymbol{F}^{(1)} \cdot \boldsymbol{\psi}_1 + \boldsymbol{E}^{(2)} \cdot \boldsymbol{U}_2 + \boldsymbol{F}^{(2)} \cdot \boldsymbol{\psi}_2$ 表示透射波与反射波对目标的作用。

用迭代法求解方程式(4.59)，第 n 步的迭代过程如下：

$$\begin{bmatrix} \boldsymbol{A}^{(0,1,1)} & \boldsymbol{B}^{(0,1,1)} & \boldsymbol{0} & \boldsymbol{0} \\ \rho_1\boldsymbol{A}^{(1,1,1)} & \boldsymbol{B}^{(1,1,1)} & \boldsymbol{A}^{(1,1,2)} & \boldsymbol{B}^{(1,1,2)} \\ \rho_1\boldsymbol{A}^{(1,2,1)} & \boldsymbol{B}^{(1,2,1)} & \boldsymbol{A}^{(1,2,2)} & \boldsymbol{B}^{(1,2,2)} \\ \boldsymbol{0} & \boldsymbol{0} & \rho_2\boldsymbol{A}^{(2,2,2)} & \boldsymbol{B}^{(2,2,2)} \end{bmatrix} \cdot \begin{bmatrix} \boldsymbol{U}_1^{(n)} \\ \boldsymbol{\psi}_1^{(n)} \\ \boldsymbol{U}_2^{(n)} \\ \boldsymbol{\psi}_2^{(n)} \end{bmatrix} = \begin{bmatrix} \boldsymbol{\psi}^{\mathrm{inc}} \\ -\boldsymbol{\psi}_{\mathrm{Tar}}^{1,(n-1)} \\ -\boldsymbol{\psi}_{\mathrm{Tar}}^{2,(n-1)} \\ \boldsymbol{0} \end{bmatrix} \tag{4.60a}$$

$$\boldsymbol{D} \cdot \boldsymbol{U}_{\mathrm{o}}^{(n)} = -\boldsymbol{E}^{(1)} \cdot \boldsymbol{U}_1^{(n)} - \boldsymbol{F}^{(1)} \cdot \boldsymbol{\psi}_1^{(n)} - \boldsymbol{E}^{(2)} \cdot \boldsymbol{U}_2^{(n)} - \boldsymbol{F}^{(2)} \cdot \boldsymbol{\psi}_2^{(n)} \tag{4.60b}$$

以 $\boldsymbol{\psi}_{\mathrm{Tar}}^{1,(n-1)}=0$ 和 $\boldsymbol{\psi}_{\mathrm{Tar}}^{2,(n-1)}=0$ 为初始值叠加，代入式(4.60a)更新求解得到 $\boldsymbol{U}_1$，$\boldsymbol{\psi}_1$，$\boldsymbol{U}_2$ 和 $\boldsymbol{\psi}_2$，再代入式(4.60b)求解得到 $\boldsymbol{U}_{\mathrm{o}}$，计算得到更新后的 $\boldsymbol{\psi}_{\mathrm{Tar}}^1$ 和 $\boldsymbol{\psi}_{\mathrm{Tar}}^2$，再将其代入式(4.60a)。如此反复迭代直至到达指定收敛精度。其中式(4.60a)的求解采用求解分成粗糙面的 FBM 或者 FBM/SAA，而式(4.60b)的求解采用 Bi-CGSTAB。

设第 n 步的迭代误差为

$$\tau(n) = \left| \frac{D(\boldsymbol{U}_{\mathrm{o}}^{(n)} - \boldsymbol{U}_{\mathrm{o}}^{(n-1)})}{\psi_{\mathrm{Sur}}^{(n)}} \right| \tag{4.61}$$

当 $\tau(n)$ 达到指定收敛精度时停止迭代。

4.4 数值算例分析

4.4.1 锥形入射波与双站散射系数

在数值计算中需要对无限扩展的粗糙面进行有限的截断，为了消除粗糙面的边缘突然被截断而产生的反射和边缘绕射等效应，用锥形入射波代替平面波入射，在二维 $\boldsymbol{r}(x,z)$ 问题中，Thorsos 锥形波的具体表达式为[6]

$$\psi^{\mathrm{inc}}(\boldsymbol{r}) = \exp\{\mathrm{j}k(x\sin\theta_{\mathrm{i}} - z\cos\theta_{\mathrm{i}}) \cdot [1 + w(\boldsymbol{r})]\} \cdot \exp\left[-\frac{(x + z\tan\theta_{\mathrm{i}})^2}{g^2}\right] \tag{4.62}$$

$$w(x,z) = \frac{1}{(kg\cos\theta_{\mathrm{i}})^2}\left[2\frac{(x + z\tan\theta_{\mathrm{i}})^2}{g^2} - 1\right] \tag{4.63}$$

式中：θ_{i} 为入射角(相对于 z 轴，逆时针方向)；g 是波束宽度因子，决定窗函数的宽度。

由于粗糙面是分布式扩展目标，因此在粗糙面的散射计算中，不能用雷达散射截面(RCS)来描述这个问题，而往往关心粗糙面在某一方向上的散射能力，即用散射系数来衡量其平均散射特性，定义为[7]

$$\gamma(\theta_i,\theta_s)=\lim_{\rho\to\infty}\frac{\rho\langle\psi^s\rangle}{\int|\psi^{inc}(x,0)^2|dx} \tag{4.64}$$

式中：ρ 表示坐标原点到远区场点的径向距离；式(4.64)中分子表示粗糙面在散射方向上单位立体角内的散射强度，$\langle\cdot\rangle$ 表示对随机粗糙表面的多次实现求集总平均，分母代表入射总能量。

将式(4.62)、式(4.63)代入式(4.64)，并结合积分方程可以得到理想导体粗糙面双站散射系数的具体表达式为

$$\gamma(\theta_i,\theta_s)=\frac{|\psi_s(\theta_i,\theta_s)|^2}{8\pi k_0\sqrt{\frac{\pi}{2}}g\cos\theta_i\left[1-\frac{1+2\tan^2\theta_i}{2k_0^2g^2\cos^2\theta_i}\right]} \tag{4.65}$$

式中：$\psi_s(\theta_i,\theta_s)$ 表示 θ_s 方向的散射场，当 $\theta_s=-\theta_i$ 时，式(4.65)表示后向散射系数。

4.4.2　角关联度函数(ACF)

考虑 θ_{i1} 和 θ_{i2} 两个方向的入射场，分别对应散射角 θ_{s1} 和 θ_{s2}，ACF 可以对参数相同多个样本取平均得到，具体表达式为[3,8]

$$\Gamma(\theta_{s1},\theta_{i1},\theta_{s2},\theta_{i2})=\langle\psi_s(\theta_{s1},\theta_{i1})\cdot\psi_s^*(\theta_{s2},\theta_{i2})\rangle/\sqrt{W_1W_2}=$$

$$\frac{1}{N_r}\sum_{q=1}^{N_r}\psi_s(\theta_{s1},\theta_{i1},q)\cdot\psi_s^*(\theta_{s2},\theta_{i2},q)/\sqrt{W_1W_2} \tag{4.66}$$

式中：N_r 是实现次数；W_1 和 W_2 分别是入射角为 θ_{i1} 和 θ_{i2} 时的总能量，其表达式为

$$W_1=\sqrt{\frac{\pi}{2}}g\cos\theta_{i1}\left(1-\frac{1+2\tan^2\theta_{i1}}{2k_0^2g^2\cos^2\theta_{i1}}\right) \tag{4.67}$$

$$W_2=\sqrt{\frac{\pi}{2}}g\cos\theta_{i2}\left(1-\frac{1+2\tan^2\theta_{i2}}{2k_0^2g^2\cos^2\theta_{i2}}\right) \tag{4.68}$$

4.4.3　算法验证与算例分析

1. 海面上方金属目标复合散射

计算导体海面上方金属目标复合散射，如图 4.1 所示。用 Monte-Carlo 方法生成 PM 谱海洋粗糙面，海面上风速为 $U_{19.5}=5$ m/s，海面长度取 $L=51.2\lambda$，目标为半径 $r=1\lambda$ 的圆柱，目标距离海面高度为 $H=3\lambda$，入射角 $\theta_i=30°$，锥形波参数 $g=L/4$。迭代过程中，用 FBM 求解粗糙面的散射，当外循环迭代误差 $\tau<0.01$ 时停止计算。在计算机上用 VC ++ 编程计算，计算机配置为 CPU Pentium(R) Dual-Core、主频 2.5 GHz、内存 2GB。

如图 4.8 所示为对 50 个粗糙面样本取平均计算得到的复合双站散射系数 σ，图 4.8(a)为 TE 波入射时结果，图 4.8(b) 为 TM 波入射时结果，并与时域有限差分法(FDTD)计算得到的结果进行了对比，由图中可以看出两种方法的结果吻合很好，从而验证了本书算法的正确性。图中同时给出了上方没有目标时海面的双站散射系数，由图可知，不论何种极化波入射，当海面上方有目标时的散射系数均大于没有目标时的情况，且 TM 波入射时差异更为显著，而这种差异正体现了目标散射及目标与海面之间的相互作用。

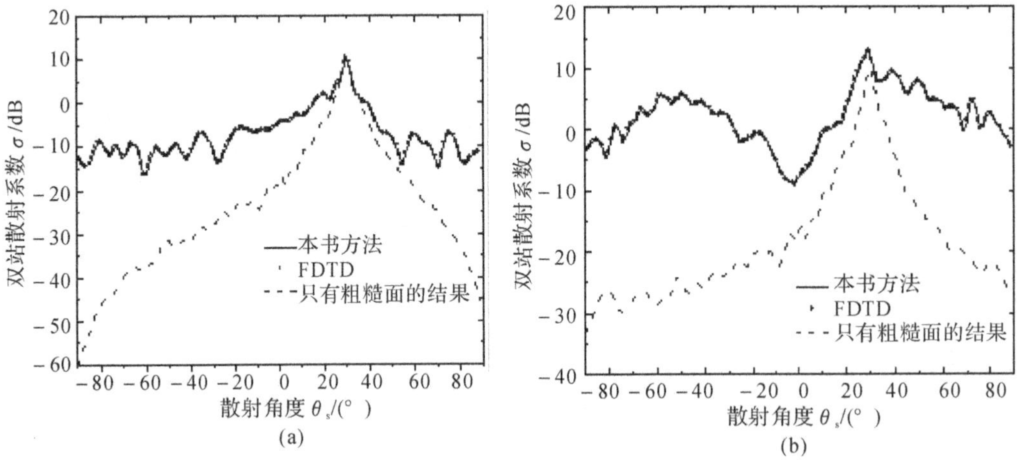

图 4.8　海面上金属圆柱复合散射

(a)TE 波入射；(b)TM 波入射

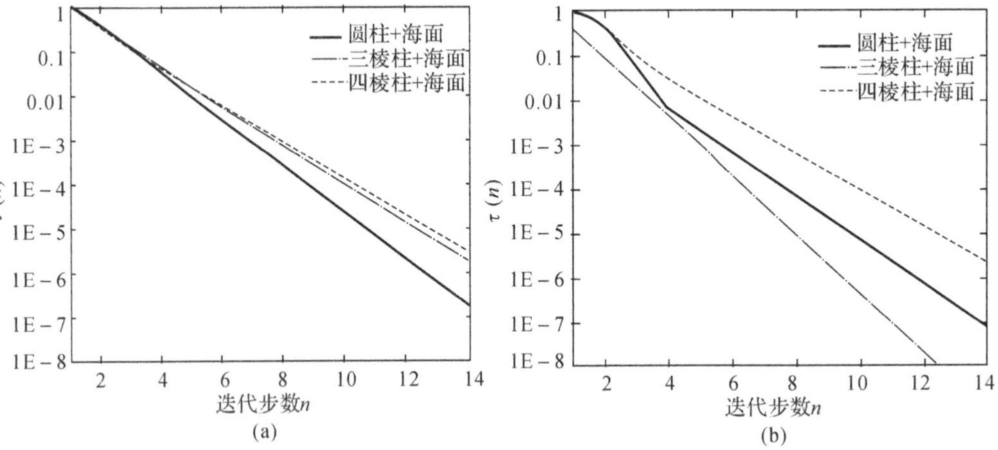

图 4.9　迭代误差

(a)TE 波入射；(b)TM 波入射

图 4.9 所示为海面上目标为半径为 1λ 的圆柱、棱边为 1λ 的三棱柱、棱边为 1λ 的四棱柱时迭代误差 τ 随迭代步数的变化关系。由图可知当目标为四棱柱时收敛速度最慢，但对于各种目标，迭代误差都随着迭代步数的增加呈指数衰减，同时由图可知 TM 波的收敛性要优于 TE 波。说明本书算法具有良好的收敛性。

目标距离海面高度的变化对复合散射系数的影响，其余参数不变，令圆柱距离海面高度 H 分别取 3λ，5λ 和 10λ，对应的散射系数如图 4.10 所示。由图可知，随着目标高度增加，散射系数逐渐减小，这主要是因为随着目标高度增加，目标与粗糙面之间的相互作用减弱造成的。

海面上风速变化对散射系数的影响。其余参数不变，海面风速 $U_{19.5}$ 分别取 0 m/s，3 m/s 和 5 m/s 时对应的散射系数如图 4.11 所示。由图可知，随着海面风速的增大，镜面方向散射系数减小，而其他方向散射系数增大。这是因为随着风速增大，海面起伏度增加，导致镜面反射降低而漫反射增大。

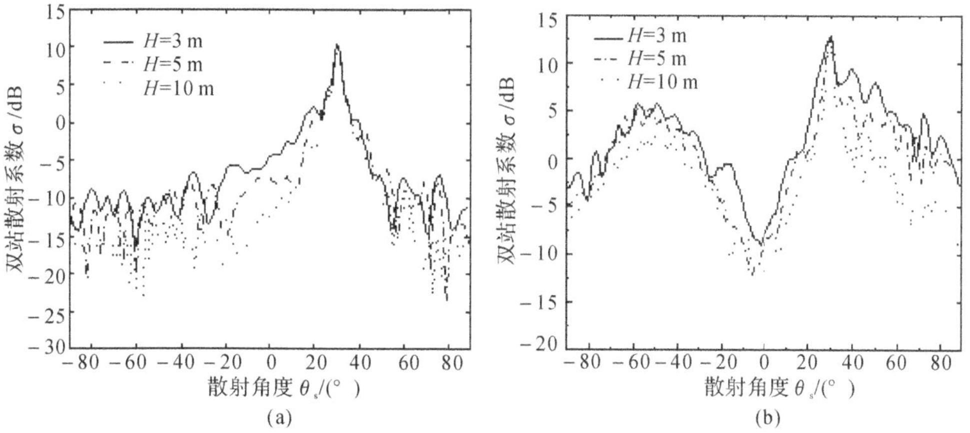

图 4.10　不同高度圆柱目标复合散射系数

(a)TE 波入射；(b)TM 波入射

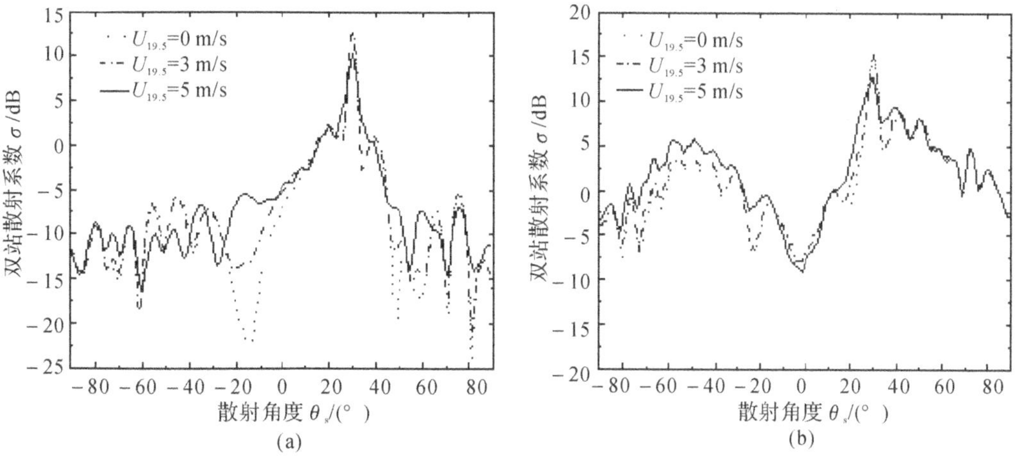

图 4.11　海面上方不同风速对应的散射系数

(a)TE 波入射；(b)TM 波入射

海面介质参数对散射系数的影响。设海面介电常数分别取 $\varepsilon_r=2$，$\varepsilon_r=5$ 时对应的散射系数如图 4.12 所示。由图可知，介质海面与目标的复合散射系小于导体海面与目标的复合散射，并且随着介电常数的增大，散射系数逐渐增大。

海面上方目标掠入射情况下的散射特征。迭代求解过程中，用 FBM/SAA 计算粗糙面的散射。Thorsos 锥形波可以在中等入射角度情况下消除人为截断粗糙面引起的边缘衍射，但是如参考文献[6]所述，要保证 Thorsos 锥形波满足亥姆霍兹方程，必须满足

$$kg\cos(\theta_i) \gg 1 \tag{4.69}$$

因此，对于固定的参数 g（例如 $g=L/6$），入射角 θ_i 越大，粗糙面长度必须越长。参考文献[9]中，Toporkov 等解释了为何 Kapp 建议另外一个保证 Thorsos 锥形波应用于掠入射的

标准为

$$g > \frac{A\sqrt{2}}{k(\pi/2-\theta_i)\cos(\theta_i)} \tag{4.70}$$

式中：A是固定值，Kapp建议取$A=3$，然而Toporkov使用$A=6.64$以保证更好的结果。取$\theta_i=85°$，$f=3$ GHz，$A=6.64$，$g=L/6$，由式(4.70)得到$g>19.6499$ m，$L>117.8993$ m。

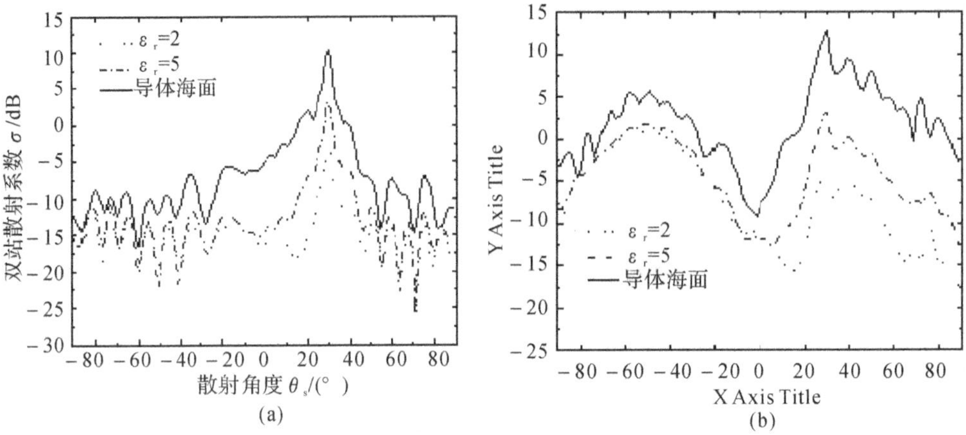

图4.12　不同介质参数海面对应的散射系数

(a)TE波入射；(b)TM波入射

考虑导体海洋面上金属目标的掠入射散射系数，当入射波为TE极化时，$\theta_i=85°$，$f=3$ GHz，$A=6.64$，$g=L/6$，$U_{19.5}=5$ m/s，圆柱目标半径$r=1\lambda$，高度$H=3\lambda$。粗糙面长度分别取$L=700\lambda$(式(4.70)中取$A=3$，未知量N为7000)，$L=1180\lambda$(式(4.70)中取$A=6.64$，刚好满足掠入射条件，未知量N为11800)，$L=1600\lambda$(充分满足式(4.70)中掠入射的条件，未知量N为16 000)，计算一次得到的海面电流$|U|$分布如图4.13所示，由图可知当$L=700\lambda$和$L=1\,180\lambda$时，粗糙面表面电流右侧明显上扬，而当L取1600λ时，左、右两侧电流都收敛的很好，满足波在粗糙面边缘衰减的物理意义。粗糙面长度取不同值时，应用本书算法计算一次所消耗的计算机内存和计算时间见表4.1。

表4.1　计算时间和消耗内存

粗糙面长度 L	消耗内存 /MB	计算时间 /s
$L=700\lambda$	97	224
$L=1\,180\lambda$	152	430
$L=1\,500\lambda$	225	515

图4.14所示为TE波入射，海面长度取1500λ，$\theta=85°$时海面上圆柱目标的复合散射系数，并与只有海面时的结果进行了比较。由图可知，尽管相对海面长度而言，目标的尺寸很小，但是目标对海面掠入射影响非常大，尤其在后向散射方向($-90°\sim40°$)尤为明显。

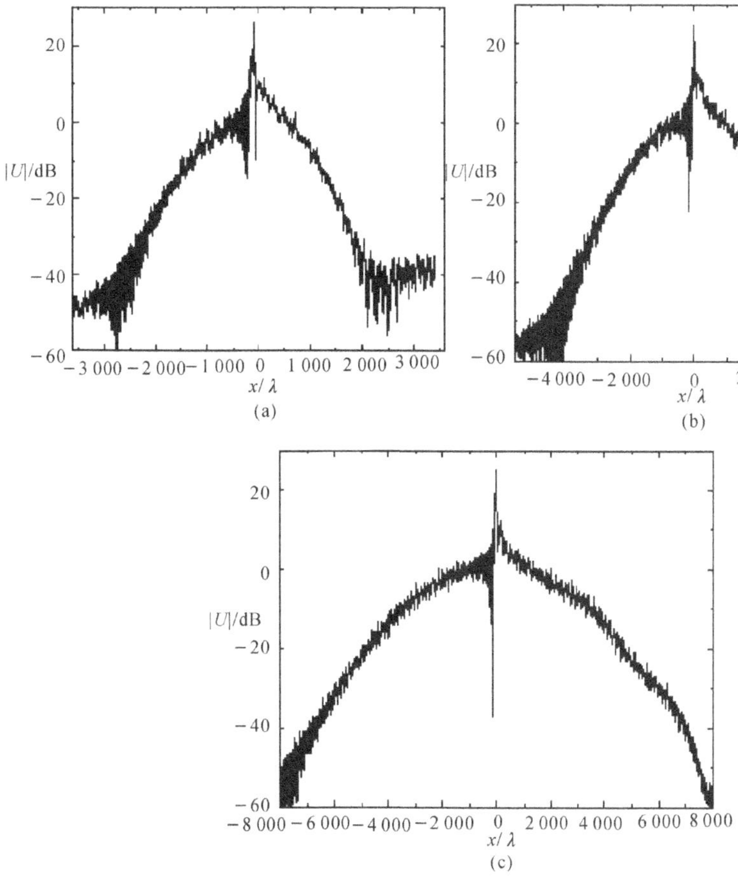

图 4.13　粗糙面表面电流分布

(a) $L = 700\lambda$；(b) $L = 1\ 180\lambda$；(c) $L = 1\ 600\lambda$

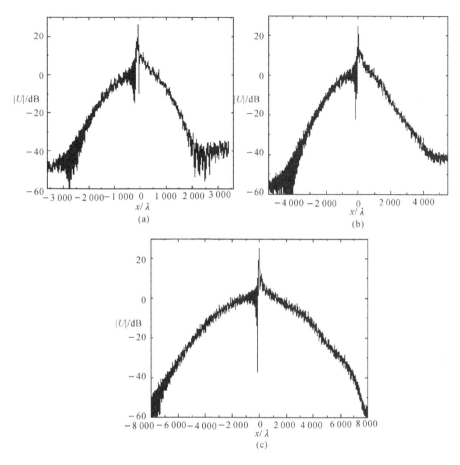

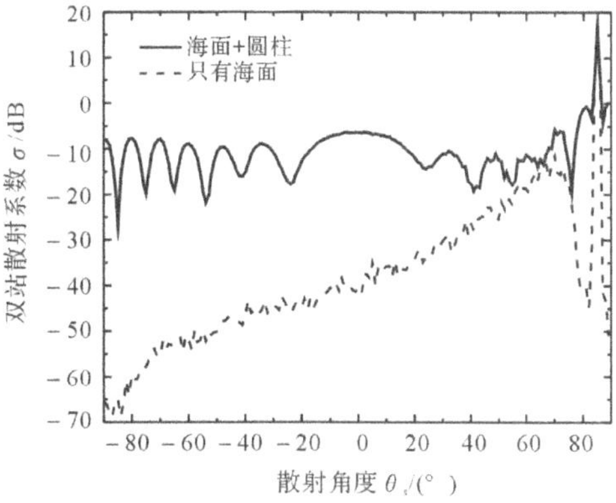

图 4.14　掠入射情况下海面上方圆柱散射

2. 分层粗糙面与目标复合散射

分层粗糙面散射如图 4.6 所示，为避免不同粗糙面相互重叠，所有分界面均采用参数相同的高斯粗糙面，上、下层粗糙面的均方根高度和相关长度分别用 h_1，l_1，h_2 和 l_2 表示。媒质的介电常数为 $\varepsilon_{r1}=2.0+j0.05$，$\varepsilon_{r2}=25+j0$。粗糙面的参数为 $L=51.2\lambda$，相关长度 $l_1=l_2=1.0\lambda$，锥形入射波参数为 $g=L/6$，$\theta_i=30^\circ$，上层媒质厚度 $d=10\lambda$。

粗糙面均方根高度分别取 0.1λ，0.3λ 和 0.5λ 时，用 FBM/SAA 法计算分层粗糙面的散射，其迭代误差 τ 和迭代步数的关系如图 4.15 所示。当 TE 波入射时，取强作用距离为 10λ，收敛精度 τ 随迭代步数的变化关系如图 4.15(a) 所示：当均方根高度 $h_1=h_2=0.1\lambda$ 时，经过 14 步迭代，$\tau=10^{-7}$；当 $h_1=h_2=0.3\lambda$ 时，经过 14 步迭代，$\tau=10^{-5}$；当 $h_1=h_2=0.5\lambda$ 时，收敛精度最终只能到 $\tau=10^{-3}$，由此可知，随着粗糙面粗糙度的增大，FBM/SAA 的收敛性有所降低，这主要是由于随着粗糙度的增大，谱积分求解时误差增大导致的，要提高收敛精度，必须重新选定积分参数。当 TM 波入射时的情况如图 4.15(b) 所示。由图可知，较之 TE 波入射，TM 波入射时的收敛速度更快但收敛精度有所降低。

分层粗糙面计算的双站散射系数如图 4.16 所示。

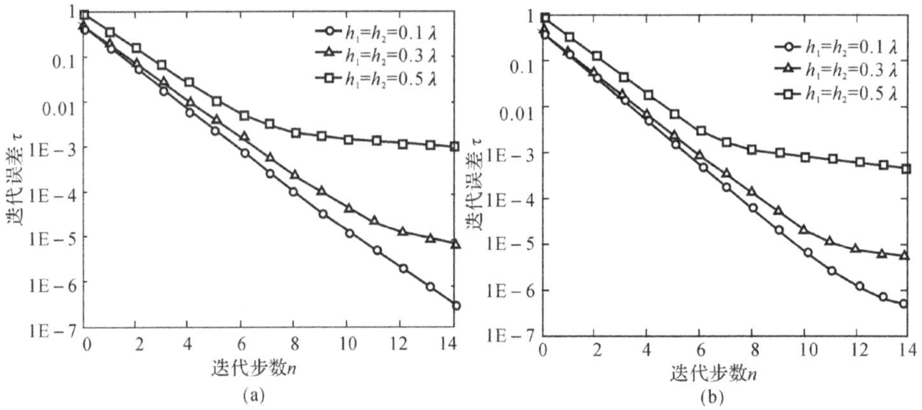

图 4.15 FBM/SAA 收敛精度随迭代步数的变化

(a) TE 波入射；(b) TM 波入射

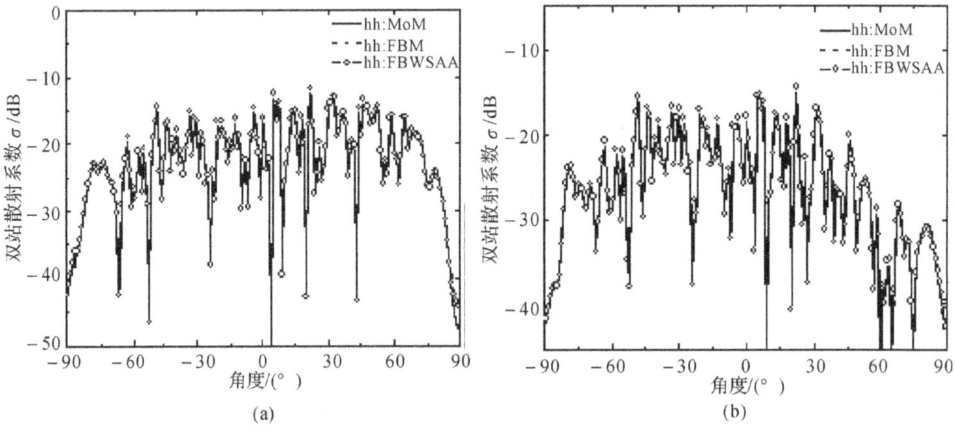

图 4.16 分层粗糙面双站散射系数

(a) TE 波入射；(b) TM 波入射

其余参数不变，取 $L=102.4\lambda$，强作用距离 $L_s=10\lambda$，用 FBM/SAA，FBM，MOM 分别计算

分层粗糙面的双站散射系数，结果如图 4.16 所示，由图可知：3 种方法结果相当吻合，验证了算法的有效性。但是，FBM/SAA 耗时仅 346 s，而 FBM 耗时 632 s，MOM 耗时2 025 s。因此，在保证计算精度的前提下 FBM/SAA 节省了大量的计算时间，提高了计算效率。

在其他参数不变，以 TE 波入射时，取粗糙面长度分别为 12.8λ，25.6λ，51.2λ 和 102.4λ，分别对应阻抗矩阵维数为 512，1 024，2048 和 4096，同时还用 FBM/SAA 求解长度为204.8λ 的分层粗糙面的散射系数，比较 FBM/SAA 和传统 MoM 的计算时间，计算时间如图 4.17 所示。由图可知，FBM/SAA 因其只有 $o(N)$ 的计算量，大大提高了计算速度，尤其当粗糙面长度较大时优势更为明显。

分层粗糙面与圆柱目标复合散射如图 4.17 所示。圆柱半径为 r，埋藏深度为 D，如无特殊说明，参数的设置为：$\varepsilon_{r1}=4.0+0.01j$，$\varepsilon_{r2}=7.0$，$d=6.0\lambda$，$D=2.0\lambda$，$\theta_i=30°$，$g=L/4$，$L=40\lambda$，$h_1=h_2=0.1\lambda$，$l_1=l_2=1.0\lambda$。以 TE 波入射，目标半径取 0.5λ，1.0λ，1.5λ，收敛精度取 $\tau=10^{-2}$。双站散射系数如图 4.18 所示，图中还给出了只有分层粗糙面时的散射系数。由图可知，随着圆柱目标半径的增大，目标与分层粗糙面的相互作用增强，复合散射系数增大，尤其在镜面反射方向附近以外的很大范围内这一结论表现得尤为明显。可见目标的半径大小对复合散射系数有明显影响，同时也验证了该算法对不同尺寸目标均具有良好的收敛性。

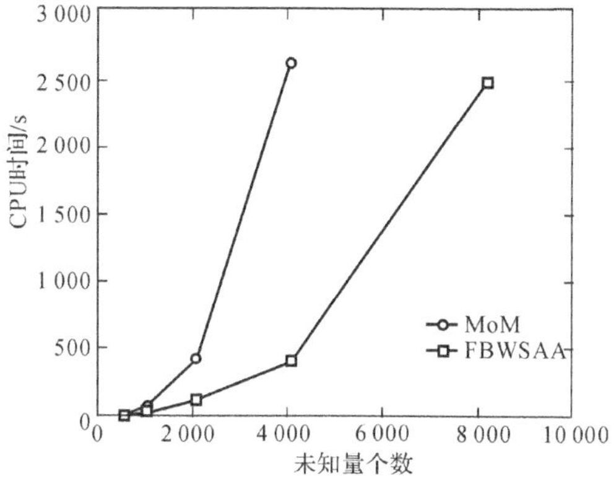

图 4.17 计算时间的比较

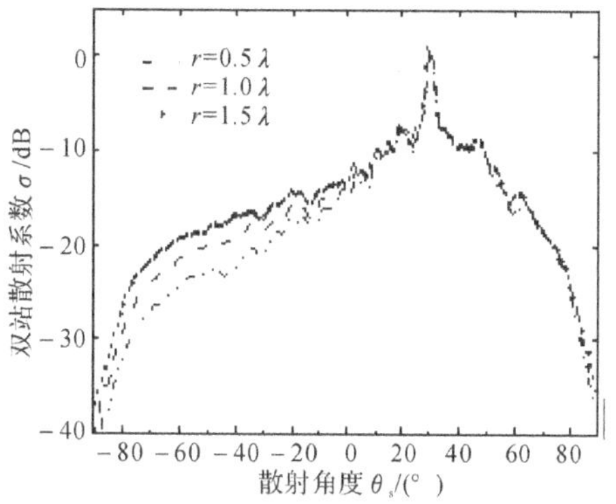

图 4.18 不同半径圆柱目标散射

图 4.19 所示给出了当圆柱目标半径 $r=1.0\lambda$ 时，单层粗糙面下方金属圆柱目标复合散射系数与分层粗糙面下方金属圆柱目标复合散射系数的对比结果。由图可知，与单层粗糙面相比较，由于存在下层粗糙面与上层粗糙面的相互作用，以及下层粗糙面与目标的相互作用，使得复合散射系数增大，尤其在镜面反射方向附近范围内变化更为明显。

分层粗糙面下方埋藏目标 ACF 研究。以 TM 波入射，其他参数不变，令目标半径分别取 0.5λ 和 1.0λ，如图 4.20(a) 给出了相应的 ACF 幅值。数值结果为 $\theta_{i1}=-\theta_{s1}=20°$ 时，变化 θ_{i2} 和 $\theta_{s2}(\theta_{i2}=-\theta_{s2})$ 的后向散射。结果表明 ACF 的幅值随着目标的减小而减小，这主要是因为随着目标的减小，目标与分层粗糙面的相互耦合作用减弱。图 4.20(b) 给出了分层粗糙面取不同均方根高度时的 ACF 幅值，结果显示对于不同的均方根高度，ACF 幅值趋势相似，但是当 $h_1=h_2=0.2\lambda$ 时，ACF 幅值更大。图中还给出了下方没有目标时的 ACF 幅值。由图可知，下方有金属目标时的 ACF 明显大于、只有分层粗糙面时的结果，尤其在后向方向更为明显。

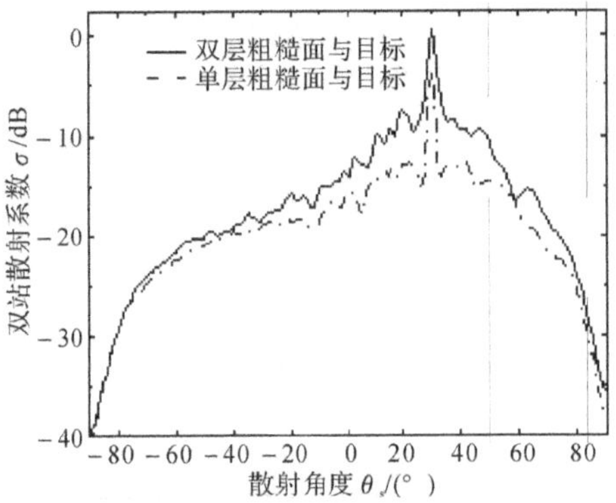

图 4.19　与单层粗糙面对比

目标位置变化对 ACF 的影响。图 4.20(c) 给出了目标中心水平位置 xp 变化时 ACF 幅值的变化情况。由图可知，当埋藏目标位于入射波束里面时，散射场由分层粗糙面和目标散射共同组成，ACF 幅值明显大于没有目标时的结果。然而，当目标水平位置变化，目标逐渐偏离入射波束时，目标与粗糙面的相互作用减小，ACF 幅值逐渐减小。图 4.20(d) 给出了目标深度 D 变化时 ACF 的变化情况。由图可知，随着目标深度的增加，ACF 幅值逐渐减小。

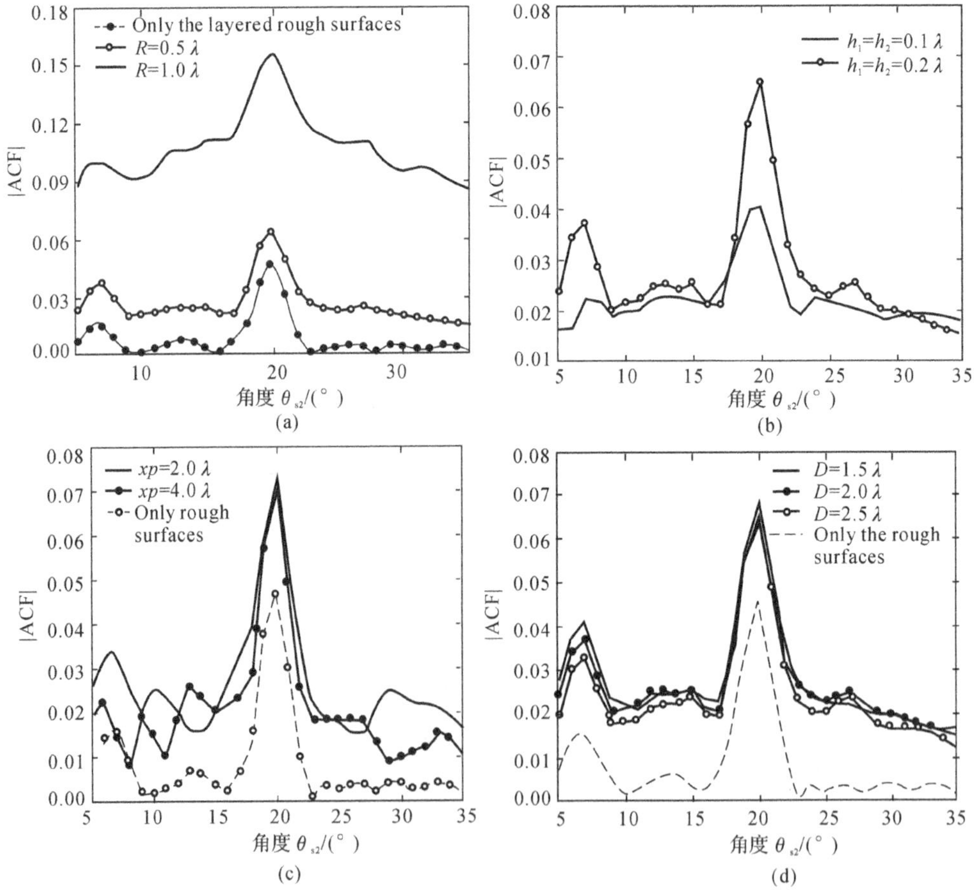

图 4.20　分层粗糙面下方埋藏目标 ACF

(a) 不同目标半径；(b) 不同均方根高度；(c) 不同目标水平位置；(d) 不同深度目标

4.5 本章小结

本章研究了一维导体粗糙面与上方目标的复合散射、一维介质粗糙面与上方/下方目标的复合散射；介绍了求解导体粗糙面散射、介质粗糙面散射和分层粗糙面散射的 FBM/SAA 算法；给出了相应的复合表面积分方程组，并用迭代算法对其进行快速求解，其中用 FBM 及 FBM/SAA 求解粗糙面的散射，用 Bi－CGSTAB 求解目标的散射；通过与已有的研究结果进行对比，验证了算法的正确性；讨论了目标以及粗糙面参数变化对复合散射系数的影响，结果表明存在目标时的散射系数要明显大于没有目标时的情况，而这种差异正体现了目标与粗糙面的相互作用；研究了掠入射情况下的复合散射特性。

研究了分层粗糙面与目标的复合散射特性，研究了求解分层粗糙面的 FBM/SAA 算法，通过与传统 MoM 和 FBM 进行比较，验证了准确性，并比较了计算时间和所需计算机内存，证明了算法的优越性。

研究了下方埋藏目标的 ACF 特性，结果表明较之散射系数，ACF 能够很好地抑制粗糙面的散射，使得目标的散射特性更为显著，这对地下目标的探测具有重要的意义。

参考文献

[1] 叶红霞. 随机粗糙面与目标复合电磁散射的数值计算方法[D]. 上海：复旦大学，2007.

[2] TORRUNGRUENG D, CHOU H T, JOHNSON J T. A novel acceleration algorithm for the computation of scattering from two－dimensional large－scale perfectly conducting random rough surfaces with the forward－backward method [J]. IEEE Trans. on Geoscience and Remote Sensing, 2000, 38(4): 1656－1668.

[3] WANG X, WANG C F, GAN Y B. Electromagnetic scattering from a circular target above or below rough surface [J]. Progress In Electromagnetics Research, 2003(40): 207－227.

[4] CHOU H T. Formulation of forward backward method using novel spectral acceleration for the modeling of scattering from impedance roughs surfaces [J]. IEEE Trans. on Geoscience and Remote Sensing, 2000,38(1):605－607.

[5] MOSS C D, GRZEGORCZYK T M, Han H C, et al. Forward－backward method with spectral acceleration for scattering from layered rough surfaces [J]. IEEE Trans. Antennas Propagation, 2006, 54(3):1006－1016.

[6] THORSOS A. The validity of the Kirchhoff approximation for rough surface scattering using a Gaussian roughness spectrum [J]. Journal of the Acoustical Society of America, 1988,83(1):78－92.

[7] 金亚秋，刘鹏，叶红霞. 随机粗糙面与目标复合散射数值模拟理论与方法[M]. 北京：科学出版社，2008.

[8] TSANG L. Scattering of Electromagnetic Waves: Numerical Simulations[M]. New York: Wiley Interscience, 2001.

[9] TOPORKOV J V, AWADALLAH R S, BROWN G S. Issues related to the use of a Gaussian like incident field for low－grazing－angle scattering [J]. J. Poti. Soc. Amer. A，1999(16)：176－187.

第5章 粗糙地海面与三维目标复合散射问题的数值方法求解

实际自然界环境中，无论是环境如地、海面，还是目标如飞机、坦克、舰艇，它们都具有三维空间结构，且具有一定的媒质特性，因此研究二维粗糙面与目标的三维复合电磁散射问题具有更加实际的物理意义。

为实现对任意参数目标与粗糙面的电磁散射特性进行精确建模与计算，必须采用数值算法，而由于粗糙面与目标都具有三维结构，因此剖分后将产生庞大的未知量，这对计算机硬件和编程水平都具有很高的要求。目前对于粗糙面与目标的复合散射研究主要集中于二维散射问题，对实际中遇到的三维散射问题主要采取解析法来求解以降低计算量。解析法对于粗糙面参数有严格的适用范围，不能用于计算复杂参数粗糙面与目标的复合散射，同时不能得到交叉极化的结果。数值算法则不受此限制，因此研究求解实际地海面与目标复合散射的快速数值算法具有重要意义。

在二维粗糙面与目标的复合散射计算中，不仅要考虑目标与粗糙面自身的散射，还要考虑它们之间的相互作用，而其中粗糙面的未知量占绝大多数，因此如何快速有效地计算粗糙面的电磁散射是一个重要的问题。以往的方法都是将目标与地海面当做整体来建模以及求解[1-8]，由于数值算法都要产生矩阵方程，会导致矩阵数据量过大而不能快速求解。

对于单独二维粗糙面的研究已经有很好的快速数值算法，如计算二维导体粗糙面的稀疏矩阵平面迭代及规范格法[9-15]（SMFSIA/CAG）和计算二维介质粗糙面的稀疏矩阵规范格法[16-18]（SMCG）。本章介绍计算二维实际地、海面与目标复合散射特性的快速数值算法，其中粗糙面的散射用已有的快速算来计算，而目标的散射用传统基于屋顶基函数（RWG）的矩量法（MoM）来计算，两者的相互作用通过迭代过程更新激励项以实现。通过与已有结果进行对比，验证了算法的正确性，并对收敛性进行了讨论。

5.1 三维锥形入射波的加入

在三维散射问题中同样需要加入锥形入射波以消除人为截断粗糙面引起的边缘衍射。在三维 $\boldsymbol{r}(x,y,z)$ 问题中，水平入射极化锥形波的具体形式为[19]

$$\boldsymbol{H}_{\mathrm{inc}}(x,y,z)=-\frac{1}{\eta}\int_{-\infty}^{\infty}\mathrm{d}k_x\int_{-\infty}^{\infty}\mathrm{d}k_y\exp\left(\mathrm{j}k_x x+\mathrm{j}k_y y-\mathrm{j}k_z z\right)\cdot E_{\mathrm{TE}}(k_x,k_y)\hat{\boldsymbol{h}}(-k_z) \tag{5.1}$$

$$\boldsymbol{E}_{\mathrm{inc}}(x,y,z)=\int_{-\infty}^{\infty}\mathrm{d}k_x\int_{-\infty}^{\infty}\mathrm{d}k_y\exp\left(\mathrm{j}k_x x+\mathrm{j}k_y y-\mathrm{j}k_z z\right)\cdot E_{\mathrm{TE}}(k_x,k_y)\hat{\boldsymbol{e}}(-k_z) \tag{5.2}$$

式中

$$\hat{\boldsymbol{h}}(-k_z)=\frac{k_z}{kk_\rho}(\hat{\boldsymbol{x}}k_x+\hat{\boldsymbol{y}}k_y)+\frac{k_\rho}{k}\hat{\boldsymbol{z}}$$

$$\hat{\boldsymbol{e}}(-k_z)=\frac{1}{k_\rho}(\hat{\boldsymbol{x}}k_y-\hat{\boldsymbol{y}}k_x) \tag{5.3}$$

$$k_z=\sqrt{k^2-k_x^2-k_y^2},\quad k_\rho=\sqrt{k_x^2+k_y^2}$$

式中：η 为自由空间波阻抗；k 为自由空间波数；E_{TE} 为入射波对应的谱函数，即

$$E_{\mathrm{TE}}(k_x,k_y)=\frac{1}{4\pi^2}\int_{-\infty}^{\infty}\mathrm{d}x\int_{-\infty}^{\infty}\mathrm{d}y\exp(-\mathrm{j}k_xx-\mathrm{j}k_yy)\cdot\exp(\mathrm{j}(k_{\mathrm{ix}}x+k_{\mathrm{iy}}y)(1+w))\exp(-t) \tag{5.4}$$

式中

$$t=t_x+t_y=(x^2+y^2)/g^2$$

$$t_x=\frac{(\cos\theta_{\mathrm{i}}\cos\varphi_{\mathrm{i}}x+\cos\theta_{\mathrm{i}}\sin\varphi_{\mathrm{i}}y)^2}{g^2\cos^2\theta_{\mathrm{i}}}$$

$$t_y=\frac{(-s\sin\varphi_{\mathrm{i}}+y\cos\varphi_{\mathrm{i}})}{g^2} \tag{5.5}$$

$$w=\frac{1}{k^2}\left[\frac{(2t_x-1)}{g^2\cos^2\theta_{\mathrm{i}}}+\frac{(2t_y-1)}{g^2}\right]$$

式中：θ_{i} 和 φ_{i} 分别为入射高低角和方位角；g 为控制锥形波入射宽度的参数，本章中取 $g=L_x/4=L_y/4$（L_x 和 L_y 分别为二维粗糙面在 x 和 y 方向的长度）。

图 5.1(a) 所示为尺寸 $8\times8\ \mathrm{m}^2$ 的二维粗糙面表面上的归一化磁场强度 $|H_{\mathrm{inc}}(x,y,z)|$，其中 $\theta_{\mathrm{i}}=30°$，$\varphi_{\mathrm{i}}=0°$，图 5.1(b) 为其二维投影图。由图可知在粗糙面中心磁场强度最大，离中心越远磁场强度越小，在边缘处缓慢趋于零，因此在数值仿真计算过程中就可以避免粗糙面截断引起的误差。

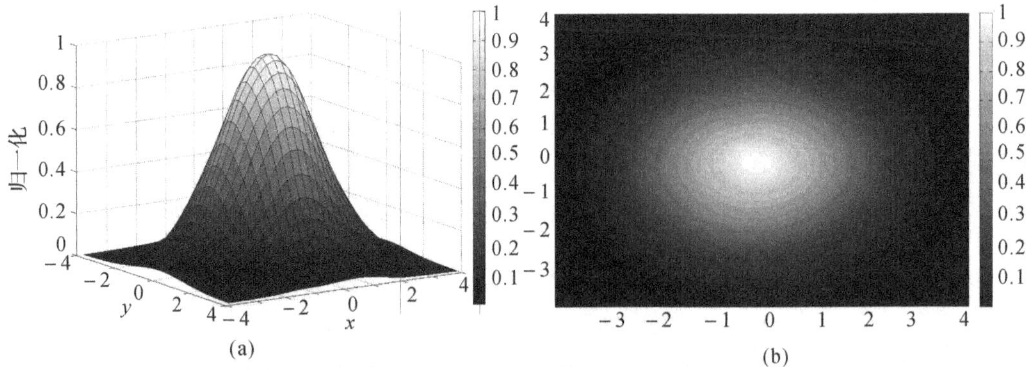

图 5.1　粗糙表面归一化磁场强度分布图

(a) 粗糙表面归一化磁场强度； (b) 粗糙表面归一化磁场强度投影

5.2　二维导体粗糙面散射

二维导体粗糙面散射如图 5.2 所示，粗糙面表面轮廓用 $S_r：z=f(x,y)$ 表示。$\boldsymbol{k}_{\mathrm{i}}$ 和 $\boldsymbol{k}_{\mathrm{s}}$ 分别为入射和散射向量，θ_{i} 和 θ_{s} 分别为入射与散射高低角，φ_{i} 和 φ_{s} 分别为入射与散射方位

角，$\boldsymbol{H}_{\text{inc}}$ 为入射磁场，$\boldsymbol{E}_0$ 和 $\boldsymbol{H}_0$ 为自由空间的电场与磁场。

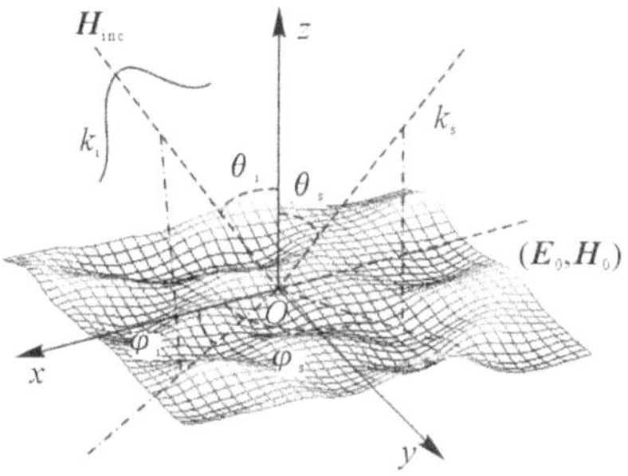

图 5.2 二维导体粗糙面散射示意图

5.2.1 二维导体粗糙面 MFIE

三维锥形波照射到二维导体粗糙面上，设 r 和 r' 分别为场点与源点位置矢量，当 r 趋于粗糙面表面时，满足磁场积分方程(MFIE)，为叙述方便，重新写成

$$\boldsymbol{n}\times\boldsymbol{H}_{\text{inc}}(\boldsymbol{r})=\frac{1}{2}\boldsymbol{J}_s-\boldsymbol{n}\times P\int_{S_r}\boldsymbol{J}_s\times\nabla' g_0(\boldsymbol{r},\boldsymbol{r}')\mathrm{d}s' \tag{5.6}$$

式中：$\boldsymbol{J}_s=\boldsymbol{n}\times\boldsymbol{H}$ 为粗糙面表面感应电流；$P\int_{S_r}$ 表示主值积分，则有

$$\nabla g_0=(\boldsymbol{r}-\boldsymbol{r}')G_0(R) \tag{5.7}$$

$$G_0(R)=\frac{\mathrm{j}k_0R}{4\pi R^3}\mathrm{e}^{\mathrm{j}k_0R} \tag{5.8}$$

式中：k_0 为自由空间中波数。

$$R=|\boldsymbol{r}-\boldsymbol{r}'|=\sqrt{(x-x')^2+(y-y')^2+[f(x,y)-f(x',y')]^2}$$

将式(5.7)和式(5.8)代入式(5.6)，可得两个标量积分方程为

$$\begin{aligned}&\frac{F_x(\boldsymbol{r})}{2}+\frac{\partial f(x,y)}{\partial y}\int G_0(R)[(x-x')F_y(r')-(y-y')F_x(r')]\mathrm{d}x'\mathrm{d}y'+\\&\int G_0(R)\left\{\left[-(x-x')\frac{\partial f(x',y')}{\partial x'}+(f(x,y)-f(x',y'))\right]F_x(\boldsymbol{r}')-\right.\\&\left.(x-x')\frac{\partial f(x',y')}{\partial y'}F_y(\boldsymbol{r}')\right\}\mathrm{d}x'\mathrm{d}y'=-\frac{\partial f(x,y)}{\partial y}H_{iz}(\boldsymbol{r})-H_{iy}(\boldsymbol{r})\end{aligned} \tag{5.9a}$$

$$\begin{aligned}&\frac{F_y(\boldsymbol{r})}{2}-\frac{\partial f(x,y)}{\partial x}\int G_0(R)[(x-x')F_y(r')-(y-y')F_x(r')]\mathrm{d}x'\mathrm{d}y'-\int G_0(R)\left\{(y-y')\right.\\&\left.\frac{\partial f(x',y')}{\partial x'}F_x(r')+\left[(y-y')\frac{\partial f(x',y')}{\partial y'}-(f(x,y)-f(x',y'))\right]F_y(r')\right\}\mathrm{d}x'\mathrm{d}y'=\\&\frac{\partial f(x,y)}{\partial x}H_{iz}(r)+H_{ix}(r)\end{aligned} \tag{5.9b}$$

式中

$$F_x(\boldsymbol{r})=\sqrt{1+\left(\frac{\partial f(x,y)}{\partial x}\right)^2+\left(\frac{\partial f(x,y)}{\partial y}\right)^2}\,\boldsymbol{n}\times\boldsymbol{H}(\boldsymbol{r})\cdot\hat{\boldsymbol{x}} \tag{5.10a}$$

$$F_y(\boldsymbol{r})=\sqrt{1+\left(\frac{\partial f(x,y)}{\partial x}\right)^2+\left(\frac{\partial f(x,y)}{\partial y}\right)^2}\,\boldsymbol{n}\times\boldsymbol{H}(\boldsymbol{r})\cdot\hat{\boldsymbol{y}} \tag{5.10b}$$

式(5.10)为粗糙面上 $\boldsymbol{n}\times\boldsymbol{H}(\boldsymbol{r})$ 在 x 方向和 y 方向的分量，是所求未知量，即分别为 x 方向和 y 方向的表面电流分量；$\boldsymbol{H}_{ix}(\boldsymbol{r})$，$\boldsymbol{H}_{iy}(r)$，$\boldsymbol{H}_{iz}(r)$ 分别为入射波在 x，y，z 方向的分量。

5.2.2 SMFIA/CAG 求解二维导体粗糙面散射

应用SMFIA/CAG求解方程式(5.9)，定义一强作用距离 r_d，用 ρ_R 表示粗糙面表面两点间的水平距离，即

$$\rho_R=\sqrt{(x-x')^2+(y-y')^2} \tag{5.11}$$

当 $\rho_R>r_d$ 时，由格林函数 $G_0(R)$ 近似得到平面格林函数 $G_{FS}(\rho_R)$ 为

$$G_{FS}(\rho_R)=\frac{jk_0\rho_R-1}{4\pi R^3}e^{jk_0\rho_R} \tag{5.12}$$

当 $\rho_R>r_d$ 时，$G_0(R)$ 可以分解为

$$G_0(R)=G_{FS}(\rho_R)+(G_0(R)-G_{FS}(\rho_R)) \tag{5.13}$$

式(5.9a)可以做以下分解：

$$\begin{aligned}
&\frac{F_x(\boldsymbol{r})}{2}+\frac{\partial f(x,y)}{\partial y}\int_{\rho_R<r_d}G_0(R)[(x-x')F_y(r')-(y-y')F_x(\boldsymbol{r}')]\,dx'dy'+\\
&\quad\int_{\rho_R<r_d}G_0(R)\left\{\left[-(x-x')\frac{\partial f(x',y')}{\partial x'}+(f(x,y)-f(x',y'))\right]F_x(r')-\right.\\
&\quad\left.(x-x')\frac{\partial f(x',y')}{\partial y'}F_y(r')\right\}dx'dy'+\\
&\quad\frac{\partial f(x,y)}{\partial y}\int_{\rho_R\geqslant r_d}G_{FS}(\rho_R)[(x-x')F_y(\boldsymbol{r}')-(y-y')F_x(\boldsymbol{r}')]\,dx'dy'+\\
&\quad\int_{\rho_R\geqslant r_d}G_{FS}(\rho_R)\left\{\left[-(x-x')\frac{\partial f(x',y')}{\partial x'}+(f(x,y)-f(x',y'))\right]F_x(\boldsymbol{r}')'-\right.\\
&\quad\left.(x-x')\frac{\partial f(x',y')}{\partial y'}F_y(\boldsymbol{r}')dx'dy\right.=-\frac{\partial f(x,y)}{\partial y}H_{iz}(r)-H_{iy}(r)-\\
&\quad\frac{\partial f(x,y)}{\partial y}\int_{\rho_R\geqslant r_d}(G_0(R)-G_{FS}(\rho_R))\begin{bmatrix}(x-x')F_y(\boldsymbol{r}')-\\(y-y')F_x(\boldsymbol{r}')\end{bmatrix}dx'dy'-\\
&\quad\int_{\rho_R\geqslant r_d}(G_0(R)-G_{FS}(\rho_R))\left\{\left[-(x-x')\frac{\partial f(x',y')}{\partial x'}+(f(x,y)-f(x',y'))\right]\right.\\
&\quad\left.F_x(\boldsymbol{r}')-(x-x')\frac{\partial f(x',y')}{\partial y'}F_y(\boldsymbol{r}')\right\}dx'dy'
\end{aligned} \tag{5.14}$$

同理，式(5.9b)也可以进行类似分解，应用点配法，将上述两个标量积分方程转化为矩阵方程，由SMFSIA算法，阻抗矩阵分解为一个强矩阵，一个平面矩阵，和一个弱矩阵之和，即

$$(\boldsymbol{Z}^{(S)}+\boldsymbol{Z}^{(FS)}+\boldsymbol{Z}^{(w)})\,\boldsymbol{x}=\boldsymbol{b} \tag{5.15}$$

式中：强 $\boldsymbol{Z}^{(S)}$ 对应式(5.14)中左端 $\rho_R<r_d$ 的积分部分，为稀疏矩阵，仅当 $\rho_R<r_d$ 时有值，其余为零；平面矩阵 $\boldsymbol{Z}^{(FS)}$ 对应式(5.14)中左端 $\rho_R\geqslant r_d$ 的积分部分，为块Toeplitz矩阵，所以 $\boldsymbol{Z}^{(FS)}$ 与列向量的相乘可以用二维快速傅里叶变换(2D-FFT)来计算；弱矩阵 $\boldsymbol{Z}^{(w)}$ 对应式(5.14)中右端 $\rho_R\geqslant r_d$ 的积分部分。应用迭代法求解该矩阵方程，迭代过程为

$$(\boldsymbol{Z}^{(S)}+\boldsymbol{Z}^{(FS)})\boldsymbol{x}^{(1)}=\boldsymbol{b} \tag{5.16}$$

$$(\boldsymbol{Z}^{(S)}+\boldsymbol{Z}^{(FS)})\boldsymbol{x}^{(n+1)}=\boldsymbol{b}^{(n+1)} \tag{5.17}$$

$$\boldsymbol{b}^{(n+1)}=\boldsymbol{b}-\boldsymbol{Z}^{(w)}\boldsymbol{x}^{(n)} \tag{5.18}$$

式中：$x^{(n)}$ 表示第 n 步迭代后的解，式(5.16)与式(5.17)采用 Bi-CGSTAB 求解。在迭代过程中，$\boldsymbol{Z}^{(S)}\boldsymbol{x}^{(n)}$ 的相乘利用 $\boldsymbol{Z}^{(S)}$ 的稀疏特性，$\boldsymbol{Z}^{(FS)}\boldsymbol{x}^{(n)}$ 的相乘可以采用 2D-FFT 算法计算。$\boldsymbol{Z}^{(w)}\boldsymbol{X}^{(n)}$ 的求解进行如下处理：在弱矩阵中，格林函数可以近似为变量为 ρ_R 的格林函数，将三维格林函数在 z_d^2/ρ_R^2 作泰勒级数展开，令

$$G(R)-G_{FS}(\rho_R)=\frac{(\mathrm{j}kR-1)\exp(\mathrm{j}kR)}{4\pi R^3}-\frac{(\mathrm{j}k\rho_R-1)\exp(\mathrm{j}k\rho_R)}{4\pi\rho_R}=\sum_{m=1}^{N_r}a_m(\rho_R)\left(\frac{z_d^2}{\rho_R}\right)^m \tag{5.19}$$

式中：$z_d=f(x,y)-f(x',y')$，当 $N_r=3$ 时，可得前 3 个泰勒级数的系数为

$$a_1(\rho_R)=-k^2\frac{\exp(\mathrm{j}k\rho_R)}{4\pi\rho_R}-3\mathrm{j}k\frac{\exp(\mathrm{j}k\rho_R)}{4\pi\rho_R^2}+3\frac{\exp(\mathrm{j}k\rho_R)}{4\pi\rho_R^3} \tag{5.20a}$$

$$a_2(\rho_R)=-\mathrm{j}k^3\frac{\exp(\mathrm{j}k\rho_R)}{32\pi}+6k^2\frac{\exp(\mathrm{j}k\rho_R)}{32\pi\rho_R}+15\mathrm{j}k\frac{\exp(\mathrm{j}k\rho_R)}{32\pi\rho_R^2}-15\frac{\exp(\mathrm{j}k\rho_R)}{32\pi\rho_R^3} \tag{5.20b}$$

$$a_3(\rho_R)=k^4\rho_R\frac{\exp(\mathrm{j}k\rho_R)}{192\pi}+10\mathrm{j}k^3\frac{\exp(\mathrm{j}k\rho_R)}{192\pi}-42k^2\frac{\exp(\mathrm{j}k\rho_R)}{192\pi\rho_R}-96\mathrm{j}k\frac{\exp(\mathrm{j}k\rho_R)}{196\pi\rho_R^2}+96\frac{\exp(\mathrm{j}k\rho_R)}{196\pi\rho_R^3} \tag{5.20c}$$

同样，弱矩阵向量积的每一行矩阵元素 $y_m(m=1,2,\cdots,N)$ 为

$$y_m=\sum_{n=1}^{N}\sum_{l=1}^{3}a_l(x_d)\left(\frac{z_d^2}{\rho_R^2}\right)^l u_n \tag{5.21}$$

将式(5.21)展开后即可采用 2D-FFT 算法计算。

在 SMFSIA/CAG 算法中，可调参数有强弱相关距离 r_d 和泰勒级数的阶数 N_r，这两个参数的选取，对程序的计算效率有很大的影响。

迭代收敛标准为

$$\tau(n)=\sqrt{\frac{\|\boldsymbol{Z}\boldsymbol{X}^n-\boldsymbol{b}\|}{\|\boldsymbol{b}\|}} \tag{5.22}$$

当 $\tau(n)$ 达到指定精度时停止迭代即可得到粗糙面表面电流分布。代入下式：

$$\sigma_{\alpha\beta}(\theta_s,\varphi_s)=\frac{|\varepsilon_\alpha^s|^2}{2\eta P_\beta^{inc}} \tag{5.23}$$

式中：α、β 表示极化方式(h 表示水平极化，v 表示垂直极化)。当 $\beta=h$ 时，入射波能量为

$$P_h^{inc}=\frac{2\pi^2}{\eta}\int_{k_\rho<k_0}\mathrm{d}k_x\mathrm{d}k_y\,|E_{TE}(k_x,k_y)|^2\frac{k_z}{k} \tag{5.24a}$$

$$\varepsilon_h^s=\frac{\eta_0\mathrm{j}k_0}{4\pi}\int\mathrm{d}x'\mathrm{d}y'\exp(-\mathrm{j}k_0\beta')\{F_x(x',y')\sin\varphi_s-F_y(x',y')\cos\varphi_s\} \tag{5.24b}$$

$$\varepsilon_v^s=\frac{\eta_0\mathrm{j}k_0}{4\pi}\int\mathrm{d}x'\mathrm{d}y'\exp(-\mathrm{j}k_0\beta')\left\{F_x(x',y')\left[\frac{\partial f(x',y')}{\partial x'}\sin\theta_s-\cos\theta_s\cos\varphi_s\right]+F_y(x',y')\left[\frac{\partial f(x',y')}{\partial y'}\sin\theta_s-\cos\theta_s\sin\varphi_s\right]\right\} \tag{5.24c}$$

式中：$\beta'=x'\sin\theta_s\cos\varphi_s+y'\sin\theta_s\sin\varphi_s+f(x',y')\cos\theta_s$。

5.3　二维介质粗糙面散射

如图 5.3 所示，介质粗糙面将空间分为上、下两部分，上半空间为自由空间，参数为(ε_0,μ_0)，下半空间媒质参数为(ε_1,μ_1)，$\mu_1=\mu_0$。$\boldsymbol{E}_{\text{inc}}$ 和 $\boldsymbol{H}_{\text{inc}}$ 分别为入射电场和磁场，$\boldsymbol{E}_0$ 和 $\boldsymbol{H}_0$ 为上半空间电场与磁场，$\boldsymbol{E}_1$ 和 $\boldsymbol{H}_1$ 为下半空间电场与磁场。

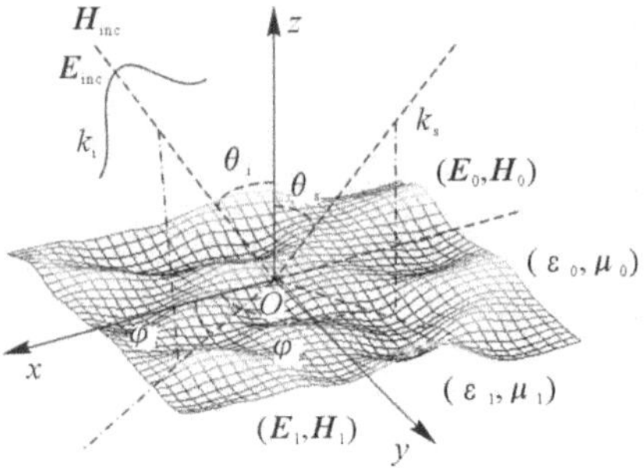

图 5.3　介质粗糙面散射示意图

5.3.1　二维介质粗糙面表面积分方程

二维介质粗糙面的积分方程可写成

$$\boldsymbol{n}\cdot\boldsymbol{E}_{\text{inc}}(\boldsymbol{r})=\frac{\boldsymbol{n}\cdot\boldsymbol{E}_0(\boldsymbol{r})}{2}-\boldsymbol{n}\cdot\left\{\int_{S_r}\text{j}\omega\mu_0\boldsymbol{n}'\times\boldsymbol{H}_0(\boldsymbol{r}')g_0(\boldsymbol{r},\boldsymbol{r}')\text{d}s'+\right.$$
$$\left.P\int_{S_r}[(\boldsymbol{n}'\times\boldsymbol{E}_0(\boldsymbol{r}'))\times\nabla'g_0(\boldsymbol{r},\boldsymbol{r}')+\nabla'g_0(\boldsymbol{r},\boldsymbol{r}')\boldsymbol{n}'\cdot\boldsymbol{E}_0(\boldsymbol{r}')]\text{d}s'\right\}\tag{5.25a}$$

$$\boldsymbol{n}\times\boldsymbol{H}_{\text{inc}}(\boldsymbol{r})=\frac{\boldsymbol{n}\times\boldsymbol{H}_0(\boldsymbol{r})}{2}+\boldsymbol{n}\times\left\{\int_{S_r}\text{j}\omega\varepsilon_0\boldsymbol{n}'\times\boldsymbol{E}_0(\boldsymbol{r}')g_0(\boldsymbol{r},\boldsymbol{r}')\text{d}s'-\right.$$
$$\left.P\int_{S_r}\left[\nabla'g_0(\boldsymbol{r},\boldsymbol{r}')\boldsymbol{n}'\cdot\boldsymbol{H}_0(\boldsymbol{r}')+\int_{S_r}(\boldsymbol{n}'\times\boldsymbol{H}_0(\boldsymbol{r}'))\times\nabla'g_0(\boldsymbol{r},\boldsymbol{r}')\right]\text{d}s'\right\}\tag{5.25b}$$

$$0=-\frac{\boldsymbol{n}\times\boldsymbol{E}_0(r)}{2}-\boldsymbol{n}\times\left\{\int_{S_r}\text{j}\omega\mu_1\boldsymbol{n}'\times\boldsymbol{H}_0(\boldsymbol{r}')g_1(\boldsymbol{r},\boldsymbol{r}')\text{d}s'+\right.$$
$$\left.P\int_{S_r}\left[(\boldsymbol{n}'\times\boldsymbol{E}_0(\boldsymbol{r}'))\times\nabla'g_1(\boldsymbol{r},\boldsymbol{r}')+\nabla'g_1(\boldsymbol{r},\boldsymbol{r}')\frac{\varepsilon_0}{\varepsilon_1}\boldsymbol{n}'\cdot\boldsymbol{E}_0(\boldsymbol{r}')\right]\text{d}s'\right\}\tag{5.25c}$$

$$0=-\frac{\boldsymbol{n}\cdot\boldsymbol{H}_0(r)}{2}+\boldsymbol{n}\cdot\left\{\int_{S_r}j\omega\varepsilon_1\boldsymbol{n}'\times\boldsymbol{E}_0(\boldsymbol{r}')g_1(\boldsymbol{r},\boldsymbol{r}')\text{d}s'-\right.$$
$$\left.P\int_{S_r}\left[\nabla'g_1(\boldsymbol{r},\boldsymbol{r}')\frac{\mu_0}{\mu_1}\boldsymbol{n}'\cdot\boldsymbol{H}_0(\boldsymbol{r}')+(\boldsymbol{n}'\times\boldsymbol{H}_0(r'))\times\nabla'g_1(\boldsymbol{r},\boldsymbol{r}')\right]\text{d}s'\right\}\tag{5.25d}$$

式中：g_0，g_1 分别为媒质 0 和媒质 1 中的格林函数，表达式见式(5.7)。将矢量在各个方向展开，上述 4 个矢量表面积分方程可以展开为 6 个标量表面积分方程，下述列出其中 3 个方程

$$F_x^{\text{inc}}(\boldsymbol{r})=\frac{F_x(\boldsymbol{r})}{2}+\iint\Big\{-\mathrm{j}\frac{k_0}{\eta_0}g_0I_x(\boldsymbol{r}')\Big[\frac{\partial f(x,y)}{\partial y}\frac{\partial f(x',y')}{\partial x'}\Big]-$$
$$\mathrm{j}\frac{k_0}{\eta_0}g_0I_y(\boldsymbol{r}')\Big(\frac{\partial f(x,y)}{\partial y}\frac{\partial f(x',y')}{\partial y'}+1\Big)\Big\}\mathrm{d}x'\mathrm{d}y'+$$
$$\oint\Big\{G_0(R)F_x(\boldsymbol{r}')\Big[\frac{\partial f(x,y)}{\partial y}(y-y')+\frac{\partial f(x',y')}{\partial x'}(x-x')-(z-z')\Big]+$$
$$G_0(R)F_y(\boldsymbol{r}')\Big[-\frac{\partial f(x,y)}{\partial y}(x-x')+\frac{\partial f(x',y')}{\partial y'}(x-x')\Big]+$$
$$G_0(R)F_n(\boldsymbol{r}')\Big[\frac{\partial f(x,y)}{\partial y}(z-z')+(y-y')\Big]\Big\}\mathrm{d}x'\mathrm{d}y' \tag{5.26a}$$

$$F_y^{\text{inc}}(\boldsymbol{r})=\frac{F_y(\boldsymbol{r})}{2}+\iint\Big\{-\mathrm{j}\frac{k_0}{\eta_0}g_0I_x(\mathrm{r}')\Big[-1-\frac{\partial f(x',y')}{\partial x'}\frac{\partial f(x,y)}{\partial x}\Big]+$$
$$\mathrm{j}\frac{k_0}{\eta_0}g_0I_y(r')\frac{\partial f(x,y)}{\partial y}\frac{\partial f(x,y)}{\partial x}\Big\}\mathrm{d}x'\mathrm{d}y'+$$
$$\oint\Big\{G_0(R)F_x(\boldsymbol{r}')\Big[\frac{\partial f(x',y')}{\partial x'}(y-y')-\frac{\partial f(x,y)}{\partial x}(y-y')\Big]+$$
$$G_0(R)F_y(\boldsymbol{r}')\Big[-(z-z')+\frac{\partial f(x',y')}{\partial y'}(y-y')+\frac{\partial f(x,y)}{\partial x}(x-x')\Big]+$$
$$G_0(R)F_n(\boldsymbol{r}')\Big[-\frac{\partial f(x,y)}{\partial x}(z-z')-(x-x')\Big]\Big\}\mathrm{d}x'\mathrm{d}y' \tag{5.26b}$$

$$I_n^{\text{inc}}(r)=\frac{I_n(r)}{2}+\oint\Big\{G_0(R)I_x(r')\Big[-\frac{\partial f(x,y)}{\partial x}\frac{\partial f(x',y')}{\partial x'}(y-y')+$$
$$\frac{\partial f(x,y)}{\partial y}\Big[\frac{\partial f(x',y')}{\partial x'}(x-x')-(z-z')\Big]-(y-y')\Big]+$$
$$G_0(R)I_y(r')\Big[\frac{\partial f(x,y)}{\partial x}\Big[(z-z')+\frac{\partial f(x',y')}{\partial y'}(y-y')\Big]+$$
$$\frac{\partial f(x,y)}{\partial y}\frac{\partial f(x',y')}{\partial y'}(x-x')+(x-x')\Big]+$$
$$G_0(R)I_n(r')\Big[\frac{\partial f(x,y)}{\partial x}(x-x')+\frac{\partial f(x,y)}{\partial y}(y-y')-(z-z')\Big]\Big\}\mathrm{d}x'\mathrm{d}y'+$$
$$\iint\Big\{\mathrm{j}k_0\eta_0g_1F_x(r')\Big[\frac{\partial f(x,y)}{\partial x}-\frac{\partial f(x',y')}{\partial x'}\Big]+$$
$$\mathrm{j}k_0\eta_0g_0F_y(\boldsymbol{r}')\Big[\frac{\partial f(x,y)}{\partial y}-\frac{\partial f(x',y')}{\partial y'}\Big]\Big\}\mathrm{d}x'\mathrm{d}y' \tag{5.26c}$$

同理可以得到其余 3 个标量积分方程。

式中：η_0 为自由空间中波阻抗；F_x^{inc}，F_y^{inc} 表示入射磁场 $\boldsymbol{n}\times\boldsymbol{H}_{\text{inc}}$ 的 x 单元和 y 单元；I_n^{inc} 表示入射电场 $\boldsymbol{E}_{\text{inc}}$ 的法向单元，则有

$$F_x^{\text{inc}}(\boldsymbol{r})=\sqrt{1+\Big(\frac{\partial f(x,y)}{\partial x}\Big)^2+\Big(\frac{\partial f(x,y)}{\partial y}\Big)^2}\,\boldsymbol{n}\times\boldsymbol{H}_{\text{inc}}(\boldsymbol{r})\cdot\hat{\boldsymbol{x}} \tag{5.27a}$$

$$F_y^{\text{inc}}(\boldsymbol{r})=\sqrt{1+\Big(\frac{\partial f(x,y)}{\partial x}\Big)^2+\Big(\frac{\partial f(x,y)}{\partial y}\Big)^2}\,\boldsymbol{n}\times\boldsymbol{H}_{\text{inc}}(\boldsymbol{r})\cdot\hat{\boldsymbol{y}} \tag{5.27b}$$

$$I_n^{\text{inc}}(\boldsymbol{r})=\sqrt{1+\Big(\frac{\partial f(x,y)}{\partial x}\Big)^2+\Big(\frac{\partial f(x,y)}{\partial y}\Big)^2}\,\hat{\boldsymbol{n}}\cdot E_{\text{inc}}(\boldsymbol{r}) \tag{5.27c}$$

F_x，F_y 分别表示 $\boldsymbol{n}\times\boldsymbol{H}$ 的 x 单元和 y 单元，见式(5.10)，F_n 表示 $\boldsymbol{H}$ 的法向单元，则有

$$F_n(\boldsymbol{r})=\sqrt{1+\left(\frac{\partial f(x,y)}{\partial x}\right)^2+\left(\frac{\partial f(x,y)}{\partial y}\right)^2}\,\hat{\boldsymbol{n}}\cdot\boldsymbol{H}(\boldsymbol{r}) \tag{5.28a}$$

I_x，I_y 分别表示 $\boldsymbol{n}\times\boldsymbol{E}$ 的 x 单元和 y 单元，I_n 表示 $\boldsymbol{E}$ 的法向单元：

$$I_x(\mathrm{r})=\sqrt{1+\left(\frac{\partial f(x,y)}{\partial x}\right)^2+\left(\frac{\partial f(x,y)}{\partial y}\right)^2}\,\hat{\boldsymbol{n}}\times\boldsymbol{E}(\boldsymbol{r})\cdot\hat{\boldsymbol{x}} \tag{5.28b}$$

$$I_y(\boldsymbol{r})=\sqrt{1+\left(\frac{\partial f(x,y)}{\partial x}\right)^2+\left(\frac{\partial f(x,y)}{\partial y}\right)^2}\,\hat{\boldsymbol{n}}\times\boldsymbol{E}(\boldsymbol{r})\cdot\hat{\boldsymbol{y}} \tag{5.28c}$$

$$I_n(r)=\sqrt{1+\left(\frac{\partial f(x,y)}{\partial x}\right)^2+\left(\frac{\partial f(x,y)}{\partial y}\right)^2}\,\hat{\boldsymbol{n}}\cdot\boldsymbol{E}(\boldsymbol{r}) \tag{5.28d}$$

5.3.2 SMCG 求解二维介质粗糙面散射

与求解二维导体粗糙面类似，r_d，ρ_R 的定义不变，当 $\rho_R<r_d$ 时认为是近场，当 $\rho_R>r_d$ 时认为是远场。同理对表面积分方程式(5.24a)作如下处理：

$$\begin{aligned}
&F_x^{\mathrm{inc}}(\boldsymbol{r})-\sum_{m=1}^{M}\int_{\rho_R>r_d}\Big\{-\mathrm{j}\frac{k_1}{\eta_1}b_m^{(1)}(\rho_R)\left[\frac{z_d^2}{\rho_R^2}\right]^m I_x^{(n)}(r')\left[\frac{\partial f(x,y)}{\partial y}\frac{\partial f(x',y')}{\partial x'}\right]-\\
&\quad\mathrm{j}\frac{k_1}{\eta_1}b_m^{(1)}(\rho_R)\left[\frac{z_d^2}{\rho_R^2}\right]^m I_y^{(n)}(\boldsymbol{r}')\left(\frac{\partial f(x,y)}{\partial y}\frac{\partial f(x',y')}{\partial y'}+1\right)\Big\}\mathrm{d}x'\mathrm{d}y'-\\
&\quad\sum_{m=1}^{M}\int_{\rho_R>r_d}\Big\{a_m^{(1)}(\rho_R)\left[\frac{z_d^2}{\rho_R^2}\right]^m F_x^{(n)}(\boldsymbol{r}')\Big[\frac{\partial f(x,y)}{\partial y}(y-y')+\frac{\partial f(x',y')}{\partial x'}(x-x')-\\
&\quad(z-z')\Big]+a_m^{(1)}(\rho_R)\left[\frac{z_d^2}{\rho_R^2}\right]^m F_y^{(n)}(\boldsymbol{r}')\left[-\frac{\partial f(x,y)}{\partial y}(x-x')+\frac{\partial f(x',y')}{\partial y'}(x-x')\right]+\\
&\quad a_m^{(1)}(\rho_R)\left[\frac{z_d^2}{\rho_R^2}\right]^m F_n^{(n)}(\boldsymbol{r}')\left[\frac{\partial f(x,y)}{\partial y}(z-z')+(y-y')\right]\Big\}\mathrm{d}x'\mathrm{d}y'=\\
&\quad\frac{F_x^{(n+1)}(r)}{2}+\oint_{\rho_R\leqslant r_d}\Big\{-i\frac{k_1}{\eta_1}g_1 I_x^{(n+1)}(r)\left[\frac{\partial f(x,y)}{\partial y}\frac{\partial f(x',y')}{\partial x'}\right]-\\
&\quad i\frac{k_1}{\eta_1}g_1 I_y^{(n+1)}(\boldsymbol{r}')\left(\frac{\partial f(x,y)}{\partial y}\frac{\partial f(x',y')}{\partial y'}+1\right)\Big\}\mathrm{d}x'\mathrm{d}y'+\\
&\quad\oint_{\rho_R\leqslant r_d}\Big\{G_1(R)F_x^{(n+1)}(\boldsymbol{r}')\left[\frac{\partial f(x,y)}{\partial y}(y-y')+\frac{\partial f(x',y')}{\partial x'}(x-x')-(z-z')\right]+\\
&\quad G_1F_y^{(n+1)}(\boldsymbol{r}')\left[-\frac{\partial f(x,y)}{\partial y}(x-x')+\frac{\partial f(x',y')}{\partial y'}(x-x')\right]+\\
&\quad G_1F_n^{(n+1)}(\boldsymbol{r}')\left[\frac{\partial f(x,y)}{\partial y}(z-z')+(y-y')\right]\mathrm{d}x'\mathrm{d}y'+\\
&\quad\int_{\rho_R>r_d}\Big\{-j\frac{k_1}{\eta_1}b_0^{(1)}(\rho_R)I_x^{(n+1)}(\boldsymbol{r}')\left[\frac{\partial f(x,y)}{\partial y}\frac{\partial f(x',y')}{\partial x'}\right]-\\
&\quad\mathrm{j}\frac{k_1}{\eta_1}b_0^{(1)}(\rho_R)I_y^{(n+1)}(\boldsymbol{r}')\left(\frac{\partial f(x,y)}{\partial y}\frac{\partial f(x',y')}{\partial y'}+1\right)\Big\}\mathrm{d}x'\mathrm{d}y'+\\
&\quad\int_{\rho_R>r_d}\Big\{a_0^{(1)}(\rho_R)F_x^{(n+1)}(\boldsymbol{r}')\left[\frac{\partial f(x,y)}{\partial y}(y-y')+\frac{\partial f(x',y')}{\partial x'}(x-x')-(z-z')\right]+\\
&\quad a_0^{(1)}(\rho_R)F_y^{(n+1)}(\boldsymbol{r}')\left[-\frac{\partial f(x,y)}{\partial y}(x-x')+\frac{\partial f(x',y')}{\partial y'}(x-x')\right]+
\end{aligned}$$

$$a_0^{(1)}(\rho_{\mathrm{R}})F_n^{(n+1)}(\boldsymbol{r}')\left[\frac{\partial f(x,y)}{\partial y}(z-z')+(y-y')\right]\Bigg\}\mathrm{d}x'\mathrm{d}y' \tag{5.29}$$

式中，$z_{\mathrm{d}}=f(x,y)-f(x',y')$，同理可对其余5个方程做同样处理，得到矩阵方程式(5.15)。将弱相关矩阵在平面上做泰勒级数展开，M为泰勒级数展开的阶数，则

$$\boldsymbol{Z}^{(\mathrm{w})}=\sum_{m=0}^{M}\boldsymbol{Z}_m^{(\mathrm{w})} \tag{5.30}$$

$\boldsymbol{Z}^{(\mathrm{FS})}$称之为平面矩阵，其相当于弱相关矩阵的零阶矩阵，即

$$\boldsymbol{Z}^{(\mathrm{FS})}=\boldsymbol{Z}_0^{(\mathrm{w})} \tag{5.31}$$

在弱相关矩阵中，将格林函数在平面上做泰勒级数展开如下：

$$G_{0,1}(R)=\frac{(1-\mathrm{j}k_{0,1}R)\exp(\mathrm{j}k_{0,1}R)}{4\pi R^3}=\sum_{m=0}^{M}a_m^{(0,1)}(\rho_{\mathrm{R}})\left(\frac{z_{\mathrm{d}}^2}{\rho_{\mathrm{R}}^2}\right)^m \tag{5.32a}$$

$$g_{0,1}=\frac{\exp(\mathrm{j}k_{0,1}R)}{4\pi R}=\sum_{m=0}^{M}b_m^{(0,1)}(\rho_{\mathrm{R}})\left(\frac{z_{\mathrm{d}}^2}{\rho_{\mathrm{R}}^2}\right)^m \tag{5.32b}$$

以下列出前几阶：

$$a_0^{(0,1)}=\frac{1}{0!}\frac{\exp(\mathrm{j}k_{0,1}\rho_{\mathrm{R}})}{4\pi\rho_{\mathrm{R}}}\left(\frac{1}{\rho_{\mathrm{R}}^2}-\frac{\mathrm{j}k_{0,1}}{\rho_{\mathrm{R}}}\right) \tag{5.33a}$$

$$a_1^{(0,1)}(\rho_{\mathrm{R}})=\frac{1}{1!}\frac{\exp(\mathrm{j}k_{0,1}\rho_{\mathrm{R}})}{4\pi\rho_{\mathrm{R}}}\left[-\frac{k^2}{2}-\frac{3\mathrm{j}k}{2\rho_{\mathrm{R}}}+\frac{3}{2\rho_{\mathrm{R}}^2}\right] \tag{5.33b}$$

$$a_2^{(0,1)}(\rho_{\mathrm{R}})=\frac{1}{2!\ 1!}\frac{\exp(\mathrm{j}k_{0,1}\rho_{\mathrm{R}})}{4\pi\rho_{\mathrm{R}}}\left[-\frac{\mathrm{j}k^3\rho_{\mathrm{R}}}{4}+\frac{6k^2}{4}+\frac{15\mathrm{j}k}{4\rho_{\mathrm{R}}}-\frac{15}{4\rho_{\mathrm{R}}^2}\right] \tag{5.33c}$$

$$b_0^{(0,1)}=\frac{1}{0!}\frac{\exp(\mathrm{j}k_{0,1}\rho_{\mathrm{R}})}{4\pi\rho_{\mathrm{R}}} \tag{5.33d}$$

$$b_1^{(0,1)}=\frac{1}{1!}\frac{\exp(\mathrm{j}k_{0,1}\rho_{\mathrm{R}})}{4\pi\rho_{\mathrm{R}}}\left(\frac{\mathrm{j}k_{0,1}\rho_{\mathrm{R}}}{2}-\frac{1}{2}\right) \tag{5.33e}$$

$$b_2^{(0,1)}=\frac{1}{2!\ 1!}\frac{\exp(\mathrm{j}k_{0,1}\rho_{\mathrm{R}})}{4\pi\rho_{\mathrm{R}}}\left(-\frac{k_{0,1}^2\rho_{\mathrm{R}}^2}{4}-\frac{3\mathrm{j}k_{0,1}\rho_{\mathrm{R}}}{4}+\frac{3}{4}\right) \tag{5.33f}$$

经过处理后的矩阵方程可以按照式(5.16)～式(5.18)的迭代过程进行求解，在迭代方程中，$\boldsymbol{Z}^{(\mathrm{FS})}$和$\boldsymbol{Z}^{(\mathrm{w})}$可以展开为若干个Toeplitz矩阵的和，所以它们的矩阵向量积可采用2-D FFT算法快速计算，从而达到了加速计算的目的。

运用SMCG求解二维介质粗糙面矩阵方程可得到粗糙面表面电流分布，代入式(5.23)即可得到散射系数，其中

$$\begin{aligned}\varepsilon_{\mathrm{h}}^{\mathrm{s}}=\frac{\mathrm{j}k_0}{4\pi}\int\exp(-\mathrm{j}k_0\beta')\Bigg[&\Bigg\{I_x(x',y')\cos\theta_{\mathrm{s}}\cos\varphi_{\mathrm{s}}+I_y(x',y')\cos\theta_{\mathrm{s}}\sin\varphi_{\mathrm{s}}-\\&I_x(x',y')\frac{\partial f(x',y')}{\partial x'}\sin\theta_{\mathrm{s}}-I_y(x',y')\frac{\partial f(x',y')}{\partial y'}\sin\theta_{\mathrm{s}}\Bigg\}-\\&\eta_0\{F_x(x',y')\sin\varphi_{\mathrm{s}}-F_y(x',y')\cos\varphi_{\mathrm{s}}\}\Bigg]\mathrm{d}x'\mathrm{d}y'\end{aligned} \tag{5.34a}$$

$$\begin{aligned}\varepsilon_{\mathrm{v}}^{\mathrm{s}}=\frac{\mathrm{j}k_0}{4\pi}\int\exp(-\mathrm{j}k_0\beta')\Bigg[&\{I_x(x',y')\sin\varphi_{\mathrm{s}}-I_y(x',y')\cos\varphi_{\mathrm{s}}\}+\\&\eta_0\Bigg\{F_x(x',y')\cos\theta_{\mathrm{s}}\cos\varphi_{\mathrm{s}}+F_y(x',y')\cos\theta_{\mathrm{s}}\sin\varphi_{\mathrm{s}}-\\&F_x(x',y')\frac{\partial f(x',y')}{\partial x'}\sin\theta_{\mathrm{s}}-F_y(x',y')\frac{\partial f(x',y')}{\partial y'}\sin\theta_{\mathrm{s}}\Bigg\}\Bigg]\mathrm{d}x'\mathrm{d}y'\end{aligned} \tag{5.34b}$$

5.4 三维金属目标散射

自由空间中三维金属目标满足电场积分方程(EFIE)，即

$$\boldsymbol{E}_{\mathrm{inc}}(\boldsymbol{r})\Big|_{\tan}=\mathrm{j}\omega\mu_0 P\int_{S_b}\left[\boldsymbol{J}_o(\boldsymbol{r}')+\frac{1}{k_0^2}\nabla(\nabla'\cdot\boldsymbol{J}_o(\boldsymbol{r}'))\right]g_0(\boldsymbol{r},\boldsymbol{r}')\mathrm{d}s'\Big|_{\tan} \tag{5.35}$$

式中：$\boldsymbol{J}_o=\boldsymbol{n}\times\boldsymbol{H}$ 为目标表面感应电流；$\boldsymbol{E}_{\mathrm{inc}}(\boldsymbol{r})_{\tan}$ 为入射场切向分量；$P\int_{S_b}$ 为对目标表面主值积分。

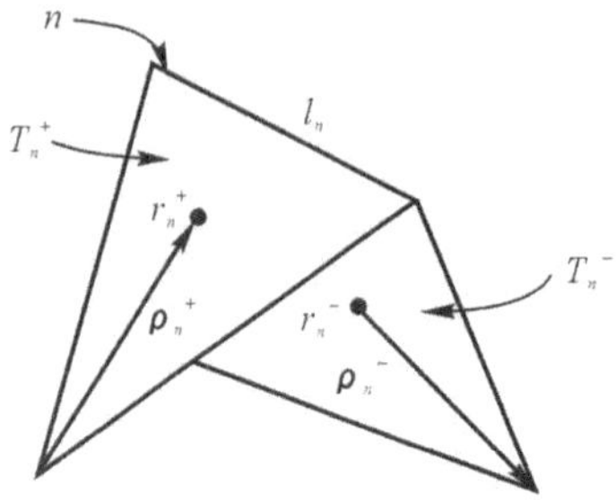

图 5.4 RWG 基函数示意图

上述方程采用 MoM 方法数值求解，首先对目标表面进行三角剖分，任意两个相邻的三角面元上定义一个 RWG(Rao-Wilton-Glisson) 矢量基函数[20]，示意图如图 5.4 所示。定义第 n 组三角面元上的基函数为

$$f_n(\boldsymbol{r})=\begin{cases}\dfrac{l_n}{2A_n^+}\rho_n^+, & \boldsymbol{r}\in T_n^+\\ -\dfrac{l_n}{2A_n^+}\rho_n^+, & r\in T_n^-\\ 0, & \text{其他}\end{cases} \tag{5.36a}$$

$$\nabla s\cdot f_n(\boldsymbol{r})=\begin{cases}\dfrac{l_n}{A_n^+}, & \boldsymbol{r}\in T_n^+\\ \dfrac{l_n}{A_n^+}, & \boldsymbol{r}\in T_n^-\\ 0 & \text{其他}\end{cases} \tag{5.36b}$$

式中：l_n 为相邻三角形公共边的长度；$T_n^\pm$ 表示相邻的两个三角单元；$A_n^\pm$ 表示三角单元的面积。图中，$\boldsymbol{\rho}_n^\pm$ 的方向相反，表示电流方向由 T_n^+ 指向 T_n^-。由于电流基函数 f_n 总是与面元对间的公共边 l_n 相关，因此目标表面上的未知电流用基函数展开为

$$\boldsymbol{J}_o=\sum_{n=1}^{N}I_n f_n(\boldsymbol{r}) \tag{5.37}$$

式中：N 为目标表面上的边数；未知量 I_n 为第 n 条边的法向电流密度。

选择检验函数 f_m 对方程式(5.35) 进行检验，可得到矩阵方程

$$\sum_{n=1}^{N}Z_{mn}I_n=V_m^{\mathrm{i}},\quad m=1,2,\cdots,N \tag{5.38}$$

式中

$$Z_{mn}=\mathrm{j}kZ(\int_{S_\mathrm{b}}P\int_{S'_\mathrm{b}}\boldsymbol{f}_m(\boldsymbol{r})\cdot\boldsymbol{f}_n(\boldsymbol{r}')-\frac{1}{k_0^2}\nabla s\cdot\boldsymbol{f}_m(\boldsymbol{r}')\nabla' s\cdot\boldsymbol{f}_n(\boldsymbol{r}'))g_0(\boldsymbol{r},\boldsymbol{r}')\mathrm{d}s'\mathrm{d}s \tag{5.39a}$$

$$V_m^\mathrm{i}=\int_{S_\mathrm{b}}\boldsymbol{E}_\mathrm{inc}(\boldsymbol{r})\cdot\boldsymbol{f}_m(\boldsymbol{r})\mathrm{d}s \tag{5.39b}$$

对上述矩阵方程求解即可得到目标表面电流分布，代入下式即可得到散射电场和磁场

$$\boldsymbol{E}^\mathrm{s}(r)=-\mathrm{j}\omega\mu_0\int_{S_b}\left[J_\mathrm{o}(\boldsymbol{r}')+\frac{1}{k_0^2}\nabla(\nabla'\cdot\boldsymbol{J}(\boldsymbol{r}'))\right]g_0(\boldsymbol{r},\boldsymbol{r}')\mathrm{d}s' \tag{5.40a}$$

$$\boldsymbol{H}^\mathrm{s}(\boldsymbol{r})=-\int_{S_\mathrm{b}}\boldsymbol{J}_\mathrm{o}(\boldsymbol{r}')\times\nabla g_0(\boldsymbol{r},\boldsymbol{r}')\mathrm{d}s' \tag{5.40b}$$

5.5　二维粗糙面三维金属目标复合散射

三维金属球位于粗糙面中心上方，如图 5.5 所示，粗糙面表面用 $S_\mathrm{r}: z=f(x,y)$ 表示，目标表面用 S_b 表示，目标中心距离 xOy 平面高度为 H。

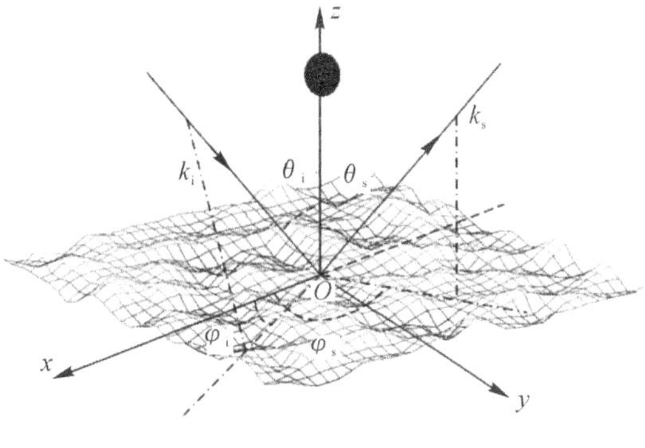

图 5.5　粗糙面上方金属球示意图

5.5.1　导体粗糙面与上方金属目标

由于上半空间中同时存在粗糙面和目标，因此粗糙面不仅受到入射波的照射，还受到目标对其的散射作用，当场点 $\boldsymbol{r}$ 趋于粗糙面表面时，式(5.6) 修改为

$$\boldsymbol{n}\times(\boldsymbol{H}_\mathrm{inc}(\boldsymbol{r})+\boldsymbol{H}_\mathrm{o}^\mathrm{s}(\boldsymbol{r}))=\frac{1}{2}\boldsymbol{J}_\mathrm{s}-n\times P\int_{S_\mathrm{r}}\boldsymbol{J}_\mathrm{s}\times\nabla' g_0(\boldsymbol{r},\boldsymbol{r}')\mathrm{d}s' \tag{5.41}$$

式中：$\boldsymbol{H}_\mathrm{o}^\mathrm{s}(\boldsymbol{r})$ 是目标对粗糙面的散射，由式(5.39) 可得其表达式为

$$\boldsymbol{H}_\mathrm{o}^\mathrm{s}(\boldsymbol{r})=-\int_{S_\mathrm{b}}\boldsymbol{J}_\mathrm{o}(\boldsymbol{r}')\times\nabla' g_0(\boldsymbol{r},\boldsymbol{r}')\mathrm{d}s' \tag{5.42}$$

同理，目标同时受到入射波和粗糙面散射的作用，当场点 $\boldsymbol{r}$ 趋于目标表面时，式(5.2) 修改为

$$(\boldsymbol{E}_\mathrm{inc}(\boldsymbol{r})+\boldsymbol{E}_\mathrm{r}^\mathrm{s}(\boldsymbol{r}))\Big|_\mathrm{tan}=\mathrm{j}\omega\mu_0P\int_{S_\mathrm{b}}[\boldsymbol{J}_\mathrm{o}(\boldsymbol{r}')+\frac{1}{k_0^2}\nabla(\nabla'\cdot\boldsymbol{J}_\mathrm{o}(\boldsymbol{r}'))]g_0(\boldsymbol{r},\boldsymbol{r}')\mathrm{d}s'\Big|_\mathrm{tan} \tag{5.43}$$

式中：$\boldsymbol{E}_\mathrm{r}^\mathrm{s}(\boldsymbol{r})$ 时粗糙面对目标的散射。

$$\boldsymbol{E}_{\mathrm{r}}^{\mathrm{s}}(\boldsymbol{r})=-\frac{\mathrm{j}}{\omega\varepsilon_0}\nabla\times\int_{S_{\mathrm{r}}}\boldsymbol{J}_{\mathrm{s}}(\boldsymbol{r}')\times\nabla'g_0(\boldsymbol{r},\boldsymbol{r}')\mathrm{d}s' \tag{5.44}$$

式(5.39) ～ 式(5.42) 即为导体粗糙面上方金属目标复合积分方程组。若采用传统MoM 直接求解上述方程组则需要大量的计算机内存，同时计算时间也难以忍受，因此运用迭代法计算上述方程组，第 n 步迭代过程如下：

$$\boldsymbol{n}\times(\boldsymbol{H}_{\mathrm{inc}}(\boldsymbol{r})+\boldsymbol{H}_{\mathrm{o}}^{\mathrm{s},(n-1)}(\boldsymbol{r}))=\frac{1}{2}\boldsymbol{J}_{\mathrm{s}}^{(n)}-\boldsymbol{n}\times P\int_{S_{\mathrm{r}}}\boldsymbol{J}_{\mathrm{s}}^{(n)}\times\nabla'g_0(\boldsymbol{r},\boldsymbol{r}')\mathrm{d}s' \tag{5.45a}$$

$$(\boldsymbol{E}_{\mathrm{inc}}(\boldsymbol{r})+\boldsymbol{E}_{\mathrm{r}}^{\mathrm{s},(n)}(\boldsymbol{r}))\Big|\,\Big|_{\tan}=\mathrm{j}\omega\mu_0 P\int_{S_{\mathrm{b}}}\left[\boldsymbol{J}_{\mathrm{o}}^{(n)}(\boldsymbol{r}')+\frac{1}{k_0^2}\nabla(\nabla'\cdot\boldsymbol{J}_{\mathrm{o}}^{(n)}(\boldsymbol{r}'))\right]g_0(\boldsymbol{r},\boldsymbol{r}')\mathrm{d}s'\Big|_{\tan} \tag{5.45b}$$

迭代过程以 $\boldsymbol{J}_{\mathrm{o}}^{(0)}=\boldsymbol{0}$，$\boldsymbol{J}_{\mathrm{s}}^{(0)}=\boldsymbol{0}$，$\boldsymbol{H}_{\mathrm{o}}^{\mathrm{s},(0)}=\boldsymbol{0}$、$\boldsymbol{E}_{\mathrm{r}}^{\mathrm{s},(0)}=\boldsymbol{0}$ 为初始值，首先计算方程式(5.45a)，得到计算后的 $\boldsymbol{J}^{(n)}$，通过式(5.44) 得到 $\boldsymbol{E}_{\mathrm{r}}^{\mathrm{s},(n)}$，代入式(5.45b) 得到更新后的 $\boldsymbol{J}_{\mathrm{o}}^{(n)}$，通过式(5.42) 更新 $\boldsymbol{H}_{\mathrm{o}}^{\mathrm{s},(n)}$。如此反复计算，定义第 n 步迭代收敛误差

$$\tau(n)=\left|\frac{\boldsymbol{Z}_{\mathrm{o}}(\boldsymbol{J}_{\mathrm{o}}^{(n)}-\boldsymbol{J}_{\mathrm{o}}^{(n-1)})}{\boldsymbol{Z}_{\mathrm{o}}\boldsymbol{J}_{\mathrm{o}}^{(n)}}\right| \tag{5.46}$$

当收敛误差达到指定收敛精度时停止迭代。

在迭代过程中，式(5.45a) 与式(5.6) 都是对粗糙面散射的求解，只有激励项不同，因此采用 SMFIA/CAG 求解，而式(5.45b) 是对目标散射的求解，所以采用 Bi-CGSTAB 求解。在通常情况下，粗糙面尺寸都远远大于目标尺寸，因此粗糙面的未知量要远大于目标的未知量，可以认为总的计算量近似与 SMFIA/CAG 的计算量一样为 $o(N\log N)$(N 为未知量个数)。

迭代法的物理意义：该迭代算法具有清晰地物理意义，经过第一次迭代后(5.45a) 之后得到 $\boldsymbol{J}_{\mathrm{s}}^{(1)}$ 表示只考虑入射波时粗糙面表面电流分布，$\boldsymbol{J}_{\mathrm{o}}^{(1)}$ 表示考虑入射波时和粗糙面对目标的第一次散射情况下目标表面电流分布，$\boldsymbol{H}_{\mathrm{o}}^{\mathrm{s},(1)}$ 表示目标对粗糙面的第一次散射，$\boldsymbol{E}_{\mathrm{r}}^{\mathrm{s},(1)}$ 表示粗糙面对目标的第一次散射，因此迭代总次数 n 表示粗糙面对目标的 n 阶散射。

5.5.2 介质粗糙面上方金属目标

若目标下方为介质粗糙面，当场点 $\boldsymbol{r}$ 趋于粗糙面表面时，满足表面积分方程，则有

$$\begin{aligned}\boldsymbol{n}\cdot(\boldsymbol{E}_{\mathrm{inc}}(\boldsymbol{r})+\boldsymbol{E}_{\mathrm{o}}^{\mathrm{s}}(\boldsymbol{r}))=\frac{\boldsymbol{I}_n(\boldsymbol{r})}{2}-\boldsymbol{n}\cdot\Big\{&\int_{S_{\mathrm{r}}}\mathrm{j}\omega\mu_0\boldsymbol{J}_{\mathrm{s}}(\boldsymbol{r}')g_0(\boldsymbol{r},\boldsymbol{r}')\mathrm{d}s'+\\&P\int_{S_{\mathrm{r}}}[\boldsymbol{M}_{\mathrm{s}}(\boldsymbol{r}')\times\nabla'g_0(\boldsymbol{r},\boldsymbol{r}')+\nabla'g_0(\boldsymbol{r},\boldsymbol{r}')\cdot\boldsymbol{I}_n(\boldsymbol{r}')]\mathrm{d}s'\Big\}\end{aligned} \tag{5.47a}$$

$$\begin{aligned}\boldsymbol{n}\times(\boldsymbol{H}_{\mathrm{inc}}(\boldsymbol{r})+\boldsymbol{H}_{\mathrm{o}}^{\mathrm{s}}(\boldsymbol{r}))=\frac{\boldsymbol{J}_{\mathrm{s}}(\boldsymbol{r})}{2}+\boldsymbol{n}\times\Big\{&\int_{S_{\mathrm{r}}}\mathrm{j}\omega\varepsilon_0\boldsymbol{M}_{\mathrm{s}}(\boldsymbol{r}')g_0(\boldsymbol{r},\boldsymbol{r}')\mathrm{d}s'-\\&P\int_{S_{\mathrm{r}}}\left[\nabla'g_0(\boldsymbol{r},\boldsymbol{r}')\cdot\boldsymbol{F}_n(\boldsymbol{r}')+\int_{S_{\mathrm{r}}}\boldsymbol{J}_{\mathrm{s}}(\boldsymbol{r}')\times\nabla'g_0(\boldsymbol{r},\boldsymbol{r}')\right]\mathrm{d}s'\Big\}\end{aligned} \tag{5.47b}$$

注意：式(5.47c)、式(5.47d)的表达式与式(5.47c)、式(5.47d)一致。其中，$\boldsymbol{M}_{\mathrm{s}}=\boldsymbol{n}\times\boldsymbol{E}$为粗糙面表面感应磁流，$\boldsymbol{I}_{\mathrm{n}}=\boldsymbol{n}\cdot\boldsymbol{E}$，$\boldsymbol{F}_{\mathrm{n}}=\boldsymbol{n}\cdot\boldsymbol{H}$。$\boldsymbol{E}_{\mathrm{o}}^{\mathrm{s}}(\boldsymbol{r})$和$\boldsymbol{H}_{\mathrm{o}}^{\mathrm{s}}(\boldsymbol{r})$为上方金属目标对粗糙面的散射电场与磁场，表达式为

$$\boldsymbol{H}_{\mathrm{o}}^{\mathrm{s}}(\boldsymbol{r})=-\int_{S_{\mathrm{b}}}\boldsymbol{J}_{\mathrm{o}}(\boldsymbol{r}')\times\nabla' g_0(\boldsymbol{r},\boldsymbol{r}')\mathrm{d}s' \tag{5.48a}$$

$$\boldsymbol{E}_{\mathrm{o}}^{\mathrm{s}}(\boldsymbol{r})=-\frac{\mathrm{j}}{\omega\varepsilon_0}\nabla\times\int_{S_{\mathrm{b}}}\boldsymbol{J}_{\mathrm{o}}(\boldsymbol{r}')\times\nabla' g_0(\boldsymbol{r},\boldsymbol{r}')\mathrm{d}s' \tag{5.48b}$$

当场点$\boldsymbol{r}$趋于粗糙面表面时，目标表面积分方程同式(5.41)一致，此时

$$\boldsymbol{E}_{\mathrm{r}}^{\mathrm{s}}(\boldsymbol{r})=-\int_{S_{\mathrm{r}}}[(-\mathrm{j}\omega\mu_0)\boldsymbol{J}_{\mathrm{s}}(\boldsymbol{r}')g_0+\boldsymbol{M}_{\mathrm{s}}(\boldsymbol{r}')\times\nabla' g_0+\nabla' g_0\boldsymbol{I}_n(\boldsymbol{r}')]\mathrm{d}s' \tag{5.49}$$

式(5.47)、式(5.48)、式(5.49)及式(5.43)共同组成介质粗糙面上方金属目标复合散射积分方程组。为减小计算量，加快计算速度，采用迭代法进行计算，第n步迭代过程为

$$\begin{aligned}\boldsymbol{n}\cdot(\boldsymbol{E}_{\mathrm{inc}}(\boldsymbol{r})+\boldsymbol{E}_{\mathrm{o}}^{\mathrm{s},(n-1)}(\boldsymbol{r}))=\frac{\boldsymbol{n}\cdot\boldsymbol{E}_{\mathrm{o}}(\boldsymbol{r})}{2}-\boldsymbol{n}\cdot\Big\{&\int_{S_{\mathrm{r}}}\mathrm{j}\omega\mu_0\boldsymbol{J}_{\mathrm{s}}^{(n)}(\boldsymbol{r}')g_0(\boldsymbol{r},\boldsymbol{r}')\mathrm{d}s'+\\&P\int_{S_{\mathrm{r}}}[\boldsymbol{M}_{\mathrm{s}}^{(n)}(\boldsymbol{r}')\times\nabla' g_0(\boldsymbol{r},\boldsymbol{r}')+\nabla' g_0(\boldsymbol{r},\boldsymbol{r}')I_n^{(n)}(\boldsymbol{r}')]\mathrm{d}s'\Big\}\end{aligned} \tag{5.50a}$$

$$\begin{aligned}\boldsymbol{n}\times(\boldsymbol{H}_{\mathrm{inc}}(\boldsymbol{r})+\boldsymbol{H}_{\mathrm{o}}^{\mathrm{s},(n-1)}(r))=\frac{\boldsymbol{n}\times\boldsymbol{H}_{\mathrm{o}}(\boldsymbol{r})}{2}+\boldsymbol{n}\times\Big\{&\int_{S_{\mathrm{r}}}\mathrm{j}\omega\varepsilon_0\boldsymbol{M}_{\mathrm{s}}^{(n)}(\boldsymbol{r}')g_0(\boldsymbol{r},\boldsymbol{r}')\mathrm{d}s'-\\&P\int_{S_{\mathrm{r}}}\left[\nabla' g_0(\boldsymbol{r},\boldsymbol{r}')\cdot\boldsymbol{J}_{\mathrm{n}}^{(n)}(r')+\int_{S_{\mathrm{r}}}\boldsymbol{J}_{\mathrm{s}}^{(n)}(\boldsymbol{r}')\times\nabla' g_0(\boldsymbol{r},\boldsymbol{r}')\right]\mathrm{d}s'\Big\}\end{aligned} \tag{5.50b}$$

$$\begin{aligned}0=-\frac{\boldsymbol{M}_{\mathrm{s}}^{(n)}(\boldsymbol{r})}{2}-\boldsymbol{n}\times\Big\{&\int_{S_{\mathrm{r}}}\mathrm{j}\omega\mu_1\boldsymbol{J}_{\mathrm{s}}^{(n)}(\boldsymbol{r}')g_1(\boldsymbol{r},\boldsymbol{r}')\mathrm{d}s'+\\&P\int_{S_{\mathrm{r}}}\left[(\boldsymbol{M}_{\mathrm{s}}^{(n)}(\boldsymbol{r}'))\times\nabla' g_1(\boldsymbol{r},\boldsymbol{r}')+\nabla' g_1(\boldsymbol{r},\boldsymbol{r}')\frac{\varepsilon_0}{\varepsilon_1}\boldsymbol{I}_{\mathrm{n}}^{(n)}(\boldsymbol{r}')\right]\mathrm{d}s'\Big\}\end{aligned} \tag{5.50c}$$

$$\begin{aligned}0=-\frac{\boldsymbol{F}_n^{(n)}(\boldsymbol{r})}{2}+\boldsymbol{n}\cdot\Big\{&\int_{S_{\mathrm{r}}}\mathrm{j}\omega\varepsilon_1\boldsymbol{M}_{\mathrm{s}}^{(n)}(\boldsymbol{r}')g_1(\boldsymbol{r},\boldsymbol{r}')\mathrm{d}s'-\\&P\int_{S_{\mathrm{r}}}\left[\nabla' g_1(\boldsymbol{r},\boldsymbol{r}')\frac{\mu_0}{\mu_1}\boldsymbol{F}_n^{(n)}(\boldsymbol{r}')+\boldsymbol{J}_{\mathrm{s}}(\boldsymbol{r}')\times\nabla' g_1(\boldsymbol{r},\boldsymbol{r}')\right]\mathrm{d}s'\Big\}\end{aligned} \tag{5.50d}$$

$$(\boldsymbol{E}_{\mathrm{inc}}(\boldsymbol{r})+\boldsymbol{E}_{\mathrm{r}}^{\mathrm{s},(n)}(r))\Big|_{\tan}=\mathrm{j}\omega\mu_0 P\int_{S_{\mathrm{b}}}[\boldsymbol{J}_{\mathrm{o}}^{(n)}(\boldsymbol{r}')+\frac{1}{k_0^2}\nabla(\nabla'\cdot\boldsymbol{J}_{\mathrm{o}}^{(n)}(\boldsymbol{r}'))]g_0(\boldsymbol{r},\boldsymbol{r}')\mathrm{d}s'\Big|_{\tan} \tag{5.51}$$

注意：式(5.51)与式(5.45b)虽然形式上一样，但是$\boldsymbol{E}_{\mathrm{r}}^{\mathrm{s},(n)}(r)$的表达是不同的。上述方程组同样可以用求解方程式(5.45)的迭代方求解，初始条件为$\boldsymbol{J}_{\mathrm{s}}^{(0)}=\boldsymbol{0}$，$\boldsymbol{M}_{\mathrm{s}}^{(0)}=\boldsymbol{0}$，$\boldsymbol{F}_{\mathrm{n}}^{(0)}=\boldsymbol{0}$，$\boldsymbol{I}_{\mathrm{n}}^{(0)}=\boldsymbol{0}$，收敛过程及收敛条件定义不变，只不过求解粗糙面式(5.50)时需采用 SMCG。在粗糙面尺寸远大于目标尺寸情况下，可以近似认为该算法的计算量为$o(N\log N)$。

5.5.3　介质粗糙面下方埋藏金属目标

如图 5.6 所示，二维粗糙将空间分为上、下两部分，一金属球体埋藏在介质粗糙面

下方。

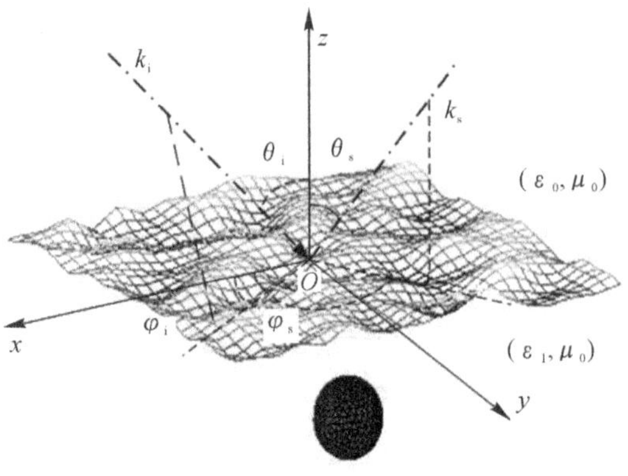

图 5.6　粗糙面下方埋藏金属球示意图

目标位于粗糙面下方，并不受入射波直接照射，只受到透射波的照射，而粗糙面则同时受到入射波与目标的作用。当 r 趋于粗糙面表面时，满足表面积分方程：

$$\boldsymbol{n}\times\boldsymbol{E}_o^s(\boldsymbol{r})=-\frac{\boldsymbol{M}_s(\boldsymbol{r})}{2}-\boldsymbol{n}\times\left\{\int_{S_r}\mathrm{j}\omega\mu_1\boldsymbol{J}_s(\boldsymbol{r}')g_1(\boldsymbol{r},\boldsymbol{r}')\mathrm{d}s'+\right.$$

$$\left.P\int_{S_r}\left[\boldsymbol{M}_s(\boldsymbol{r}')\times\nabla' g_1(\boldsymbol{r},\boldsymbol{r}')+\nabla' g_1(\boldsymbol{r},\boldsymbol{r}')\frac{\varepsilon_0}{\varepsilon_1}\boldsymbol{I}_n(\boldsymbol{r}')\right]\mathrm{d}s'\right\} \tag{5.52a}$$

$$\boldsymbol{n}\cdot\boldsymbol{H}_o^s(\boldsymbol{r})=-\frac{\boldsymbol{F}_n(\boldsymbol{r})}{2}+\boldsymbol{n}\cdot\left\{\int_{S_r}\mathrm{j}\omega\varepsilon_1\boldsymbol{M}_s(\boldsymbol{r}')g_1(\boldsymbol{r},\boldsymbol{r}')\mathrm{d}s'-\right.$$

$$\left.P\int_{S_r}\left[\nabla' g_1(\boldsymbol{r},\boldsymbol{r}')\frac{\mu_0}{\mu_1}\boldsymbol{F}_n(\boldsymbol{r}')+(\boldsymbol{J}_s(\boldsymbol{r}'))\times\nabla' g_1(\boldsymbol{r},\boldsymbol{r}')\right]\mathrm{d}s'\right\} \tag{5.52b}$$

注意：式(5.52c)、式(5.52d) 的表达式与式(5.25a)、式(5.25b) 一致。式中，$\boldsymbol{E}_o^s$(r) 和 $\boldsymbol{H}_o^s(\boldsymbol{r})$ 为目标对粗糙面的散射电磁和磁场，将式(5.46) 中的 $g_0(\boldsymbol{r},\boldsymbol{r}')$ 用 $g_1(\boldsymbol{r},\boldsymbol{r}')$ 代替，得到其表达式为

$$\boldsymbol{H}_o^s(\boldsymbol{r})=-\int_{S_b}\boldsymbol{J}_0(\boldsymbol{r}')\times\nabla' g_1(\boldsymbol{r},\boldsymbol{r}')\mathrm{d}s' \tag{5.53a}$$

$$\boldsymbol{E}_o^s(\boldsymbol{r})=-\frac{\mathrm{j}}{\omega\varepsilon_1}\nabla\times\int_{S_b}\boldsymbol{J}_o(\boldsymbol{r}')\times\nabla' g_1(\boldsymbol{r},\boldsymbol{r}')\mathrm{d}s' \tag{5.53b}$$

若目标只受到透射波的照射，当 $\boldsymbol{r}$ 趋于目标表面时，满足边界积分方程

$$\boldsymbol{E}_r^s(\boldsymbol{r})\Big|_{\tan}=\mathrm{j}\omega\mu_1 P\int_{S_b}\left[\boldsymbol{J}_o(\boldsymbol{r}')+\frac{1}{k_1^2}\nabla(\nabla'\cdot J_o(\boldsymbol{r}'))\right]g_1(\boldsymbol{r},\boldsymbol{r}')\mathrm{d}s'\Big|_{\tan} \tag{5.54}$$

式中：$\boldsymbol{E}_r^s(\boldsymbol{r})$ 为透射波，表达式为

$$\boldsymbol{E}_r^s(\boldsymbol{r})=-\int_{S_r}[(-\mathrm{j}\omega\mu_1)\boldsymbol{J}_s(\boldsymbol{r}')g_1+\boldsymbol{M}_s(\boldsymbol{r}')\times\nabla' g_1+\nabla' g_0\boldsymbol{I}_n(\boldsymbol{r}')]\mathrm{d}s' \tag{5.55}$$

式(5.52) ~ 式(5.55) 共同组成介质粗糙面下方埋藏金属目标的表面积分方程组。采用迭代法进行计算，第 n 步迭代过程为

$$\boldsymbol{n}\cdot\boldsymbol{E}_{inc}(\boldsymbol{r})=\frac{\boldsymbol{n}\cdot\boldsymbol{E}_o(\boldsymbol{r})}{2}-\boldsymbol{n}\cdot\left\{\int_{S_r}\mathrm{j}\omega\mu_0\boldsymbol{J}_s^{(n)}(\boldsymbol{r}')g_0(\boldsymbol{r},\boldsymbol{r}')\mathrm{d}s'+\right.$$

$$P\int_{S_r}\left[\boldsymbol{M}_s^{(n)}(\boldsymbol{r}')\times\nabla' g_0(\boldsymbol{r},\boldsymbol{r}')+\nabla' g_0(\boldsymbol{r},\boldsymbol{r}')\boldsymbol{I}_n^{(n)}(\boldsymbol{r}')\right]\mathrm{d}s'\Big\} \tag{5.56a}$$

$$\boldsymbol{n}\times\boldsymbol{H}_{\mathrm{inc}}(r)=\frac{\boldsymbol{n}\times\boldsymbol{H}_o(\boldsymbol{r})}{2}+\boldsymbol{n}\times\Big\{\int_{S_r}\mathrm{j}\omega\varepsilon_0\boldsymbol{M}_s^{(n)}(\boldsymbol{r}')g_0(\boldsymbol{r},\boldsymbol{r}')\mathrm{d}s'-$$
$$P\int_{S_r}\left[\nabla' g_0(\boldsymbol{r},\boldsymbol{r}')\cdot J_n^{(n)}(\boldsymbol{r}')+\int_{S_r}\boldsymbol{J}_s^{(n)}(\boldsymbol{r}')\times\nabla' g_0(\boldsymbol{r},\boldsymbol{r}')\right]\mathrm{d}s'\Big\} \tag{5.56b}$$

$$\boldsymbol{n}\times\boldsymbol{E}_o^{s,(n-1)}(\boldsymbol{r})=-\frac{\boldsymbol{M}_s^{(n)}(\boldsymbol{r})}{2}-\boldsymbol{n}\times\Big\{\int_{S_r}\mathrm{j}\omega\mu_1\boldsymbol{J}_s^{(n)}(\boldsymbol{r}')g_1(\boldsymbol{r},\boldsymbol{r}')\mathrm{d}s'+$$
$$P\int_{S_r}\left[(\boldsymbol{M}_s^{(n)}(\boldsymbol{r}'))\times\nabla' g_1(\boldsymbol{r},\boldsymbol{r}')+\nabla' g_1(\boldsymbol{r},\boldsymbol{r}')\frac{\varepsilon_0}{\varepsilon_1}I_n^{(n)}(\boldsymbol{r}')\right]\mathrm{d}s'\Big\} \tag{5.56c}$$

$$\boldsymbol{n}\cdot\boldsymbol{H}_o^{s,(n-1)}(\boldsymbol{r})=-\frac{\boldsymbol{F}_n^{(n)}(\boldsymbol{r})}{2}+\boldsymbol{n}\cdot\Big\{\int_{S_r}\mathrm{j}\omega\varepsilon_1\boldsymbol{M}_s^{(n)}(\boldsymbol{r}')g_1(\boldsymbol{r},\boldsymbol{r}')\mathrm{d}s'-$$
$$P\int_{S_r}\left[\nabla' g_1(\boldsymbol{r},\boldsymbol{r}')\frac{\mu_0}{\mu_1}\boldsymbol{F}_n^{(n)}(\boldsymbol{r}')+\boldsymbol{J}_s(\boldsymbol{r}')\times\nabla' g_1(\boldsymbol{r},\boldsymbol{r}')\right]\mathrm{d}s'\Big\} \tag{5.56d}$$

$$\boldsymbol{E}_r^{s,(n)}(\boldsymbol{r})\Big|_{\tan}=\mathrm{j}\omega\mu_1 P\int_{S_b}\left[\boldsymbol{J}_o^{(n)}(\boldsymbol{r}')+\frac{1}{k_1^2}\nabla(\nabla'\cdot\boldsymbol{J}_o^{(n)}(\boldsymbol{r}'))\right]g_1(\boldsymbol{r},\boldsymbol{r}')\mathrm{d}s'\Big|_{\tan} \tag{5.57}$$

上述方程组的结构与式(5.50)、式(5.51)类似,因此可以采用相同的迭代算法进行求解,最终得到粗糙面与目标的表面电流分布。

5.5.4 基于方位角采样的散射系数和 ACF

对于介质粗糙面下方埋藏目标,在求出粗糙面表面最终电流分布后,同极化和交叉极化分量散射幅度可以通过下式计算,即

$$F_{h\alpha}=\frac{\mathrm{j}k_0}{4\pi\sqrt{2\eta P_\alpha^{\mathrm{i}}}}\int\exp(-\mathrm{j}k_0\beta')\Big\{\Big[I_x(x',y')\cos\theta_s\cos\varphi_s+I_y(x',y')\cos\theta_s\sin\varphi_s-$$
$$I_x(x',y')\frac{\partial f(x',y')}{\partial x'}\sin\theta_s-I_y(x',y')\frac{\partial f(x',y')}{\partial y'}\sin\theta_s\Big]-$$
$$\eta_0\{F_x(x',y')\sin\varphi_s-F_y(x',y')\cos\varphi_s\}\Big\}\mathrm{d}x'\mathrm{d}y' \tag{5.58a}$$

$$F_{v\alpha}=\frac{\mathrm{j}k_0}{4\pi\sqrt{2\pi P_\alpha^{\mathrm{i}}}}\int\exp(-\mathrm{j}k_0\beta')\Big\{\Big[I_x(x',y')\sin\varphi_s-I_y(x',y')\cos\varphi_s\Big\}+$$
$$\eta_0\Big\{F_x(x',y')\cos\theta_s\cos\varphi_s+F_y(x',y')\cos\theta_s\sin\varphi_s-F_x(x',y')\frac{\partial f(x',y')}{\partial x'}\sin\theta_s-$$
$$F_y(x',y')\frac{\partial f(x',y')}{\partial y'}\sin\theta_s\Big]\Big\}\mathrm{d}x'\mathrm{d}y' \tag{5.58b}$$

式中:β' 的定义见式(5.24);α 为入射极化方式;P_α^{i} 为入射总功率。对方位角 φ_{i} 进行采样,对得到的结果取平均得到双站散射系数为

$$\sigma_{\beta\alpha}(\theta_s,\theta_{\mathrm{i}})=\frac{1}{N_\varphi}\sum_{n=1}^{N_\varphi}\left|F_{\beta\alpha}(\theta_s,\varphi_{sn};\theta_{\mathrm{i}},\varphi_{\mathrm{i}n})\right|^2 \tag{5.59}$$

式中:N_φ 为方位角的个数。同理可以得到 ACF

$$\Gamma_{\beta\alpha}(\theta_{s2},\theta_{\mathrm{i}2};\theta_{s1},\theta_{\mathrm{i}1})=\frac{1}{N_\varphi}\sum_{n=1}^{N_\varphi}F_{\beta\alpha}(\theta_{s2},\varphi_{s2n};\theta_{\mathrm{i}2},\varphi_{\mathrm{i}2n})F_{\beta\alpha}^*(\theta_{s1},\varphi_{s1n};\theta_{\mathrm{i}1},\varphi_{\mathrm{i}1n}) \tag{5.60}$$

式中：φ_{in} 和 φ_{sn} 为入射和散射方位角，在散射平面内，若入射角 θ_i 与散射角 θ_s 正负符号相同，则 $\varphi_{sn}=\varphi_{in}$；若 θ_i 与 θ_s 正负号相反，则 $\varphi_{sn}=\varphi_{in}+180°$。

若 θ_i 与 θ_s 正负号相同，则表示前向散射方向，令 $\varphi_{sn}=\varphi_{in}$，$\varphi_{i2n}=\varphi_{i1n}$，表示入射方向和观察方向位于散射平面两侧，若 θ_i 与 θ_s 正负号相同，则表示后向散射方向，令 $\varphi_{sn}=\varphi_{in}+180°$，表示入射方向和观察方向位于散射平面同侧，对方位角取平均表示入射方向和观察方向在旋转相同大小的方位角。

5.6 数值算例分析

1. 二维粗糙面上方目标

以导体高斯谱粗糙面上方的金属球体（见图 5.5）为例，验证算法的有效性。与参考文献[21]中介绍的应用半空间格林函数结果进行对比。高斯粗糙面大小为 $L_x\times L_y=12\lambda\times12\lambda$，$h=0.2\lambda$，$l=1.2\lambda$，金属球半径 $r=0.5\lambda$，距离粗糙面高度为 $H=2.0\lambda$，入射波频率取 300 MHz，入射角 $\theta_i=30°$，$\varphi_i=0°$，$g=L_x/4$。粗糙面剖分密度为每平方波长上 64 个采样点，产生 9 216 个采样单元，18 432 个未知数，作用距离取 $r_d=2.5\lambda$。对 20 个粗糙面样本计算结果取平均得到 VV 极化复合双站散射系数如图 5.7 所示。由图可知，两种算法结果吻合的很好，验证了本书算法的正确性。

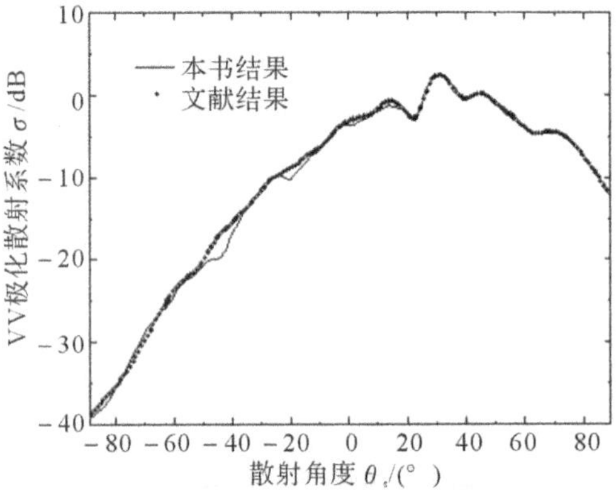

图 5.7 算法正确性验证

以 PM 谱粗糙面模拟实际海洋面，计算导体海面上方金属目标的复合散射。海面上风速 $U_{19.5}=5$ m/s，此时海面方差 $h=0.133\ 4$ m，$\varphi_v=0$，海面大小为 $L_x\times L_y=10\lambda\times10\lambda$，入射波波长取 $\lambda=1$ m，入射角 $\theta_i=30°$，$\varphi_i=0°$，锥形波参数 $g=L_x/4$。海面剖分密度为每平方波长上 64 个采样点，产生 6 400 个采样点，12 800 个未知数，强作用距离 $r_d=2.5\lambda$。金属球半径取 $r=0.5\lambda$，剖分为 1 048 个三角面元，距离海面高度为 $H=1.0\lambda$，收敛精度取 $\tau\leqslant1\%$。此时粗糙面与尺寸比约为(100∶1)，近似等效为目标与无限大粗糙面。应用书中算法得到的散射系数如图 5.8 所示，图中是对 20 个海面样本计算取平均的结果。如图 5.8(a) 所示给出了 HH 和 VH 极化散射系数随方位角 θ_s 变化情况，图中还给出了只有海面时的散射系数，海面上方有无目标时 HH 极化和 VH 极化散射系数在镜面反射方向均有峰值，当海面上方有目标时，散射系数在除镜面方向外的角度范围内明显增大，尤其在后向散射方向更为明显,同时由图可知,VH 极化散射系数要比 HH 极化散射系数小两个数量级。HH 和 VH 极化散射系数随方位角 φ_s 的变化如图 5.8(b) 所示($\theta_s=\theta_i=30°$),由图可知,海面上有目标时,HH 极化散射系数在 20° ～ 160° 范围内增大,在 90° ～ 150° 范围内变化最为明显,VH 极化散射系数在所有角度都增大。

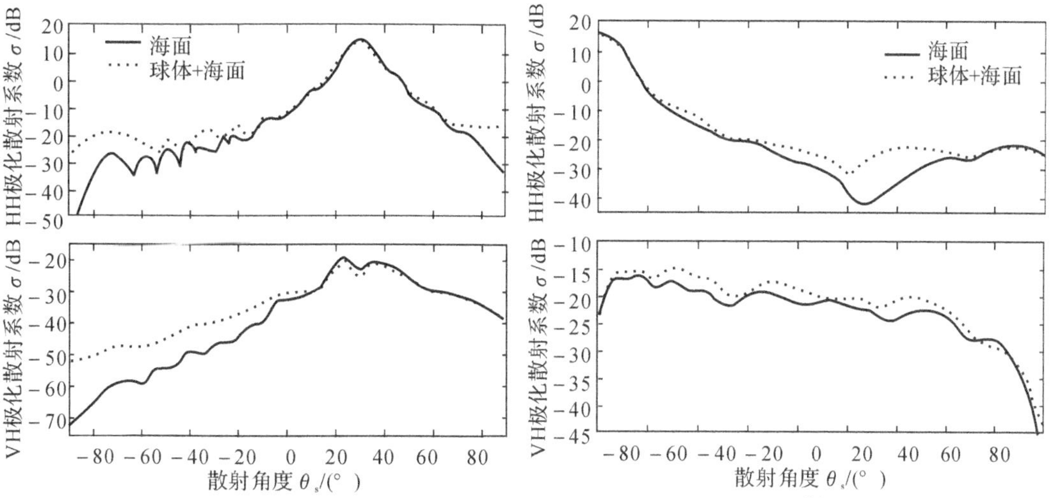

(a)　　　　(b)

图 5.8　海面上方球体散射系数

(a) 随高低角变化结果；(b) 随方位角变化结果

其他参数不变,海面上目标为立方体和圆柱时(见图 5.9)的散射系数分别如图 5.10(a) 和图 5.10(b) 所示,其中圆柱参数为:底面半径 0.5λ,高为 1λ,剖分为 1 485 个三角面元,立方体边长为 1λ,剖分为 1 884 个面元;结合图 5.9 可知,当目标为立方体时散射系数最大,目标为圆柱时次之,当目标为球时散射系数最小,但都明显强于无目标时海面的散射系数。这是由于立方体体积最大,与海面的相互作用较强,因此当海面上方目标为立方体时散射系数变化最明显,球体积最小,与海面的相互作用较小,因此当目标为球时散射系数变化最小。由此可知,海面上有目标时的散射系数明显大于无目标时的散射系数,它们之间的差异正体现了目标与粗糙面的相互作用,并且它们之间的相互作用随目标体积的增大而增强。同时由图可知,当海面上方有目标时 VH 极化散射系数变化比 HH 极化散射系数变化明显,这对地海面背景中目标的探测与识别具有一定的理论指导意义。

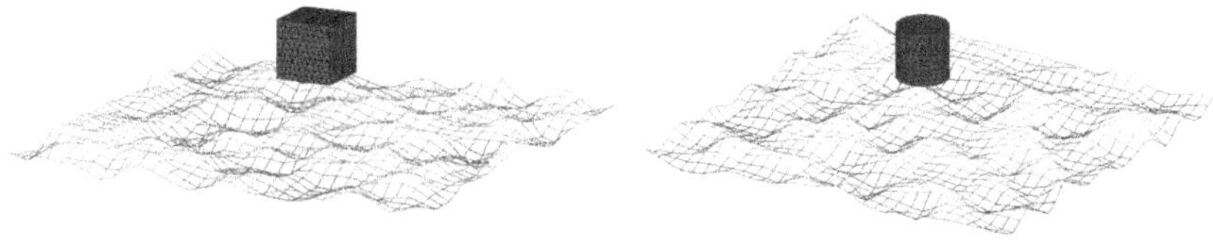

(a)　　　　(b)

图 5.10　海面上目标示意图

(a) 海面上立方体；(b) 海面上圆柱

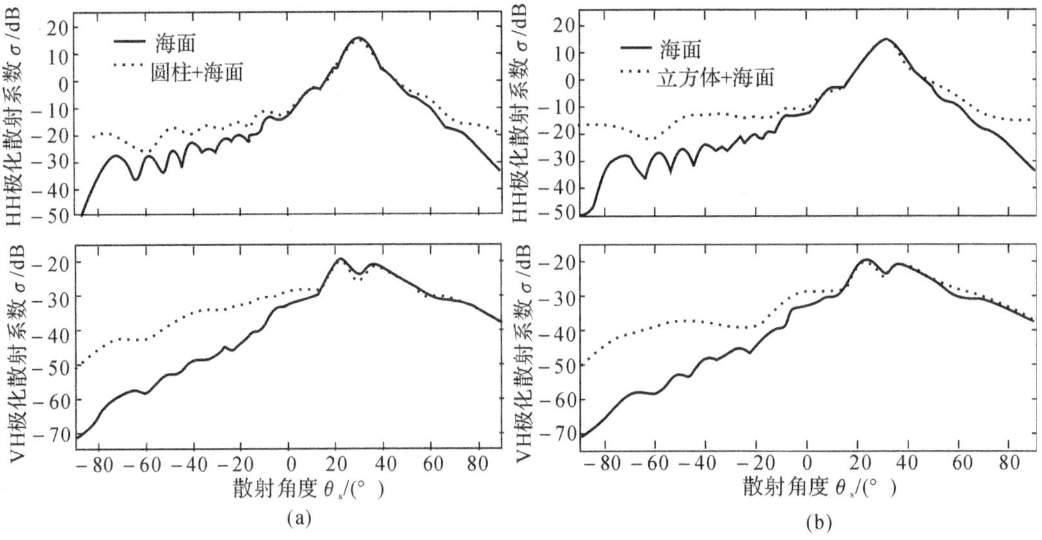

图 5.10　海面上方目标复合散射系数

(a) 海面上方圆柱散射；(b) 海面上方立方体散射

图 5.11 所示为 H 极化波入射，海面上方取不同类型目标时，相应的每一步迭代误差，由图可知，它们都成指数级衰减速度，且目标为球体时收敛性速度最快，目标为立方体时收敛速度最慢，由迭代法的物理意义可知这是由于立方体目标体积较大，与海面相互作用较强造成的，因此需要计算目标与海面之间的高阶散射，但所有结果均满足计算精度要求，从而证明了本书算法对任意形状目标都具有良好的收敛性，只不过当目标与海面相互作用较大时需要计算高阶散射，因此需要更多的迭代步数。

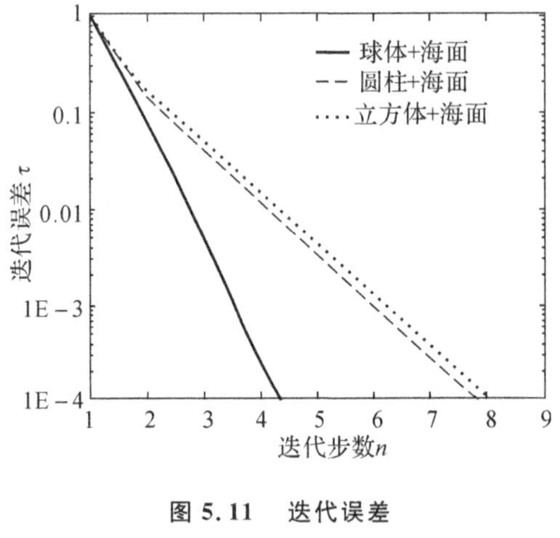

图 5.11　迭代误差

讨论海面上方存在复杂目标的情况。海面上方目标为导弹模型[见图 5.12(a)]，导弹模型如图 5.12(b) 所示，长度为 4.9 m，弹体半径为 0.25 m，翼展为 2 m。海面大小取 $L_x \times L_y = 40\lambda \times 40\lambda$，剖分密度为每平方波长上 64 个采样点，产生 102 400 个采样点，204 800 个未知数，其余参数不变。导弹距离海面高度分别取 1λ，5λ 和 10λ，入射波从导弹头部入射时散射系数如图 5.13(a) 所示，此时入射角为 $\varphi_i=90°$，入射波从导弹侧面入射时($\varphi_i=0°$) 散射系数如图 5.13(b) 所示。由图可知，随着导弹距离海面高度增大，目标与海面之间相互作用减小，除镜面方向外，在其余角度散射系数均逐渐变小。

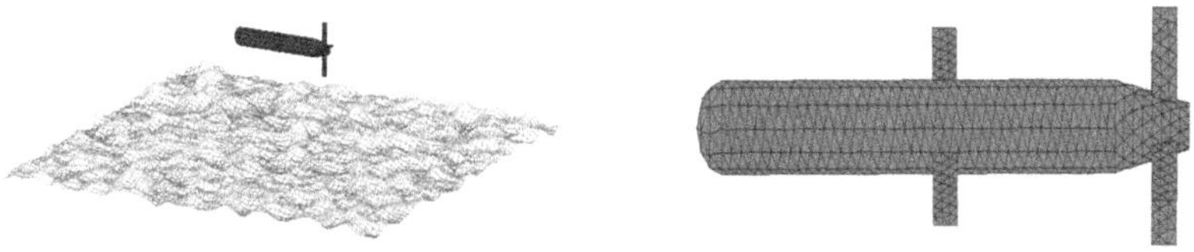

(a)　　(b)

图 5.12　海面上目标示意图

(a) 海面上导弹目标示意图；(b) 导弹结构图

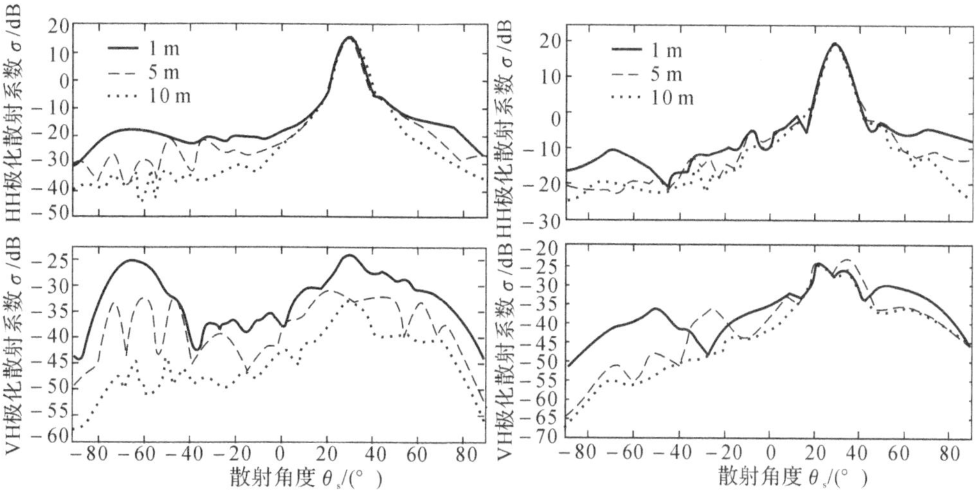

(a)　　(b)

图 5.13　导弹目标取不同高度时的散射系数

(a) 入射波头部照射($\varphi_i=90°$)；(b) 入射波侧面照射($\varphi_i=0°$)

研究海面上风速对散射系数的影响。其他参数不变，导弹距离海面高度 5λ，海面上 19.5 m 处风速分别取 3 m/s，5 m/s 和 7 m/s，相应的散射系数如图 5.14 所示，其中图 5.14(a) 是入射波从导弹头部($\varphi_i=90°$) 入射的情况，图 5.14(b) 是入射波从导弹侧面($\varphi_i=0°$) 入射的情况。由图可知，随着海面上风速增大，海面粗糙度增大，镜面散射逐渐减弱而漫散射增强，因此镜面方向散射系数减小，而其余角度散射系数均有所增强，VH 极化表现得更为明显。同时由图可知，同图 5.13 结果相似，入射波从侧面入射时的散射系数明显大于入射波从头部入射时的情况，这是由于入射波从导弹侧面入射时导弹侧翼与弹身存在强反射。

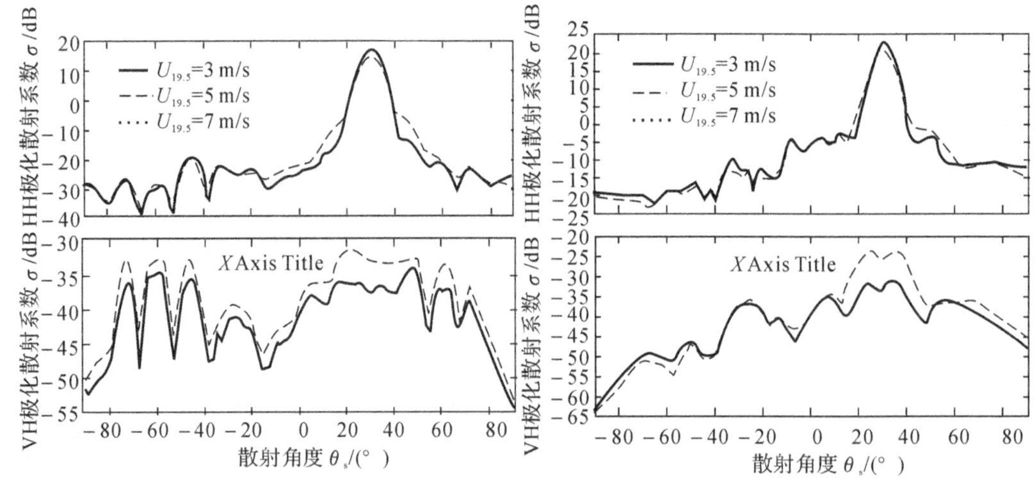

(a) (b)

图 5.14　不同风速时的散射系数

(a) 入射波头部照射($\varphi_i = 90°$)；(b) 入射波侧面照射($\varphi_i = 0°$)

2. 二维地面下方埋藏目标

用二维高斯谱粗糙面模拟实际地面，粗糙面尺寸为 $L_x = L_y = 8\lambda$，均方根高度 $h = 0.02\lambda$，相关长度 $l_x = l_y = 0.5\lambda$，下方媒质参数 $\varepsilon_{r1} = 2.0 + 0.2j$，$\mu_1 = \mu_0$。半径为 $r = 0.3\lambda$ 金属球埋藏于地表下方，球心距离地表面深度 $D = 0.6\lambda$，球面剖分为 240 个三角面元，粗糙面剖分密度为每平方波长 64 个采样点，共产生 4096 个采样单元，总共 24576 个待求未知数，强作用距离 $r_d = 2.0\lambda$，入射频率为 300 MHz，入射角 $\theta_i = 20°$。

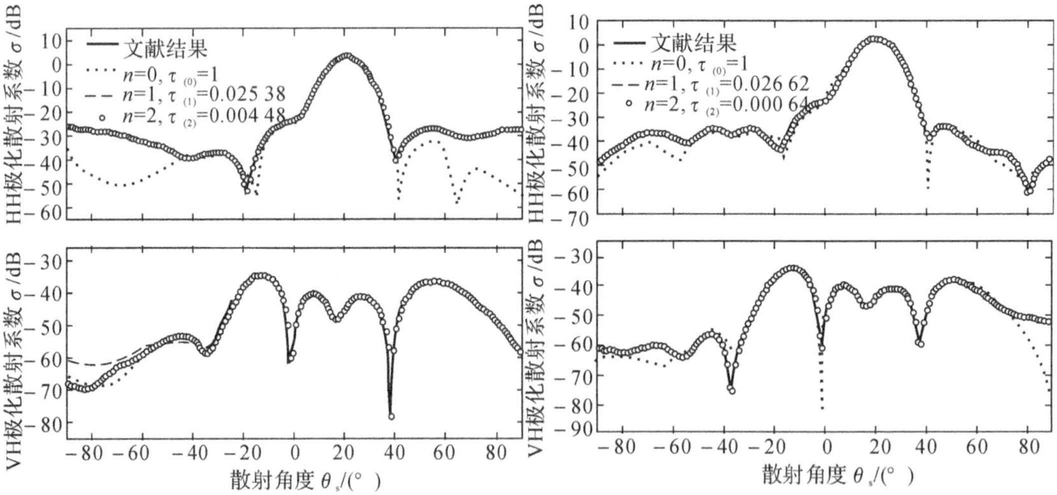

(a) (b)

图 5.15　地面下方埋藏目标散射

(a) H 极化波入射；(b) V 极化波入射

图 5.15 所示为应用本书算法计算一次得到的双站散射系数，图 5.15(a) 为 VV 极化与 HV 极化结果，图 5.15(b) 为 HH 极化与 VH 极化结果。图中同时给出了前三步迭代后的计

算结果，并给出了每一步的迭代误差 $\tau(n)$，并与参考文献[22]中的结果进行了对比。由图可知，迭代误差随着迭代步数的增加迅速减小，当迭代误差小于 10^{-2} 时，本书结果与文献结果吻合的很好，因此以下的例子中停止迭代收敛精度均设为 $\tau(n) < 10^{-2}$。

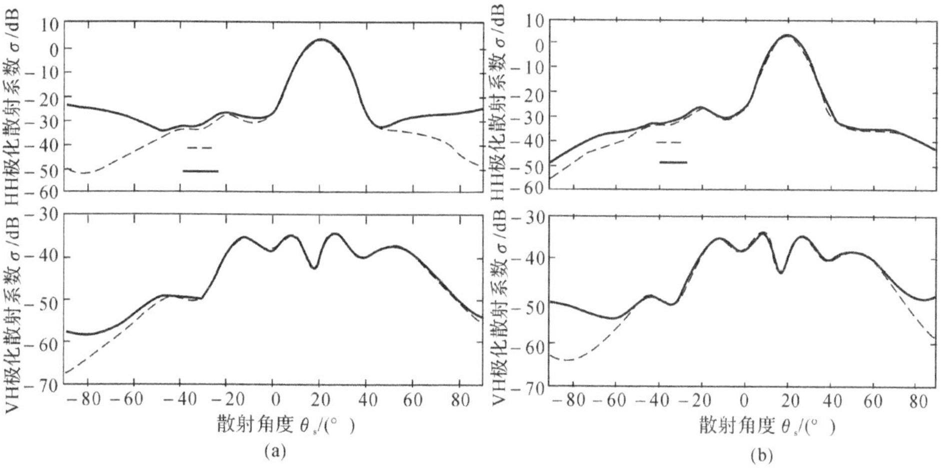

图 5.16 粗糙面下方埋藏目标散射系数

(a) H 极化波入射；(b) V 极化波入射

计算式(5.59)与式(5.60)表示的基于方位角采样的双站散射系数与 ACF，方位角采样点为 0°，36°，72°，…，324° 共 10 个采样点，只需生成一次粗糙面。以 θ_{s2} 为变量，其余角度定义为 $\theta_{i1}=\theta_{i2}=20°$，$\theta_{s1}=-20°$，其余参数与上例一致。同极化与交叉极化的散射系数计算结果如图 5.16 所示。图中同时给出了无目标时粗糙面的散射系数。由图可知不论何种极化方式入射，除镜面散射方向附近角度外，在其他角度范围内当粗糙面下方埋藏有目标时的散射系数明显大于无目标时的情况。而它们之间的差异正是由于目标与粗糙面之间的相互作用引起的。同时由图可知，由于球目标自身的交叉极化很小，因此交叉极化时这种差异没有同极化时显著。

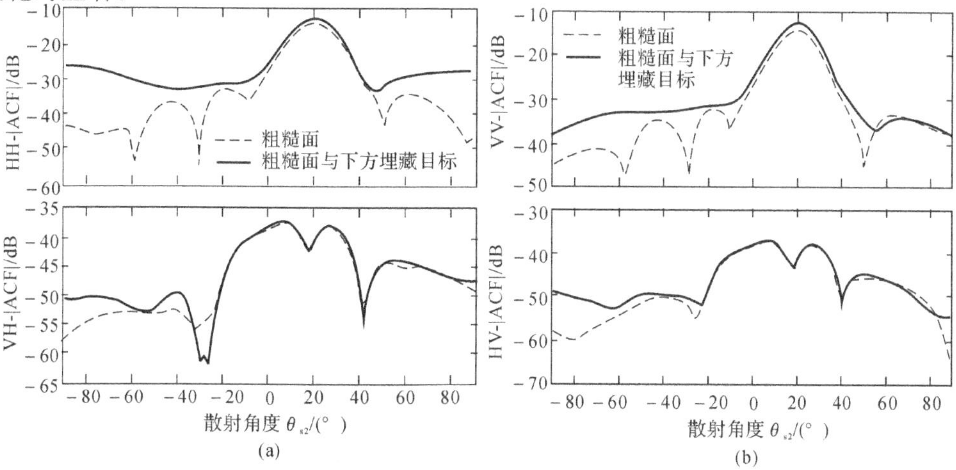

图 5.17 粗糙面下方埋藏目标 ACF

(a) H 极化波入射；(b) V 极化波入射

如图 5.17 所示为 ACF 模值的计算结果，由图可知，|ACF|在镜面反射方向有最大值，并且在所有角度范围内，粗糙面下方埋藏由目标时的|ACF|明显大于没有目标时的情况，与图 5.16 类似，交叉极化时有目标和无目标计算结果之间的差异没有同极化时的情况明显。比较图 5.16 与图 5.17 可知，ACF 可以很好地抑制粗糙面的散射特征从而突出下方埋藏目标的散射特性，因此较之散射系数，ACF 在地下目标探测方面就有显著的优势，这对目标探测就有理论指导意义。以下重点研究地面下方埋藏目标的 ACF。

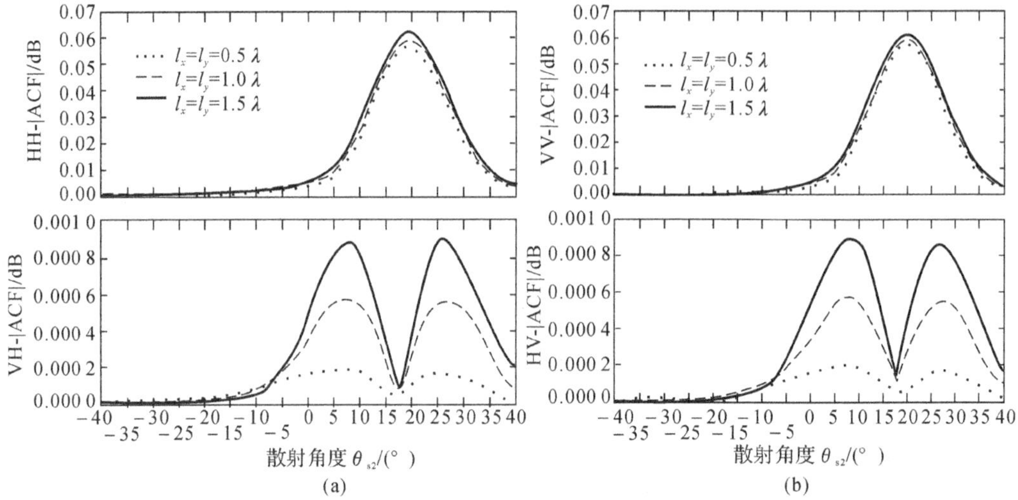

图 5.18 不同相关长度对应的 ACF

(a) V 极化波入射； (b) H 极化波入射

下面研究粗糙面参数变化对散射系数的影响。其他参数不变，粗糙面相关长度分别取 0.5λ，1.0λ 和 1.5λ 时对应的 ACF 结果如图 5.18 所示，由图可知，不论何种极化波入射，ACF 模值均随着相关长度的增大而增强，且交叉极化时更为明显。图 5.19 所示为其他参数不变，粗糙面均方根高度分别取 0.02λ，0.05λ 和 0.1λ 对应的 ACF 值，由图可知，ACF 模值随着均方根的增大而增强，交叉极化时更为明显。

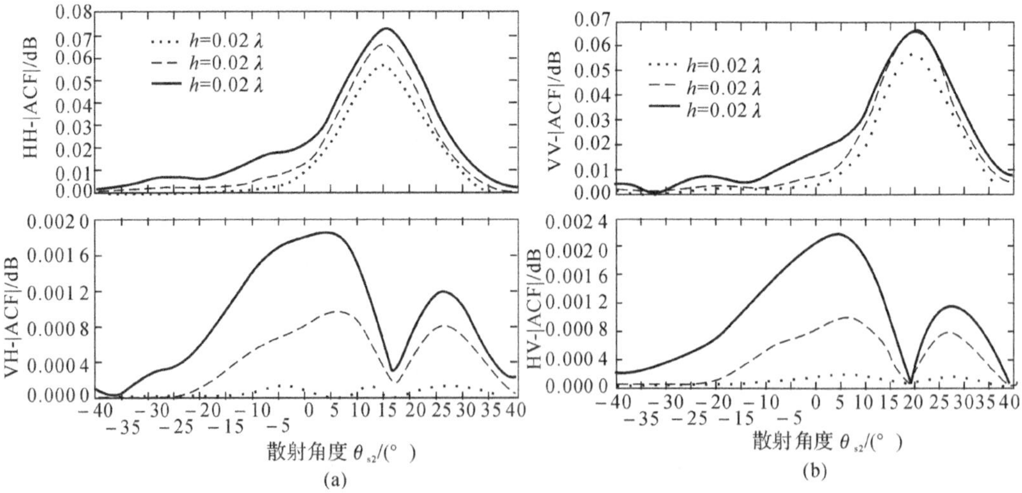

图 5.19 不同均方根高度对应的 ACF

(a) V 极化波入射； (b) H 极化波入射

下述分析目标尺寸及位置变化对 ACF 的影响。其他参数不变，球目标埋藏深度分别取 0.5λ，1.0λ 和 1.5λ 时对应的 ACF 如图 5.20 所示。由图可知，ACF 的模值随着目标埋藏深度的增加而减小，同极化时更为明显。

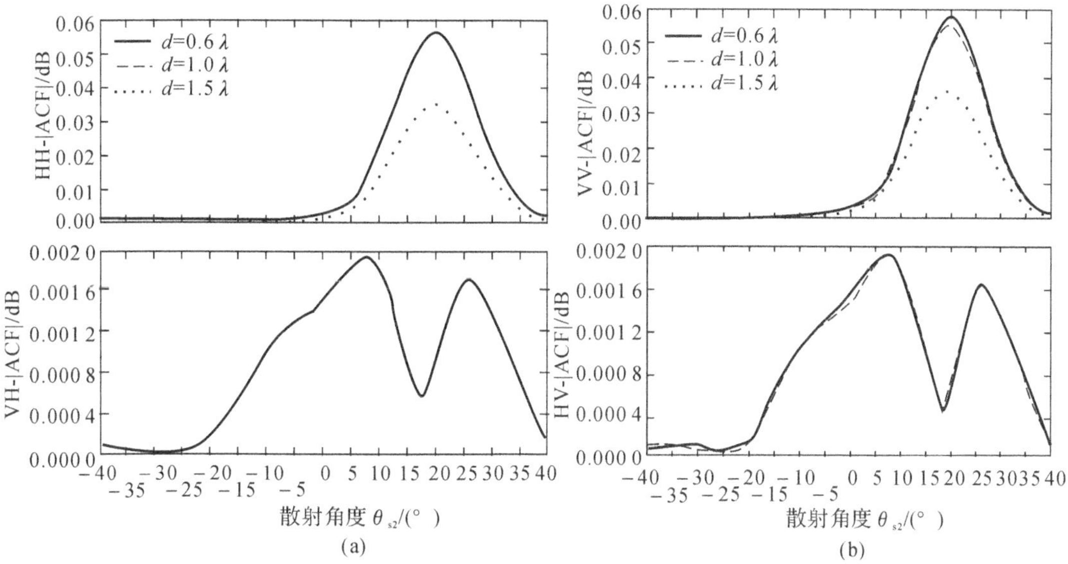

图 5.20　不同埋藏深度目标对应的 ACF

(a) V 极化波入射；(b) H 极化波入射

金属球半径分别取 0.1λ，0.2λ 和 0.3λ 时对应的 ACF 值如图 5.21 所示，由图可知 ACF 的模值随着目标增大而增大，且同极化时更为明显。综合图 5.18～图 5.21 可知，对于粗糙面下方埋藏金属球目标的 ACF，粗糙面参数主要影响交叉极化特性而目标参数主要影响同极化特性。

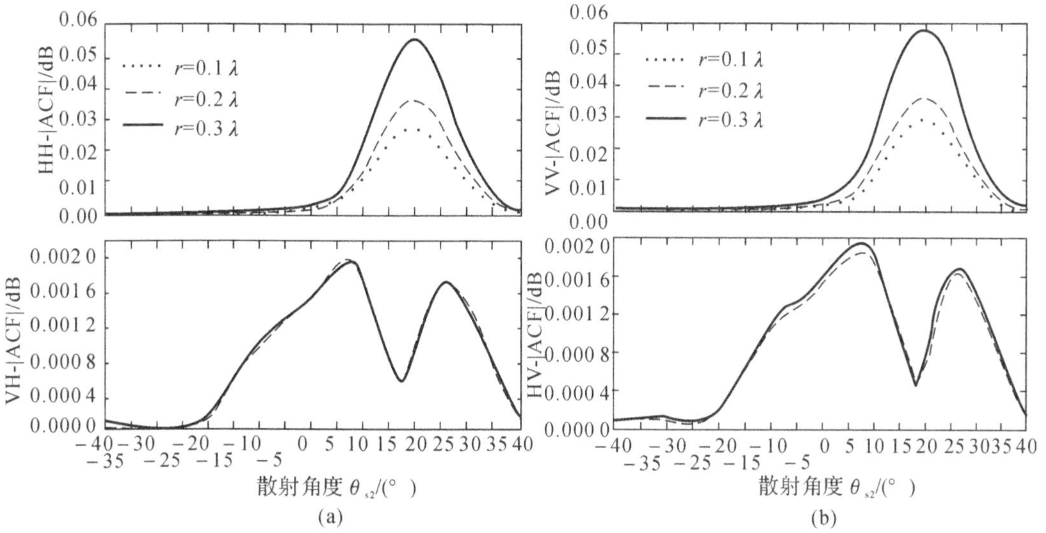

图 5.21　不同埋藏深度目标对应的 ACF

(a) V 极化波入射；(b) H 极化波入射

5.7 本章小结

本章主要介绍二维粗糙面与三维目标的复合散射问题。

研究了二维粗糙面的散射；推导了二维导体粗糙面以及二维介质粗糙面的表面积分方程；研究了计算二维导体粗糙面散射的 SMFIA/CAG 算法和计算二维介质粗糙面散射的 SMCG 算法，这两种算法的计算量均为 $o(N\log N)$；给出了二维粗糙面散射系数的定义。

介绍了基于 RWG 基函数 MoM 方法用以求解金属目标散射。分析了求解了二维粗糙面与目标的复合散射的快速迭代算法；推导了二维导体 / 介质粗糙面与上方三维金属目标、二维粗糙面下方埋藏金属目标的表面积分方程组，并用迭代算法进行求解，粗糙面部分的方程用SMFIA/CAG和SMCG快速求解，而目标部分的方程用MoM求解，目标与粗糙面之间的相互作用通过迭代更新方程两边的激励项来实现。同时给出了该迭代算法的物理解释。介绍了基于方位角采样的散射系数与 ACF 计算方法。

通过与文献中的结果进行对比，验证了算法的正确性，讨论了算法的收敛性。用 *PM* 谱粗糙面模拟实际海洋面，应用书中介绍的迭代算法计算了海面上方金属圆球目标、金属圆柱目标和金属立方体目标的复合散射系数，并与没有目标时的结果进行了对比。结果表明，有目标时的散射系数明显大于没有目标时的情况，它们之间的差异正体现了目标自身的散射以及目标与粗糙面之间的相互作用。计算了海面上方导弹目标的复合散射，讨论了海面风速及目标距离海面高度对散射系数的影响，结果表明随着风速增大镜面散射减小而漫反射增大，随着目标距离海面高度的增大，散射系数在除镜面反射附近外的其他角度范围内减小。同时结果表明入射波从导弹侧面入射时的散射系数明显大于从头部入射时的情况。

应用书文算法计算了地面下方埋藏金属球目标的散射特性，计算了基于方位角采样的散射系数和 ACF，结果表明较之散射系数，ACF 能够很好地抑制粗糙面的散射而突出目标的散射，ACF 在目标探测方面具有明显优势。讨论了目标以及粗糙面参数对 ACF 的影响，结果表明交叉极化的 ACF 值主要受粗糙面参数影响，而同极化的 ACF 值主要受目标参数影响。

参考文献

[1] 刘鹏，金亚秋. 大范围粗糙海面上舰船与低空目标电磁散射的区域分解计算[J]. 自然科学进展，2004，14(2)：201－208.

[2] LIU P，JIN Y Q. Numerical simulation of bistatic scattering from a target at low altitude above rough sea surface under an EM wave incidence at low grazing angle by using the finite element method[J]. IEEE Trans. Antennas and Propagation，2004，52(5)：1205－1210.

[3] LIU P，JIN Y Q. The finite-element method with domain decomposition for electromagnetic bistatic scattering from the comprehensive model of a ship on and a target above a large-scale rough sea surface[J]. IEEE Trans. Geosci. Remote Sensing，2004，42(5)：950－956.

[4] LIU P，JIN Y Q. Numerical simulation of doppler spectrum of a flying target above dynamic oceanic surface by using the FEM-DDM method[J]. IEEE Trans. Antennas

and Propagation, 2005, 53(2): 825 - 832.

[5] 汤炜, 李清亮, 吴振森. 有耗平面和三维目标复合散射的 FDTD 分析[J]. 电波科学学报, 2004, 19(4): 438 - 443.

[6] 王运华. 粗糙面与其上方简单目标的复合电磁散射研究[D]. 西安:西安电子科技大学,2006.

[7] 匡磊, 金亚秋. 三维随机粗糙面与目标复合电磁散射的 FDID 方法[J]. 计算物理, 2007, 24(5): 550 - 560.

[8] KUANG L, JIN Y Q. Bistatic scattering from a three-dimensional object over a randomly rough surface using the FDTD algorithm[J]. IEEE Trans. Antennas and Propagation, 2007, 55(8): 2302 - 2312.

[9] JOHNSON J T, BURKHOLDER R J. Coupled canonical grid/discrete dipole approach for computing scattering from objects above or below a rough interface[J]. IEEE Trangsactions on Geoscience and Remote Sensing, 2001, 39(6):1214 - 1220.

[10] ALESSANDRO M, ANGELO F. A modified bmia/cag method for fast evaluation of the electctromagnetic scattering by rough terrain N[J]. Microwave and optical technology letters, 1999, 20(4): 280 - 282.

[11] TSANG L, PAK C H, et, al. Monte-carlo simulations of large-scale problems of random rough surface scattering and applications to grazing incidence with the BMIA/canonical grid method[J]. IEEE Transactions on antennas and Propagation, 1995,43(8):851 - 859.

[12] 李中新, 金亚秋. 数值模拟低掠角入射海面与船目标的双站散射[J]. 电波科学学报, 2001, 16(2): 231 - 240.

[13] LI Z X. Bistatic scattering from rough dielectric soil surface with a conducting object with arbitrary closed contour partially buried by using the FBM/SAA method[J]. Progress In Electromagnetics Research, 2007(76): 253 - 274.

[14] HE S Y, DENG F S, CHEN H T, et al. Range profile analysis of the 2-D target above a rough surface based on the electromagnetic numerical simulation[J]. IEEE Trans. Antennas and Propagation, 2009, 57(10): 3258 - 3263.

[15] LI S Q, CHAN C H, XIA M Y, et al. Multilevel expansion of the sparse matrix canonical grid method for two-dimensional random rough surfaces [J]. IEEE Transactions on Antennas and Propagation, 2001, 49(11): 1579 - 1589.

[16] JI W L, TONG C M. Bistatic scattering from two-dimensional dielectric ocean rough surface with a PEC object partially embedded by using the G-SMCG method [J]. Progress In Electromagnetics Research, 2010(105): 119 - 139.

[17] 姬伟杰, 童创明, 闫沛文. 粗糙面下方金属目标复合电磁散射的快速算法[J]. 电波科学学报, 2009, 24(5): 939 - 943.

[18] XIA M Y, HUANG S W, ZHANG G H. A Modified Scheme of Sparse-matrix Canonical-grid Method for Rough Surface Scattering Using Interpolating Green's Function[J]. PIERS ONLINE, 2007, 3(5) : 672 - 674 .

[19] LI Q，TSANG L，PAK K S. Bistatic Scattering and Emissivities of Random Rough Dielectric Lossy Surfaces with the Physics-Based Two-Grid Method in Conjunction with the Sparse-Matrix Canonical Grid Method[J]. IEEE Trans. on Antennas and Propagation，2000，48(1)：1－11.

[20] RAO S M，WILTON D R，GLISSON A W. Electromagnetic scattering by surfaces of arbitrary sharp[J]. IEEE Trans. Antennas and Propagation，1982，30(3):409－418.

[21] KING R W P，SANDLER S S. The electromagnetic field of a vertical electric dipole over the earth or sea[J]. IEEE Trans. AP，1994，42(3):382－389.

[22] TSANG L. Scattering of electromagnetic waves：numerical simulations[M]. New York：Wiley Interscience，2001.

第 6 章　粗糙地海面与目标复合电磁散射问题的数值-解析方法求解

上述介绍了地海平面背景下目标的电磁散射问题的数值算法，以及粗糙地海面与目标复合电磁散射问题的数值方法。考虑到数值算法的效率和计算能力受目标电尺寸的限制，本章采用基尔霍夫-赫姆霍兹方程（KH）描述粗糙面上的散射，将 KH 方程引入目标的电场积分方程中，形成混合的 KH－EFIE 方程，既而研究粗糙面环境与导体目标的复合电磁散射问题。

6.1　一维粗糙面与二维临空目标复合电磁散射模型

6.1.1　一维粗糙面与二维临空目标互耦分析

如图 6.1 所示，以 θ_i 为入射角的电磁波 $\boldsymbol{\Psi}^{inc}$ 照射到粗糙面与临空目标（距水平面高度为 d）组成的系统时，$\boldsymbol{\Psi}^{inc}(r)$ 经粗糙面产生散射波 $\boldsymbol{\Psi}^{r}$，$\boldsymbol{\Psi}^{r}$ 和 $\boldsymbol{\Psi}^{inc}$ 照射目标表面产生感应电流 $\boldsymbol{J}_t$，$\boldsymbol{J}_t$ 产生的散射波 $\boldsymbol{\Psi}^{s}(\boldsymbol{r})$ 经粗糙面又产生新的散射波 $\boldsymbol{\Psi}^{sr}$；$\boldsymbol{\Psi}^{sr}$ 在目标表面再产生感应电流，粗糙面上产生的散射波和感应电流的散射波如此相互耦合影响。

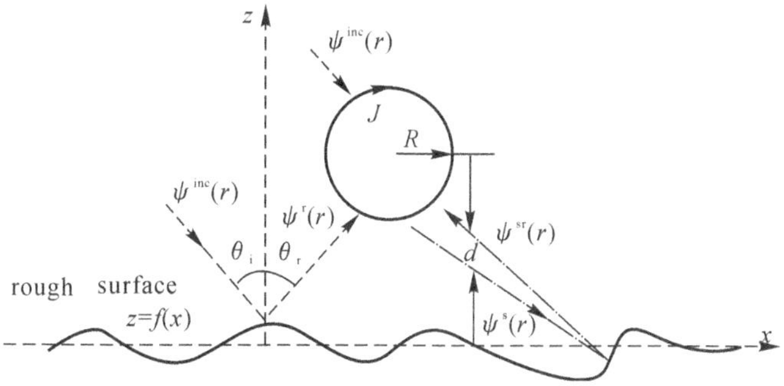

图 6.1　粗糙面与目标耦合作用示意图

虽然 $\boldsymbol{J}_t$ 和 $\boldsymbol{\Psi}^{sr}(\boldsymbol{r})$ 相互影响、相互决定，但在实际的物理过程中，整个系统稳定后，$\boldsymbol{J}_t$ 和 $\boldsymbol{\Psi}^{sr}(\boldsymbol{r})$ 已收敛至稳定值。$\boldsymbol{\Psi}^{sr}(\boldsymbol{r})$ 对目标来讲充当了激励的角色，但 $\boldsymbol{\Psi}^{sr}(\boldsymbol{r})$ 与未知量 $\boldsymbol{J}_t$ 又有着特定的关系。为了正确、合理地表述二者关系，现将 $\boldsymbol{\Psi}^{sr}(\boldsymbol{r})$ 引入以 $\boldsymbol{J}_t$ 为未知量的方程，记各种电磁波对应的电场符号为 $\boldsymbol{E}$，令 $\boldsymbol{J}=\mathrm{j}k\eta\boldsymbol{J}_t$。以 TE 波入射为例，在目标表面 S_t 上建立电场积分方程（EFIE），即

$$\int_{S_t} \boldsymbol{J}(\boldsymbol{r}'')G(\boldsymbol{r},\boldsymbol{r}'')\mathrm{d}\boldsymbol{S}'' = \boldsymbol{E}^{\mathrm{inc}}(\boldsymbol{r}) + \boldsymbol{E}^{\mathrm{r}}(\boldsymbol{r}) + \boldsymbol{E}^{\mathrm{sr}}(\boldsymbol{r}) \tag{6.1}$$

式(6.1)中 $\boldsymbol{r},\boldsymbol{r}'' \in S_t$，分别代表场点和源点，$G(\boldsymbol{r},\boldsymbol{r}'') = \left(\frac{\mathrm{j}}{4}\right)\mathrm{H}_0^1(k|\boldsymbol{r}-\boldsymbol{r}''|)$ 为自由空间中格林函数的二维形式，$\mathrm{H}_0^1(\cdot)$ 为零阶一类 Hankel 函数。

6.1.2 二维 KH-EFIE 混合方程

按 6.1.1 节中粗糙面和临空目标的互耦分析，在式(6.1)中，由于未知电流 $\boldsymbol{J}$ 和 $\boldsymbol{E}^{\mathrm{sr}}(\boldsymbol{r})$ 是互相影响的，因此在方程求解完毕之前，$\boldsymbol{E}^{\mathrm{sr}}(\boldsymbol{r})$ 也是未知的，而且 $\boldsymbol{E}^{\mathrm{sr}}(\boldsymbol{r})$ 和待求的未知量 $\boldsymbol{J}$ 是相关的。如果把 $\boldsymbol{E}^{\mathrm{sr}}(\boldsymbol{r})$ 用 $\boldsymbol{J}$ 来表示，那么式(6.1)中就仅存一个未知量了，方程中的激励为 $\boldsymbol{E}^{\mathrm{inc}}(\boldsymbol{r})$ 和 $\boldsymbol{E}^{\mathrm{r}}(\boldsymbol{r})$。

激励项中的 $\boldsymbol{E}^{\mathrm{inc}}(\boldsymbol{r})$ 是已知的，入射波经粗糙面反射后在目标上 $\boldsymbol{r}$ 处产生的电场 $\boldsymbol{E}^{\mathrm{r}}(\boldsymbol{r})$ 可以由 KH 方程求解，即

$$\boldsymbol{E}^{\mathrm{r}}(\boldsymbol{r}) = \int_{S_r}\left[\boldsymbol{E}_{\mathrm{total}}^{\mathrm{inc}}(\boldsymbol{r}')\frac{\partial G(\boldsymbol{r},\boldsymbol{r}')}{\partial\hat{\boldsymbol{n}}} - \frac{\partial \boldsymbol{E}_{\mathrm{total}}^{\mathrm{inc}}(\boldsymbol{r}')}{\partial\hat{\boldsymbol{n}}}G(\boldsymbol{r},\boldsymbol{r}')\right]\mathrm{d}S \tag{6.2}$$

式中：S_r 代表粗糙面，$\boldsymbol{r}' \in S_r$；$\hat{\boldsymbol{n}}$ 为粗糙面上点 $\boldsymbol{r}'$ 处的单位法向量。$\boldsymbol{E}_{\mathrm{total}}^{\mathrm{inc}}(\boldsymbol{r}')$ 表示 $\boldsymbol{E}^{\mathrm{inc}}(\boldsymbol{r}')$ 在粗糙表面 $\boldsymbol{r}'$ 处产生的总场，即

$$\left.\begin{aligned}
&\boldsymbol{E}_{\mathrm{total}}^{\mathrm{inc}}(\boldsymbol{r}') = \boldsymbol{E}^{\mathrm{inc}}(\boldsymbol{r}')[1+R(\theta)]\\
&\frac{\partial \boldsymbol{E}_{\mathrm{total}}^{\mathrm{inc}}(\boldsymbol{r}')}{\partial\hat{\boldsymbol{n}}} = \mathrm{j}(\boldsymbol{k}_i\cdot\hat{\boldsymbol{n}})\boldsymbol{E}^{\mathrm{inc}}(r')[1-R(\theta)]
\end{aligned}\right\} \tag{6.3}$$

式中：$\boldsymbol{k}_i$ 为入射波的传播方向矢量；θ 为入射波在 $\boldsymbol{r}'$ 处的入射角；$R(\theta)$ 为粗糙面上的 Fresnel 反射系数，设粗糙面媒质的相对介电常数为 ε_r，相对磁导率为 μ_r，$R(\theta)$ 可表示为

$$R(\theta) = \frac{\mu_r\cos\theta - \sqrt{\mu_r\varepsilon_r - \sin^2\theta}}{\mu_r\cos\theta + \sqrt{\mu_r\varepsilon_r - \sin^2\theta}} \tag{6.4}$$

粗糙面每点处的入射角是不同的，计算 $R(\theta)$ 时，可利用矢量点乘关系 $\cos\theta = -\boldsymbol{k}_i\cdot\hat{\boldsymbol{n}}$。

按照用 $\boldsymbol{E}^{\mathrm{inc}}(\boldsymbol{r}')$ 表示 $\boldsymbol{E}^{\mathrm{r}}(\boldsymbol{r})$ 的方法，同样可以将 $\boldsymbol{E}^{\mathrm{s_r}}(\boldsymbol{r})$ 用 $\boldsymbol{E}^{\mathrm{s}}(\boldsymbol{r}')$ 来表示，则有

$$\boldsymbol{E}^{\mathrm{s_r}}(\boldsymbol{r}) = \int_{S_r}\left[\boldsymbol{E}_{\mathrm{total}}^{\mathrm{s}}(\boldsymbol{r}')\frac{\partial G(\boldsymbol{r},\boldsymbol{r}')}{\partial\hat{\boldsymbol{n}}} - \frac{\partial \boldsymbol{E}_{\mathrm{total}}^{\mathrm{s}}(\boldsymbol{r}')}{\partial\hat{\boldsymbol{n}}}G(\boldsymbol{r},\boldsymbol{r}')\right]\mathrm{d}S \tag{6.5}$$

$\boldsymbol{E}^{\mathrm{s}}(\boldsymbol{r}')$ 为目标电流 $\boldsymbol{J}$ 在粗糙面 $\boldsymbol{r}'$ 处产生的散射场，即

$$\boldsymbol{E}^{\mathrm{s}}(\boldsymbol{r}') = \int_{S_t}\boldsymbol{J}(\boldsymbol{r}'')G(\boldsymbol{r}',\boldsymbol{r}'')\mathrm{d}S'', \quad \boldsymbol{r}'' \in S_t \tag{6.6}$$

式(6.5)中的 $\boldsymbol{E}_{\mathrm{total}}^{\mathrm{s}}(\boldsymbol{r}')$ 表示 $\boldsymbol{E}^{\mathrm{s}}(\boldsymbol{r}')$ 在粗糙表面产生的总场，即

$$\left.\begin{aligned}
&\boldsymbol{E}_{\mathrm{total}}^{\mathrm{s}}(\boldsymbol{r}') = \boldsymbol{E}^{\mathrm{s}}(\boldsymbol{r}')[1+R(\theta)]\\
&\frac{\partial \boldsymbol{E}_{\mathrm{total}}^{\mathrm{s}}(\boldsymbol{r}')}{\partial\hat{\boldsymbol{n}}} = \mathrm{j}(\boldsymbol{k}_s\cdot\hat{\boldsymbol{n}})\boldsymbol{E}^{\mathrm{s}}(\boldsymbol{r}')[1-R(\theta)]
\end{aligned}\right\} \tag{6.7}$$

类似式(6.3)，$\boldsymbol{k}_s$ 为散射波的传播方向矢量，$R(\theta)$ 为散射波在粗糙面 $\boldsymbol{r}'$ 处的反射系数，按式(6.4)求解 $R(\theta)$ 时，取 $\cos\theta = -\boldsymbol{k}_s\cdot\hat{\boldsymbol{n}}$。

将式(6.6)代入式(6.7)，再将式(6.7)代入式(6.5)，得

$$\boldsymbol{E}^{\mathrm{s_r}}(r) = \int_{S_r}\Big[(1+R(\theta))\int_{S_t}\boldsymbol{J}(\boldsymbol{r}'')G(\boldsymbol{r}',\boldsymbol{r}'')\mathrm{d}S''\frac{\partial G(\boldsymbol{r},\boldsymbol{r}')}{\partial\hat{\boldsymbol{n}}} -$$

$$\frac{\partial}{\partial \hat{\boldsymbol{n}}}\left(\mathrm{j}(\boldsymbol{k}_s\cdot\hat{\boldsymbol{n}})(1-R(\theta))\int_{S_t}\boldsymbol{J}(\boldsymbol{r}'')G(\boldsymbol{r}',\boldsymbol{r}'')\mathrm{d}S''\right)G(\boldsymbol{r},\boldsymbol{r}')\Big]\mathrm{d}S \tag{6.8}$$

由于粗糙面上的法向求导运算符$\frac{\partial}{\partial \hat{\boldsymbol{n}}}$与$\boldsymbol{r}''$无关，故式(6.8)可以写为

$$\boldsymbol{E}^{s_r}(\boldsymbol{r})=\int_{S_r}\Big[(1+R(\theta))\int_{S_t}\boldsymbol{J}(\boldsymbol{r}'')G(\boldsymbol{r}',\boldsymbol{r}'')\mathrm{d}S''\frac{\partial G(\boldsymbol{r},\boldsymbol{r}')}{\partial\hat{\boldsymbol{n}}}-$$
$$\left(\mathrm{j}(\boldsymbol{k}_s\cdot\hat{\boldsymbol{n}})(1-R(\theta))\int_{S_t}\boldsymbol{J}(\boldsymbol{r}'')\frac{\partial G(\boldsymbol{r}',\boldsymbol{r}'')}{\partial\hat{\boldsymbol{n}}}\mathrm{d}S''\right)G(\boldsymbol{r},\boldsymbol{r}')\Big]\mathrm{d}S \tag{6.9}$$

至此，已经用$\boldsymbol{J}$完全表示出$\boldsymbol{E}^{s_r}(\boldsymbol{r})$，可将$\boldsymbol{E}^{s_r}(\boldsymbol{r})$从式(6.1)的右端移至左端，得

$$-\int_{S_r}\Big\{[1+R(\theta)]\int_{S_t}\boldsymbol{J}(\boldsymbol{r}'')G(\boldsymbol{r}',\boldsymbol{r}'')\mathrm{d}S''\frac{\partial G(\boldsymbol{r},\boldsymbol{r}')}{\partial\hat{\boldsymbol{n}}}-$$
$$\left\{j(\boldsymbol{k}_s\cdot\hat{\boldsymbol{n}})[1-R(\theta)]\int_{S_t}\boldsymbol{J}(\boldsymbol{r}'')\frac{\partial G(\boldsymbol{r}',\boldsymbol{r}'')}{\partial\hat{\boldsymbol{n}}}\mathrm{d}S''\right\}\times$$
$$G(\boldsymbol{r},\boldsymbol{r}')\Big\}\mathrm{d}S+\int_{S_t}\boldsymbol{J}(\boldsymbol{r}'')G(\boldsymbol{r},\boldsymbol{r}'')\mathrm{d}S''=\boldsymbol{E}^{\mathrm{inc}}(\boldsymbol{r})+\boldsymbol{E}^{r}(\boldsymbol{r}) \tag{6.10}$$

再将式(6.10)中的二重积分交换积分次序，得

$$\int_{S_t}\boldsymbol{J}(\boldsymbol{r}'')\Big\{G(\boldsymbol{r},\boldsymbol{r}'')-\int_{S_r}\Big[(1+R(\theta))G(\boldsymbol{r}',\boldsymbol{r}'')\frac{\partial G(\boldsymbol{r},\boldsymbol{r}')}{\partial\hat{\boldsymbol{n}}}-$$
$$\mathrm{j}(\boldsymbol{k}_s\cdot\hat{\boldsymbol{n}})(1-R(\theta))G(\boldsymbol{r},\boldsymbol{r}')\frac{\partial G(\boldsymbol{r}',\boldsymbol{r}'')}{\partial\hat{\boldsymbol{n}}}\Big]\mathrm{d}S\Big\}\mathrm{d}S''=\boldsymbol{E}^{\mathrm{inc}}(r)+\boldsymbol{E}^{\mathrm{r}}(r) \tag{6.11}$$

式(6.11)即KH－EFIE混合方程，方程中包含了粗糙面与目标互耦散射过程中的所有散射分量，求解此方程，即可求得粗糙面和目标在远场的散射特性。

6.1.3 二维KH－EFIE离散化及阻抗矩阵计算

拟采用矩量法求解KH－EFIE，针对二维目标，选择M个脉冲基函数来模拟电流$\boldsymbol{J}$，采用点匹配法，可将KH－EFIE方程离散化。所得阻抗矩阵$\boldsymbol{Z}$的元素可表示为

$$Z_{mn}=Z_{mn}^{\mathrm{tt}}+Z_{mn}^{\mathrm{tr}} \tag{6.12}$$

式中：Z_{mn}^{tt}代表目标自耦合作用对阻抗元素的贡献；Z_{mn}^{tr}代表目标与粗糙面的互耦作用对阻抗元素的贡献，即

$$Z_{mn}^{\mathrm{tt}}=\begin{cases}\dfrac{\mathrm{j}\Delta c_n}{4}H_0^1(k|\boldsymbol{r}_m-\boldsymbol{r}''_n|), & m\neq n\\ \dfrac{\mathrm{j}\Delta c_n}{4}\left[1-\dfrac{2\mathrm{j}}{\pi}+\dfrac{2\mathrm{j}}{\pi}\ln\left(\dfrac{\gamma k\Delta c_n}{4}\right)\right], & m=n\end{cases} \tag{6.13}$$

$$Z_{mn}^{\mathrm{tr}}=-\frac{\Delta c_n}{16}\sum_{i=1}^{N}\Delta l_i\Big\{\Big[(1+R(\boldsymbol{r}''_n,\boldsymbol{r}'_i))H_0^1(k|\boldsymbol{r}'_i-\boldsymbol{r}''_n|)\times$$
$$\frac{\mathrm{H}_1^1(|\boldsymbol{r}_m-\boldsymbol{r}'_i|)}{|\boldsymbol{r}_m-\boldsymbol{r}'_i|}\frac{-\xi(x_i)(x_i-x_m)+(z_i-z_m)}{\sqrt{1+\xi^2(x_i)}}\Big]-$$
$$\frac{\mathrm{H}_1^1(|\boldsymbol{r}_m-\boldsymbol{r}'_i|)}{|\boldsymbol{r}_m-\boldsymbol{r}'_i|}\frac{-\xi(x_i)(x_i-x_m)+(z_i-z_m)}{\sqrt{1+\xi^2(x_i)}}\Big]-$$
$$\Big[\mathrm{j}(\boldsymbol{k}_s(\boldsymbol{r}''_n,\boldsymbol{r}'_i)\cdot\hat{\boldsymbol{n}})(1-R(\boldsymbol{r}''_n,\boldsymbol{r}'_i))\mathrm{H}_0^1(k|\boldsymbol{r}'_i-\boldsymbol{r}''_n|)\times$$
$$\frac{\mathrm{H}_1^1(|\boldsymbol{r}'_i-\boldsymbol{r}''_n|)}{|\boldsymbol{r}'_i-\boldsymbol{r}''_n|}\frac{-\xi(x_i)(x_i-x_n)+(z_i-z_n)}{\sqrt{1+\xi^2(x_i)}}\Big]\Big\} \tag{6.14}$$

式中：Δc_n 为目标表面离散后第 n 段的长度；Δl_i 为粗糙表面离散后第 i 段的长度；$\boldsymbol{k}_s(\boldsymbol{r}''_n,\boldsymbol{r}'_i)$ 表示目标上 $\boldsymbol{r}''_n$ 处的点源在粗糙面上 $\boldsymbol{r}'_i$ 处产生的散射场的传播方向矢量；$R(\boldsymbol{r}''_n,\boldsymbol{r}'_i)$ 是粗糙面上 $\boldsymbol{r}'_i$ 处在接受沿 $\boldsymbol{k}_s(\boldsymbol{r}''_n,\boldsymbol{r}'_i)$ 方向传播的入射波照射时的反射系数，它不仅与 $\boldsymbol{r}''_n$ 和 $\boldsymbol{r}'_i$ 有关，而且还受粗糙面介质材料的介电常数和磁导率的影响。

入射波取以 θ_i 角入射的平面波激励，则

$$\boldsymbol{E}^{\mathrm{inc}}(\boldsymbol{r}) = \hat{\boldsymbol{y}}\exp(-\mathrm{j}\boldsymbol{k}_i \cdot \boldsymbol{r}) \tag{6.15}$$

式中：$\boldsymbol{k}_i = k(\hat{\boldsymbol{x}}\sin\theta_i - \hat{\boldsymbol{y}}\cos\theta_i)$。激励项 $\mathbf{V}$ 的元素可表示为

$$V_m = E^{\mathrm{inc}}(\boldsymbol{r}_m) + \boldsymbol{E}^r(\boldsymbol{r}_m) \tag{6.16}$$

与求解目标电磁散射问题的EFIE相比，目标与粗糙面的复合电磁散射的KH-EFIE求解过程，在填充阻抗矩阵时只需额外计算目标与粗糙面互耦作用对阻抗元素的贡献即可，从式(6.14)可见，实际所做的额外运算只是在粗糙面上进行了一次积分。虽然粗糙面上的积分运算会使目标阻抗矩阵的填充时间延长，但与在粗糙面和目标上都应用矩量法的纯数值方法[1-3]相比，求解KH-EFIE所涉及的运算量和存储量都显著减少。

6.1.4　一维粗糙面截断长度选取

真实的地海面环境是无限大的，但粗糙面在数值计算中必须为有限长度。设目标位于粗糙面的中心正上方，根据散射机理，粗糙面上的点距中心越远，它和目标的耦合散射作用越弱，当距离取得足够远时，这种散射足够弱就可以忽略，在此距离上即可截断粗糙面。

先分析一个无限长临空金属圆柱和高斯粗糙面相互作用时的情况。若圆柱半径为 $r=5\lambda$，球心在粗糙面上方 $d=10\lambda$ 处，粗糙面长度取 $1\ 000\lambda$，均方根高度和相关长度分别取 $h=0, l=4.0\lambda, h=0.5\lambda, l=4.0\lambda, h=0.5\lambda, l=40\lambda$。采用本章建立的电磁模型，计算圆柱的感应电流在粗糙面上产生的的散射场的分布，如图6.2所示。

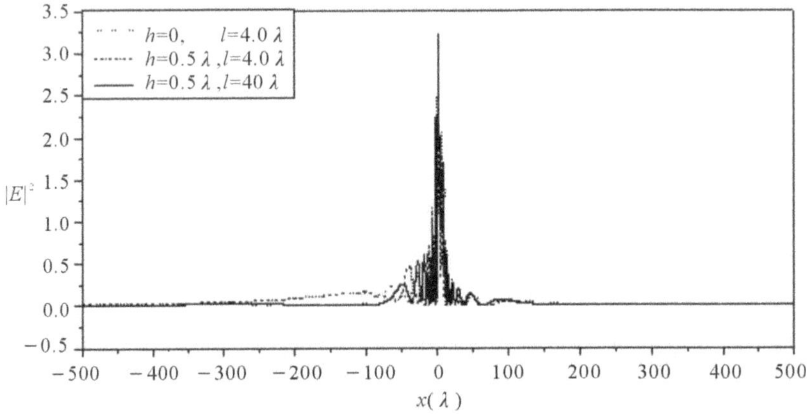

图6.2　圆柱电流在高斯粗糙面上的散射场度分布

将上例中的高斯粗糙面换做PM谱海洋粗糙面，粗糙面长度取海面上方19.5 m处，风速分别取 $U^{19.5}=0$ m/s，$U^{19.5}=5$ m/s，$U^{19.5}=10$ m/s。计算圆柱的感应电流在海洋粗糙面上产生的散射场的分布，如图6.3所示。

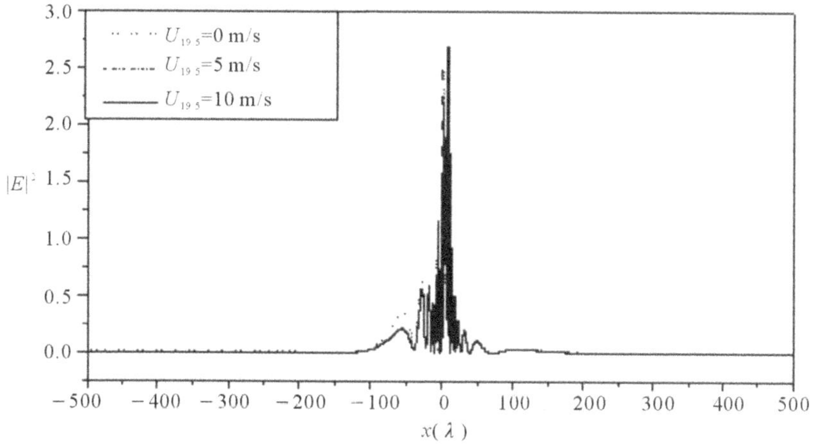

图 6.3　圆柱电流在海洋粗糙面上的散射场度分布

可以看出，高斯粗糙面上方 10λ 处的金属圆柱在 $|x| = 300\lambda$ 处的散射场已经很小，趋近于零，粗糙面可在此处截断；风驱海面上方 10λ 处的金属球在 $|x| = 150\lambda$ 处已经趋近于零。

由以上分析可以看出，当目标与粗糙面元相互作用很微弱时，粗糙面即可截断。设目标的外接圆半径为 r，目标中心距离粗糙面高度为 d，那么粗糙面的截断长度 L 的选取可采用参考文献[4]中的方法，即

$$L > 2(d + r)\sqrt{\vartheta^{-4/3} - 1} \tag{6.17}$$

式中：ϑ 是与精度有关的极小正数，取 $\vartheta = 10^{-2}$。

6.1.5　二维问题远场散射参数定义

在目标的电磁散射问题中，雷达散射截面(RCS)常被用来描述目标的远场散射特性，在目标与粗糙面的复合电磁散射问题中，仍采用 RCS 来描述整个系统在远区的电磁散射特性。

继续沿用前面章节中各种电场的记法，定义粗糙面背景下目标的雷达散射截面 σ_t 为

$$\sigma_t(\theta_i, \theta_s) = \lim_{R\to\infty} \frac{2\pi R\,|E^s|^2}{|E^i|^2} \tag{6.18}$$

式中：θ_i 和 θ_s 分别为入射角和散射角；R 为远区观察点到目标的距离。

整个系统的散射特性用复合雷达散射截面 σ 来表示，即

$$\sigma(\theta_i, \theta_s) = \lim_{R\to\infty} \frac{2\pi R\,|\boldsymbol{E}^s + \boldsymbol{E}^r + \boldsymbol{E}^{sr}|^2}{|\boldsymbol{E}^{inc}|^2} \tag{6.19}$$

此外，为了表征在引入目标后，整个系统散射特性的变化情况，Johnson 定义了差场雷达散射截面(DRCS)[5] σ_d，按照 Johnson 对 DRCS 的定义，在本章的电磁模型中，σ_d 可表示为

$$\sigma_d(\theta_i, \theta_s) = \lim_{R\to\infty} \frac{2\pi R\,|\boldsymbol{E}^s + \boldsymbol{E}^{sr}|^2}{|\boldsymbol{E}^{inc}|^2} \tag{6.20}$$

从式(6.20)可以看出，差场雷达散射截面实际表示了粗糙面背景下目标散射贡献和目标通过粗糙面产生的散射贡献的叠加。

6.2 二维问题的数值验证与实例分析

6.2.1 二维问题精度验证与效率分析

例 6-1 为了验证本书 KH-EFIE 解的正确性，以导体平面上方 10λ 处存在一半径为 $R=5\lambda$ 的无限长圆柱目标为例，分别采用半空间格林函数法[6]、FBM-CG 方法以及本文方法分析此例的复合电磁散射问题，并在图 6.4 中给出用不同方法得到的目标表面电流分布（圆柱离散为 314 段）。外加入射角为 $\theta_i=30^\circ$ 的 TE 波入射，则导体面反射系数取 $R=-1$，FBM-CG 和本文方法中粗糙面长度取 $L=645.6\lambda$，平面的均方根高度 $h=0.0\lambda$，相关长度取 $l=4.0\lambda$。

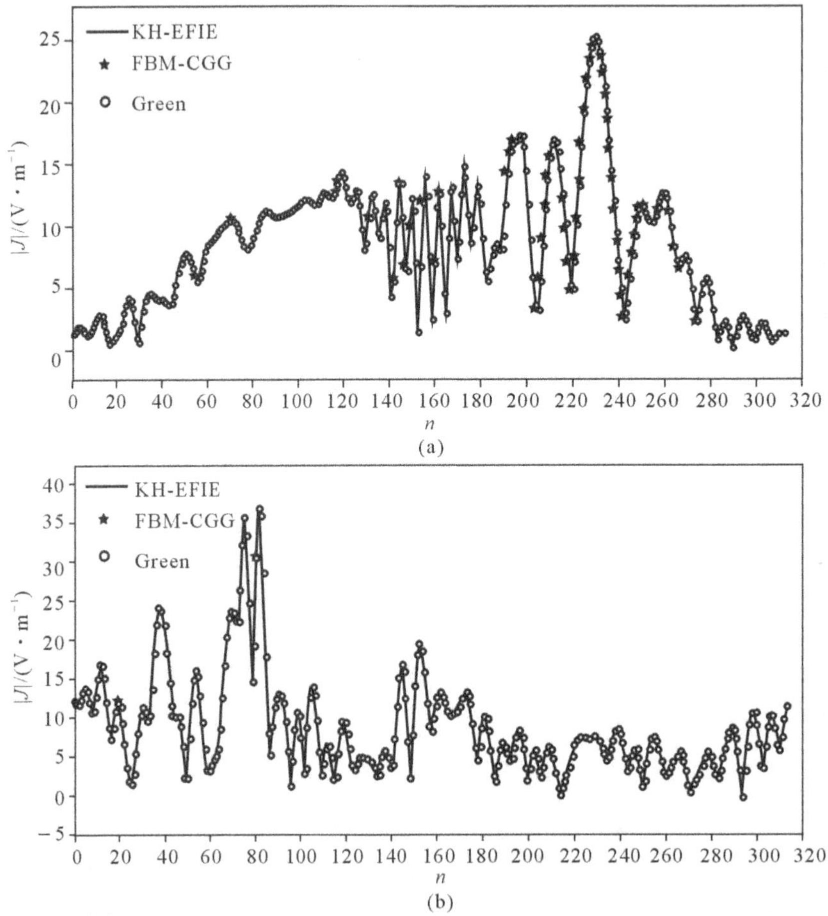

图 6.4 导体平面上方导体圆柱的表面电流图

(a)TE 波； (b)TM 波

如图 6.4 所示知，KH-EFIE 的 MoM 结果与半空间格林函数法、FBM-CG 方法的结果十分吻合，采用计算机配置为 CPU Pentium(R) Dual-Core、主频 2.5 GHz、内存 2 GB，FBM-CG 耗时 8 013 s，而 KH-EFIE 解耗时仅为 801 s。

例6-2 为了说明通用性，将例6-1中的平面换作更具普适性的高斯粗糙面，粗糙面参数 $h=0.5\lambda$，$l=4.0\lambda$。分别用本书方法和FBM-CG计算得到目标表面电流分布（见图6.5）和复合散射的差场雷达散射截面（见图6.6）。从两种方法的结果对比来看，两种方法具有几乎相同的精度，FBM-CG耗时8812 s，而KH-EFIE解耗时仅为797 s。

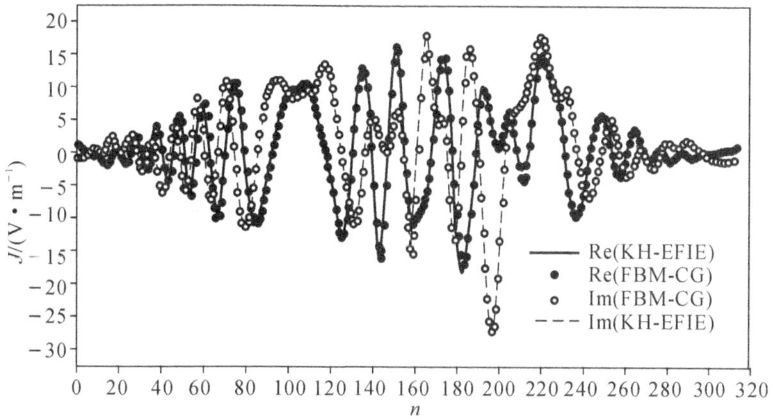

图6.5 导体粗糙面上方导体圆柱的表面电流

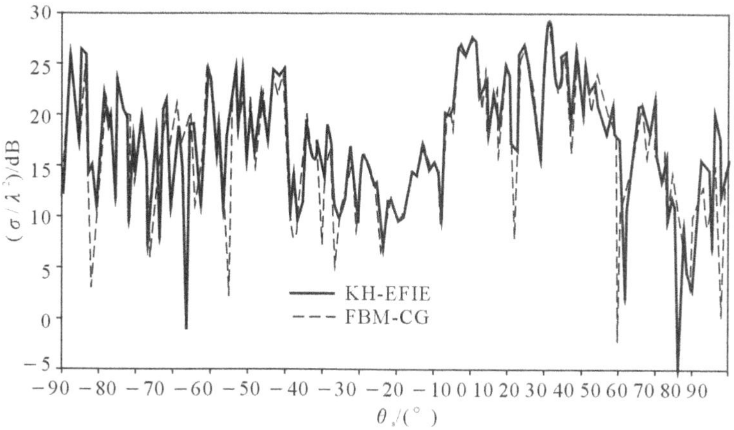

图6.6 导体粗糙面—导体柱差场雷达散射截面

例6-3 本书方法不仅适用于临空目标的下垫面为导体面的情况，还可以计算介质粗糙面与临空目标的复合电磁散射问题。设介质相对介电常数 $\varepsilon_r=1.0$，相对磁导率 $\mu_r=1.0$，$h=0.3\lambda$，$l=1.2\lambda$，$L=582.6\lambda$，临空目标取边长为 5λ 的方柱，距水平面高度 10λ，入射角取 $\theta_i=60°$。此时介质粗糙面其实相当于是由空气组成的，因此可用MoM计算自由空间中目标表面电流的结果作基准，来校验KH-EFIE解的正确性。将两种方法计算的电流在图6.7中作以比较，发现结果吻合良好。

再取粗糙面的介质相对介电常数 $\varepsilon_r=4.0$，入射角取 $\theta_i=45°$，其他参数同上。分别采用G-SMCG[3] 和本书方法计算导体柱的表面电流分布，并将两种方法的计算结果在图6.8中作以比较，发现两者结果吻合良好，G-SMCG耗时3986 s，本书方法只需576 s。

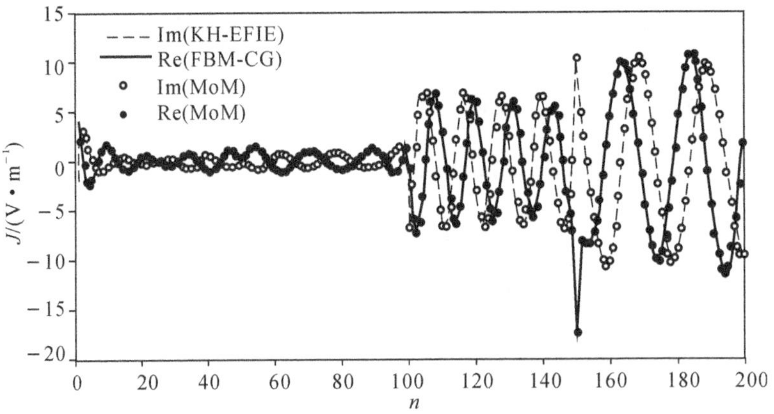

图 6.7　自由空间中导体方柱表面电流

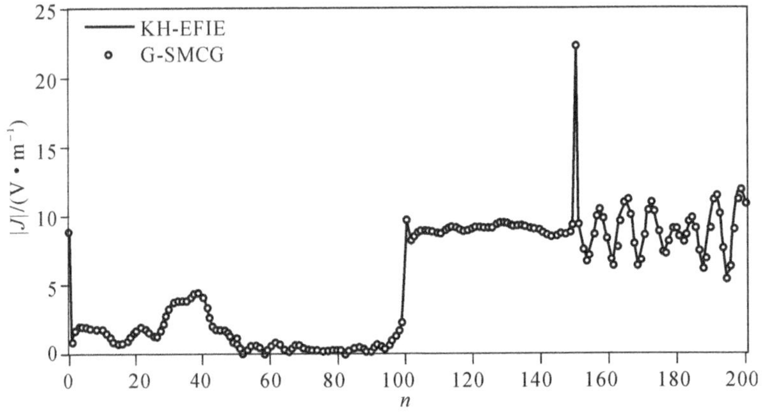

图 6.8　介质粗糙面上方导体方柱表面电流

例 6-4　风驱海洋面和目标的电磁散射问题。设导体海面上方 19.5 m 处的风速为 $U_{19.5}=5\ \mathrm{m/s}$,海面上放置导体方柱,方柱边长为 10λ,距水平面高度 10λ,海面长度取 $L=430.4\lambda$,入射波频率取 $f=300\ \mathrm{MHz}$,入射角 $\theta_i=30°$。分别采用本书方法和 FBM-CG 方法计算粗糙海面和导体方柱的复合 RCS(见图 6.9)以及导体柱表面电流分布(见图 6.10)。

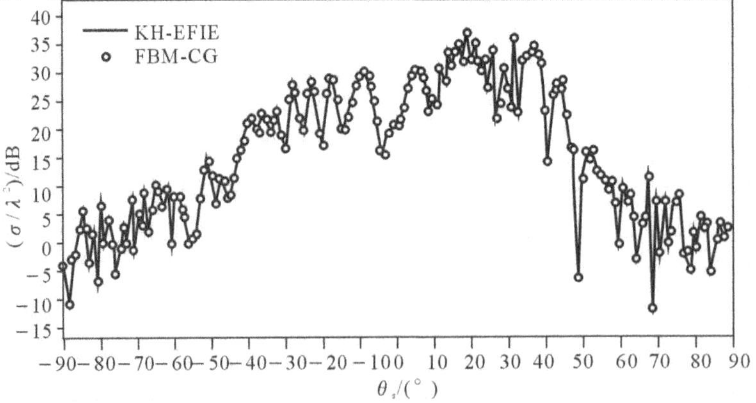

图 6.9　导体海面与海面上导体方柱的复合 RCS

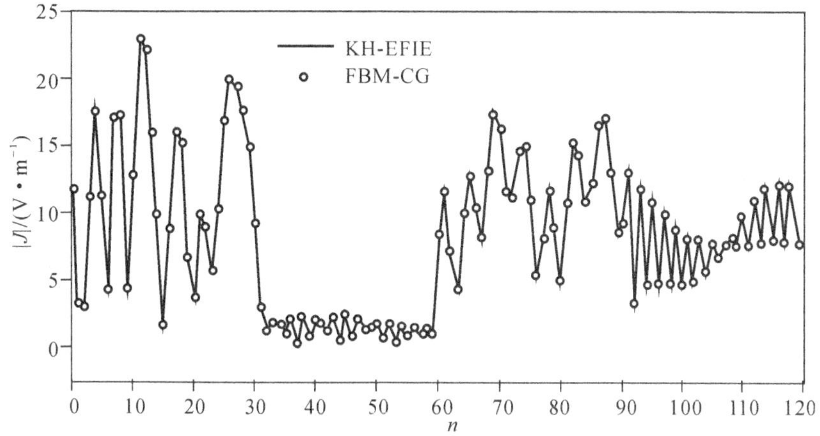

图 6.10　导体海面上方导体方柱的电流分布

保持其他参数不变，海面不再是导体，海水介电常数为 $\varepsilon_r = 81 - 0.0338j$。仍然采用本书方法和 KH - EFIE，重新计算整个系统的复合 RCS 和目标的表面电流分布。

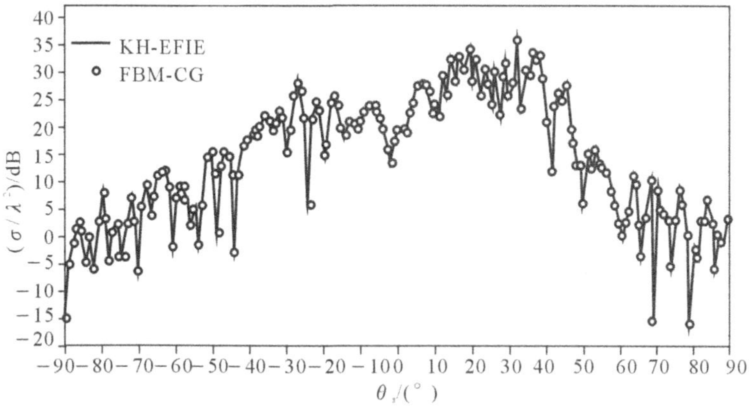

图 6.11　介质海面与海面上导体方柱的复合 RCS

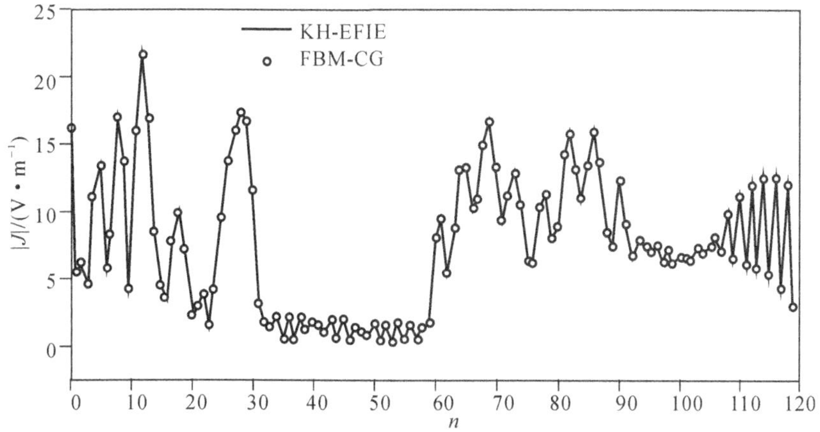

图 6.12　介质海面上导体方柱电流分布

由图 6.9 ～ 图 6.12 所示结果可以看出，KH－EFIE 的 MoM 解和 FBM－CG 解十分吻合，几乎具有相同的精度，KH－EFIE 解耗时 500 s 左右，FBM－CG 耗时 6 050 s 左右，验证了本书方法在求解粗糙海面与目标复合电磁散射问题中的正确性和有效性。

需要说明的是，以上验证算例中不同方法采用的是同一粗糙面样本，通过与不同方法的对比可以看出，本书方法精度十分可靠，效率远远高于一般的纯数值方法。

6.2.2　一维粗糙面与二维目标的统计复合散射特性

在前面的算例验证中，均是针对一次粗糙面样本进行的计算，且粗糙面样本是随机生成的，为了使研究具有统计意义，拟采用蒙特卡罗方法多次生成粗糙面，通过求解 KH－EFIE 来计算目标和每一个粗糙面样本的复合电磁散射，最后求得多次样本下的统计复合散射特性。下面算例中粗糙面样本实现次数取 70。

例 6－5　粗糙度对高斯粗糙面与目标复合散射的影响。

在 $\theta_i=30°$ 的 TE 波照射下，高斯粗糙面上方圆柱目标半径取 $R=5\lambda$、高度为 10λ，粗糙面长度取 $L=645.6\lambda$。计算不同起伏参数的导体粗糙面与目标的复合雷达散射截面，结果如图6.13 所示。

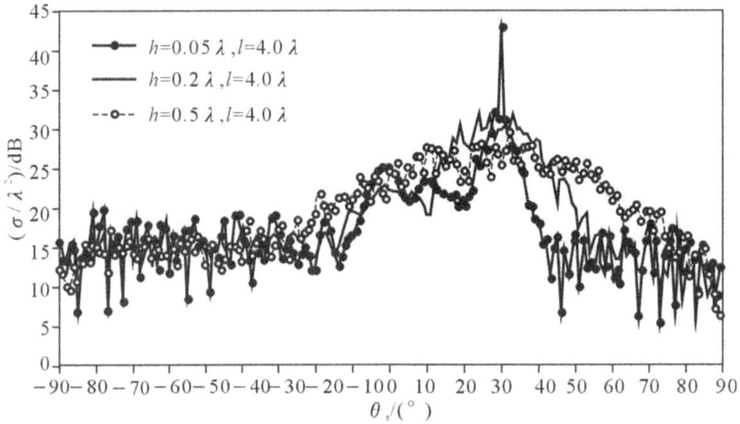

图 6.13　不同粗糙度下的复合 RCS

由计算结果可见，复合散射特性与粗糙度密切相关，h/l 越小，粗糙面越平滑，对应的镜面散射特性就越强，$\theta_s=30°$ 附近显现的镜面散射的峰值越明显；在其他散射方向上，主要呈现非相干漫反射效应，由于粗糙程度不同，因此漫反射分量大小也不同，相对光滑的粗糙面对应的漫反射分量相对较小；在 $\theta_s=30°$ 的前向散射方向左右，相干散射和非相干散射分量叠加，复合 RCS 曲线在 $\theta_s=30°$ 左右的观察角内呈现出宽度不同的波峰，粗糙面越粗糙对应的波峰越宽。

例 6－6　介电常数对高斯粗糙面与目标复合散射的影响。

选取与上例相同的目标，粗糙面为具有不同介电常数的介质粗糙面，参数取 $h=0.5\lambda$，$l=4.0\lambda$，$\theta_i=10°$，其他参数同上例。计算粗糙面与目标的复合散射截面，结果如图 6.14 所示。可以看出，媒质的介电常数对复合 RCS 影响显著，介电常数的模值越大，对应粗糙表面的反射系数越大，粗糙面与目标之间的耦合就越强，复合散射截面也就越大。

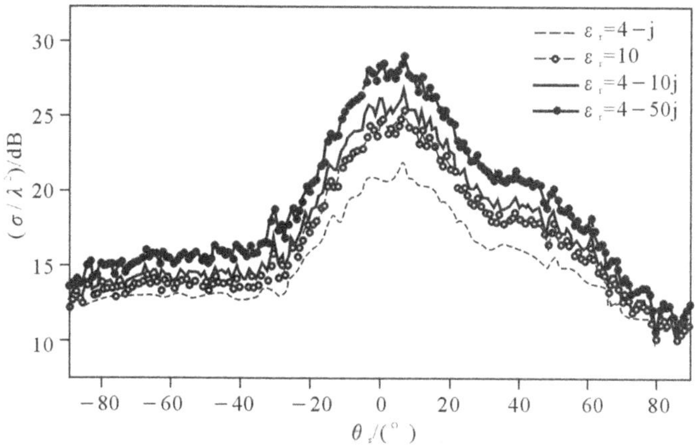

图 6.14　不同粗糙面介电常数下的复合 RCS

例 6－7　高斯粗糙面与不同截面形状目标的复合散射。

在本例中，临空目标分别选取具有相等横截面积的圆柱（半径 $R=5\lambda$）、方柱和等边三棱柱，目标距水平面高度均为 10λ，相应的粗糙面截断长度由式(5.17)确定，$h=0.3\lambda$，$l=3.5\lambda$，介质相对介电常数取 $\varepsilon_r=3.0-0.05j$（代表典型干土壤），入射波为 $\theta_i=45°$ 的 TE 波。

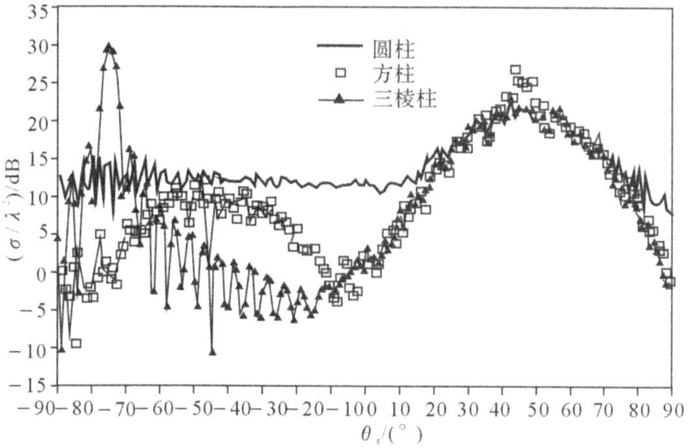

图 6.15　不同截面形状的柱体的复合 RCS

采用本书方法计算上述 3 种目标与粗糙面的复合雷达散射截面，结果如图 6.15 所示。从三种目标对应的曲线可见：3 种目标和粗糙面的复合 RCS 在前向散射方向 $\theta_s=45°$ 的左右均呈现出一个较宽的波峰，这主要是由目标与粗糙面相互作用时的漫反射贡献和镜向反射贡献叠加造成的；圆柱对应的复合 RCS 要平均高于方柱和三棱柱；方柱和三棱柱的棱角造成了它们对应的后向散射起伏较大，不像圆柱的那么平缓；方柱最上方的边与 x 轴平行，故在 $\theta_s=45°$ 方向附近有较强的镜面散射，复合 RCS 曲线恰在 $\theta_s=45°$ 处呈现尖锐的突起；同样在三棱柱上，入射波照射到与 x 轴夹角为 60° 的那条边时，反射方向应在 $\theta_s=-75°$ 附近，对应的复合 RCS 曲线在这一方向恰出现了峰值；相比之下，圆柱顶部呈平滑圆弧状，因此其镜面反射没有其他两个目标那么强烈。

例 6－8　高斯粗糙面与上方导弹类目标的复合散射。

高斯粗糙面上方 10λ 处有一导弹目标，导弹结构如图 6.16 所示，弹体平行于粗糙面，导弹直径 $d=2\lambda$，弹体长 $L_m=10\lambda$，尾翼夹角为 60°。相应的粗糙面截断长度取 $L=430\lambda$，$h=0.5\lambda$，$l=4.0\lambda$，介质相对介电常数取 $\varepsilon_r=3.0-0.05j$（代表典型干土壤）。在入射角 $\theta_i=30°$ 或 $\theta_i=20°$ 的 TE 波照射下，采用本书方法计算导弹与粗糙面的复合雷达散射截面，结果如图 6.17 所示。

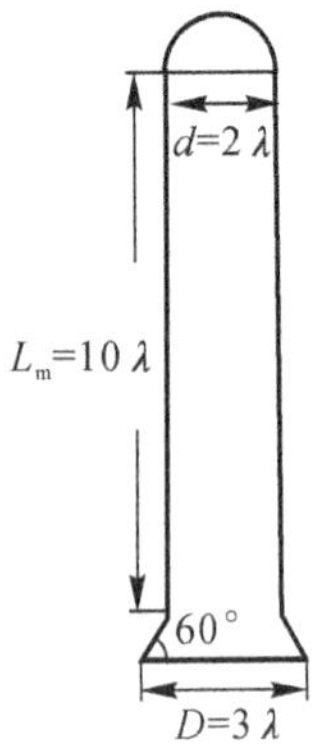

图 6.16　二维导弹结构图

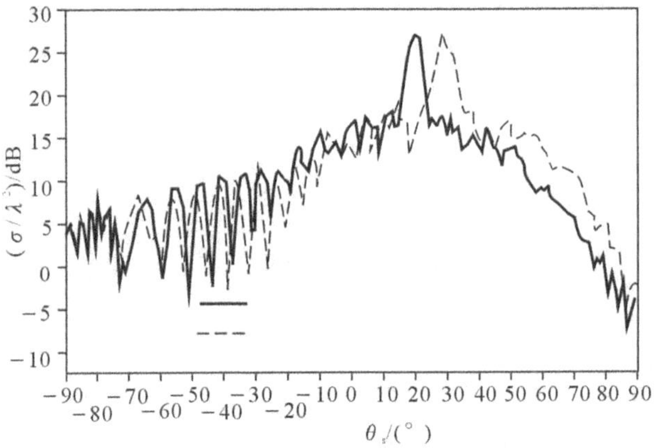

图 6.17　高斯粗糙面与导弹的复合 RCS

分析散射结果，可以看出由于导弹目标表面的镜向反射和粗糙面的镜向反射叠加，因此 RCS 曲线在的入射波的前向散射方向 $\theta_s=30°$ 和 $\theta_s=20°$ 处出现了散射峰值，同时，由于粗糙面并不平滑，因此入射波在镜向散射方向以外的其他散射角度范围内的漫反射效应比较明显。

例 6-9　不同风速的风驱海洋面与上方导弹类目标的复合散射。

在入射角 $\theta_i=30°$ 的 TE 波照射下，例 6-8 中的导弹位于海洋粗糙面上方 10λ 处。相应的海洋粗糙面截断长度取 $L=430\lambda$，海水相对介电常数取 $\varepsilon_r=80-0.00038j$。采用本书方法计算导弹与不同风速下海洋面的复合雷达散射截面，结果如图 6.18 所示。

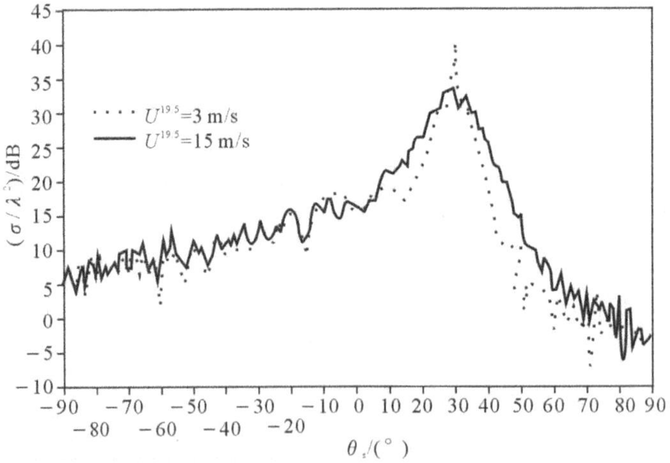

图 6.18　不同风速的风驱海洋面与导弹的复合 RCS

由计算结果可以看出，随着海面上方风速的增大，海面与导弹目标的复合散射，主要是体现为非相干散射分量的增加，也就是在镜向散射方向之外的其他漫反射方向上，复合RCS均有一定幅度的提高，而镜向散射方向的波峰宽度增加、峰值下降，这主要是因为，风速增大导致海面起伏增大，目标与海面的复合散射中的漫反射作用增强。

例 6-10 不同海水介电常数的风驱海洋面与上方导弹类目标的复合散射。

取入射角 $\theta_i=30°$ 的 TE 波，例 6-8 中的导弹目标位于海洋粗糙面上方 10λ 处。相应的海洋粗糙面截断长度取 $L=430\lambda$，风速取 $U_{19.5}=5$ m/s，海水相对介电常数分别取 $\varepsilon_r=80-0.003\,8\text{j}$，$\varepsilon_r=60-0.003\,8\text{j}$ 和 $\varepsilon_r=40-0.003\,8\text{j}$。采用本文方法计算导弹与海洋面的复合雷达散射截面，结果如图 6.19 所示。

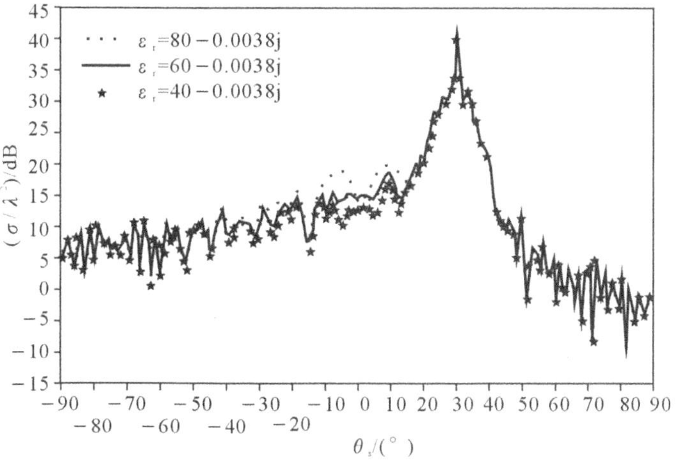

图 6.19 不同海水介电常数的风驱海洋面与上方导弹的复合 RCS

由图 6.19 的结果看出，海水的介电常数对复合 RCS 幅度有着一定的影响，而且主要体现在漫反射分量幅度随着介电常数实部的增大而增加，这是因为海水介电常数实部的越大对应海面的反射越强，而在 $\theta_s=30°$ 左右的镜向反射方向，RCS 的幅度没有显著变化。

6.3 二维粗糙面与三维临空目标复合电磁散射模型

6.3.1 二维粗糙面与三维临空目标互耦分析

如图 6.20 所示，以 θ_i 和 φ_i 为入射角的电磁波 $\boldsymbol{\Psi}^{\text{inc}}$ 照射到粗糙面与临空目标（距水平面高度为 d）组成的系统时，类似于一维粗糙面与二维目标的耦合散射问题，$\boldsymbol{\Psi}^{\text{inc}}(\boldsymbol{r})$ 经粗糙面产生散射波 $\boldsymbol{\Psi}^{\text{r}}$，$\boldsymbol{\Psi}^{\text{r}}$ 和 $\boldsymbol{\Psi}^{\text{inc}}$ 照射目标表面产生感应电流 $\boldsymbol{J}_t$，$\boldsymbol{J}_t$ 产生的散射波 $\boldsymbol{\Psi}^{\text{s}}(\boldsymbol{r})$ 经粗糙面又产生新的散射波 $\boldsymbol{\Psi}^{\text{sr}}$，$\boldsymbol{\Psi}^{\text{sr}}$ 在目标表面再产生感应电流，粗糙面上产生的散射波和感应电流的散射波如此相互耦合影响。

参照一维粗糙面上方二维目标的 EFIE，令 $\boldsymbol{J}=\text{j}k\eta\boldsymbol{J}_t$。在三维目标表面 S_t 上建立电场积分方程，即

$$-\text{j}k\eta\boldsymbol{A}-\nabla\Phi=\boldsymbol{E}^{\text{inc}}(\boldsymbol{r})+\boldsymbol{E}^{\text{r}}(\boldsymbol{r})+\boldsymbol{E}^{\text{sr}}(\boldsymbol{r}) \tag{6.21}$$

A 和 Φ 定义为

$$\boldsymbol{A}=\int_{S_t}\boldsymbol{J}(\boldsymbol{r}')G(\boldsymbol{r},\boldsymbol{r}')\mathrm{d}S_t,\quad \Phi=\frac{\mathrm{j}\eta}{k}\int_{S_t}\nabla'\cdot\boldsymbol{J}(\boldsymbol{r}')G(\boldsymbol{r},\boldsymbol{r}')\mathrm{d}S_t \tag{6.22}$$

式中：$\boldsymbol{r},\boldsymbol{r}'\in S_t$，分别代表场点和源点；记场源之间的距离为 $R=|\boldsymbol{r}-\boldsymbol{r}'|$；$G(\boldsymbol{r},\boldsymbol{r}')=\frac{\mathrm{e}^{-\mathrm{j}kR}}{4\pi R}$ 为自由空间中格林函数的三维形式。由于 $\boldsymbol{J}$ 和 $\boldsymbol{E}^{sr}$ 均为未知量，因此式(6.21) 可以写为

$$-\mathrm{j}k\eta A-\nabla\Phi-\boldsymbol{E}^{sr}(r)=\boldsymbol{E}^{inc}(r)+\boldsymbol{E}^{r}(r) \tag{6.23}$$

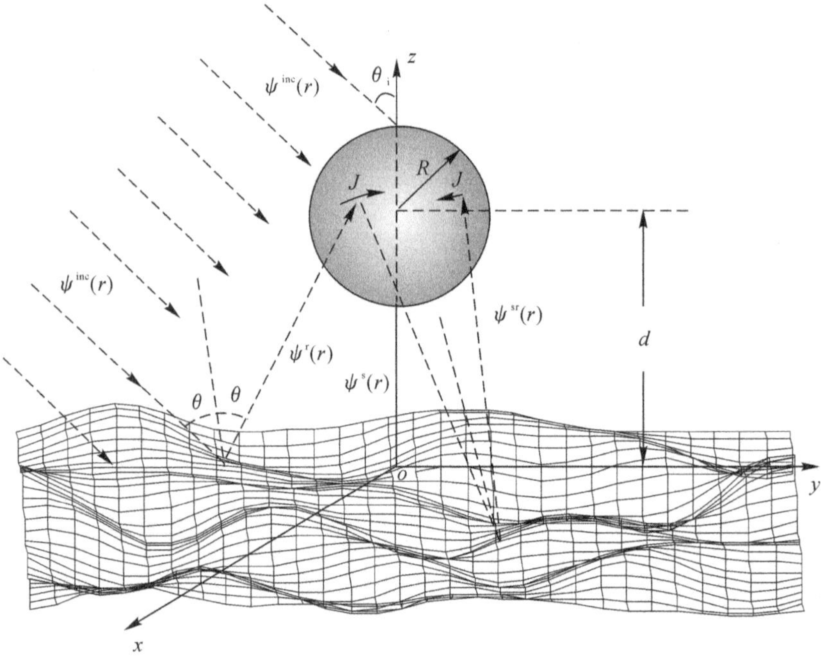

图 6.20　二维粗糙面与三维目标耦合作用示意图

6.3.2　三维 KH-EFIE 混合方程

在求解电场积分方程之前，必须将式(6.23) 中的激励项表示出来。记 $\boldsymbol{E}^{inc}(\boldsymbol{r})$ 为入射平面波(入射角的高低角为 θ_i，方位角为 φ_i) 的电场，其表达式为

$$\boldsymbol{E}^{inc}(\boldsymbol{r}'')=\hat{\boldsymbol{e}}_iE_0\exp(-\mathrm{j}\boldsymbol{k}_i\cdot\boldsymbol{r}'') \tag{6.24}$$

式中：$\boldsymbol{k}_i=k\hat{\boldsymbol{k}}_i=k(\hat{\boldsymbol{x}}\sin\theta_i\cos\varphi_i+\hat{\boldsymbol{y}}\sin\theta_i\sin\varphi_i-\hat{\boldsymbol{z}}\cos\theta_i)$ 表示入射波矢量；$\hat{\boldsymbol{e}}_i$ 为电场的极化方向。

入射平面波经粗糙面的反射电场 $\boldsymbol{E}^r(\boldsymbol{r})$ 可由 KH 方程表示为

$$\boldsymbol{E}^r(\boldsymbol{r})=\int_{S_r}\{\mathrm{j}k\eta\overline{\overline{\boldsymbol{G}}}(\boldsymbol{r},\boldsymbol{r}'')\cdot[\hat{\boldsymbol{n}}\times\boldsymbol{H}_{total}^{inc}(\boldsymbol{r}'')]+\nabla\times\overline{\overline{\boldsymbol{G}}}(\boldsymbol{r},\boldsymbol{r}'')\cdot[\hat{\boldsymbol{n}}\times\boldsymbol{E}_{total}^{inc}(\boldsymbol{r}'')]\}\mathrm{d}S_r \tag{6.25}$$

式中：S_r 表示粗糙表面；$\boldsymbol{r}''\in S_r$；$\hat{\boldsymbol{n}}$ 是粗糙面上 $\boldsymbol{r}''$ 点处的表面单位法向量。$\boldsymbol{E}_{total}^{inc}(\boldsymbol{r}'')$ 是入射波在粗糙面上产生总的入射电场。定义 $\overline{\overline{\boldsymbol{G}}}(\boldsymbol{r},\boldsymbol{r}'')$ 为自由空间中的并矢格林函数，即

$$\overline{\overline{\boldsymbol{G}}}(\boldsymbol{r},\boldsymbol{r}'')=\left[\overline{\overline{\boldsymbol{I}}}+\frac{\nabla\nabla}{k^2}\right]\frac{\exp(-\mathrm{j}k|\boldsymbol{r}-\boldsymbol{r}''|)}{4\pi|\boldsymbol{r}-\boldsymbol{r}''|} \tag{6.26}$$

设定义在 $\boldsymbol{r}''$ 点处的正交坐标系为 $(\hat{\boldsymbol{p}}_i,\hat{\boldsymbol{q}}_i,\hat{\boldsymbol{k}}_i)$，则有

$$\hat{\boldsymbol{q}}_i = \frac{\hat{\boldsymbol{k}}_i \times \hat{\boldsymbol{n}}}{|\hat{\boldsymbol{k}}_i \times \hat{\boldsymbol{n}}|}, \quad \hat{\boldsymbol{p}}_i = \hat{\boldsymbol{q}}_i \times \hat{\boldsymbol{k}}_i \tag{6.27}$$

定义单位向量 $\hat{\boldsymbol{p}}_i$ 和 $\hat{\boldsymbol{q}}_i$ 分别代表 $\boldsymbol{r}''$ 处的局部垂直极化分量和平行极化分量，得

$$\hat{\boldsymbol{n}} \times \boldsymbol{E}_{\text{total}}^{\text{inc}}(\boldsymbol{r}'') = E_0 \{(\hat{\boldsymbol{e}}_i \cdot \hat{\boldsymbol{q}}_i)(\hat{n} \times \hat{\boldsymbol{q}}_i)(1+R_h) + (\hat{\boldsymbol{e}}_i \cdot \hat{\boldsymbol{p}}_i)(\hat{\boldsymbol{n}} \cdot \hat{\boldsymbol{k}}_i)\hat{\boldsymbol{q}}_i(1-R_v)\} \exp(-\mathrm{j}\boldsymbol{k}_i \cdot \boldsymbol{r}'') \tag{6.28}$$

$$\hat{\boldsymbol{n}} \times \boldsymbol{H}_{\text{total}}^{\text{inc}}(\boldsymbol{r}'') = \frac{E_0}{\eta} \{(\hat{\boldsymbol{e}}_i \cdot \hat{\boldsymbol{p}}_i)(\hat{\boldsymbol{n}} \times \hat{\boldsymbol{q}}_i)(1+R_v) - (\hat{\boldsymbol{e}}_i \cdot \hat{\boldsymbol{q}}_i)(\hat{\boldsymbol{n}} \cdot \hat{\boldsymbol{k}}_i)\hat{\boldsymbol{q}}_i(1-R_h)\} \exp(-\mathrm{j}\boldsymbol{k}_i \cdot \boldsymbol{r}'') \tag{6.29}$$

式中：R_h 和 R_v 分别是垂直和平行极化分量的 Fresnel 反射系数，有

$$R_h = \frac{\cos\theta - \sqrt{\varepsilon_r\mu_r - \sin^2\theta}}{\cos\theta + \sqrt{\varepsilon_r\mu_r - \sin^2\theta}}, \quad R_v = \frac{\varepsilon_r\cos\theta - \sqrt{\varepsilon_r\mu_r - \sin^2\theta}}{\varepsilon_r\cos\theta + \sqrt{\varepsilon_r\mu_r - \sin^2\theta}} \tag{6.30}$$

式中：ε_r 和 μ_r 分别是粗糙面介质的相对介电常数和相对磁导率。

通过式(6.25)、式(6.28)和式(6.29)知，可以由 $\boldsymbol{E}^{\text{inc}}(\boldsymbol{r}'')$ 来表示 $\boldsymbol{E}^{\text{r}}(\boldsymbol{r})$。同理，$\boldsymbol{E}^{\text{sr}}(\boldsymbol{r})$ 可以由 $\boldsymbol{J}$ 产生的散射场 $\boldsymbol{E}^{\text{s}}(\boldsymbol{r}'')$ 来表示，$\boldsymbol{E}^{\text{s}}(\boldsymbol{r}'')$ 表达式为

$$\boldsymbol{E}^{\text{s}}(\boldsymbol{r}'') = -\mathrm{j}k\eta\int_{S_t}\left[\boldsymbol{J}(\boldsymbol{r}')G(\boldsymbol{r}'',\boldsymbol{r}') + \frac{1}{k^2}\nabla'\cdot\boldsymbol{J}(\boldsymbol{r}')\nabla''G(\boldsymbol{r}'',\boldsymbol{r}')\right]\mathrm{d}S_t \tag{6.31}$$

将式(6.28)、式(6.29)中的 $\hat{\boldsymbol{e}}_i E_0 \exp(-\mathrm{j}k_i \cdot \boldsymbol{r}'')$ 用式(6.28)中的 $E^{\text{s}}(r'')$ 替换，再把式(6.28)、式(6.29)代入式(6.25)，可得 $\boldsymbol{E}^{\text{s}_r}(\boldsymbol{r})$ 的表达式为

$$\begin{aligned}\boldsymbol{E}^{\text{s}_r}(\boldsymbol{r}) = &\int_{S_r}\Bigg\{\int_{S_t}\Bigg[\mathrm{j}k^2\eta\overline{\overline{\boldsymbol{G}}}(\boldsymbol{r},\boldsymbol{r}'')\cdot\Bigg[-\Bigg(\Bigg(\boldsymbol{J}(\boldsymbol{r}')G(\boldsymbol{r}'',\boldsymbol{r}') + \frac{1}{k^2}\nabla'\cdot\boldsymbol{J}(\boldsymbol{r}')\nabla''G(\boldsymbol{r}'',\boldsymbol{r}')\Bigg)\cdot\hat{\boldsymbol{q}}_i\Bigg)\cdot\\
&(\hat{\boldsymbol{n}}\cdot\hat{\boldsymbol{k}}'_i)\hat{\boldsymbol{q}}_i(1-R_h) + \Bigg(\Bigg(\boldsymbol{J}(\boldsymbol{r}')\boldsymbol{G}(\boldsymbol{r}'',\boldsymbol{r}') + \frac{1}{k^2}\nabla'\cdot\boldsymbol{J}(\boldsymbol{r}')\nabla''G(\boldsymbol{r}'',\boldsymbol{r}')\Bigg)\cdot\hat{\boldsymbol{p}}_i\Bigg)\cdot\\
&(\hat{\boldsymbol{n}}\times\hat{\boldsymbol{q}}_i)(1+R_v)\Bigg] - \mathrm{j}k\eta\nabla\times\overline{\overline{\boldsymbol{G}}}(\boldsymbol{r},\boldsymbol{r}'')\cdot\Bigg[((\boldsymbol{J}(\boldsymbol{r}')G(\boldsymbol{r}'',\boldsymbol{r}') +\\
&\frac{1}{k^2}\nabla'\cdot\boldsymbol{J}(\boldsymbol{r}')\nabla''G(\boldsymbol{r}'',\boldsymbol{r}'))\cdot\hat{\boldsymbol{q}}_i)(\hat{n}\times\hat{\boldsymbol{q}}_i)(1+R_h) + ((\boldsymbol{J}(\boldsymbol{r}')\boldsymbol{G}(\boldsymbol{r}'',\boldsymbol{r}') +\\
&\frac{1}{k^2}\nabla'\cdot\boldsymbol{J}(\boldsymbol{r}')\nabla''G(\boldsymbol{r}'',\boldsymbol{r}'))\cdot\hat{\boldsymbol{p}}_i)(\hat{\boldsymbol{n}}\cdot\hat{\boldsymbol{k}}'_i)\hat{\boldsymbol{q}}_i(1-R_v)\Bigg]\Bigg]\mathrm{d}S_t\Bigg\}\mathrm{d}S_r\end{aligned} \tag{6.32}$$

式中：$\hat{\boldsymbol{k}}_i = (\boldsymbol{r}'' - \boldsymbol{r}')/|\boldsymbol{r}'' - \boldsymbol{r}'|$ 表示源点 $\boldsymbol{r}'$ 在场点 $\boldsymbol{r}''$ 处产生散射波 $\boldsymbol{\Psi}^{\text{s}}$ 的传播方向矢量，且有 $\hat{\boldsymbol{q}}_i = (\hat{\boldsymbol{k}}_i \times \hat{n})/|\hat{\boldsymbol{k}}_i \times \hat{n}|$，$\hat{\boldsymbol{p}}_i = \hat{\boldsymbol{q}}_i \times \hat{\boldsymbol{k}}_i$。

改变式(6.32)中的二重积分的积分次序，然后将式(6.31)代入式(6.23)，得

$$\begin{aligned}-\mathrm{j}k\eta\int_{S_t}&\Bigg\{\Bigg[\boldsymbol{J}(\boldsymbol{r}')G(\boldsymbol{r},\boldsymbol{r}') + \frac{1}{k^2}\nabla'\cdot\boldsymbol{J}(\boldsymbol{r}')\nabla G(\boldsymbol{r},\boldsymbol{r}')\Bigg] -\\
&\int_{S_r}\Bigg[-k\overline{\overline{\boldsymbol{G}}}(\boldsymbol{r},\boldsymbol{r}'')\cdot\Bigg[-((\boldsymbol{J}(\boldsymbol{r}')G(\boldsymbol{r}'',\boldsymbol{r}') + \frac{1}{k^2}\nabla'\cdot\boldsymbol{J}(\boldsymbol{r}')\nabla''G(\boldsymbol{r}'',\boldsymbol{r}'))\cdot\hat{\boldsymbol{q}}_i)\cdot\\
&(\hat{\boldsymbol{n}}\cdot\hat{\boldsymbol{k}}_i)\hat{\boldsymbol{q}}_i(1-R_h) + ((\boldsymbol{J}(\boldsymbol{r}')G(\boldsymbol{r}'',\boldsymbol{r}') + \frac{1}{k^2}\nabla'\cdot\boldsymbol{J}(\boldsymbol{r}')\nabla''G(\boldsymbol{r}'',\boldsymbol{r}'))\cdot\hat{\boldsymbol{p}}_i)(\hat{\boldsymbol{n}}\times\hat{\boldsymbol{q}}_i)\cdot\\
&(1+R_v)\Bigg] + \nabla\times\overline{\overline{\boldsymbol{G}}}(\boldsymbol{r},\boldsymbol{r}'')\cdot\Bigg[((\boldsymbol{J}(\boldsymbol{r}')G(\boldsymbol{r}'',\boldsymbol{r}') + \frac{1}{k^2}\nabla'\cdot\boldsymbol{J}(\boldsymbol{r}')\nabla''G(\boldsymbol{r}'',\boldsymbol{r}'))\cdot\hat{\boldsymbol{q}}_i)\cdot\\
&(\hat{\boldsymbol{n}}\times\hat{\boldsymbol{q}}_i)(1+R_h) + ((\boldsymbol{J}(\boldsymbol{r}')G(\boldsymbol{r}'',\boldsymbol{r}') + \frac{1}{k^2}\nabla'\cdot\boldsymbol{J}(\boldsymbol{r}')\nabla''G(\boldsymbol{r}'',\boldsymbol{r}'))\cdot\hat{\boldsymbol{p}}_i)(\hat{\boldsymbol{n}}\cdot\hat{\boldsymbol{k}}_i)\cdot\\
&\hat{\boldsymbol{q}}_i(1-R_v)\Bigg]\Bigg]\mathrm{d}S_r\Bigg\}\mathrm{d}S_t = \boldsymbol{E}^{\text{inc}}(\boldsymbol{r}) + \boldsymbol{E}^{\text{r}}(\boldsymbol{r})\end{aligned} \tag{6.33}$$

6.3.3　三维 KH－EFIE 离散化及阻抗矩阵计算

按照 MoM 求解积分方程的步骤，首先需要将目标表面剖分为 M_f 个三角面片，设公共边的个数为 M，电流 $\boldsymbol{J}$ 用 M 个 RWG 基函数表示为

$$\boldsymbol{J}(\boldsymbol{r}')=\sum_{m=1}^{M}J_m\boldsymbol{f}_m(\boldsymbol{r}') \tag{6.34}$$

将式(6.34)中的电流表达式代入方程式(6.33)，然后采用伽辽金匹配，可得

$$\boldsymbol{ZI}=\boldsymbol{V} \tag{6.35}$$

式中：$\boldsymbol{Z}$ 是阻抗矩阵；$\boldsymbol{I}$ 和 $\boldsymbol{V}$ 分别为未知数向量和激励向量，且 $\boldsymbol{Z}$ 中的元素可以表示为

$$Z_{mn}=Z_{mn}^{\mathrm{tt}}+Z_{mn}^{\mathrm{tr}} \tag{6.36}$$

式中：Z_{mn}^{tt} 表示目标的自耦合阻抗；Z_{mn}^{tr} 表示目标与粗糙面的互耦合阻抗，即

$$Z_{mn}^{\mathrm{tt}}=-l_m\left[\mathrm{j}\omega\left(\boldsymbol{A}_{mn}^{+}\cdot\frac{\boldsymbol{\rho}_m^{+}}{2}+\boldsymbol{A}_{mn}^{-}\cdot\frac{\boldsymbol{\rho}_m^{-}}{2}\right)+\Phi_{mn}^{+}-\Phi_{mn}^{-}\right] \tag{6.37}$$

$$Z_{mn}^{\mathrm{tr}}=-\left[\iint_{S_{\mathrm{r}}}\boldsymbol{F}_n(\boldsymbol{r}_m^{c+},\boldsymbol{r}'')\mathrm{d}S_{\mathrm{r}}\right]\cdot\frac{l_m\boldsymbol{\rho}_m^{+}}{2}-\left[\iint_{S_{\mathrm{r}}}\boldsymbol{F}_n(\boldsymbol{r}_m^{c-},\boldsymbol{r}'')\mathrm{d}S_{\mathrm{r}}\right]\cdot\frac{l_m\boldsymbol{\rho}_m^{-}}{2} \tag{6.38}$$

式中

$$\boldsymbol{A}_{mn}^{\pm}=\int_{T_n^{\pm}}\boldsymbol{f}_n(\boldsymbol{r}')G(\boldsymbol{r}_m^{\pm},\boldsymbol{r}')\mathrm{d}S_{\mathrm{t}},\quad \Phi_{mn}^{\pm}=-\frac{1}{\mathrm{j}\omega\varepsilon}\int_{T_n^{\pm}}\nabla'\cdot f_n(r')G(r_m^{\pm},r')\mathrm{d}S_{\mathrm{t}} \tag{6.39}$$

$$\begin{aligned}\boldsymbol{F}_n(\boldsymbol{r}_m^{c\pm},-'')=&-k\bar{\bar{\boldsymbol{G}}}(\boldsymbol{r}_m^{c\pm},\boldsymbol{r}'')\cdot[(-\boldsymbol{E}_n\cdot\hat{\boldsymbol{q}}_{\mathrm{i}})(\hat{\boldsymbol{n}}\cdot\hat{\boldsymbol{k}}_{\mathrm{i}})\hat{\boldsymbol{q}}_{\mathrm{i}}(1-R_{\mathrm{h}})+(\boldsymbol{E}_{\mathrm{n}}\cdot\hat{\boldsymbol{p}}_{\mathrm{i}})(\hat{\boldsymbol{n}}\times\hat{\boldsymbol{q}}_{\mathrm{i}})(1+R_{\mathrm{v}})]+\\&\nabla\times\bar{\bar{\boldsymbol{G}}}(\boldsymbol{r}_m^{c\pm},\boldsymbol{r}'')\cdot[(\boldsymbol{E}_n\cdot\hat{\boldsymbol{q}}_{\mathrm{i}})(\hat{\boldsymbol{n}}\times\hat{\boldsymbol{q}}_{\mathrm{i}})(1+R_{\mathrm{h}})+(\boldsymbol{E}_{\mathrm{n}}\cdot\hat{\boldsymbol{p}}_{\mathrm{i}})(\hat{\boldsymbol{n}}\cdot\hat{\boldsymbol{k}}_{\mathrm{i}})\hat{\boldsymbol{q}}_{\mathrm{i}}(1-R_{\mathrm{v}})]\end{aligned} \tag{6.40}$$

$$\boldsymbol{E}_n=\frac{l_n\boldsymbol{\rho}_n^{+}}{2}G(\boldsymbol{r}'',\boldsymbol{r}_n^{c+})+\frac{l_n}{k^2}\nabla''G(\boldsymbol{r}'',\boldsymbol{r}_n^{c+})+\frac{l_n\boldsymbol{\rho}_n^{-}}{2}G(\boldsymbol{r}'',\boldsymbol{r}_n^{c-})-\frac{l_n}{k^2}\nabla''G(\boldsymbol{r}'',\boldsymbol{r}_n^{c-}) \tag{6.41}$$

$\boldsymbol{F}_n(\boldsymbol{r}_m^{c\pm},\boldsymbol{r}'')$ 表示面元 T_n^{+} 和 T_n^{-} 上的电流产生的散射场 $\boldsymbol{E}_n$ 经粗糙面上的 $\boldsymbol{r}''$ 点在面元 $T_m^{\pm}$ 上产生的反射场。激励项 $\boldsymbol{V}$ 中的元素可以写为

$$V_m=l_m[\boldsymbol{E}^{\mathrm{inc}}(\boldsymbol{r}_m^{c+})+\boldsymbol{E}^{r}(\boldsymbol{r}_m^{c+})]\cdot\frac{\boldsymbol{\rho}_m^{+}}{2}+l_m[\boldsymbol{E}^{\mathrm{inc}}(\boldsymbol{r}_m^{c-})+\boldsymbol{E}^{r}(\boldsymbol{r}_m^{c-})]\cdot\frac{\boldsymbol{\rho}_m^{-}}{2} \tag{6.42}$$

接下来，可以通过各种线性方程组的求解技术来求解矩阵方程式(6.35)。

6.3.4　二维粗糙面截断讨论

真实的二维地海面环境是无限大的，但粗糙面在数值计算中必须为有限大小。设目标位于粗糙面的中心正上方，根据散射机理，粗糙面上的点距中心越远，它和目标的耦合散射作用越弱，当距离取得足够远时，这种散射足够弱就可以忽略，在此距离上即可截断粗糙面。

先分析一个临空金属球和高斯粗糙面相互作用时的情况。球半径为 $r=0.5\lambda$，球心在粗糙面上方 $d=4.5\lambda$ 处，粗糙面大小取 $80\lambda\times80\lambda$，均方根高度和相关长度分别取 $h=0.1\lambda$，$l_x=l_y=1.2\lambda$，粗糙面媒质的相对介电常数和相对磁导率分别为 $\varepsilon_{\mathrm{r}}=2.0$，$\mu_{\mathrm{r}}=1.0$。入射平面波的入射角度取 $\theta_{\mathrm{i}}=35°$，$\varphi_{\mathrm{i}}=90°$，采用本章建立的电磁模型，计算球体的感应电流在粗糙面上产生的散射场的分布，如图 6.21(a) 所示。可以看出，当 $|x|>20\lambda$ 或 $|y|>20\lambda$ 时，由于球体和粗糙面元距离变大，感应电流在粗糙面上产生的散射场已经变得十分微弱。再考

虑更加粗糙的粗糙面情况 $h=0.3\lambda$。同样计算球体的感应电流在粗糙面上产生的散射场的分布，如图 6.21(b) 所示，感应电流在粗糙面的边缘部分产生的散射场十分微弱，由于粗糙度的增加，粗糙面上的镜面反射减小，粗糙面上的漫反射增强，因此球体和粗糙面元之间的耦合效应不如 $h=0.1\lambda$ 时强烈，相比图 6.21(a)，球体感应电流在粗糙面上的散射场幅度减小很多。

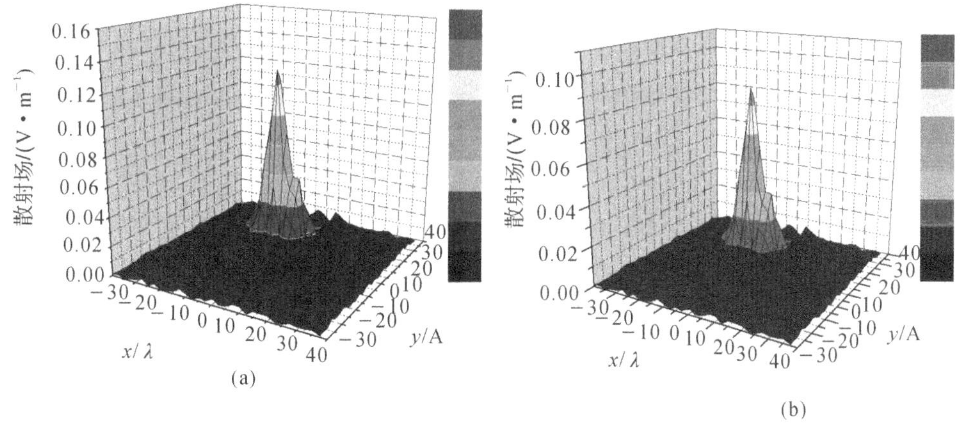

图 6.21　球体在高斯粗糙面上的感应电场强度分布

(a) $h=0.1\lambda$；(b) $h=0.3\lambda$

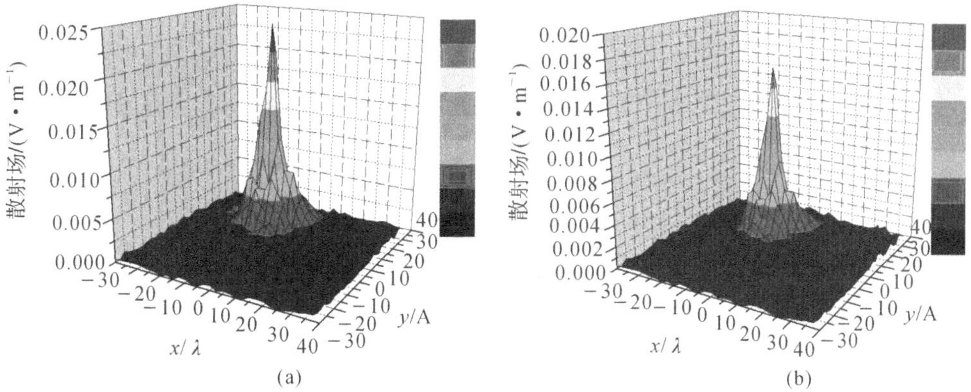

图 6.22　球体在风驱海洋粗糙面上的感应电场强度分布

(a) $U_{19.5}=3$ m/s；(b) $U_{19.5}=15$ m/s

将上例中的高斯粗糙面换作 PM 谱海洋粗糙面，粗糙面大小取 $80\lambda\times80\lambda$，海面上方 19.5 m 处风速分别取 $U_{19.5}=3$ m/s，$U_{19.5}=15$ m/s。计算球体的感应电流在海洋粗糙面上产生的散射场的分布，如图 6.22 所示。

可以看出，类似于高斯粗糙面的情况，随着目标与粗糙面元之间距离的增大，目标在风驱海洋面上的感应电场强度迅速递减，当 $|x|>20\lambda$ 或 $|y|>20\lambda$ 时，感应电场强度已经十分微弱，此时粗糙面即可截断。同时还发现，在大风速情况下，由于海面粗糙程度的增加，目标与粗糙面元之间的镜向反射减弱，粗糙面上的漫反射效应增强，因此漫反射后的反射波大部分不能照射到目标表面，致使目标与粗糙面之间的耦合效应不如小风速时强烈，球体表面

的感应电流在粗糙面上的散射场幅度也相应减小。

由以上计算结果可以看出，二维粗糙面在一定大小范围内也是可以截断的。

6.3.5 三维问题远场散射参数定义

在采用 MoM 求解 KH - EFIE 之后，目标表面电流已知，进而可通过式(6.25)、式(6.28)、式(6.29)和式(6.32)计算粗糙面上方任意一点处的散射场。当观察点位于远区时，对应的自由空间格林函数、并矢格林函数以及并矢格林函数的叉乘运算有如下的近似表达式：

$$G(\boldsymbol{r},\boldsymbol{r}') \cong \frac{\exp(-\mathrm{j}kr)}{4\pi r}\exp[\mathrm{j}k(\hat{\boldsymbol{k}}_s\cdot\boldsymbol{r}')] \tag{6.43}$$

$$\bar{\bar{\boldsymbol{G}}}(\boldsymbol{r},\boldsymbol{r}'') \cong \frac{\exp(-\mathrm{j}kr)}{4\pi r}(\hat{\boldsymbol{v}}_s\hat{\boldsymbol{v}}_s+\hat{\boldsymbol{h}}_s\hat{\boldsymbol{h}}_s)\exp[\mathrm{j}k(\hat{\boldsymbol{k}}_s\cdot\boldsymbol{r}'')] \tag{6.44}$$

$$\nabla\times\bar{\bar{\boldsymbol{G}}}(r,r'') \cong \mathrm{j}k\frac{\exp(-\mathrm{j}kr)}{4\pi r}(\hat{\boldsymbol{h}}_s\hat{\boldsymbol{v}}_s-\hat{\boldsymbol{v}}_s\hat{\boldsymbol{h}}_s)\exp[\mathrm{j}k(\hat{\boldsymbol{k}}_s\cdot\boldsymbol{r}'')] \tag{6.45}$$

式中：

$$\left.\begin{aligned}\hat{\boldsymbol{k}}_s&=\hat{\boldsymbol{x}}\sin\theta_s\cos\varphi_s+\hat{\boldsymbol{y}}\sin\theta_s\sin\varphi_s+\hat{\boldsymbol{z}}\cos\theta_s\\ \hat{\boldsymbol{h}}_s&=-\hat{\boldsymbol{x}}\sin\varphi_s+\hat{\boldsymbol{y}}\cos\varphi_s\\ \hat{\boldsymbol{v}}_s&=\hat{\boldsymbol{x}}\cos\theta_s\cos\varphi_s+\hat{\boldsymbol{y}}\cos\theta_s\sin\varphi_s-\hat{\boldsymbol{z}}\sin\theta_s\end{aligned}\right\} \tag{6.46}$$

在以上远场近似条件下，散射场 $\boldsymbol{E}^{\mathrm{r}}(\boldsymbol{r})$、$\boldsymbol{E}^{\mathrm{s}}(\boldsymbol{r})$ 和 $\boldsymbol{E}^{\mathrm{sr}}(\boldsymbol{r})$ 的 h 和 v 极化分量可以写为

$$\boldsymbol{E}_{\mathrm{h}}^{\mathrm{r}}(\boldsymbol{r})=-\frac{\mathrm{j}k\exp(-\mathrm{j}kr)}{4\pi r}\int_{S_r}\{\eta\hat{\boldsymbol{h}}_s\cdot[\hat{\boldsymbol{n}}\times\boldsymbol{H}_{\mathrm{total}}^{\mathrm{inc}}(\boldsymbol{r}'')]+\hat{\boldsymbol{v}}_s\cdot[\hat{\boldsymbol{n}}\times\boldsymbol{E}_{\mathrm{total}}^{\mathrm{inc}}(\boldsymbol{r}'')]\}\exp[\mathrm{j}k(\hat{\boldsymbol{k}}_s\cdot\boldsymbol{r}'')]\mathrm{d}S_r \tag{6.47}$$

$$\boldsymbol{E}_{\mathrm{v}}^{\mathrm{r}}(\boldsymbol{r})=-\frac{\mathrm{j}k\exp(-\mathrm{j}kr)}{4\pi r}\int_{S_r}\{\eta\hat{\boldsymbol{v}}_s\cdot[\hat{\boldsymbol{n}}\times\boldsymbol{H}_{\mathrm{total}}^{\mathrm{inc}}(\boldsymbol{r}'')]-\hat{\boldsymbol{h}}_s\cdot[\hat{\boldsymbol{n}}\times\boldsymbol{E}_{\mathrm{total}}^{\mathrm{inc}}(\boldsymbol{r}'')]\}\exp[\mathrm{j}k(\hat{\boldsymbol{k}}_s\cdot\boldsymbol{r}'')]\mathrm{d}S_r \tag{6.48}$$

$$\boldsymbol{E}_{\mathrm{h}}^{\mathrm{s}}(\boldsymbol{r})=-\frac{\mathrm{j}k\eta\exp(-\mathrm{j}kr)}{4\pi r}\sum_{m=1}^{M}J_m\int_{T_m^++T_m^-}\hat{\boldsymbol{h}}_s\cdot\boldsymbol{f}_m(\boldsymbol{r}')\exp[\mathrm{j}k(\hat{\boldsymbol{k}}_s\cdot\boldsymbol{r}')]\mathrm{d}S_t \tag{6.49}$$

$$\boldsymbol{E}_{\mathrm{v}}^{\mathrm{s}}(\boldsymbol{r})=-\frac{\mathrm{j}k\eta\exp(-\mathrm{j}kr)}{4\pi r}\sum_{m=1}^{M}J_m\int_{T_m^++T_m^-}\hat{\boldsymbol{v}}_s\cdot\boldsymbol{f}_m(\boldsymbol{r}')\exp[\mathrm{j}k(\hat{\boldsymbol{k}}_s\cdot\boldsymbol{r}')]\mathrm{d}S_t \tag{6.50}$$

$$\begin{aligned}\boldsymbol{E}_{\mathrm{h}}^{\mathrm{sr}}(\boldsymbol{r})=&-\frac{\mathrm{j}k\exp(-\mathrm{j}kr)}{4\pi r}\int_{S_r}\{\eta\hat{\boldsymbol{h}}_s\cdot[\hat{\boldsymbol{n}}\times\boldsymbol{H}_{\mathrm{total}}^{\mathrm{s\_inc}}(\boldsymbol{r}'')]+\hat{\boldsymbol{v}}_s\cdot[\hat{\boldsymbol{n}}\times\boldsymbol{E}_{\mathrm{total}}^{\mathrm{s\_inc}}(\boldsymbol{r}'')]\}\cdot\\&\exp[\mathrm{j}k(\hat{\boldsymbol{k}}_s\cdot\boldsymbol{r}'')]\mathrm{d}S_r\end{aligned} \tag{6.51}$$

$$\begin{aligned}\boldsymbol{E}_{\mathrm{v}}^{\mathrm{sr}}(\boldsymbol{r})=&-\frac{\mathrm{j}k\exp(-\mathrm{j}kr)}{4\pi r}\int_{S_r}\{\eta\hat{\boldsymbol{v}}_s\cdot[\hat{\boldsymbol{n}}\times\boldsymbol{H}_{\mathrm{total}}^{\mathrm{s\_inc}}(\boldsymbol{r}'')]-\hat{\boldsymbol{h}}_s\cdot[\hat{\boldsymbol{n}}\times\boldsymbol{E}_{\mathrm{total}}^{\mathrm{s\_inc}}(\boldsymbol{r}'')]\}\cdot\\&\exp[\mathrm{j}k(\hat{\boldsymbol{k}}_s\cdot\boldsymbol{r}'')]\mathrm{d}S_r\end{aligned} \tag{6.52}$$

式中：

$$\begin{aligned}\hat{\boldsymbol{n}}\times\boldsymbol{H}_{\mathrm{total}}^{\mathrm{s\_inc}}(\boldsymbol{r}'')=\int_{S_t}\Big[&-((\boldsymbol{J}(\boldsymbol{r}')G(\boldsymbol{r}'',\boldsymbol{r}')+\frac{1}{k^2}\nabla'\cdot\boldsymbol{J}(\boldsymbol{r}')\nabla''G(\boldsymbol{r}'',\boldsymbol{r}'))\cdot\hat{\boldsymbol{q}}_{\mathrm{i}})(\hat{\boldsymbol{n}}\cdot\hat{\boldsymbol{k}}_{\mathrm{i}})\hat{\boldsymbol{q}}_{\mathrm{i}}(1-R_{\mathrm{h}})+\\&((\boldsymbol{J}(\boldsymbol{r}')G(\boldsymbol{r}'',\boldsymbol{r}')+\frac{1}{k^2}\nabla'\cdot\boldsymbol{J}(\boldsymbol{r}')\nabla''G(\boldsymbol{r}'',\boldsymbol{r}'))\cdot\hat{\boldsymbol{p}}_{\mathrm{i}})(\hat{\boldsymbol{n}}\times\hat{\boldsymbol{q}}_{\mathrm{i}})(1+R_{\mathrm{v}})\Big]\mathrm{d}S_t\end{aligned} \tag{6.53}$$

$$\begin{aligned}\hat{\boldsymbol{n}}\times\boldsymbol{E}_{\mathrm{total}}^{\mathrm{s\_inc}}(\boldsymbol{r}'')=\int_{S_t}\Big[&((\boldsymbol{J}(\boldsymbol{r}')G(\boldsymbol{r}'',\boldsymbol{r}')+\frac{1}{k^2}\nabla'\cdot\boldsymbol{J}(\boldsymbol{r}')\nabla''G(\boldsymbol{r}'',\boldsymbol{r}'))\cdot\hat{\boldsymbol{q}}_i)(\hat{\boldsymbol{n}}\times\hat{\boldsymbol{q}}_i)(1+R_{\mathrm{h}})+\\&((\boldsymbol{J}(\boldsymbol{r}')G(\boldsymbol{r}'',\boldsymbol{r}')+\frac{1}{k^2}\nabla'\cdot\boldsymbol{J}(\boldsymbol{r}')\nabla''G(\boldsymbol{r}'',\boldsymbol{r}'))\cdot\hat{\boldsymbol{p}}_{\mathrm{i}})(\hat{\boldsymbol{n}}\cdot\hat{\boldsymbol{k}}_{\mathrm{i}})\hat{\boldsymbol{q}}_i(1-R_{\mathrm{v}})\Big]\mathrm{d}S_t\end{aligned} \tag{6.54}$$

在求得以上散射分量之后，粗糙面背景下目标的雷达散射截面可表示为 σ_t，则有

$$\sigma_t = \lim_{r\to\infty} 2\pi r^2 \frac{|\boldsymbol{E}^s|^2}{|\boldsymbol{E}^{inc}|^2} \tag{6.55}$$

目标的差场雷达散射截面可表示为 σ_d

$$\sigma_d = \lim_{r\to\infty} 2\pi r^2 \frac{|\boldsymbol{E}^s + \boldsymbol{E}^{sr}|^2}{|\boldsymbol{E}^{inc}|^2} \tag{6.56}$$

粗糙面和目标的复合散射截面 σ 可表示为

$$\sigma = \lim_{r\to\infty} 2\pi r^2 \frac{|\boldsymbol{E}^s + \boldsymbol{E}^{sr} + \boldsymbol{E}^r|^2}{|\boldsymbol{E}^{inc}|^2} \tag{6.57}$$

6.4 三维问题的数值验证与实例分析

6.4.1 三维问题精度验证与效率分析

为了检验 KH - EFIE 的 MoM 解的精度，在以下算例中采用不同方法时，使用同一个粗糙面样本。在粗糙面上进行积分运算时，每个波长取 6 个离散点。

例 6 - 11 考虑一个边长为 $a=0.2\lambda$ 的导体立方体，位于导体平面(可视为 $h=0.0\lambda$ 粗糙面) 上方 $d=5\lambda$ 处。外加 $\theta_i=30^\circ$，$\varphi_i=90^\circ$ 的平面波照射，粗糙面平面长度取 $L_x=L_y=20\lambda$。仿真计算使用的计算机配置为 CPU Pentium (R) Dual-Core 2.5 GHz，内存 2 GB。

采用三角面元模拟立方体表面，相应的面元对的公共边分布情况如图 6.23 所示。分别采用 FBM-CG、半空间格林函数方法和本书中 KH - EFIE 的 MoM 解，计算立方体表面的电流系数，图 6.24 所示给出了不同方法的计算结果。可以看出，三种方法具有几乎相同的精度。其中，FBM - CG 中的锥形波参数可参照参考文献[7] 取 $g_x=L_x/3$，$g_y=L_y/3$。FBM - CG 产生 28872 个未知数，耗时 10923 s；本书方法产生 72 个未知数，耗时 1 012 s 。

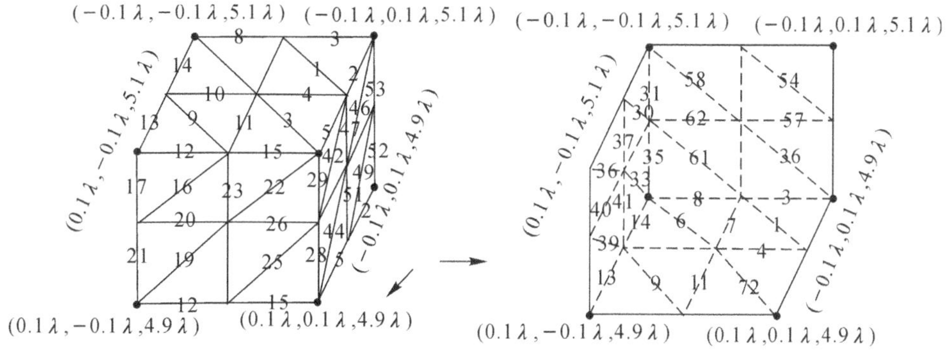

图 6.23 立方体表面的未知数排列次序

例 6-12 为了说明通用性，将例 6-11 中的平面换作更具普适性的高斯粗糙面，粗糙面参数 $h=0.5\lambda$，$l=4.0\lambda$。分别用本书方法和 FBM - CG 计算粗糙面上方的立方体在 $\varphi_s=90^\circ$ 面内的差场雷达散射截面(见图 6.25)。从两种方法的结果对比来看，两种方法具有几乎相同的精度，验证了 KH - EFIE 解针对导体粗糙面情况的有效性，FBM - CG 耗时 18762 s，而 KH - EFIE 解耗时仅为 1 114 s。

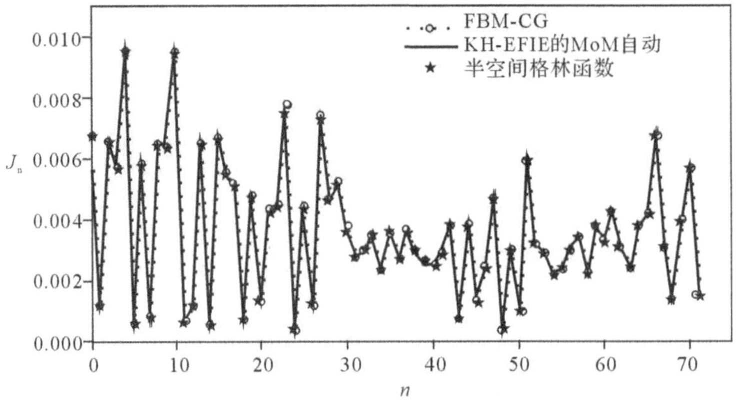

图 6.24　导体平面上方立方体的表面电流系数

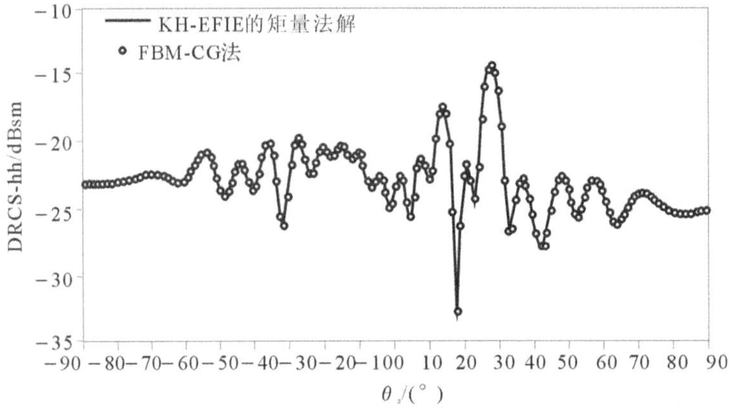

图 6.25　导体粗糙面—立方体的 DRCS

例 6-13　本书方法不仅适用于目标的下垫面为导体面的情况，还可以计算介质粗糙面与目标的复合电磁散射问题。设介质相对介电常数 $\varepsilon_r=2.0$，相对磁导率 $\mu_r=1.0$，$h=0.1\lambda$，$l=1.2\lambda$，$L_x=L_y=40\lambda$，目标取半径为 0.5λ 球体，距水平面高度 4.5λ，外加平面波的入射角取 $\theta_i=35°$，$\varphi_i=90°$。

分别采用FBM-CG、参考文献[1]中的方法和KH-EFIE的MoM解，计算粗糙面背景下球体的雷达散射截面和整个系统的复合雷达散射截面，计算结果分别如图6.26和图6.27所示(观察面取 $\varphi_s=270°$)。从图中不同方法所得结果的吻合情况，可以看出针对介质粗糙面情形，本书方法的精度仍然是可靠的。同时由图 6.26 可以看出，相比自由空间中目标的散射，在粗糙面背景下，目标和粗糙面的相互作用致使目标的散射增强。

通过以上实例仿真本书方法的精度到了验证，同时，相比单纯的数值方法，本书中KH-EFIE的MoM解更高效。

6.4.2　二维粗糙面与三维目标的统计复合散射特性

在上一节的验证算例中，均是针对一次粗糙面样本进行的计算，下面算例中粗糙面样本实现次数取70，针对不同的参数条件，计算粗糙面与目标的统计复合电磁散射特性，并分析参数变化对复合散射的影响。

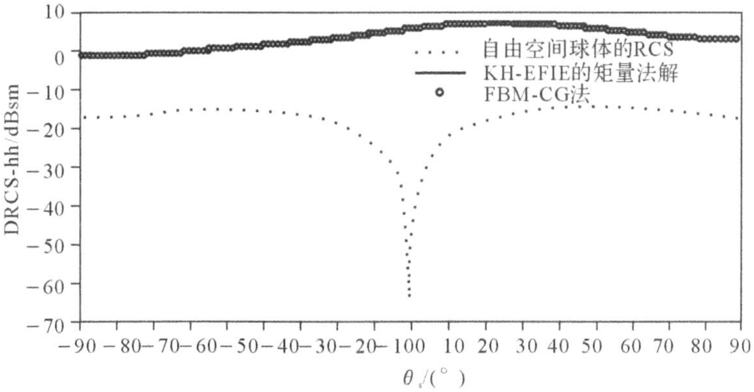

图 6.26 粗糙面背景下球体的 RCS

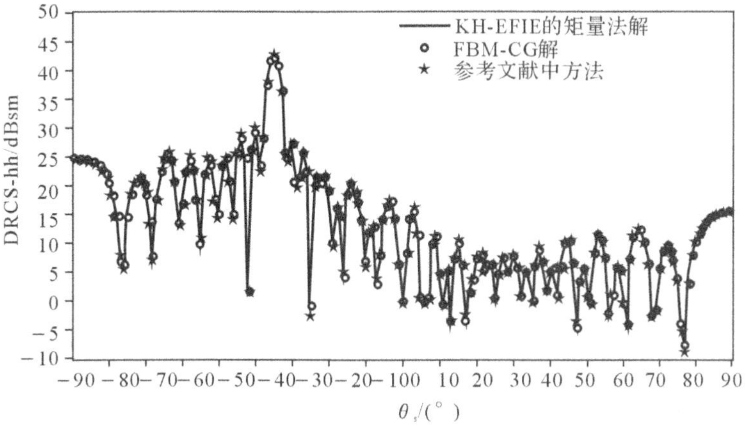

图 6.27 介质粗糙面—球体的复合 RCS

例 6-14 粗糙度对粗糙面与目标复合散射的影响。

设有圆柱在粗糙上方 4.5λ 处，圆柱半径 $R=0.25\lambda$，柱长 $H=\lambda$，在 $\theta_i=20°$，$\varphi_i=90°$ 的平面波照射下，粗糙面大小取 40λ×40λ，粗糙面介质的相对介电常数取 $\varepsilon_r=3.5$，相对磁导率取 $\mu_r=1.0$。计算不同起伏参数(均方根高度 h 和相关长度 l_x，l_y)下，介质粗糙面与柱状目标在 $\varphi_s=270°$ 面内的复合雷达散射截面，结果如图 6.28 所示。

由计算结果可见，复合散射特性与粗糙度密切相关，复合雷达散射截面在镜向散射方向 $\theta_s=-20°$ 附近显现出了峰值，并且粗糙面越平滑(即 h/l 越小)，对应的镜面散射特性越强，随着粗糙度的增加(h/l 增大)，粗糙面产生的相干散射分量(镜面反射)减弱，非相干散射分量(漫反射)增强，于是当 $h/l=0.1$ 时，由于粗糙面上的漫反射占据了主导地位，因此 $\theta_s=-20°$ 方向上的峰值消失。

例 6-15 介电常数对粗糙面与目标复合散射的影响。

选取导体正方形平板目标，边长取 $a=1.0\lambda$，平板平行于 xOy 面，位于粗糙面上方 5λ 处。粗糙面为具有不同介电常数的介质粗糙面，参数取 $h=0.2\lambda$，$l=4.0\lambda$，粗糙面大小取 40λ×40λ。外加入射角为 $\theta_i=30°$，$\varphi_i=90°$ 的平面波，计算在 $\varphi_s=270°$ 面内的粗糙面与目标的复合散射截面，结果如图6.29所示。可以看出，介质的介电常数对复合RCS影响显著，介电常数的模值越大，对应粗糙表面的反射系数越大，粗糙面与目标之间的耦合就越强，复合散射截面也就越大，在相对介电常数 $\varepsilon_r=\infty$ 时，粗糙面变为导体粗糙面，此时目标与粗糙面的复合散射最强，对应的复合 RCS 如图 6.29 所示中的实线。

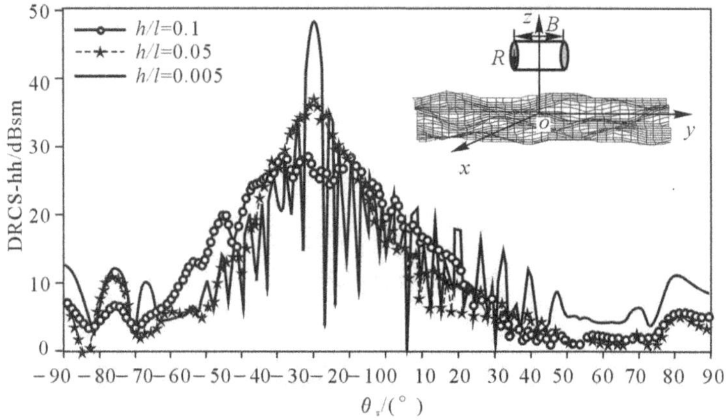

图 6.28　粗糙面-圆柱目标的复合 RCS 随粗糙度的变化

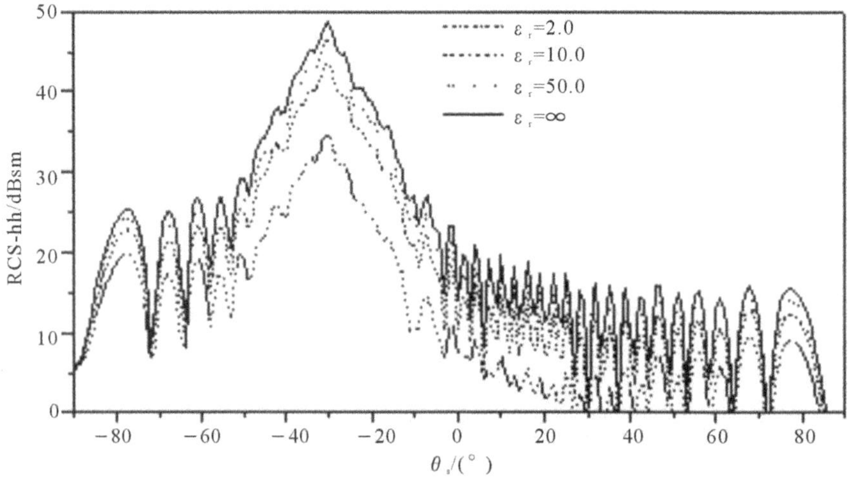

图 6.29　粗糙面-平板的复合 RCS 随粗糙面介电常数的变化

例 6-16　粗糙面上方不同形状目标的复合散射。

分别选取具有相等表面积 $S=\pi\lambda^2$ 的立方体、球体和四面体目标，目标距水平面高度均为 5λ，粗糙面大小取 $40\lambda\times40\lambda$，$h=0.5\lambda$，$l=4.0\lambda$，介质相对介电常数取 $\varepsilon_r=2.0$，入射波为 $\theta_i=25°$，$\varphi_i=90°$ 的平面波。采用本书方法计算上述三种目标在 $\varphi_s=270°$ 面内的差场雷达散射截面（见图6.30），以及目标与粗糙面在 $\varphi_s=270°$ 面内的复合雷达散射截面（见图6.31）。

由图 6.30 可见，尽管 3 个目标具有相同的表面积，但它们的 DRCS 却呈现出较大的差异。由图 6.31 可见，不同目标与粗糙面的复合雷达散射截面没有太大的不同，这是因为在复合散射中，粗糙面产生的散射分量占据了主导地位，致使复合 RCS 随目标形状的变化不再明显。但是，由于目标的存在，故粗糙面与目标耦合作用又使得复合雷达散射截面高于单纯粗糙面的雷达散射截面。由于不同目标的 DRCS 区别较大，故在目标识别中，DRCS 数据要比复合 RCS 数据更有参考价值。

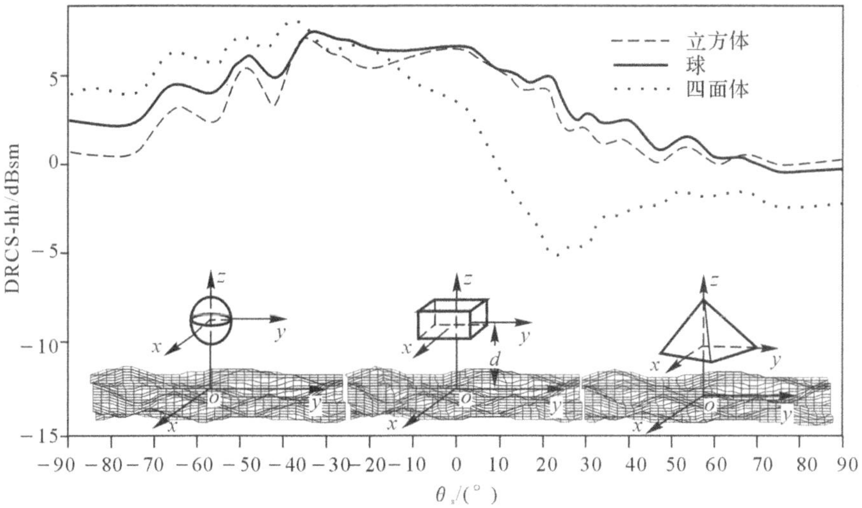

图 6.30　相同表面积不同目标的 DRCS

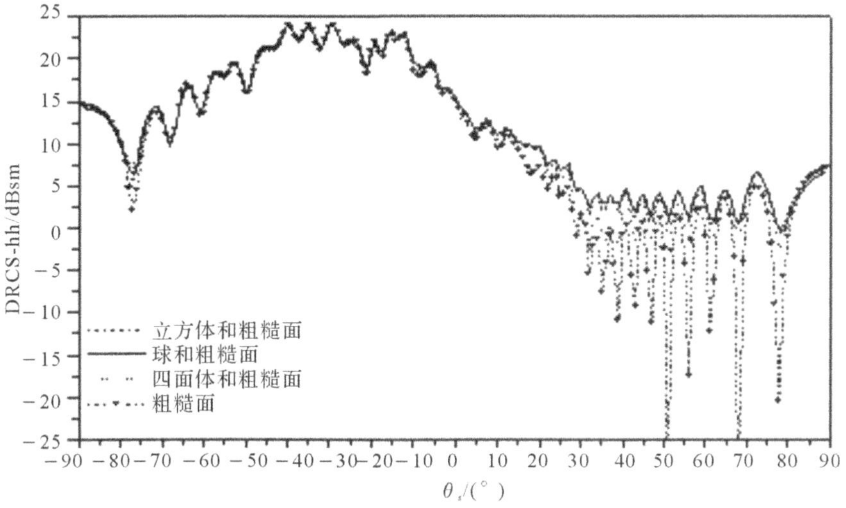

图 6.31　相同表面积不同目标的 DRCS

例 6-17　粗糙面上方不同高度目标的复合散射。

考虑边长为 $a=1.0\lambda$，$b=0.5\lambda$ 的二面角位于粗糙面上方，粗糙面参数为 $h=0.2\lambda$，$l_x=l_y=4.0\lambda$，$\varepsilon_r=10$，$\mu_r=1.0$，粗糙面大小取 $40\lambda\times40\lambda$，平面波入射角为 $\theta_i=30°$，$\varphi_i=90°$。二面角距水平面的高度分别取 $d=5\lambda$，$d=50\lambda$ 和 $d=100\lambda$，计算不同高度下二面角在 $\varphi_s=0°$ 面内的差场雷达散射截面，结果如图 6.32 所示。由图中曲线可以看出，$d=5\lambda$ 对应的 DRCS 曲线要高于 $d=50\lambda$ 和 $d=100\lambda$ 对应的 DRCS 曲线，因为目标和粗糙面距离小时，两者之间的互耦散射比较强。但在 $d=50\lambda$ 和 $d=100\lambda$ 两种情况下的 DRCS 曲线几乎相同，这是因为，当目标距粗糙面高度足够大时（比如 $d=50\lambda$ 和 $d=100\lambda$），由于目标与粗糙面之间的耦合作用变得相当微弱，故 DRCS 曲线随高度变化不再明显。

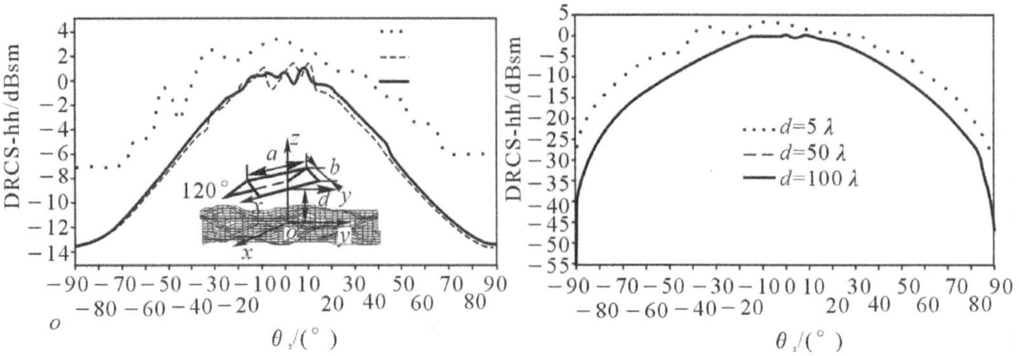

(a) (b)

图 6.32 距粗糙面不同高度的二面角的 DRCS

(a)HH 极化； (b) HV 极化

6.4.3 粗糙面上方低空导弹目标的复合电磁散射

前面章节对本书方法的有效性进行了验证分析，并分析了简单目标与粗糙面的复合电磁散射问题。本节将 KH - EFIE 解应用于复杂导弹类目标与粗糙面的复合电磁散射问题，研究低空导弹目标在粗糙面背景下的电磁散射特性。

例 6 - 18 高斯粗糙面上方型号 1 巡航导弹的电磁散射特性。

如图 6.33 所示，在高斯粗糙面上方有型号 1 巡航导弹，导弹的近似几何模型中，弹长取 5 m，直径取 1.5 m，弹体平行于 xoy 面，弹头指向 y 轴正方向。外加频率 $f=300$ MHz 的平面波，入射角为 $\theta_i=30°$，$\varphi_i=90°$。粗糙面参数取 $h=0.3\lambda$，$l_x=l_y=4.0\lambda$，$\varepsilon_r=3-0.05j$，$\mu_r=1.0$（代表干性土壤），粗糙面大小取 $40\lambda\times40\lambda$，$L_y=40\lambda$，导弹距离粗糙面高度为 10λ。

图 6.33 高斯粗糙面上方的型号 1 巡航导弹

计算型号 1 导弹和下方粗糙面的复合电磁散射特性，仍然采用多个粗糙面样本，最终求统计平均值。求得粗糙面背景下导弹的 RCS、导弹和粗糙面的复合 RCS，如图 6.34 所示，并将结果与自由空间中导弹的 RCS 以及单纯粗糙面的 RCS 相对比。分析图中结果，粗糙面背景下导弹的 RCS 要高于自由空间中导弹的 RCS，原因在于粗糙面－目标耦合散射使得导弹在远区产生的散射场增强，而且相比自由空间中导弹的 RCS，粗糙面背景下导弹的 RCS 曲线相对平滑。在观察角 $\theta_s\leqslant30°$ 的范围内，单纯粗糙面的 RCS 和粗糙面-目标的复合 RCS 大致相同，这是因为，在平面波的照射下，介质粗糙面的散射波主要集中在镜面反射方向（即前向散射 $\theta_s\leqslant30°$），在这些方向上，相比粗糙面的散射贡献，导弹的散射分量对复合 RCS 的贡献很小；而 $\theta_s > 30^\circ$ 时，复合 RCS 要明显高于单纯粗糙面的 RCS，因为在这些方向上，粗糙面更多呈现的是漫反射分量，在复合散射中不占主导地位，于是导弹和粗糙的复合 RCS 曲线明显高于单纯粗糙面的 RCS 曲线。

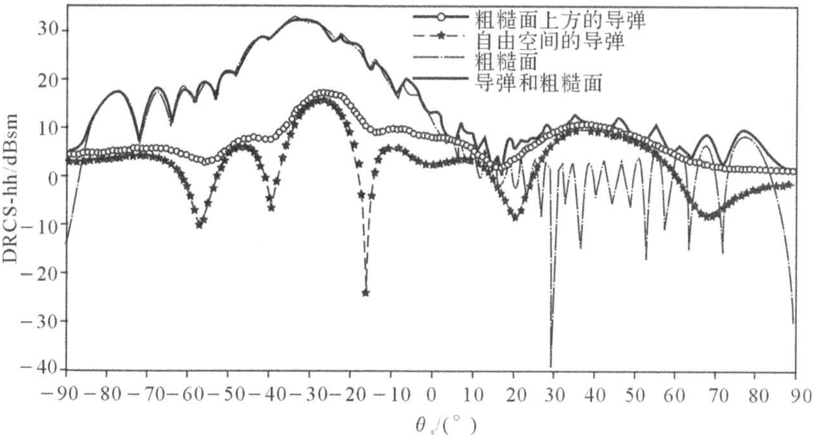

图 6.34　高斯粗糙面背景下型号 1 导弹的 RCS 和复合 RCS

例 6 - 19　风驱海洋面上方型号 1 导弹缩比模型的电磁散射特性。

如图 6.35 所示，在频率为 $f=600$ MHz、入射角为 $\theta_i=30^\circ$，$\varphi_i=90^\circ$ 的平面波照射下，海水相对介电常数取 $\varepsilon_r=48.3-34.9j$，在风驱海洋面上方 10λ 处有一型号 1 巡航导弹缩比模型，弹长取 5λ，直径取 1.5λ，弹体平行于 xOy 面，弹头指向 y 轴正方向。仿真计算中，海面上方风速取 $U_{19.5}=5$ m/s，方向沿 x 轴正向，海洋粗糙面二维方向的长度取 $L_x=40\lambda$，$L_y=40\lambda$。

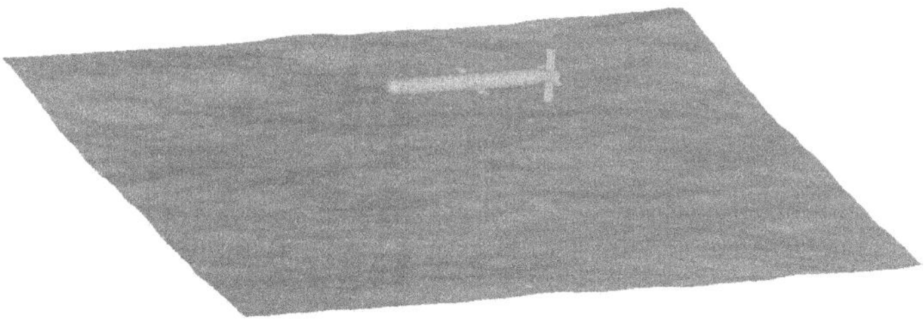

图 6.35　风驱海洋面上方的型号 1 导弹缩比模型

在多个海洋粗糙面样本下计算此导弹模型的 RCS 以及导弹－海洋面的复合 RCS，结果如图 6.36 所示。分析图中数据可以看出，类似于高斯粗糙面背景下，导弹模型在海洋粗糙面背景下的 RCS 要高于自由空间中的导弹的 RCS；另一方面，由于本例中海洋面的粗糙程度远不及上例中的高斯粗糙面，故复合 RCS 和单纯粗糙面的 RCS 在前向散射方向（$\theta_s=-30^\circ$）呈现的峰值更加尖锐。

通过对比图 6.34 和图 6.36 可见，无论是高斯粗糙面背景还是风驱海洋粗糙面背景，型号 1 导弹散射趋势大致相同。

例 6 - 20　高斯粗糙面上方型号 2 导弹的电磁散射特性。

如图 6.37 所示，在高斯粗糙面上方有型号 2 弹道导弹，导弹的近似几何模型中，弹长取 22 m，直径取 1.2 m，弹体平行于 xOy 面，弹头指向 y 轴正方向。外加频率 $f=300$ MHz 的平面波，入射角为$\theta_i=25°$，$\varphi_i=90°$。粗糙面参数取$h=0.03\lambda$，$l_x=l_y=4.0\lambda$，$\varepsilon_r=4.7$，$\mu_r=1.0$，粗糙面二维方向的长度取$L_x=40\lambda$，$L_y=60\lambda$，导弹距离粗糙面高度为50λ。

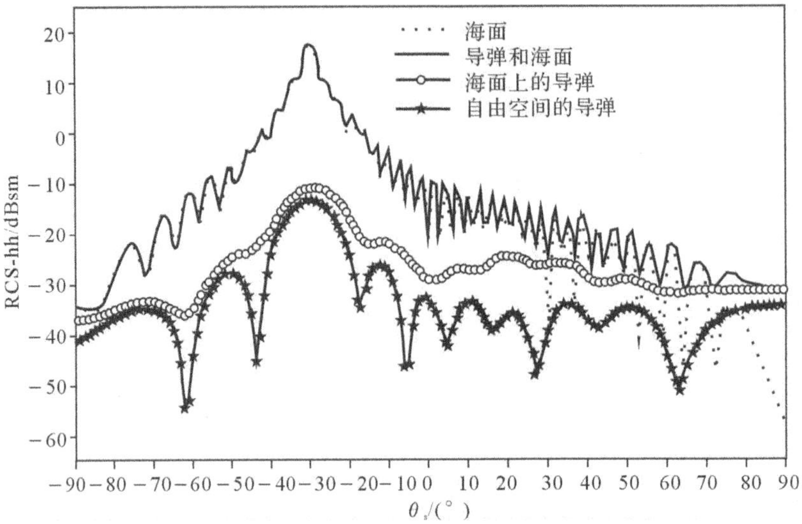

图 6.36　风驱海洋面背景下型号 1 导弹缩比模型的 RCS 和复合 RCS

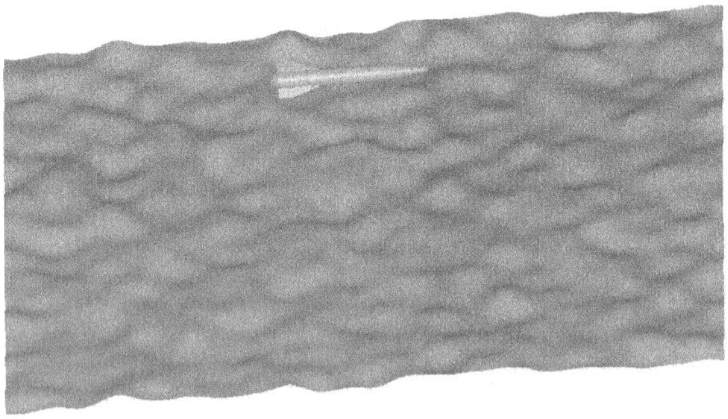

图 6.37　高斯粗糙面上方的型号 2 弹道导弹

采用本书方法计算粗糙面背景下型号 2 导弹的 RCS，结果如图 6.38 所示。虽然自由空间中导弹的 RCS 比粗糙面背景下导弹的 RCS 略低，但两者相差不大，不如型号 1 导弹算例中那么明显，这是因为型号 2 导弹距离粗糙面比型号 1 导弹要高很多，故粗糙面与导弹的耦合散射作用很微弱，对型号 2 导弹的表面电流影响很小，相比自由空间的情形，导弹的远区散射场变化不大。

计算所得粗糙面-导弹的复合 RCS 以及单纯粗糙面的 RCS 如图 6.39 所示，可以看出，在$\theta_s=-25°$时，RCS 曲线呈现出很尖的散射峰值，即在前向散射方向，散射回波相当集中，这是因为粗糙面相对光滑($h/l<0.01$)，镜面反射作用明显。

例 6-21　风驱海洋面上方型号 2 导弹缩比模型的电磁散射特性。

如图 6.40 所示，在频率为$f=8.91$ GHz、入射角为$\theta_i=30°$，$\varphi_i=90°$的平面波照射下，海水相对介电常数取$\varepsilon_r=48.3-34.9j$，风驱海洋面上方50λ处有一型号 2 导弹缩比模型，弹长取22λ，直径取1.2λ，弹体平行于xoy面，弹头指向y轴正方向。在仿真计算中，海面上方风

速取 $U_{19.5}=5$ m/s，方向沿 x 轴正向，海洋粗糙面二维方向的长度取 $L_x=40\lambda$，$L_y=60\lambda$。

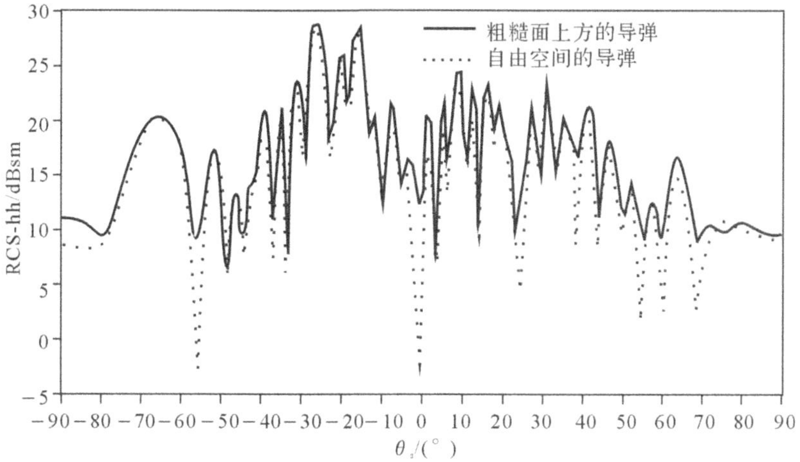

图 6.38　高斯粗糙面背景和自由空间背景下型号 2 导弹的 RCS

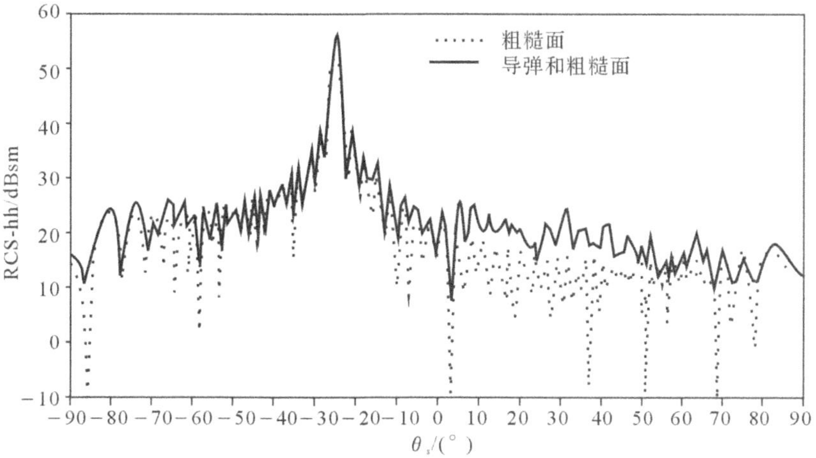

图 6.39　高斯粗糙面上方型号 2 导弹的复合 RCS

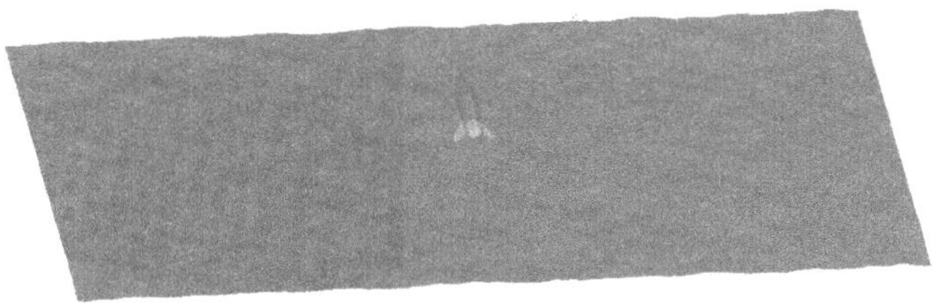

图 6.40　风驱海洋面上方的型号 2 导弹缩比模型

计算海面背景与型号 2 导弹模型的复合电磁散射特性，图 6.41 所示给出了求得的复合 RCS、导弹目标的 RCS 结果。从图可以看出，各种 RCS 曲线的趋势走向与图 6.38、图6.39 中的基本相同，因本例中的海洋面和例 6-20 中的高斯面的粗糙程度相当，都相对光滑；并且例 6-20、例 6-21 中的导弹距粗糙面高度比例 6-18、例 6-19 中要高 40λ，因此粗糙面背景下型号 2 导弹的 RCS 相比自由空间中改变不大。

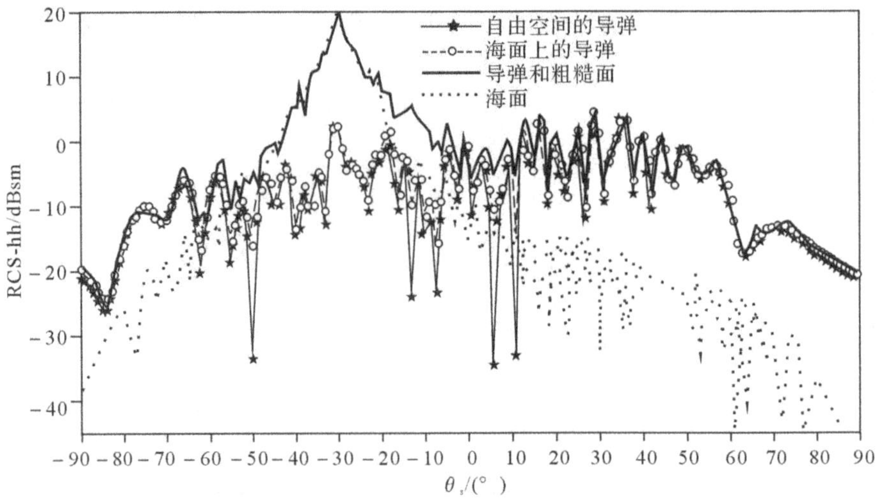

图 6.41　风驱海洋面背景下型号 2 导弹缩比模型的 RCS 和复合 RCS

需要说明的是，在例 6-19、例 6-21 中的导弹之所以采用缩比模型，是因为在 8.91 GHz 频率下，两种实际尺寸的导弹将对应很大的电尺寸，在采用本章方法求解时，会因计算量太大而无法求解，为解决这一问题，第 7 章将研究新型的混合算法，以完成电大尺寸复杂目标在粗糙面环境下电磁散射特性计算。

6.5　本章小结

本章介绍了粗糙面与临空导体目标的复合电磁散射问题：建立了适合二维目标与一维粗糙面复合电磁散射问题的 KH-EFIE 模型；将二维目标与一维粗糙面复合电磁散射中的 KH-EFIE 模型扩展应用到三维问题。采用 RWG 基函数离散三维 KH-EFIE 混合方程，给出了相应阻抗矩阵的计算方法。结合仿真实例讨论了三维复合散射模型中粗糙面的截断问题。最后，通过实例计算验证了三维 KH-EFIE 的 MoM 解的精度和效率，通过多个粗糙面样本下的统计复合电磁散射特性仿真计算，研究了粗糙面粗糙度、介质介电常数、目标形状以及目标临空高度等参数对复合散射特性的影响，用 KH-EFIE 模型计算了三维导弹目标与粗糙面的复合散射问题，并对其复合散射特性做了相应的分析。

参考文献

[1] JOHNSON J T. A numerical study of scattering from an object above a rough surface[J]. IEEE Trans. Antennas and Propagation, 2002, 50(10): 1361-1367.

[2] Ye H X, Jin Y Q. Fast iterative approach to electromagnetic scattering from the target above a rough surface[J]. IEEE Trans. Geosci. Remote Sensing, 2006, 44(1): 108-115.

[3] JI W J, TONG C M. Bistatic scattering from two-dimensional dielectric ocean rough surface with a PEC object partially embedded by using the G-SMCG method[J]. Progress In Electromagnetics Research, 2010(105): 119-139.

[4] YE H X, JIN Y Q. A hybrid analytic-numerical algorithm of scattering from an object above a rough surface[J]. IEEE Trans. Geosci. Remote Sensing, 2007, 45(5): 1174-1180.

[5] CUI T J, WERNER W, ALEXANDER H. Electromagnetic scattering by multiple three-dimensional scatters buried under multilayered media, PartI: Theory[J]. IEEE Trans-Geo & Remo., 1998, 36(2): 526-534.

[6] 杨儒贵. 电磁理论中的辅助函数[M]. 北京：高等教育出版社，1992.

[7] TSANG L, KONG J A, DING K H. Scattering of electromagnetic wave: numerical simulation[M]. New York: John Wiley & sons, Inc. 2001.

第 7 章　大范围粗糙地海面与复杂目标复合电磁散射问题的高频混合方法求解

第 6 章采用 KH - EFIE 的 MoM 解研究了粗糙面背景下的电中小尺寸目标的电磁散射问题，考虑到 MoM 在计算电大尺寸目标的散射问题时存在相当大的困难，而且当粗糙面的尺寸达到上百个波长时，粗糙面上的积分也将耗费很长的计算时间。研究电大目标散射问题时，基于快速射线寻迹技术的改进射线追踪法[1]（SBR）考虑了多次散射贡献，是一种有效的高频方法；当粗糙面电尺寸很大时，可采用积分方程解[2]（IEM）来求解其散射问题。受金亚秋、徐丰等人提出的双向解析射线追踪算法[3]（BART）的启发，本章将改进 SBR 方法与积分方程法结合在一起，形成改进 SBR - IEM 混合方法，来研究大范围粗糙面背景下电大尺寸目标的电磁散射问题。

7.1　射线追踪法介绍

在电大尺寸目标的电磁散射问题中，电磁波照射目标时会呈现出“局部”特性[4]，并与物体的形状密切相关。此时各散射单元间的相互作用明显降低，目标的单个部件独立地散射能量，表面感应场只取决于入射波而与其他部分的散射能量无关，感应场的计算得到了简化，同时也简化了计算远区散射场和 RCS 时所涉及的目标表面散射积分，这正是高频方法高效省时的原因所在。常用的高频渐近方法有几何光学法[4-5]（GO）、物理光学法（PO）和等效电磁流法（MEC）等。

对于具有简单结构的目标，GO、PO 和 MEC 均可用来计算其散射问题，但对于具有复杂几何结构的目标，或者多个目标（粗糙面与目标即可视为两个目标），由于目标部件之间或者各个目标之间存在多次反射，尤其对于目标与下方粗糙面存在相互遮挡的情况，这种多次反射更强烈，单纯的 GO，PO 或 MEC 的计算结果不再正确，因此必须考虑其他方法，SBR 方法就是一个合适的选择。

SBR 方法的基本原理[6-7]是，高频电磁波照射在目标表面时，遵循几何光学反射定律，如图 7.1 所示，可将入射波等效为多条射线管，从射线管入射到目标口面到射线管离开目标为止，按 GO 原理追踪每一条射线的传播路径。考虑到在传播过程中，射线的极化方式、腔壁损耗、扩散系数、相位滞后等因素的影响，需要跟踪每一条射线管的场强变化情况，最后对返回到口径面上的射线管进行口面积分，进而求其远区散射场，将所有射线管的远区散射场累加，即可得到目标的远区散射场。

对于简单结果的典型目标，可以写出表面的解析表达式，也存在明确的口径面，能由 SBR 得到高效、准确的散射数据。对于复杂目标（如飞行器目标）和目标-粗糙面组合体而言：一方面，其外形没有解析表达式，给传统意义上的射线与目标表面的求交运算带来很大困难；另一方面，此类目标不存在明确的口径面，因此不能在口径面上划分射线管并最终在口径面上进行口面积分计算散射场。

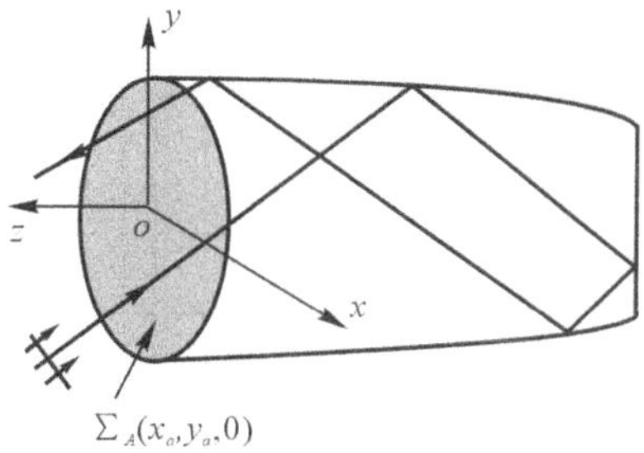

图 7.1 射线追踪法示意图

7.2 基于射线寻迹技术的改进 SBR

基于平面元模型的改进 SBR 方法[1]能有效地解决上述传统 SBR 方法存在的问题。在改进 SBR 方法中，采用了三角面片模拟目标的表面，无须考虑表面曲率的影响，解除了传统 SBR 方法需要目标外形解析表达式的限制。与之相应的快速射线寻迹技术则突破了超大规模平面元难以进行高效射线追踪的技术瓶颈，使电大尺寸复杂目标的多次反射计算成为可能。

7.2.1 基于平面元模型的射线寻迹技术

采用三角面元模拟电大尺寸复杂目标时，会产生数量巨大的三角面片，采用常规方法判断射线与面元的相交关系时，需要进行射线与三角面元的遍历求交运算，计算量异常巨大。为了优化计算过程，有人采用了基于八叉树原理的射线追踪算法，此算法不用进行射线与模型三角面元的遍历求交运算，效率很高。本书改进 SBR 中拟采用空间划分算法，它和空间八叉树方法的思路类似，但是又不完全相同，并最终在效率上超越了八叉树方法。如图 7.2 所示给出了八叉树方法和空间划分算法二维情况下的示意图，三维的情况与此类似。为确定与射线相交的三角面元的顺序，八叉树方法首先将 B_0 区域划分为 B_{10}，B_{11}，B_{12} 和 B_{13} 四个子区域，依次判断射线与四个子区域的相交关系，确定出区域 B_{11} 和 B_{13} 与射线相交；然后将 B_{11} 区域划分为 B_{20}，B_{21}，B_{22} 和 B_{23} 四个更小的子区域，确定出区域 B_{20}，B_{21} 和 B_{23} 与射线相交；B_{13} 区域和其后的 B_{20}，B_{21} 和 B_{23} 等区域用同样的方法处理，求交测试的顺序为 $B_0(B_{10}\cdots B_{13})B_{11}(B_{20}\cdots B_{23})B_{20}B_{21}B_{23}B_{13}\cdots$。空间划分方法首先将 B_0 区域按一定尺寸（如和 B_{20} 大小相当）划分为小的子区域，采用与八叉树方法相同的相交测试方法，空间划分方法一次求交测试的顺序即为 $B_{20}B_{21}(B_{22})B_{23}\cdots$。可以看出，通过合理的预分割，空间划分算法需要更少的求交测试便能确定与射线相交的三角面元的顺序。

在划分区域之前，空间划分算法首先通过比较面元模型各顶点坐标确定出目标的最大和最小坐标点，以这两个坐标点为对角线，确定出一个长方体作为模型的最小包围盒。然后对该包围盒进行立方体子单元预分割（整个散射计算过程中仅需一次，可以在载入平面元模型后进行),分割的子单元数根据模型的面元数的多少来确定,为提高效率,控制总的子单元数目不超过一定数目,例如 $128^3 = 2\ 097\ 152$ 个,这样实际分配到每一个子单元中的三角面元数将很少,大概 10 个。接下来就是判断射线与立方体是否相交,这一步很简单,涉及的计算量也很小,但通过这一判断,排除了远离射线行进方向的绝大多数子单元,也就排除了位于这些子单元中不可能与射线相交的所有三角面元,下面通过具体实例来说明划分过程中计算量的大小。

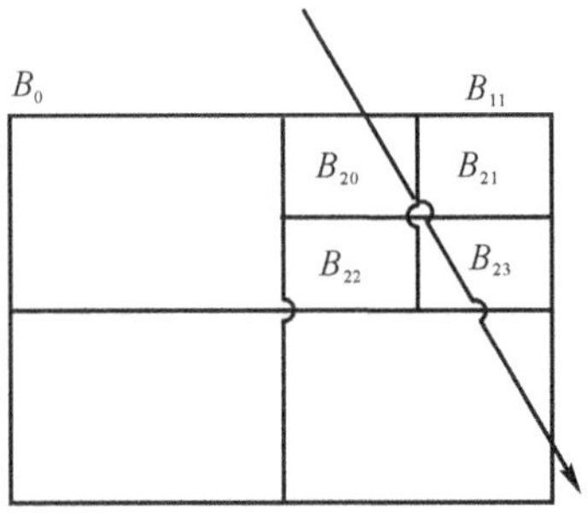

图 7.2　八叉树方法和空间划分算法示意图

求交测试顺序：八叉树法：$B_0(B_{10}B_{13})B_{11}B_{20}B_{21}(B_{22})B_{23}$;空间划分方法:$B_{20}B_{21}B_{23}$

对于电尺寸约为 300λ 的目标,三角面元剖分后,产生 10 000 000 个三角面元,并位于一个立方体包围盒内,选择将其分配到 $100^3 = 1\ 000\ 000$ 个子单元中,每个子单元中平均仅有 10 个三角面元。通过射线与立方体子单元的相交判断,确定出所有与射线相交的子包围盒,其数目小于等于 101 个。因此,仅需判断位于这些子包围盒中的三角面元(最多 1 010 个)与射线的相交关系,即可完成本次射线与面元模型的求交运算。可见,射线追踪的计算量降低为原来的万分之一左右,足见空间划分算法的高效性。

在确定出子单元与射线的相交关系以后,就可以使用常规的方法确定射线与子单元内数目很少的三角平面元的相交关系,进而求解出与射线相交的三角面元及其交点。最后,根据几何光学反射定理循环计算射线在目标内的反射路径,从而实现射线的自动追踪过程。空间划分算法对平面元模型没有任何特殊的要求,因而基于空间划分算法的快速射线追踪算法具有很强的通用性,这为复杂目标与下垫面之间的多次反射计算奠定了良好的基础。

7.2.2　射线管的划分方法

由于目标-粗糙面的组合体没有明确的口径面,在改进的 SBR 方法中,需要确定一个等效的射线发射面,称之为"等效发射面",进而在这个面上划分射线管,完成追踪前的准备工作。考虑到仿真计算时的可操作性,这里引进一种简单易行的射线管自动划分方法。

如图 7.3 所示,首先将包围三角面元模型的长方体包围盒沿入射波入射的反方向,投影到目标-粗糙面组合体之外垂直于入射方向上的一个平面上,然后设组合体模型的中心点在投影面的投影点为 O',由于粗糙面一般远大于目标的尺寸,一般投影为一个长方形或正方形,故此长方形或正方形即为最终确定的"等效发射面"的范围。最后按照 SBR 对射线管离散精度的要求,按 $l_p \approx \lambda/10$(p 代表每个射线管)的间隔在发射面上划分出射线管。由于

“等效发射面”与入射方向垂直，这恰恰符合入射平面波等相位面为平面的假定，从而简化了多次反射中相位延迟的处理。由图 7.3 可以看出，所发射的射线管形状可以为三角形也可以为四边形，为方便起见，通常选择三角形射线管。

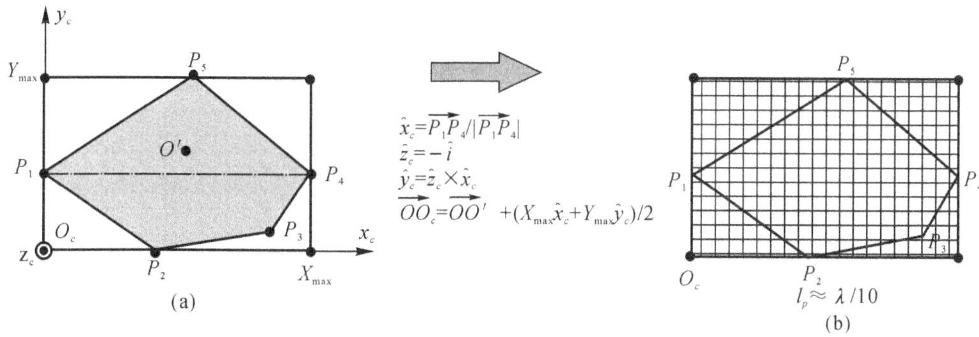

图 7.3　射线管的自动划分示意图

7.2.3　基于 GO 的射线幅度和相位跟踪

通过 7.2.2 小节的介绍，射线的等效发射面已经被确定，再依据 7.2.1 小节中快速射线追踪方法，可获得射线管在目标组合体内的弹跳路径。对于单根的射线管来讲，一旦其弹跳路径确定，在路径上发生反射的各个顶点就随之确定，然后可按照 GO 传输原理，由每个顶点处的入射电场矢量计算其反射电场的幅度，同时计算出该点处产生的附加相位。

设入射平面波（具有 $e^{j\omega t}$ 的时间因子）的电场表达式为

$$\boldsymbol{E}_i^0=A_i^0\hat{\boldsymbol{e}}_i^0e^{j\varphi_0} \tag{7.1}$$

式中：A_i^0 为入射电场初始强度；φ_0 为入射电场初始相位；$\hat{\boldsymbol{e}}_i^0$ 为电场的极化方向。设入射波的入射角为 θ_i,φ_i，则有极化方式

$$\hat{\boldsymbol{e}}_i^0=\begin{cases}\cos\theta_i\cos\varphi_i\hat{\boldsymbol{x}}+\cos\theta_i\sin\varphi_i\hat{\boldsymbol{y}}-\sin\theta_i\hat{\boldsymbol{z}}, & \text{垂直(V)极化}\\ -\sin\varphi_i\hat{\boldsymbol{x}}+\cos\varphi_i\hat{\boldsymbol{y}}, & \text{水平(H)极化}\end{cases} \tag{7.2}$$

在确定电场的极化方式和电场强度后，每一条射线的初始入射电场矢量就确定了。

下述介绍射线管中心射线在三角面元 S_n 上的反射点 P 处发生第 i 次反射的情况，如图 7.4 所示，$\hat{\boldsymbol{R}}_i$ 和 $\hat{\boldsymbol{R}}_r$ 分别为入射方向和反射方向的单位矢量，θ_i 和 θ_r 分别为入射角和反射角，P_i 和 P_{i+1} 分别为第 i 次和第 $i+1$ 次反射的反射点，$\hat{\boldsymbol{n}}_i$ 为 S_n 的外法向矢量。由 Snell 反射定理[8] 得

$$\theta_r=\theta_i,\quad \hat{\boldsymbol{R}}_r=\hat{\boldsymbol{R}}_i-2(\hat{\boldsymbol{R}}_i\cdot\hat{\boldsymbol{n}}_i)\hat{\boldsymbol{n}}_i \tag{7.3}$$

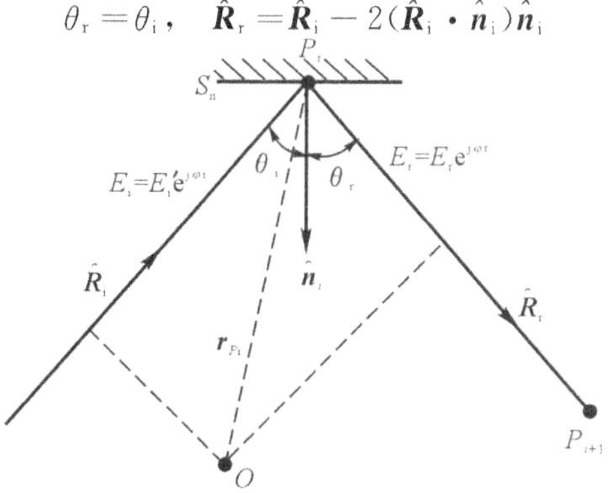

图 7.4　射线追踪第 i 次反射示意图

同时，反射电场幅度矢量 $\boldsymbol{E}'_{\mathrm{r}}(\boldsymbol{r}_{P_{\mathrm{i}}})$ 可以由入射电场幅度矢量 $\boldsymbol{E}'_{\mathrm{i}}(\boldsymbol{r}_{P_{\mathrm{i}}})$ 通过，则有

$$\boldsymbol{E}'_{\mathrm{i}}(\boldsymbol{r}_{P_{\mathrm{i}}})=E_{\mathrm{v}}\hat{\boldsymbol{e}}_{\mathrm{v}}+E_{\mathrm{h}}\hat{\boldsymbol{e}}_{\mathrm{h}},\quad \boldsymbol{E}'_{\mathrm{r}}(\boldsymbol{r}_{P_{\mathrm{i}}})=(DF)_{\mathrm{i}}(R_{\mathrm{v}}E_{\mathrm{v}}\hat{\boldsymbol{e}}_{\mathrm{v}}+R_{h}E_{h}\hat{\boldsymbol{e}}_{\mathrm{rh}}) \tag{7.4}$$

式中：下标 v，h 分别表示极化方向；$(DF)_{\mathrm{i}}$ 为射线管在 P_{i} 点处的扩散系数，其计算公式将在下节给出；R_{v} 为入射电场矢量垂直于入射面时（V 极化）目标表面的反射系数，R_{h} 为入射电场矢量平行于入射面时（H 极化）目标表面的反射系数。设目标表面的介质相对介电常数和相对磁导率分别为 ε_{r} 和 μ_{r}，其反射系数可以表示为

$$R_{\mathrm{v}}=\frac{\cos\theta_{\mathrm{i}}-\sqrt{\varepsilon_{\mathrm{r}}\mu_{\mathrm{r}}-\sin^2\theta_{\mathrm{i}}}}{\cos\theta_{\mathrm{i}}+\sqrt{\varepsilon_{\mathrm{r}}\mu_{\mathrm{r}}-\sin^2\theta_{\mathrm{i}}}},\quad R_{\mathrm{h}}=\frac{\varepsilon_{\mathrm{r}}\cos\theta_{\mathrm{i}}-\sqrt{\varepsilon_{\mathrm{r}}\mu_{\mathrm{r}}-\sin^2\theta_{\mathrm{i}}}}{\varepsilon_{\mathrm{r}}\cos\theta_{\mathrm{i}}+\sqrt{\varepsilon_{\mathrm{r}}\mu_{\mathrm{r}}-\sin^2\theta_{\mathrm{i}}}} \tag{7.5}$$

特殊地，对于导体目标，有

$$R_{\mathrm{v}}=-1,\quad R_{\mathrm{h}}=1 \tag{7.6}$$

最后，图 7.4 中的附加相位 φ_{r} 的计算公式为

$$\varphi_{\mathrm{r}}=\varphi_{\mathrm{i}}+k(\hat{\boldsymbol{R}}_{\mathrm{r}}-\hat{\boldsymbol{R}}_{\mathrm{i}})\cdot\boldsymbol{r}_{P_{\mathrm{i}}}=\varphi_{\mathrm{i}}-2k(\hat{\boldsymbol{R}}_{\mathrm{i}}\cdot\hat{\boldsymbol{n}}_{\mathrm{i}})\hat{\boldsymbol{n}}_{\mathrm{i}}\cdot\boldsymbol{r}_{P_{\mathrm{i}}} \tag{7.7}$$

至此，在每一个反射点处，可由第 i 次的入射电场矢量，计算第 i 次的反射电场矢量，再将第 i 次的反射电场矢量作为第 $i+1$ 次的入射电场矢量，如此沿弹跳路径依次计算，即可完成幅度和相位跟踪。

7.2.4 计算多次反射贡献的 PO 积分

目标外形由曲面构成时，在用三角面元模拟目标表面时，将缺失一些曲面的曲率等微分信息，而曲率是计算式(7.4)中扩散系数 $(DF)_i$ 时不可或缺的参量。

参考三角面片顶点处的曲率，通过线性插值即可获得三角面片上任意点 $P_i(x,y.z)$ 处的曲率，进而计算出目标表面的曲率矩阵 $\boldsymbol{C}$，入射波前曲率矩阵 $\boldsymbol{Q}_{\mathrm{i}}$ 则根据入射方向 $\hat{\boldsymbol{R}}_{\mathrm{i}}$、反射面外法矢 $\hat{\boldsymbol{n}}_{\mathrm{i}}$ 和反射面曲率矩阵 C 建立，然后由 $\boldsymbol{Q}_i$ 计算反射波前曲率矩阵 $\boldsymbol{Q}_{\mathrm{r}}$，具体的推导过程参照文献[8]，此处直接引用其计算式：假设 $\boldsymbol{P}_{\mathrm{i}}$ 点反射波前曲率矩阵 $\boldsymbol{Q}_{\mathrm{r}}$ 为

$$Q_{\mathrm{r}}=\begin{bmatrix}Q_{11}^{\mathrm{r}} & Q_{12}^{\mathrm{r}}\\ Q_{21}^{\mathrm{r}} & Q_{22}^{\mathrm{r}}\end{bmatrix} \tag{7.8}$$

则 P_i 点反射波前的主曲率半径为

$$\frac{1}{R_{1,2}^{\mathrm{r}}}=\frac{1}{2}\left\{Q_{11}^{\mathrm{r}}+Q_{22}^{\mathrm{r}}\pm\sqrt{(Q_{11}^{\mathrm{r}}+Q_{22}^{\mathrm{r}})^2-4(Q_{11}^{\mathrm{r}}Q_{22}^{\mathrm{r}}-Q_{12}^{\mathrm{r}}Q_{21}^{\mathrm{r}})}\right\} \tag{7.9}$$

而射线管经过 P_i 点所在曲面反射后到达下一个反射点 P_{i+1} 的扩散因子 $(DF)_i$ 为

$$(DF)_i=\frac{R_1^{\mathrm{r}}}{\sqrt{R_1^{\mathrm{r}}+s}}\frac{R_2^{\mathrm{r}}}{\sqrt{R_2^{\mathrm{r}}+s}} \tag{7.10}$$

式中：$s=|\overrightarrow{P_iP_{i+1}}|$ 为 P_i 到 P_{i+1} 的距离。

需要特殊说明的是，平面结构的曲率为零，对应的扩散因子为 1。

在外加入射场已知的情况下，完成射线追踪后，可由 PO 积分求得每一根射线管在远区产生的散射场。三角面元上的 PO 积分，是在图 7.5 所示的照明区域 S 上的小三角面元 ds 上进行的，三角面元在远区的散射场近似表达为

$$\boldsymbol{E}^{\mathrm{s}}\approx\frac{\mathrm{j}k}{4\pi}\frac{\mathrm{e}^{-\mathrm{j}kr}}{r}[\hat{\boldsymbol{s}}\times(\boldsymbol{M}_{\mathrm{s}}+\eta_0\hat{\boldsymbol{s}}\times\boldsymbol{J}_{\mathrm{s}})]\cdot\Delta A\cdot I \tag{7.11}$$

式中：$\boldsymbol{M}_{\mathrm{s}}$ 和 $\boldsymbol{J}_{\mathrm{s}}$ 表示 S 上的电磁流矢量，具体计算方法在下一节中详细介绍；ΔA 为三角面元

ds 的面积；I 的表达形式为

$$I = \frac{1}{\Delta A}\int_S \exp\left[jk\boldsymbol{r}' \cdot (\hat{\boldsymbol{s}} - \hat{\boldsymbol{i}})\right] ds' \tag{7.12}$$

I 实际上是三角形形状函数的傅里叶变换，它具有 Gordon 方法所要求的形式，可将 I 表达成解析求和的形式，即

$$I = \frac{1}{jk\,|\,\hat{\boldsymbol{n}} \times \boldsymbol{w}\,|\,\Delta A}\sum_{m=1}^{3}(\hat{\boldsymbol{n}} \times \boldsymbol{w}) \cdot \boldsymbol{a}_m \exp(jk\boldsymbol{r}_m \cdot \boldsymbol{w}) \sin c\left(\frac{1}{2}k\boldsymbol{a}_m \cdot \boldsymbol{w}\right) \tag{7.13}$$

式中：$\boldsymbol{w} = \hat{\boldsymbol{s}} - \hat{\boldsymbol{i}}$；$\boldsymbol{a}_m$ 表示面元 f_i 第 m 条边的长度和取向，其取向与面元法矢 $\hat{n}$ 成右手螺旋关系；$\boldsymbol{r}_m$ 是第 m 条边中点位置矢量；$\sin c(x) = \sin x / x$；而 $\hat{\boldsymbol{s}}$ 和 $\hat{\boldsymbol{i}}$ 分别为入射和散射方向的单位矢量；$k = 2\pi/\lambda$ 为波数。当 $|\hat{\boldsymbol{n}} \times \boldsymbol{w}| = 0$ 时，式(7.13) 简化为

$$I = \exp(jk\boldsymbol{r}_0 \cdot \boldsymbol{w})$$

式中：$\boldsymbol{r}_0$ 是三角形面元 f_i 上任意点的位置矢量，一般取三角形质心点位置矢量。

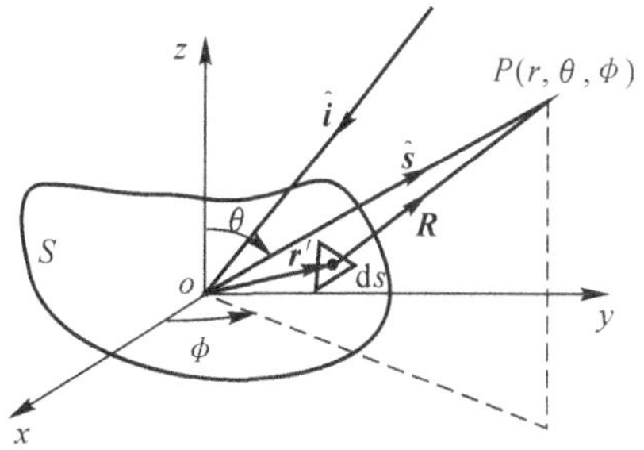

图 7.5　目标表面电磁散射示意图

最后，将照明区域内的所有三角面元在远区产生的散射场累加，即得到目标的远区散射场，进而可计算其 RCS。

7.3　改进 SBR 中的 RDN 思想

目标表面的电磁流矢量 $\boldsymbol{M}_s$ 和 $\boldsymbol{J}_s$，在物理光学假定的条件下，根据等效原理，可以写为

$$\boldsymbol{M}_s(\boldsymbol{r}') = \boldsymbol{E}(\boldsymbol{r}') \times \hat{\boldsymbol{n}}, \quad \boldsymbol{J}_s(\boldsymbol{r}') = \hat{\boldsymbol{n}} \times \boldsymbol{H}(\boldsymbol{r}') \tag{7.14}$$

式中：$\boldsymbol{E}(\boldsymbol{r}')$ 和 $\boldsymbol{H}(\boldsymbol{r}')$ 是目标表面上照明部分的总电场和总磁场。在物理光学近似的条件下，目标表面的总场可以认为是入射场 $\boldsymbol{E}_i$，$\boldsymbol{H}_i$ 和 GO 反射场 $\boldsymbol{E}_r$，$\boldsymbol{H}_r$ 之和，即

$$\boldsymbol{E}(\boldsymbol{r}') = \boldsymbol{E}_i(\boldsymbol{r}') + \boldsymbol{E}_r(\boldsymbol{r}'), \quad \boldsymbol{H}(\boldsymbol{r}') = \boldsymbol{H}_i(\boldsymbol{r}') + \boldsymbol{H}_r(\boldsymbol{r}') \tag{7.15}$$

反射场可以通过式(7.4) 由入射场求得，然而，三角面元上的存在多条射线管的入射场，而且传播方向和幅度大小各不相同。为此，引入 RDN 思想，使用 RDN 的思想去表征每根射线所携带的功率，通过接收面元的面积与功率之间的关系，来确定射线所经过面元上的场，由此得到面元上相应的电磁流。

7.3.1　RDN 思想的引入

在前人的研究中，提出 RDN 是为了在射线追踪过程中确定发射的离散射线能否被雷达

接收[9]，Didascalou 认为，在每一个实际的射线传输路径上存在着许多相同的射线，确定出该路径上相同射线的总根数，就可以利用射线总数归一化每一根射线的贡献，而每一个传输路径上能够被雷达接收到的射线总数可以通过该路径上的射线密度来确定(射线密度即单位面积上的射线数)，也就是说，在各自的传输路线上，射线除了具有幅度、相位、极化方向等基本特性外，还有一定的密度。如果这条射线被接收，理论上能够被接收的射线总数就可以通过射线密度与接收面积的乘积来获得。RDN 概念的必要条件是大量的发射射线均匀地分布在空间中，如图 7.6 所示，在距离发射机不同远近的相同面积 A 上，有不同条数的射线通过。

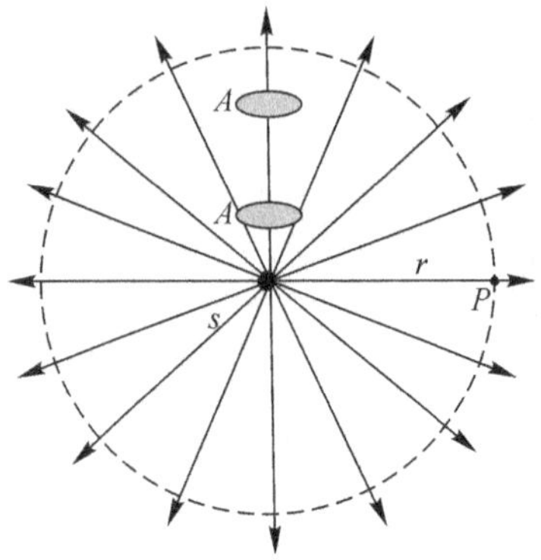

图 7.6　球面波在空间的分布示意图

对于图 7.6 所示的三维空间中均匀分布的球面波，假设总共发射了 N 根射线，那么在距离发射机 r 处 P 点的射线密度 n_{d} 的计算[9-10] 公式为

$$n_{\mathrm{d}}=\frac{N}{4\pi r^2} \tag{7.16}$$

需要说明的是，当反射面为曲面时，射线会发生扩散或焦聚现象，式(7.16) 不再成立。但是，平面波的等相位面为平面，所以对平面波而言 n_{d} 与 r 无关，曲面的射线密度 n_{d} 可用 GO 方法在计算反射电场时同时计算。值得注意的是，由于 n_{d} 具有的特殊的量纲，可以看出 n_{d} 并不和 $\boldsymbol{E}_{\mathrm{r}}$ 成正比关系，而是和射线的功率密度成正比，即 $n_{\mathrm{d}}\propto S\propto|\boldsymbol{E}_{\mathrm{r}}|^2$。因此，曲面的射线密度 $\boldsymbol{n}_{\mathrm{d}}$ 可由几何光学公式计算，则有

$$n_{\mathrm{d}}^{\mathrm{r}}(s)=\left|\frac{R_1^{\mathrm{r}}R_2^{\mathrm{r}}}{(R_1^{\mathrm{r}}+s)(R_2^{\mathrm{r}}+s)}\right|n_{\mathrm{d}}^{\mathrm{i}} \tag{7.17}$$

式中：$n_{\mathrm{d}}^{\mathrm{i}}$ 为射线反射前的射线密度；$n_{\mathrm{d}}^{\mathrm{r}}$ 为反射后距离反射点 s 处的射线密度；R_1^{r} 和 R_2^{r} 是反射波阵面在 $s=0$ 处的两个主曲率半径。如果是平面波入射，则 $n_{\mathrm{d}}^{\mathrm{i}}$ 初始值赋为

$$n_{\mathrm{d}}^{\mathrm{i}}=\frac{N}{S} \tag{7.18}$$

式中：N 为沿入射方向发射的射线总数；S' 为等效发射面的面积。因此，由式(7.16) 到式(7.18) 就可确定射线在传输过程中任意点处的射线密度。

7.3.2　RDN 思想的中射线密度的确定

在 RDN 思想中，发射射线被某一距离处的面积或发射平面的面积所归一，从而才产生射线密度的概念，故射线的离散密度和目标表面的剖分密度是密切相关的，如图 7.7 所示，

假设发射面为 xOy 平面内的边长为 $X_{\max}$ 和 $Y_{\max}$ 的矩形区域，n_{yp} 和 n_{xn} 分别为 y 方向和 x 方向离散个数，所以将有 $2n_{yp}n_{xn}$ 个三角形，相应的需要发射 $N=2n_{yp}n_{xn}$ 条射线，则射线密度由式(7.16) 可得

$$n_{\mathrm{d}}=\frac{N}{X_{\max}Y_{\max}} \tag{7.19}$$

即在射线密度的定义式(7.18) 中，有 $S'=X_{\max}Y_{\max}$。

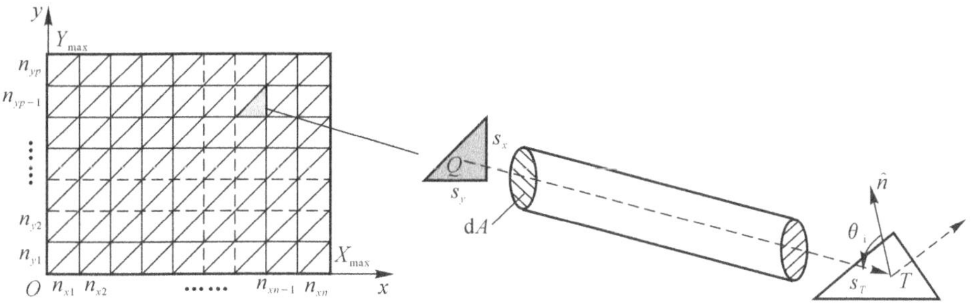

图 7.7　发射面离散为三角面元

假定每波长离散数目为 N_{ray}，根据定义有

$$\begin{aligned} n_{yp}&=Y_{\max}N_{\mathrm{ray}} \\ n_{xn}&=X_{\max}N_{\mathrm{ray}} \end{aligned} \tag{7.20}$$

为简单起见，取 $X_{\max}=Y_{\max}=\lambda$，即一个平方波长的正方形区域，在三角形离散后的区域内任意选取一个三角形，其编号为 Q，即灰色区域的三角形，假设其边长分别为 s_x，s_y，则其面积为

$$S_Q=\frac{1}{2}s_x s_y=\frac{X_{\max}X_{\max}}{N}=\frac{1}{2}\ \frac{\lambda^2}{N_{\mathrm{ray}}^2} \tag{7.21}$$

由式(7.19)、式(7.21)，可得

$$\mathrm{d}A=S_Q=\frac{1}{n_{\mathrm{d}}} \tag{7.22}$$

图 7.7 中的三角面元 T 为接收平面，$\hat{\boldsymbol{n}}$ 为其表面法向矢量，S_T 为其面积。由于要求射线照射到三角面元 T 上后不至于发生严重的扩散，所以认为入射角 θ_{i} 大于一定角度后将不再有效，例如取 $\theta_i\leqslant 85°$ 有效，另外，要求整个射线密度都尽量位于被照射的三角面元 T 内，则有

$$\frac{\mathrm{d}A}{\cos\theta_{\mathrm{i}}}\leqslant S_T \tag{7.23}$$

假设目标表面三角面元 T 均匀剖分成正三角形或准正三角形，且剖分网格为每波长 N_{mesh} 个，可得

$$S_T=\frac{\sqrt{3}}{4}\ \frac{\lambda^2}{N_{\mathrm{mesh}}^2} \tag{7.24}$$

将式(7.19)、式(7.24) 代入式(7.23)，有

$$\frac{1}{2}\ \frac{\lambda^2}{N_{\mathrm{ray}}^2}\ \frac{1}{\cos\theta_{\mathrm{i}}}\leqslant\frac{\sqrt{3}}{4}\ \frac{\lambda^2}{N_{\mathrm{mesh}}^2} \tag{7.25}$$

在 $\theta_i \leqslant 85°$ 的入射角度范围内，有

$$N_{ray} \geqslant 3.64 N_{mesh} \tag{7.26}$$

即当目标表面三角形网格剖分尺度为每波长 N_{mesh} 时，射线发射的密度应取每波长大于或等于 $4N_{mesh}$，方能满足精度要求和实际需要。

7.3.3 面元上总入射场的确定

按照 RDN 思想，如果面元上有一条射线被接收，那么在相同的传输路径上被接收的射线总数 M，可由射线密度和与射线入射方向垂直的接收面面积的乘积表示，即

$$N = n_d \mathrm{d}A \tag{7.27}$$

具有相同传输路径的射线具有相同的物理性质，即：具有相同的幅度、相位延迟、反射次数和极化方向。因此，总的 M 根射线具有的相同特征，可以通过对单根射线的研究来得到，最终通过对 M 根射线的幅度进行加权处理来得到总的接收面上的场的分布，从而能大大减少射线追踪的计算量。

假设 $\boldsymbol{H}_t^i$ 是由射线追踪确定的 PO 区内面元 PO 上的总入射磁场[10]，则有

$$\boldsymbol{H}_t^i(\boldsymbol{r}) = \sum_{j=1}^{N} X_j^c H_j \hat{\boldsymbol{h}}_j \exp(-\mathrm{j}\boldsymbol{k}_j \cdot \boldsymbol{r}_j) \tag{7.28}$$

式中：N 是总反射次数；$H_j, \hat{\boldsymbol{h}}_j, \boldsymbol{k}_j, \boldsymbol{r}_j$ 分别为离散射线在第 j 次反射时入射磁场的幅度、极化方向、波矢量和反射点的位置矢量；X_j^c 为相干场强的幅度加权因子，即

$$X_j^c = \frac{1}{M} = \frac{\mathrm{d}A}{S_T} = \frac{1}{n_d^j \cos(\theta_j^i) S_T} \tag{7.29}$$

式中：S_T 为面元 T 的面积；n_d^j 和 θ_j^i 分别为离散射线第 j 次入射时的射线密度和入射角。

同理，可求得总入射电场。

7.4 IEM 计算粗糙面的非相干散射分量

将目标与粗糙面视为一个整体大目标时，只需在粗糙面元上的 GO 反射再乘以一个粗糙度修正因子[3]，即可用前面的改进 SBR 方法计算其相干散射分量。

对于粗糙面元上的非相干散射分量，它可以视为随机散射场的二阶统计矩，由粗糙面 Muller 矩阵产生随机起伏分布的粗糙面的散射矩阵决定，散射矩阵可以表示为

$$\boldsymbol{S}_{rough} = \boldsymbol{C}^{\frac{1}{2}} \cdot \hat{\boldsymbol{s}}_0 \tag{7.30}$$

式中：$\boldsymbol{s}_{0i} = \zeta + \mathrm{j}\xi_1$；$\zeta_i, \xi_i$ 是均值为 0 方差为 1 的相互独立的高斯随机数，协方差矩阵 $\boldsymbol{C}$ 可由 Muller 矩阵转换[11] 得到，$\boldsymbol{C}$ 的平方根下三角阵可由 Cholesky 分解得到。下述介绍如何由 Muller 矩阵转换得到协方差矩阵 $\boldsymbol{C}$。

Fung 等人给出了粗糙面散射积分方程(IEM) 解中向上反射的 Muller 矩阵解[2] $\boldsymbol{M}$，它是入射角 θ_i, φ_i 和散射角 θ_s, φ_s 的函数矩阵，其元素计算见附录 B。参照参考文献[11]，Muller 矩阵 $\boldsymbol{M}$ 可以表示为

$$\boldsymbol{M}=\begin{bmatrix} A_0+B_0 & C+N & H+L & F+I \\ C-N & A+B & E+J & G+K \\ H-L & E-J & A-B & D+M \\ I-F & K-G & M-D & A_0-B_0 \end{bmatrix} \tag{7.31}$$

引入中间矩阵：

$$\boldsymbol{T}=\begin{bmatrix} A_0+A & C-\mathrm{j}D & H+\mathrm{j}G & I-\mathrm{j}J \\ C+\mathrm{j}D & B_0+B & E+\mathrm{j}F & K-\mathrm{j}L \\ H-\mathrm{j}G & E-\mathrm{j}F & B_0-B & M+\mathrm{j}N \\ I+\mathrm{j}J & K+\mathrm{j}L & M-\mathrm{j}N & A_0-A \end{bmatrix} \tag{7.32}$$

则 $\boldsymbol{C}$ 可由 $\boldsymbol{T}$ 表示为

$$\boldsymbol{C}=\begin{bmatrix} 1 & 1 & 0 & 0 \\ 0 & 0 & 1 & -j \\ 0 & 0 & 1 & j \\ 1 & -1 & 0 & 0 \end{bmatrix} \boldsymbol{T}=\begin{bmatrix} 1 & 0 & 0 & 1 \\ 1 & 0 & 0 & -1 \\ 0 & 1 & 1 & 0 \\ 0 & j & -j & 0 \end{bmatrix} \tag{7.33}$$

到此为止，粗糙面的散射矩阵求解完毕。在已知入射场 $\boldsymbol{E}_i$ 的前提下，散射场 $\boldsymbol{E}_s$ 可写为

$$\boldsymbol{E}_s=\frac{\mathrm{e}^{\mathrm{j}kr}}{r}\boldsymbol{S}_{\mathrm{rough}}\cdot\boldsymbol{E}_{\mathrm{i}} \tag{7.34}$$

将式(7.34)按水平极化和垂直极化分量展开，得

$$\begin{bmatrix} E_{\mathrm{vs}} \\ E_{\mathrm{hs}} \end{bmatrix}=\frac{\mathrm{e}^{\mathrm{j}kr}}{r}\begin{bmatrix} S_{\mathrm{vv}} & S_{\mathrm{vh}} \\ S_{\mathrm{hv}} & S_{hh} \end{bmatrix}\begin{bmatrix} E_{\mathrm{vi}} \\ E_{\mathrm{hi}} \end{bmatrix} \tag{7.35}$$

7.5 改进 SBR-IEM 混合方法计算流程

粗糙面采用小平面元建模时，由于粗糙面的电尺寸较大，无疑会产生巨大的计算量，使得改进 SBR 方法的效率降低。如果采用计算粗糙面散射的 IEM 等解析方法，则可对粗糙面环境按电大尺寸面元进行剖分，剖分时可令粗糙面元的尺寸大于相关长度，忽略面元之间的相关性，不再关心粗糙面内部的具体起伏形态，而是用随机粗糙面模型来描述其统计特性。

在目标与粗糙面的组合体中，粗糙面元的非相干散射(漫反射)可采用解析方法 IEM 来计算；目标上的散射和粗糙面元上的相干散射分量均集中在镜向，可采用改进 SBR 方法计算，但是，在射线追踪的过程中，当射线入射到粗糙面元上发生 GO 反射时，需要针对 GO 反射的反射系数 R，乘以一个粗糙度因子，即

$$R_{\mathrm{rough}}=\mathrm{e}^{-4k_{\mathrm{n}}^2h^2}\cdot R \tag{7.36}$$

式中：k_{n} 为射线的入射波矢量在面元法向的分量；k_{m} 为粗糙面的均方根高度。

以上即为混合方法的实现原理，在仿真计算中可按图 7.8 所示流程操作。

用三角面元剖分目标表面；用尺寸大于相关长度的三角面元剖分粗糙面

用改进SBR完成所有面元上的射线追踪，采用PO计算面元的散射场

用IEM计算粗糙面元上的漫射场，并多次计算求平均

叠加粗糙面元的相干散射和非相干散射，得到目标在远区生产的散射场，计算复合RCS、目标RCS等散射特性参数

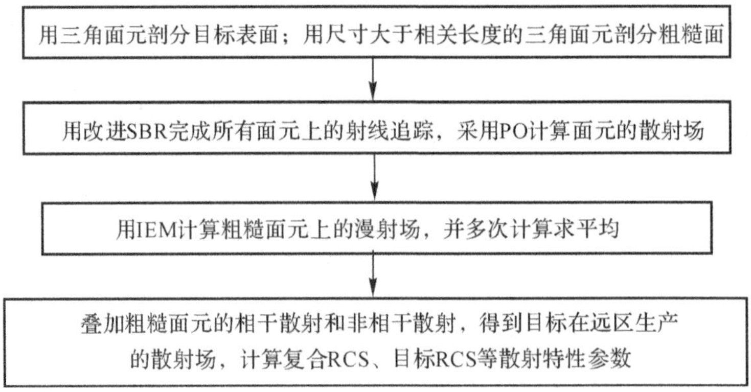

图 7.8　改进 SBR - IEM 混合方法计算流程图

7.6　实例仿真验证

为检验本文混合算法的精度和效率，下面采用混合方法和已有成熟方法计算同一复合散射实例，并将其结果相对比。

1. 风驱海面上组合立方体的电磁散射

图 7.9 所示为风驱海面上组合立方体，两个立方体边长分别取 0.45 m 和 0.9 m。计算时，按照参考文献[12]中的参数设置，入射波频率取 $f = 1\ \mathrm{GHz}$，入射方位角为 $\varphi_i = 45°$，海水的相对介电常数取 $\varepsilon_r = 80 - \mathrm{j}71.9$。粗糙面和文献中一样，取为受风速控制的高斯粗糙面，均方根高度与风速 U 关系为 $h = 0.005\ 4U^2$，粗糙面大小为 $33\lambda \times 33\lambda$。

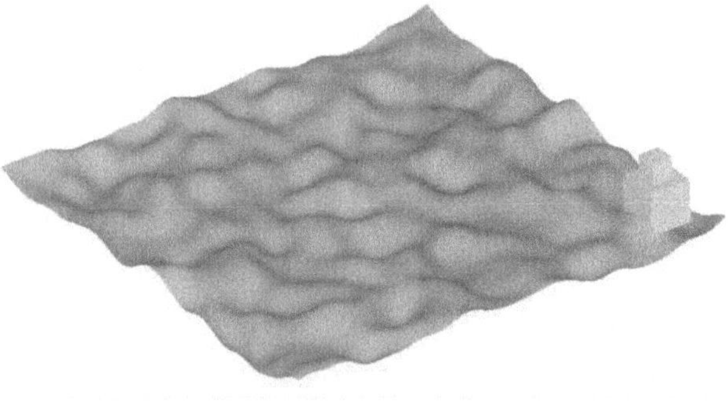

图 7.9　风驱海面上组合立方体

采用改进 SBR - IEM 混合方法计算组合立方体在不同风速下的后向 RCS，并和参考文献的 IPO 结果相比较，如图 7.10 所示，本文结果与参考文献结果基本吻合，由于改进 SBR - IEM 和 IPO 均为基于 PO 的解析近似方法，二者的求解效率相当。同时可以看出，风速越大，海面越粗糙，入射波通过海面反射到目标上的二次入射波分量减少，因为大部分为漫反射，不能到达目标表面，所以相比 $U = 5\ \mathrm{m/s}$ 的情况，组合立方体在 $U = 3\ \mathrm{m/s}$ 时的后向散射要强一些。

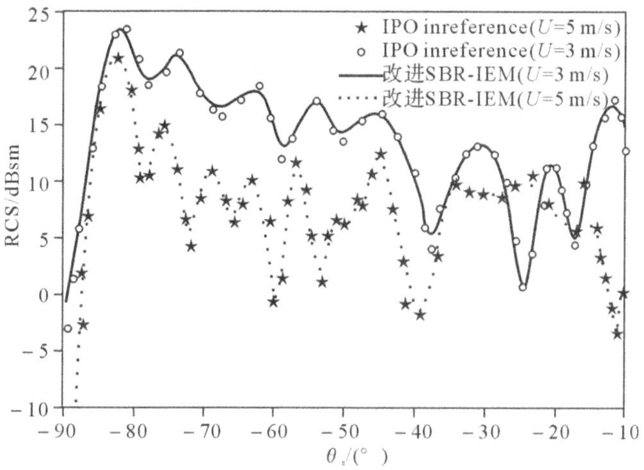

图 7.10　组合立方体的后向 RCS

2. 高斯粗糙面上方直升机缩比模型的电磁散射

设有某型直升机，如图 7.11 所示，机头指向 x 轴正方向，机长 17.76 m，机翼展 5.23 m，全高 4.95 m，主旋翼直径 14.63 m，尾桨直径 2.79 m，主旋翼旋转面积 168.11 m^2，尾桨旋转面积 6.13 m^2。考虑到数值方法对目标电尺寸的要求，实例验证计算中，取入射波频率为 $f=300$ MHz，选择与实际飞机 1∶10 的缩比模型。粗糙面参数取 $h=0.1\lambda$，$l_x=l_y=\lambda$，$L_x=L_y=40\lambda$。参考一般机场的水泥地面，粗糙面相对介电常数取 $\varepsilon_r=10-2.2j$，同时为了更充分地体现粗糙面元和目标的耦合作用，目标距粗糙面高度取为 5λ，如图 7.12 所示。

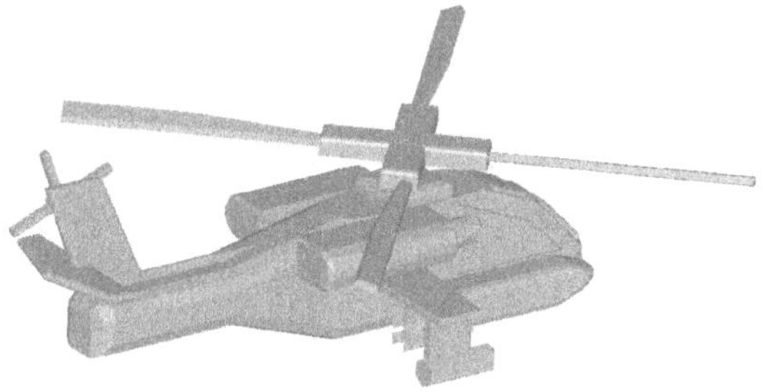

图 7.11　直升机缩比模型

图 7.12　粗糙面与其上方的缩比直升机

分别采用改进 SBR-IEM 混合方法和 KA-MoM 方法[13]，计算此直升机缩比模型和粗糙面的复合散射问题。图 7.13 和图 7.14 所示分别为入射角为 $\theta_i=30°$，$\varphi_i=0°$ 时目标与粗糙面的复合 RCS 及粗糙面背景下目标的 RCS，除个别角度外，两种方法的基本吻合，计算过程中 KA－MoM 方法耗时近 20 h，改进 SBR－IEM 仅耗时 211 s。需要说明的是，在此算例中，由于缩比飞机模型的电尺寸较小，仍属于中低频范围内的散射问题，采用改进 SBR—IEM 能取得如此的精度，已实属不易。

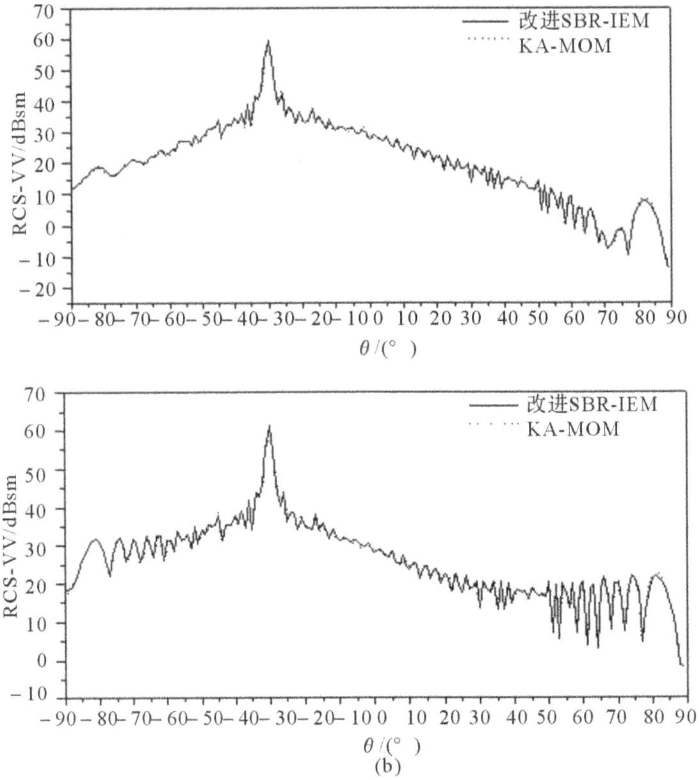

(b)

图 7.13　粗糙面-缩比直升机复合双站 RCS

(a)VV 极化；（b)HH 极化

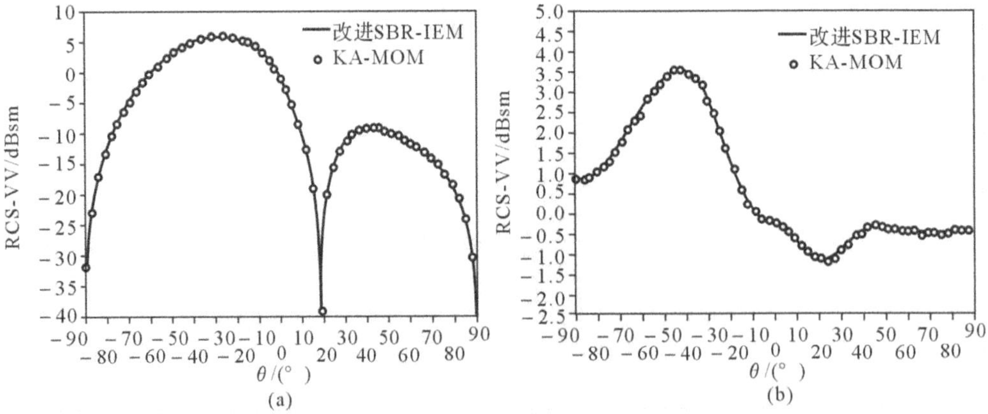

(a)　(b)

图 7.14　粗糙面背景下缩比直升机的双站 RCS

(a)VV 极化；（b)HH 极化

7.7　典型雷达目标在大范围粗糙面背景下的电磁散射特性

7.7.1　导弹目标

1. 型号 1 导弹

设粗糙面上方有型号 1 导弹(尺寸结构见第 5 章),平行于粗糙面,弹头朝 y 轴正方向,在入射角为 $\theta_i = 30°$,$\varphi_i = 90°$,频率为 $f = 3$ GHz 的平面波照射下,粗糙面参数取 $h = 0.2\lambda$ 或 $h = 0.5\lambda$,$l_x = l_y = 4.0\lambda$,$\varepsilon_r = 2.0$,$L_x = L_y = 500\lambda$,导弹距粗糙面高度取 10λ。

图 7.15 所示为计算得到的型号 1 导弹在粗糙面背景下的双站 RCS,同时给出了相应的自由空间中导弹的 RCS,观察面取 $\varphi_s = 90°$ 的俯仰面(即弹体轴向所在的平面)和 $\theta_s = 90°$ 的方位面(xoy 面)。

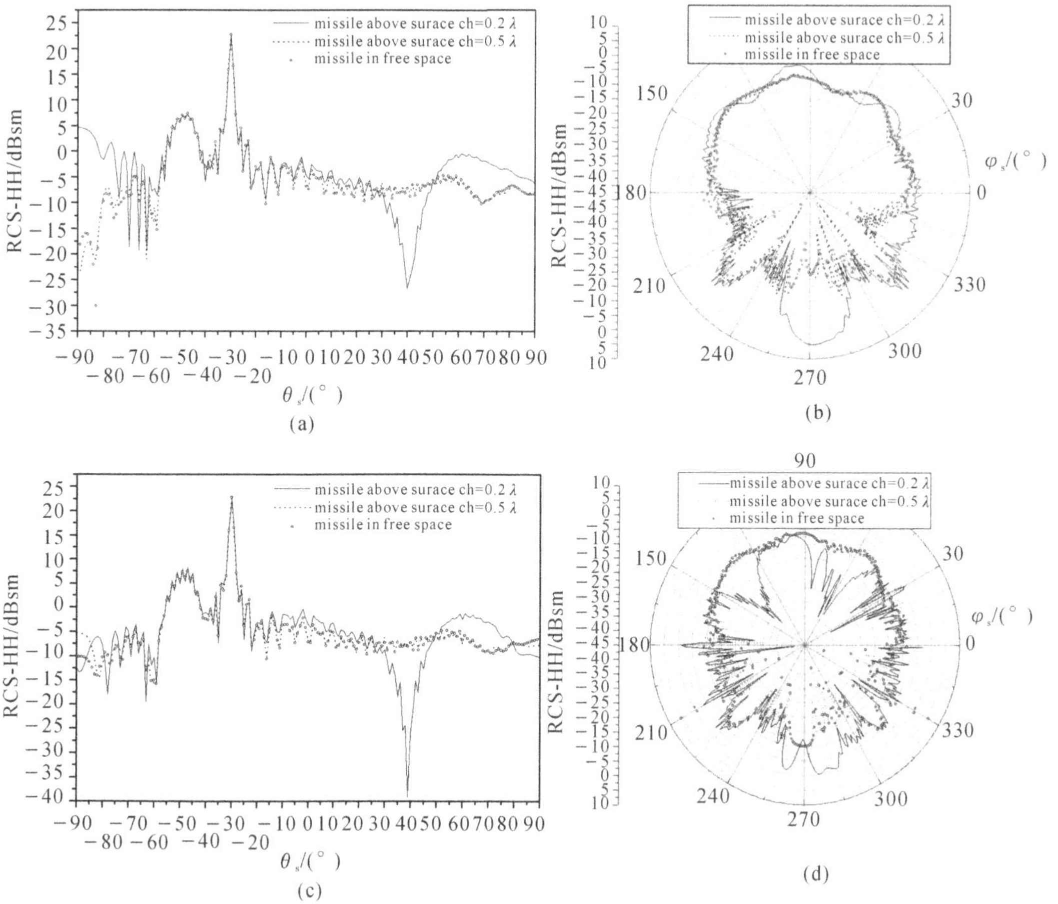

图 7.15　粗糙面上方型号 1 导弹的双站 RCS

(a)VV 极化俯仰面;　(b)VV 极化方位面;　(c)HH 极化俯仰面;　(d)HH 极化方位面

分析图 7.15 中的数据，可以看出：

(1) 由于粗糙面环境与导弹的耦合作用，粗糙面背景下导弹的 RCS 与自由空间中的 RCS 相比有了一定的起伏波动，且主要体现在弹头和弹尾方向，而且粗糙面越平滑，这种耦合作用体现的越强烈，对 RCS 的影响也越大。

(2) 在导弹受到迎着弹头方向的平面波照射时：在弹体所在的俯仰面内，散射峰值出现在 $\theta_s=30°$ 附近，也就是弹体镜向反射的方向；在地面接收雷达所在的水平面内，散射峰值出现在 $\varphi_s=90°$ 和 $\varphi_s=270°$ 左右，分别对应着弹头和弹尾所指的方向，相比而言，弹尾所指方向的散射峰值更大。另一方面，在方位面内，VV 极化和 HH 极化的散射回波各个峰值的位置有所差异，这启示我们，在探测预警巡航导弹时，与单基地雷达体制相比，采用全极化发射、全极化接收的双基地雷达，能接收到更强、更丰富的回波信息，而且合适地布置接收雷达的位置，有利于尽早发现目标，取得主动权。

2. 型号 2 导弹

设粗糙面上方有型号 2 导弹（尺寸结构见第 6 章），平行于粗糙面，弹头朝 y 轴正方向，在入射角为 $\theta_i=30°$，$\varphi_i=90°$，频率为 $f=3$ GHz 的平面波照射下，粗糙面参数取 $h=0.2\lambda$，$l_x=l_y=4.0\lambda$，$\varepsilon_r=2.0$，$L_x=L_y=500\lambda$，导弹距粗糙面高度取 10λ。

计算粗糙面与型号 2 导弹的复合 RCS，并和粗糙面与型号 1 导弹的复合 RCS 以及单纯粗糙面的 RCS 相比较，结果如图 7.16 所示。型号 2 导弹是一种地对地的远程战术弹道导弹，而型号 1 导弹为巡航导弹，首先二者在电尺寸上相距甚远，其次二者的外形构造差别较大，故对应的复合 RCS 也是有显著差别的。型号 2 导弹对应的复合 RCS 在幅度上要高于型号 1 导弹对应的复合 RCS，型号 1 导弹对应的复合 RCS 和单纯粗糙面的 RCS 差别甚微，因为相对于粗糙面而言，型号 1 导弹电尺寸太小，但由于下方粗糙面是相同的，因此相应的复合 RCS 在起伏趋势上又呈现了一致性。观察方位面的 RCS 结果发现：在绝大部分散射方向上，型号 2 导弹对应的复合 RCS 比单纯粗糙面的 RCS 平均高出约 15 dBsm；在与弹体垂直的方向左右，型号 1 导弹对应的复合 RCS 比单纯粗糙面的 RCS 平均高出约 8 dBsm。在这些粗糙面 RCS 与复合 RCS 差别较大的方向上布防接收雷达能达到较好的探测效果。

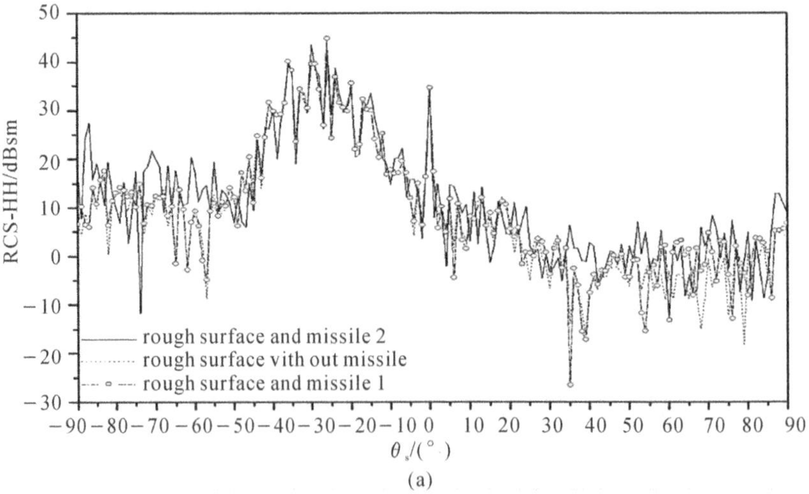

(a)

图 7.16　型号 1 导弹和型号 2 导弹与粗糙面的复合 RCS

(a) VV 极化俯仰面

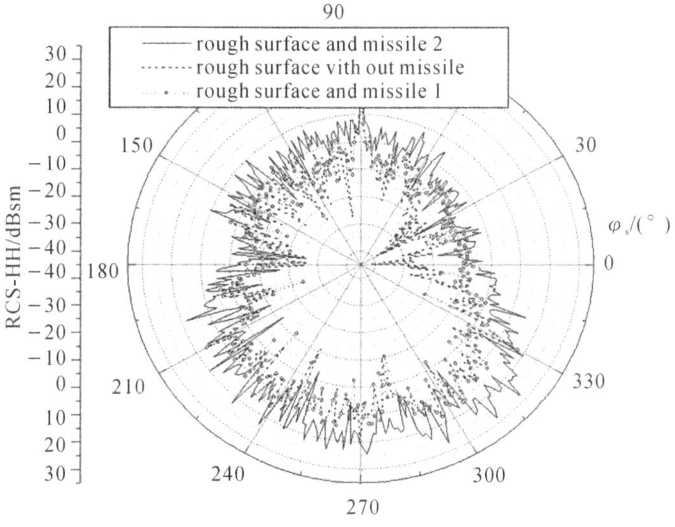

(b)

续图 7.16　型号1导弹和型号2导弹与粗糙面的复合 RCS

(b)VV极化方位面

7.7.2　飞机目标

1. 型号1战斗轰炸机

设有位于粗糙面上方的型号1战斗轰炸机,如图7.17所示,飞机整机长20.08 m,机翼展13.20 m,机高3.78 m,机头朝x轴正向,整个机身平行xoy面。此型飞机在总体设计上采用多面体结构,整机呈楔状,由多个小平面拼合而成,机翼和尾翼的翼型轮廓也是由几条折线构成的多边形,个其机翼和机身融为一体,所采用的大后掠机翼使主要回波避开了雷达探测区,发动机进气道置于飞机背部,用机翼来遮挡仰视入射的雷达波,减小了进气道的散射回波,所携带武器和外挂物均可收到机身内部的武器仓库,避免了外挂武器等产生较强的散射回波。实际上,此型飞机表面还涂有吸波隐身材料,此处仅研究未涂敷飞机的情况。

图 7.17　粗糙面上方型号1战斗轰炸机示意图

在不同的频率下,对应的粗糙面参数取:$h=0.2\lambda$,$l_x=l_y=4.0\lambda$,$\varepsilon_r=3.0-0.05\mathrm{j}$(代表典型干燥土壤),$L_x=L_y=800\lambda$。飞机距粗糙面高度取$50\lambda$,平面波的入射角为$\theta=45°$,$\varphi_i=0°$。计算此型飞机的不同频率下的全空域的RCS,并取$\varphi=0°$的俯仰面和$\theta=90°$的方位面的结果绘制在图7.18中。

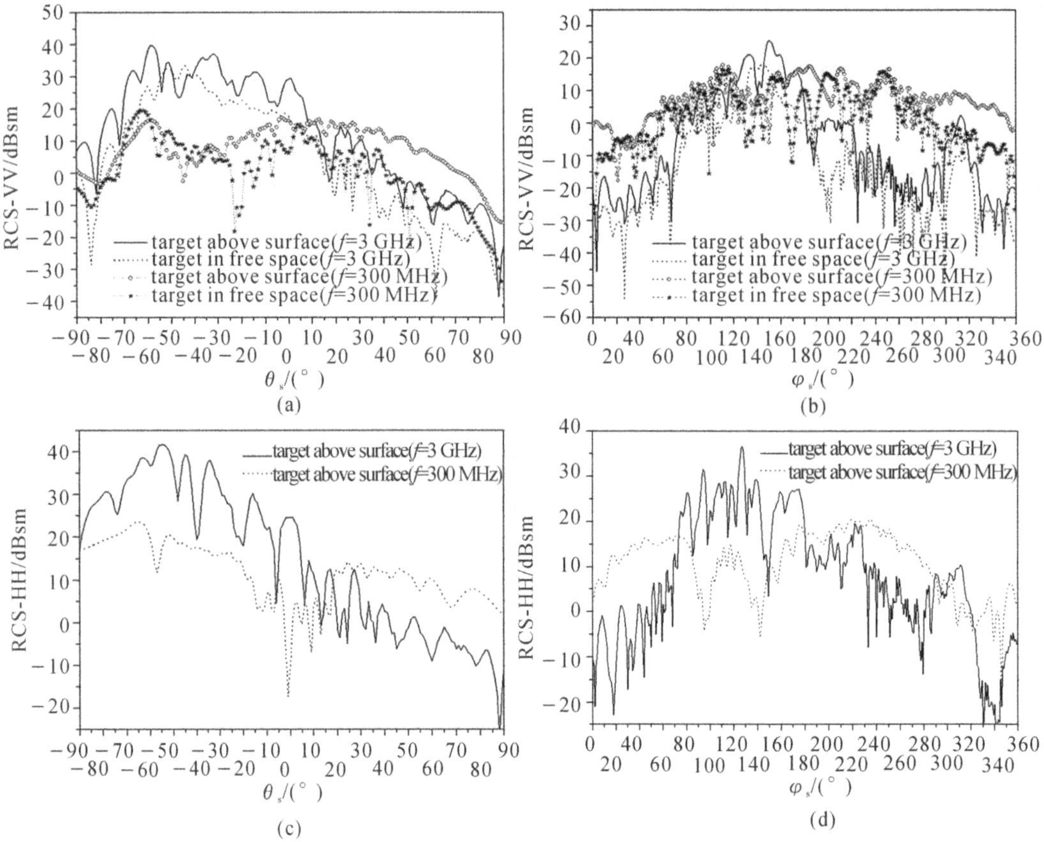

图 7.18　粗糙面上方型号 1 战斗轰炸机的双站 RCS

(a)VV 极化俯仰面；(b)VV 极化方位面；(c)HH 极化俯仰面；(d)HH 极化方位面

分析图 7.18 中的数据，可以得出以下结论：

(1) 由于粗糙面的影响，无论在 3 GHz 还是 300 MHz 的频率下，飞机的 RCS 比自由空间中都显著增强，而且 RCS 趋势走向也有了一定的变化，因此在飞机处于低空状态时，其 RCS 不再符合一般的暗室测量结果。

(2) 型号 1 战斗轰炸机在绝大部分观察角度范围内，3 GHz 雷达工作频率下的 RCS 要明显高于 300 MHz 下的 RCS，且在 3 GHz 下战斗机的后向 RCS 只有不到 0.2 m^2，然而对应的 300 MHz 下的后向 RCS 已达数十平方米，这说明此型战斗机在低频段的隐身效果不明显，在理论上证实采用米波雷达是可以探测隐身飞机的。

(3) 此型隐身飞机在 3 GHz 下的隐身效果主要体现在后向散射上，观察其双站 RCS 曲线，在双站角大于 100° 时，飞机的双站 RCS 值显著增大，基本上在 70 m^2 以上，尤其是在某些较大的双站角下，工作频率为 3 GHz 的雷达反而比米波雷达具有更好的反隐身性能。因此，双基地、多基地雷达探测越来越多地被应用到反隐身领域。

(4) 俯仰面内 RCS 要普遍高于方位面内的 RCS 值，一般的预警探测雷达都是布防在水平的方位面内，所以此型隐身机设计主要实现其在方位面内的隐身，在俯仰面内能观察到较大的 RCS 值，对于弹载导引头和机载雷达来说，选择俯仰观察探测目标，能取得较好的反隐身效果。

(5) 鉴于 HH 极化和 VV 极化对应的 RCS 大小和变化趋势不同，探测雷达工作时，采用正交极化发射、全极化接收，更有利于探测目标。

2. 型号 2 战斗机

型号 2 战斗机位于粗糙面上方，如图 7.19 所示，飞机整机长 18.92 m，机翼展 13.52 m，连同起落架在内机高 5.05 m，机翼面积 78 m^2。机头朝 Y 轴负向，整个机身平行 xOy 面。此型飞机在总体设计上也采用隐身外形设计技术、同时兼顾飞机的空战机动性和隐身性能，此型飞机的设计目标为制空战斗机，因此设计时为取得良好的空中机动性能而牺牲了一部分隐身性能，采用正常式双倾双垂尾布局，机体大部分的边缘连接处采用圆角过渡，采用了翼身融合技术，整个飞机表面无明显突起，座舱与机身其他部分的连接处采用了锯齿形结构，有效地减小了飞机的后向散射。

图 7.19　粗糙面上方型号 2 战斗机示意图

在不同的频率下，对应的粗糙面参数取：$h=0.5\lambda$，$l_x=l_y=4.0\lambda$，$\varepsilon_r=3.0-0.05j$，$L_x=L_y=800\lambda$，飞机距粗糙面高度取 50λ，飞机表面涂敷单层高磁损耗的吸波材料，参数为 $\varepsilon_r=210-24.8j$，$\mu_r=6-12.5j$。

令 $\theta_i=30°$，$\varphi_i=270°$，此时飞机将受到迎鼻锥方向入射波的照射。计算粗糙面背景下此型飞机的不同频率下的全空域的 RCS，并取 $\varphi=270°$ 的俯仰面和 $\theta=90°$ 的方位面的结果绘制在图 7.20 中。

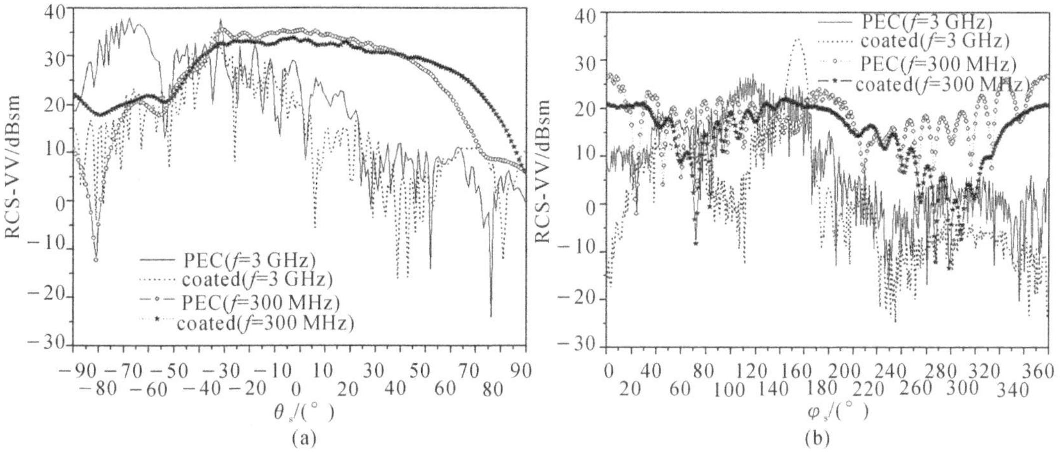

图 7.20　粗糙面背景下型号 2 战斗机的双站 RCS(迎鼻锥入射)

(a) 俯仰面；(b) 方位面

令 $\theta_i=30°$，$\varphi_i=90°$，此时飞机将受到迎飞机尾部方向入射波的照射。计算粗糙面背景下此型飞机的不同频率下的全空域的RCS，并取$\varphi=90°$的俯仰面和$\theta=90°$的方位面的结果绘制在图7.21中。

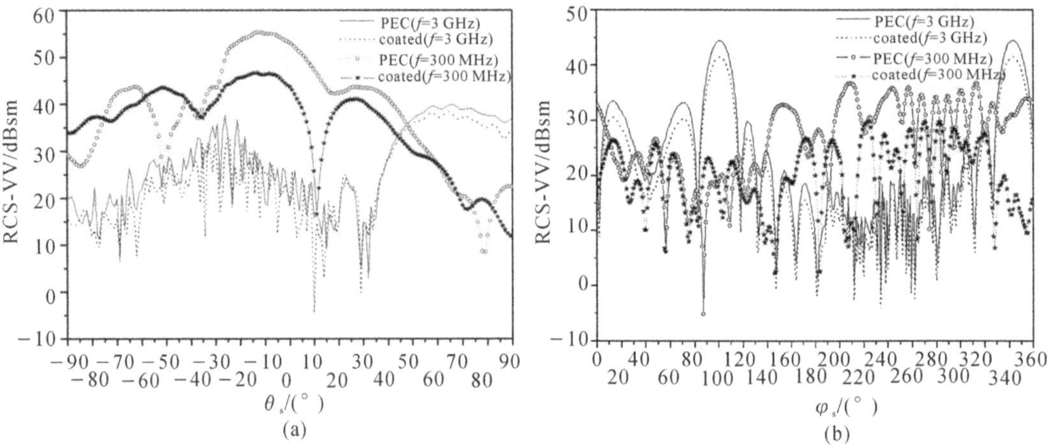

图7.21　粗糙面背景下型号2战斗机的双站RCS(迎机尾入射)

(a) 俯仰面；(b) 方位面

分析图7.20和图7.21中的结果，可以看出：

(1) 在3 GHz的电磁波照射下，此型飞机在鼻锥方向的后向RCS只有不到2 m^2，在机尾方向的后向RCS稍大，可达6.8 m^2。

(2) 在飞机表层涂有上述吸波材料后，飞机在俯仰面内的RCS都有明显降低。

(3) 涂敷吸波材料后，飞机的隐身效果主要体现在沿鼻锥的后向散射方向，这在与敌机迎面格斗时，能起到先敌发现的效果；电磁波迎飞机尾部照射时，涂敷飞机的RCS略有降低，隐身效果不明显。

(4) 此型飞机的外形隐身设计在300 MHz的频率下不再具有隐身效果，即使涂敷吸波材料，隐身效果仍然不佳。

由于此型号的飞机表层涂敷材料是高度保密的，而且飞机表面是非均匀涂敷，本算例中设定的只是一种普通的吸波材料均匀涂敷情况，因此本例中的理论计算结果应该与实际值存在偏差。

3. 型号3隐身轰炸机

型号3轰炸机位于粗糙面上方，如图7.22所示，飞机整机长20.91 m，机翼展52.12 m，机高2.48 m，机头朝y轴负向，整个机身平行xOy面。由于此型战机要遂行深入敌区的战略轰炸任务，所以设计时在各个方向都考虑了隐身效果，采用了飞翼气动布局和锯齿形后缘，整机外形酷似一个巨大的三角形飞镖，前后缘由直线构成、上下两面呈圆滑的曲面状；此型战机与传统飞机的最大不同之处在于它没有垂直的尾翼，完全考计算机控制系统来实现平衡；发动机、油箱以及武器挂架均设计在机身内部，进气道位于两翼的上方。

下方粗糙面参数取：$h=0.2\lambda$，$l_x=l_y=5.0\lambda$，$\varepsilon_r=2.0-0.03j$，$L_x=L_y=800\lambda$，飞机距粗糙面高度取50λ。计算此型飞机在不同频率和不同入射角下的全空域的RCS，并取俯仰面和的方位面的结果绘制在图7.23～图7.25中。

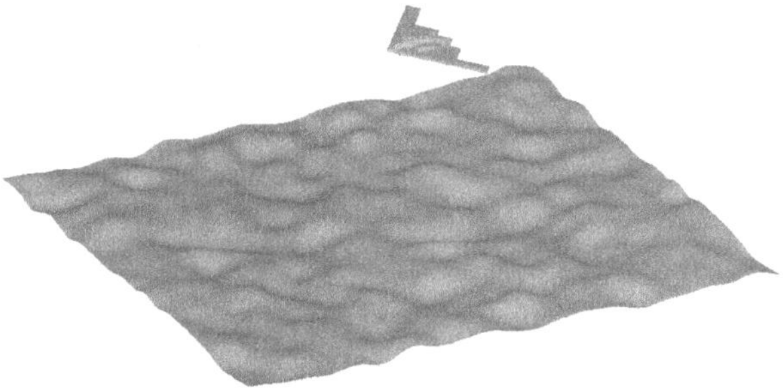

图 7.22　粗糙面上方型号 3 轰炸机示意图

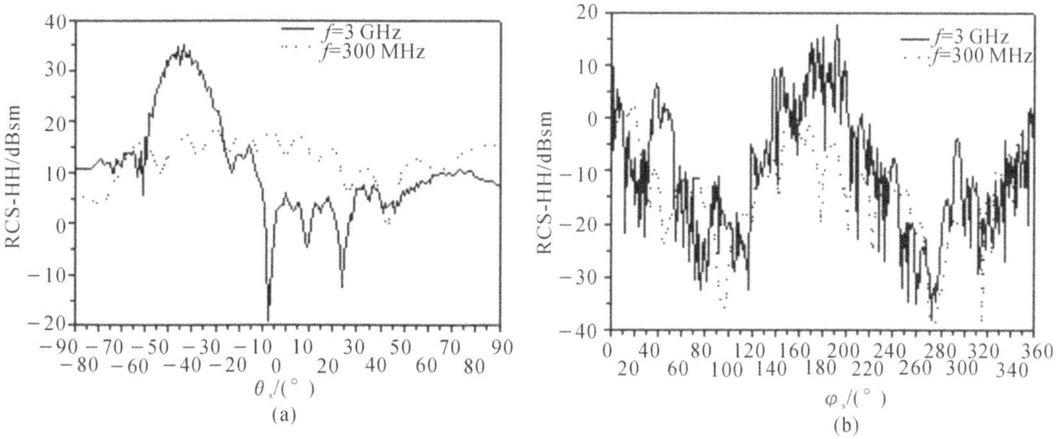

图 7.23　粗糙面背景下型号 3 轰炸机在入射角度 $\theta_i = 45°, \varphi_i = 0°$ 下的双站 RCS

(a) 俯仰面；(b) 方位面

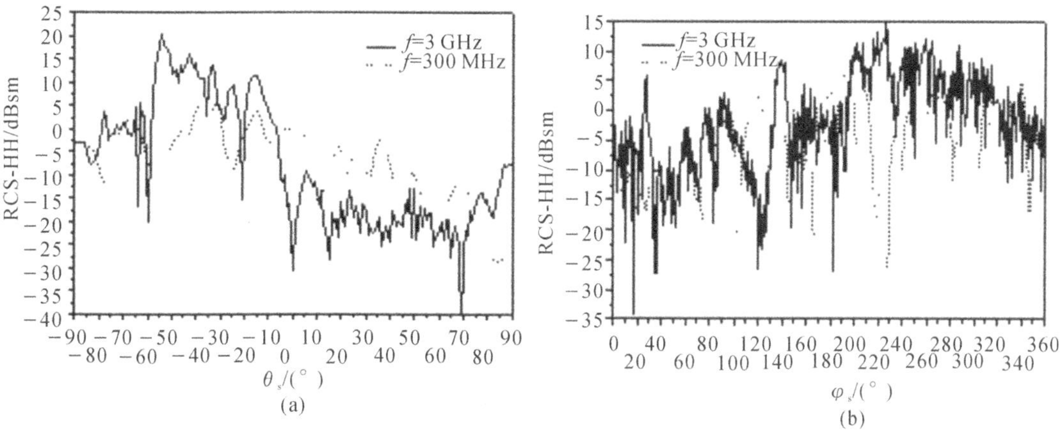

图 7.24　粗糙面背景下型号 3 轰炸机在入射角度 $\theta_i = 45°, \varphi_i = 90°$ 下的双站 RCS

(a) 俯仰面)；(b) 方位面

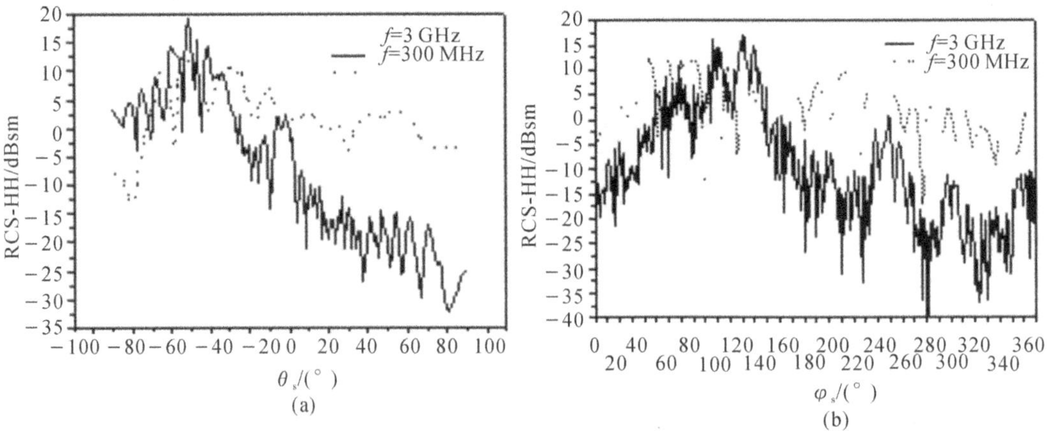

图 7.25　粗糙面背景下型号 3 轰炸机在入射角度 $\theta_i=45°$，$\varphi_i=270°$ 下的双站 RCS

(a) 俯仰面；(b) 方位面

由 3 型飞机在粗糙面背景下的 RCS 结果，可以看出，无论雷达波迎着机头鼻锥方向、机尾方向还是飞机侧向入射，此型飞机在绝大部分角度范围内，都具备较好的隐身效果，尤其是在后向散射方向，其 RCS 基本在 5 dBsm 以下；此外，比较不同频率下的 RCS 结果，可以看出此型飞机在 300 MHz 频率下 RCS 更小一些，这一点明显不同于 1 型和 2 型飞机。

7.7.3　坦克目标

粗糙面上存在一坦克目标，如图 7.26 所示，坦克车头和炮管朝 y 轴负方向，车体长 6.410 m，带裙板车宽 3.520 m，不带裙板车宽 3.338 m，炮向前 9.445 m，炮向后 9.275 m，车高(至炮塔顶部)2.190 m，火线高 1.645 m，车底距地面高 0.470 m，履带宽 0.58 m，履带着地长 4.250 m。

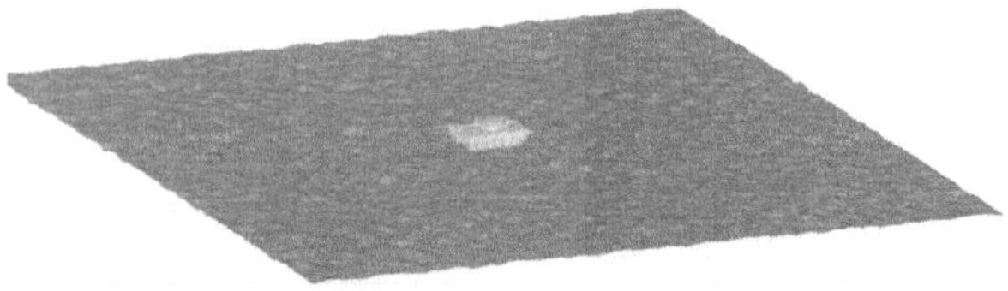

图 7.26　粗糙面上的坦克目标示意图

下方土壤粗糙面参数取：$h=0.1$ m，$l_x=l_y=0.4$ m，$\varepsilon_r=3.0-0.01\mathrm{j}$，$L_x=L_y=80$ m ($f=3$ GHz) 或 $L_x=L_y=800$ m($f=300$ MHz)。计算此型坦克在不同频率、不同入射角下的全空域复合 RCS，取 $\varphi=270°$ 的俯仰面和 $\theta=90°$ 的方位面的结果绘制在图 7.27 中，取 $\varphi=90°$ 的俯仰面和 $\theta=90°$ 的方位面的结果绘制在图 7.28 中。

分析图 7.27 和图 7.28 中的 RCS 结果可知：由于坦克与粗糙面连成一体，坦克和粗糙面的耦合散射将比低空目标和粗糙面的耦合散射更加强烈，坦克的构件基本上是大块金属板和柱体，因此与考虑了隐身效果的飞机目标相比，坦克目标会在各个方向产生强烈的散射回波，因此复合 RCS 比单纯粗糙面的 RCS 明显提高；入射角为 $\varphi_i=270°$(迎着坦克进攻方向)的电磁波照射粗糙面上的坦克目标时，在各个方向的散射回波明显低于 $\varphi_i=90°$ 的情况；相比发射频率为 300 MHz 的雷达波，发射 3 GHz 频率的雷达波照射坦克，将会收到更强的散射回波；由于粗糙面上坦克的存在，散射波在方位面内坦克的前后两个方向会达到两个峰值，这正是由入射波在坦克背面产生的前向和后向的强烈散射造成的，这一现象在高频照射时会更加明显。

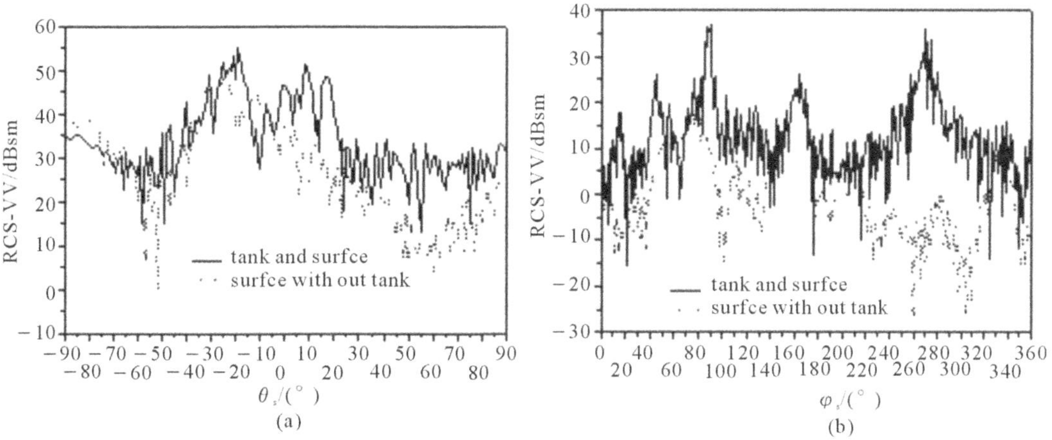

图 7.27　坦克与粗糙面的复合 RCS($\theta_i = 25°, \varphi_i = 270°$, 3 GHz)

(a)VV 极化俯仰面(3 GHz)；(b)VV 极化方位面(3GHz)

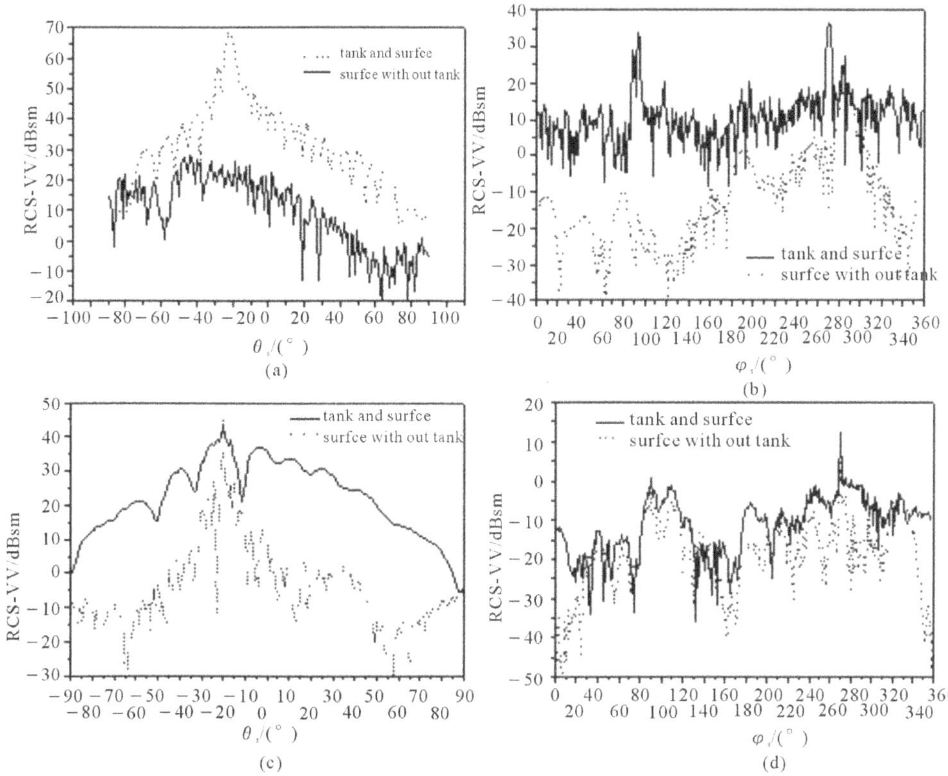

图 7.28　坦克与粗糙面的复合 RCS($\theta_i = 20°, \varphi_i = 90°$)

(a)VV 极化俯仰面(3 GHz)；(b)VV 极化方位面(3 GHz)；

(c)VV 极化俯仰面(300 MHz)；(d)VV 极化方位面(300 MHz)

需要说明的是，本算例中的坦克被视为良导体目标，实际的坦克表面一般涂有吸波材料，因此实际坦克的雷达散射截面比书中的计算值要小很多。

7.7.4 舰船目标

风驱海洋面上有一舰船目标，如图 7.29 所示。舰船长 180 m、宽 20 m、高 15 m，吃水深度为 5 m，船头指向 y 轴正向。在频率为 300 MHz 的平面波照射下，海洋面长度取：x 方向 $L_x=220\lambda$，y 方向 $L_y=580\lambda$，海水介电常数按双 Debye 海水介电常数模型[14] 取值。

图 7.29 海洋粗糙面上的舰船目标示意图

分析入射波在照射船体侧面和船头正面时，在海面背景下的舰船所呈现的双站散射特性。入射方位角分别取 $\varphi_i=0°$ 和 $\varphi_i=90°$，高低角为 $\theta_i=75°$。图 7.30 所示为舰船在俯仰面（$\varphi_i=0°$ 对应 $\varphi_s=0°$ 的俯仰面，$\varphi_i=90°$ 对应 $\varphi_s=90°$ 的俯仰面）和方位面（$\theta_s=90°$）内的双站 RCS 曲线。

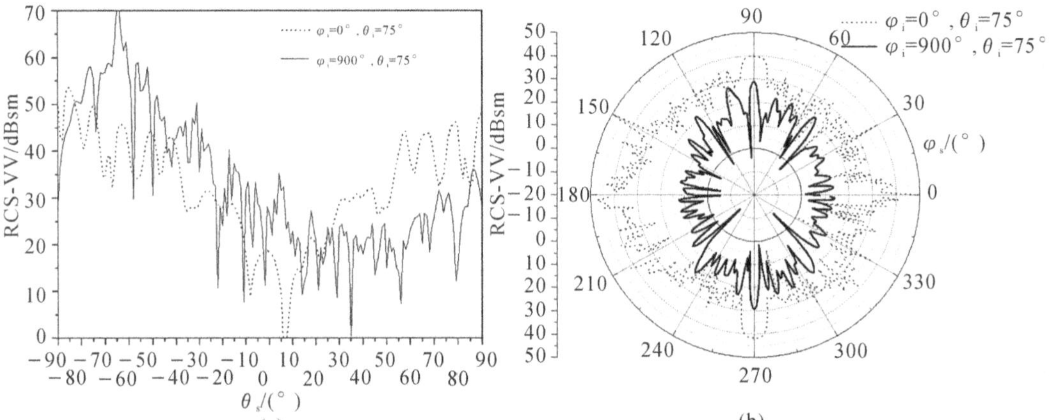

(a) (b)

图 7.30 不同入射角对应的海洋粗糙面背景下舰船 RCS

(a) 俯仰面；(b) 方位面

分析俯仰面内的 RCS 曲线，可以看出：在入射波照射船头正面时，由于塔台和甲板构成多个二面角，存在着多次反射现象，同时塔台和海面之间存在耦合作用，故在前后项均出现几个散射峰值，且存在明显的起伏性，入射波照射在大面积甲板上产生强烈的镜面反射，在 $\theta_s=75°$ 左右呈现最大的散射峰值；在入射波照射船体侧面时，整个船体的侧面与海面的耦合散射作用、塔台和海面的耦合散射作用，主要贡献于后向散射，而甲板上镜面散射以及舰船的棱边散射贡献，主要集中在了前向散射方向一。

再观察方位面内的 RCS 曲线，可以看出：相比电磁波照射船体侧面时，舰船受到迎船头入射的电磁波照射时，在各个方位角下的 RCS 明显降低；电磁波迎船头入射时，由于船体侧面绝大部分与入射方向平行，因此方位面内的 RCS 在船体侧面对应的 $\varphi_s=0°$ 和 $\theta_s=180°$ 方向左右相对较小，而在船头和船尾指向的 $\varphi_s=90°$ 和 $\theta_s=270°$ 方向左右有明显的峰值出现；电磁波照射船体侧面时，由于船侧面为面积较大的平板，RCS 曲线在船体侧面对应的 $\varphi_s=0°$ 和 $\theta_s=180°$ 方向左右呈现出多个的散射峰值，而船头和船尾是尺寸较小的棱角和平板，故对应的 $\varphi_s=90°$ 和 $\theta_s=270°$ 方向各呈现出单个峰值，同时船体侧面和粗糙海面的相互作用产生的漫反射随机地分布在其他各个角度。

7.8　本章小结

本章介绍了大范围粗糙面背景下典型复杂雷达目标的电磁散射特性。应用改进 SBR - IEM 混合方法计算了粗糙面背景下电大导弹类目标的双站散射特性，结合低空导弹的 RCS 曲线，探讨了反导问题中探测雷达基地的布防原则；分析了不同型号飞机在粗糙面背景下的电磁散射特性，研究了隐身飞机在不同频率和不同观测角下的隐身效果；计算并分析了粗糙地面上坦克目标、粗糙海面上舰船目标在全空域内的散射特性。

参考文献

[1]　耿方志. 电磁散射与辐射问题混合计算方法研究[D]. 西安：空军工程大学，2007.

[2]　FUNG A K. Microwave scattering and emission models and their applications[M]. Norwood：Artech House，2003.

[3]　XU F，JIN X Q. Bidirectional analytic ray tracing for fast computation of composite scattering from electric-large target over a randomly rough surface[J]. IEEE Trans. Antennas and Propagation，2009，57(5)：1495 - 1505.

[4]　克拉特. 雷达散射截面：预估、测量和减缩[M]. 阮颖铮，陈海，译. 北京：电子工业出版社，1988.

[5]　DESHAMPS A. Ray technique in electromagnetic[C]. Proceedings of the IEEE，1972，60(9)：35 - 40.

[6]　LEE S W. Ray-tube integration in shooting and bouncing ray method[J]. Microwave Optical Tech. Letter，1988，1(8)：286 - 289.

[7]　LEE S W，LING H，CHOU R. Shooting and bouncing rays：calculating the RCS of an arbitrarily shaped cavity[J]. IEEE Trans. Antennas and Propagation，1989，37(2)：194 - 205.

[8]　汪茂光. 几何绕射理论[M]. 2 版. 西安：西安电子科技大学出版社，1994.

[9]　DIDASCALOU D，SCHAFER T M，WEINMANN T. Ray-Density normalization for ray-optical wave propagation modeling in arbitrarily shaped tunnels[J]. IEEE Trans. Antennas and Propagation，2000，48(9)：1316 - 1325.

[10]　WEINMANN F. Ray tracing with PO/PTD for RCS modeling of large complex objects[J]. IEEE Trans. Antennas and Propagation，2006，54(6)：1797 - 1806.

[11]　CLOUDE S，POTTIER E. Areview of target decomposition theorems in radar polarimetry[J]. IEEE Trans. Geosci. Remote Sensing，1996，32(2)：498 - 518.

[12] BURKHOLDER R J, JANPUGDEE P, Colak D. Development of computational tools for predicting the radar scattering from targets on a rough sea surface[J]. Final Report No. XBONR, 2001, ESL-735231-3: ADA388046.

[13] YE H X, JIN Y Q. A hybrid analytic-numerical algorithm of scattering from an object above a rough surface[J]. IEEE Trans. Geosci. Remote Sensing, 2007, 45(5): 1174-1180.

[14] MEISSNER T, WENTZ J. The complex dielectric constant of pure and sea water from microwavesatellite observations[J]. IEEE Transactions on Geoscience and Remote Sensing, 2004, 42(9):1836-1849.

第 8 章　随机粗糙面环境中目标 SAR 成像技术

合成孔径雷达(SAR)成像技术在遥感、目标分类与识别等领域具有广泛的应用。成像技术作为分析和理解散射以及传播现象的一种工具,已经广泛应用于电磁散射的其他领域,如人体成像[1]和自然界树木的成像[2-3]、以及一维高斯及海洋粗糙面成像[4-8]、随机媒质成像[9],二维动态海面及三维目标成像[10-11],但是很少有文献研究随机粗糙面与目标同时存在时的 SAR 成像。本章在前面章节研究的基础上,研究一维粗糙面与下方埋藏目标成像、分层粗糙面成像和二维海面上立方体和舰船目标成像。

8.1　一维粗糙面与目标成像

8.1.1　二维 SAR 成像算法

目标的二维 SAR 图像可以通过对一组不同频率、不同角度的后向散射场进行逆傅里叶变换得到[12-13]。通过数值或近似算法计算得到一组频率范围为$[f_{\min},f_{\max}]$,角度范围为$[\theta_1,\theta_2]$的后向散射场数据,则由下式可以计算得到目标 SAR 成像[4],有

$$I(x,z)=\int_{\theta_1}^{\theta_2}\int_{f_{\min}}^{f_{\max}}G(f,\theta)w(f)w(\theta)\mathrm{e}^{-\mathrm{j}2\pi ft(\theta)}f\mathrm{d}f\mathrm{d}\theta \tag{8.1}$$

式中:$G(f,\theta)$是特定频率和角度的后向散射场;$w(f)$和$w(\theta)$是频率和角度的权函数。对权函数进行归一化处理,满足下式

$$\int fw(f)\mathrm{d}f=\int w(\theta)\mathrm{d}\theta=1 \tag{8.2}$$

$t(\theta)$的表达式为

$$t(\theta)=\frac{2(x\sin\theta-z\cos\theta)}{c} \tag{8.3}$$

式中:c为真空中的光速;x,z和θ的关系如图 8.1 所示。

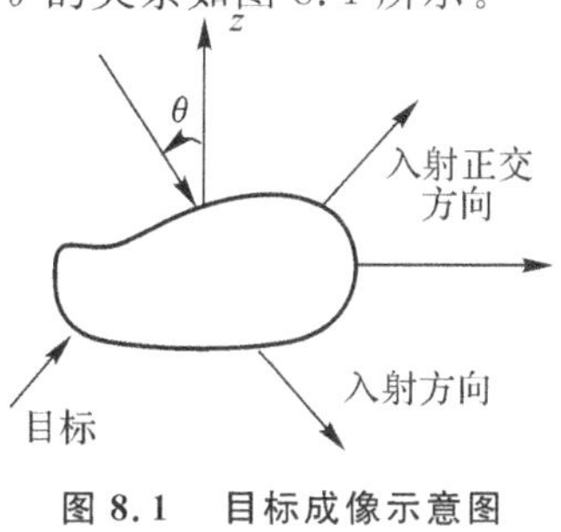

图 8.1　目标成像示意图

式(8.1)可以重新写为

$$I(x,z)=\int_{\theta_1}^{\theta_2} J(\theta)w(\theta)\mathrm{d}\theta \tag{8.4}$$

式中

$$J(\theta)=\int_{f_{\min}}^{f_{\max}} G'(f,\theta)\mathrm{e}^{-\mathrm{j}2\pi f t(\theta)}\mathrm{d}f \tag{8.5}$$

式(8.5)中

$$G'(f,\theta)=fG(f,\theta)w(f) \tag{8.6}$$

式(8.5)是傅里叶变换的形式,因此如果后向散射数据是均匀频率采样点,则式(8.5)可以由快速逆傅里叶变换(IFFT)求得。在将结果代入式(8.4)即可得到目标成像,该过程称为结合 IFFT 的后向投影算法。

由于计算得到的雷达后向散射场数据是相对于离散的频率点和角度,因此,式(8.1)可以重新写成为

$$I(x,z)=\sum_{m=1}^{M}\sum_{n=N_1}^{N_2}(n\Delta f)G(n\Delta f,\theta_m)w(n\Delta f)\cdot w(\theta_m)\mathrm{e}^{-\mathrm{j}\frac{4\pi}{c}n\Delta f(x\sin\theta_m-z\cos\theta_m)} \tag{8.7}$$

式中:Δf 为频率增量。$N_1=f_{\min}/\Delta f$,$N_2=f_{\max}/\Delta f$ 对于确定的角度范围,采样点越多,成像的质量越高。

入射方向距离分辨率 r_{d} 和入射正交方向的距离分辨率 r_{c} 分别由频率和角度带宽确定,则有

$$r_{\mathrm{d}}=\frac{c}{2B},\quad r_{\mathrm{c}}=\frac{c}{2f_0\sin\Theta} \tag{8.8}$$

式中:B 表示中心频率为 f_0 的频带宽度;Θ 表示角度旋转范围。为解决具有近似一个波长的起伏的粗糙面成像,取频带宽度为 4 GHz,中心频率为 5 GHz(频率采样点范围为 3 ~ 7 GHz),角度旋转范围为40°(角度采样点范围为−20° ~ 20°),对应的入射方向和入射正交方向距离分辨率分别为 3.75 cm 和 4.67 cm。

入射方向成像距离 D_{d} 和入射正交方向距离 D_{c} 可以由下式得到,即

$$D_{\mathrm{d}}=\frac{c}{2\delta_f},\quad D_{\mathrm{c}}=\frac{c}{2f_0\delta_\theta} \tag{8.9}$$

式中:δ_f 和 δ_θ 分别代表频率和角度增量。取 $\delta_f=100$ MHz,$\delta_\theta=0.2°$,对应 $D_{\mathrm{d}}=1.5$ m,$D_{\mathrm{c}}=8.6$ m($f_0=5$ GHz),保证垂直入射情况下具有足够大的入射方向和入射正交方向成像距离。

为降低旁瓣水平,需要选用合适的频率和角度窗函数,常见的窗函数有矩形窗、汉明窗和布莱克曼窗等。其表达式[14]为

矩形窗:

$$W(n)=1,\quad n=0,1,\cdots,N-1 \tag{8.10}$$

汉明窗:

$$W(n)=0.54-0.46\cos\left(\frac{2\pi n}{N}\right),\quad n=0,1,\cdots,N-1 \tag{8.11}$$

布莱克曼窗:

$$W(n)=0.42-0.5\cos\left(\frac{2\pi n}{N}\right)+0.08\cos\left(\frac{4\pi n}{N}\right),\quad n=0,1,\cdots,N-1 \tag{8.12}$$

8.1.2　地面下方埋藏目标成像

用一维高斯谱随机粗糙面模拟实际地面，取粗糙面长度为 $L=1.98$ m，表面未知量个数取 1 024个，当频率取 5 GHz 时，长度为 33λ，均方根高度 $\sigma=1.25$ cm，相关长度 $l=0.75$ cm，圆柱半径 $R=0.1$ m，未知量个数取 120 个，目标水平位置 $x_p=0$，埋藏深度 $D=0.3$ m，下层媒质介电常数取 $\varepsilon_1=4.24+0.36\mathrm{j}$（相当于频率取 5 GHz 时，湿度为 5% 的土壤介电常数）。总共需要计算 8 241 个后向散射场数据，散射场数据的计算采用前面章节中介绍的快速迭代算法进行计算，其中粗糙面的积分方程应用 FBM/SAA 计算，目标的积分方程采用 Bi-CGSTAB 计算。

图 8.2 所示入射波为 TM 极化的情况下，取不同窗函数时的到的 SAR 成像结果，图像由 200×200 个像素组成，范围取（$-85\sim0$ dB）。由图可知，由于矩形窗的最大边瓣峰值最小（-13 dB），而边瓣谱峰渐近衰减速度最低（-6 dB/oct），因此成像质量最差，目标基本湮没在杂波之中。当取汉明窗时图像质量有所改善，已经可以清楚看到目标的成像，但仍旧有大量杂波影响成像结果。布莱克曼窗的最大边瓣峰值为 -43 dB，边瓣谱峰值渐近衰减速度为 -18 dB/oct，能够很好地抑制旁瓣的影响，由图 8.2(c) 可知，此时的成像结果非常清晰，既可以看到清楚的地表面像和目标像。同时由图可知，目标像的位置比实际目标的位置有差异，这是因为下层媒质中的光速比自由空间中的小，造成目标的成像位置比实际位置偏低。

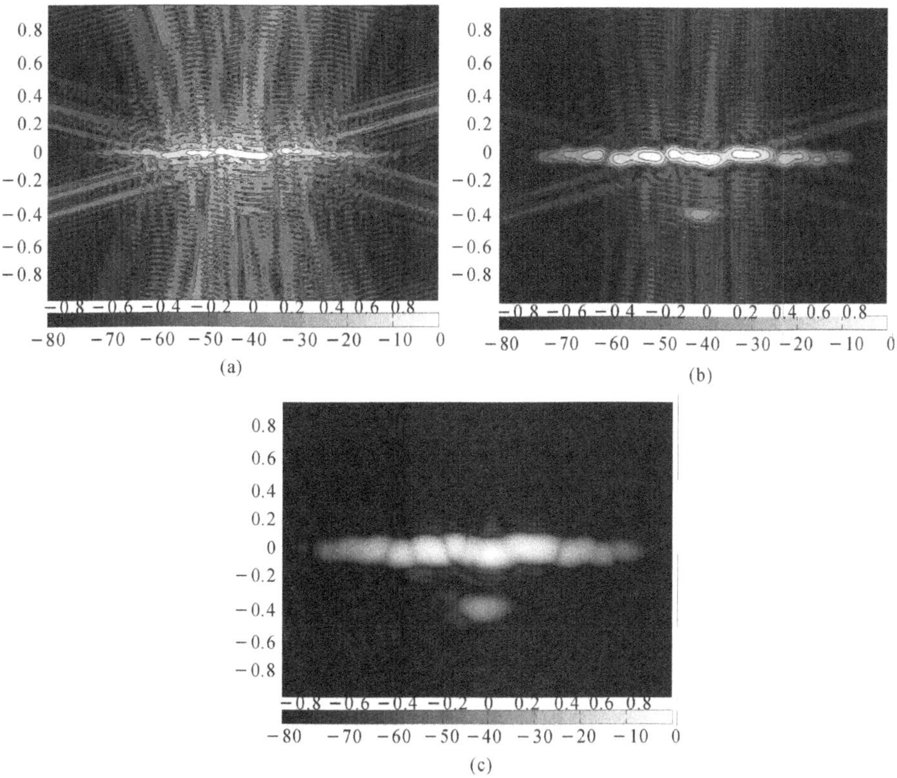

图 8.2　取不同窗函数时的成像结果

(a) 矩形窗；(b) 汉明窗；(c) 布莱克曼窗

图 8.3 所示为入射波为 TE 和 TM 极化时，选取布莱克曼窗，像素范围取(－65 ～ 0 dB)时地面下方没有目标时的成像结果，图 8.4 所示为粗糙地表面下方埋藏目标的成像结果。由图中能够清楚地观察到粗糙地表面与目标的像，成像时间为 TE 波：28.5 h，TM 波：25.4 h。结果表明不论 TM 波极化还是 TE 波极化，均能取得良好的成像结果。

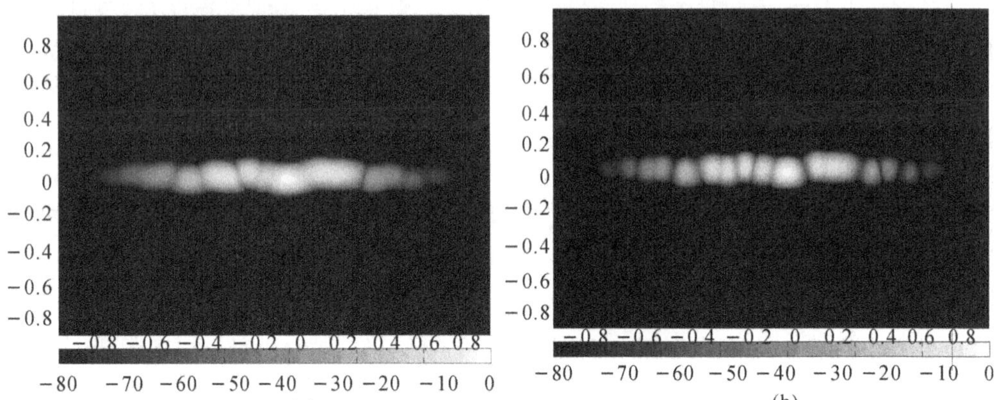

(a)　　(b)

图 8.3　只有地面时不同极化入射波成像结果

(a)TM 波极化成像结果；(b)TE 波极化成像结果

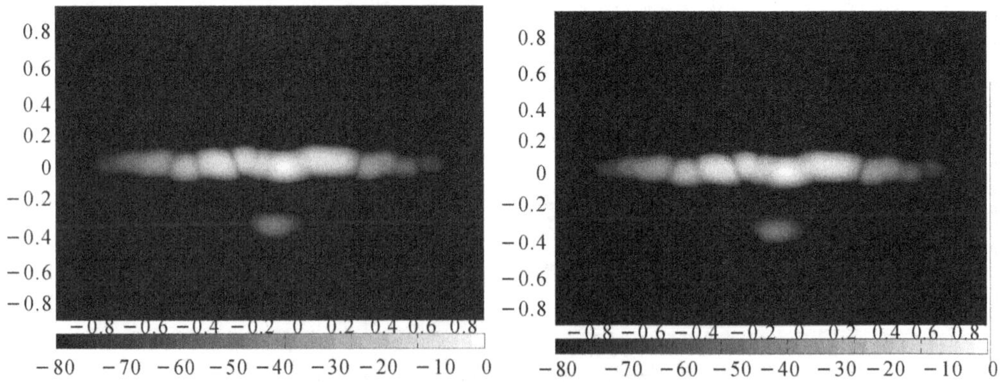

(a)　　(b)

图 8.4　地面下方埋藏目标时不同极化入射波成像结果

(a)TM 波极化成像结果；(b)TE 波极化成像结果

图 8.5 所示为目标位置和大小变化后的成像结果，入射波为 TM 极化，其余参数不变。图 8.5(a) 所示为目标水平位置 x_p 取 0.2 m时的成像结果，从图中可以清楚地观察到目标的水平位置发生了变化。图 8.5(b) 所示为目标深度 D 取 0.2 m时的 SAR 成像，较图 8.2 中的结果目标的像更加清晰，这是由于目标离地表面较近，与地表面作用增强。图 8.5(c) 所示为圆柱目标半径取 $r=0.15$ m时的成像结果，由图可知随着目标半径增大，它的 SAR 图像更加明显。综上所述，不论目标的位置还是大小发生变化，该算法均能得到很好的成像结果。

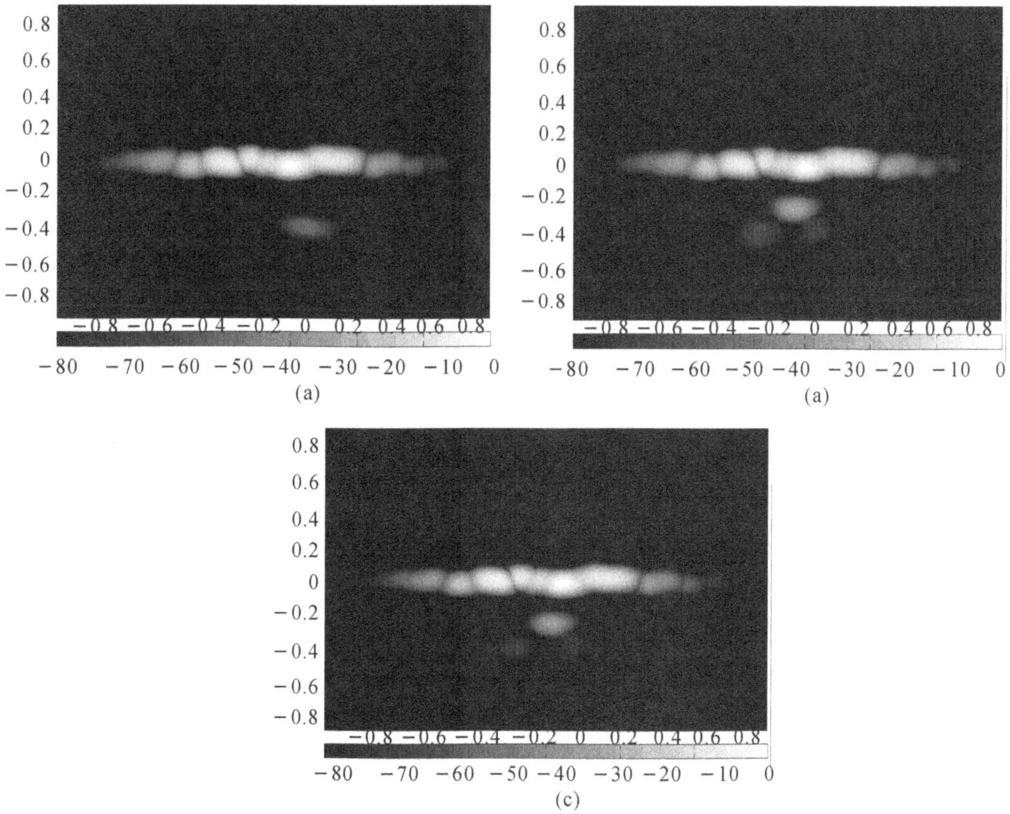

图 8.5　目标位置和大小变化时的成像结果

(a) x_p 取 0.2 m 时的成像结果；(b) D 取 0.2 m 时的成像结果；(c) 目标半径取 0.15 m 时的成像结果

8.1.3　分层媒质粗糙面成像

令上、下层粗糙面均为高斯谱随机粗糙面，在计算过程中应避免上、下层粗糙面重叠。上、下层媒质介电常数的选取参考文献[15]介绍的一种四成分土壤模型，认为土壤是一种由空气、固态土壤、束缚水和自由水四种物质组成的介电混合体，根据不同的含沙量和黏土含量将土壤分为沙壤土、粉沙壤土和粉质黏土 3 种类型。模型的参数设定如下：粗糙分界面均方根高度 $h_1 = h_2 = 0.012\,5$ m，相关长度 $l_1 = 0.075$ m，$l_1 = 0.007\,5$ m。媒质 1 为含水量 $m_v = 5\%$ 的沙壤土，厚度为 0.1 m，媒质 2 为含水量 $m_v = 10\%$ 的沙壤土，由此可以得到媒质介电常数为：$\varepsilon_r = 3.73 + 0.15\mathrm{j}$，$\varepsilon_r = 4.87 + 0.41\mathrm{j}$（入射频率为 5 GHz 时）。采用 FBM/SAA 快速计算成像所需的分层媒质后向散射场数据。

图 8.6 所示为运用书中算法的 SAR 成像结果，在 2 m×2 m 的范围内共拥有 200×200 的像素，像素范围取[−80～0 dB]。图 8.6(a)(b)(c) 为 V 极化情况下，分别选用矩形窗、汉明窗和布莱克曼窗的结果。由图可知矩形窗的结果最差，下层粗糙面的像几乎全部湮没在杂波中，汉明窗的结果已经有可很大改善，但是还有大量的杂波影响成像结果，布莱克曼窗的成像结果最好，可以清晰地分辨出由三层媒质，两层粗糙面。图 8.6(d) 所示为 H 极化情

况下选用布莱克曼窗函数的成像结果，由图可知该算法对任意极化入射波均能取得高质量的 SAR 成像结果。

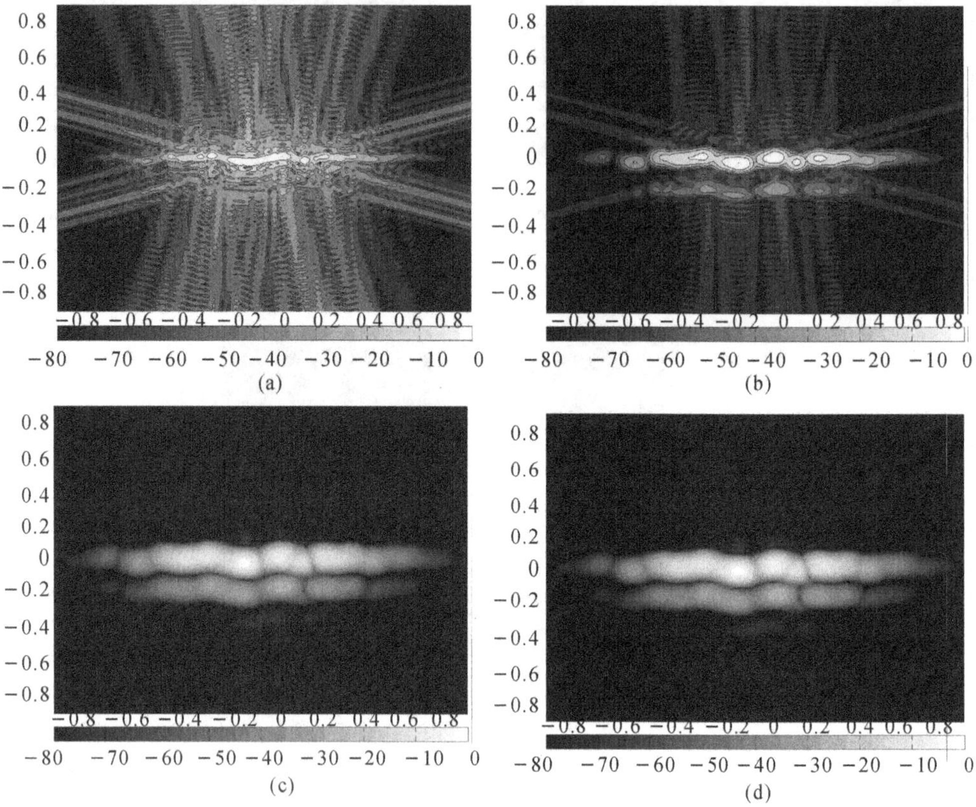

图 8.6　不同窗函数的成像结果

(a) 矩形窗；(b) 汉明窗；(c) V 极化情况下布莱克曼函数结果；(d) H 极化情况下布莱克曼函数结果

由图 8.6 可以发现，下层分界面成像位置与给定的参数存在误差。这是由于媒质 1 的介电常数不同于真空，从而导致电磁波传播速度降低，由此增加了电磁波在媒质 1 中的传播时间造成的。下层分界面的成像位置可以通过下式修正，即

$$d' = -\mathrm{Re}\,(\sqrt{\varepsilon_r})d \tag{8.13}$$

其余参数不变，令媒质 1 为含水量 $m_v = 10\%$ 的沙壤土，厚度为 0.1 m，此时其介电常数取 $4.87 + 0.41j$，媒质 2 为含水量 $m_v = 5\%$ 的沙壤土。得到的成像结果如图 8.7 所示，图 8.7(a)(b) 分别为 V 极化与 H 极化入射。与图 8.6(c)8.6(d) 比较可知，图 8.7 中下层粗糙面的图像较弱，不如图 8.6 中的清晰，上层媒质的成像结果区别不明显。这是由于图 8.6 中媒质 2 的介电常数比图 8.7 中的大，因此对电磁波的反射增强，成像结果更为明显。因此土层含水量对成像结果由很大影响。

图 8.8 所示为媒质 1 厚度取 0.2 m 的成像结果。由图可知，无论何种极化，均可以得到上、下两层粗糙面清晰的成像结果。由式(8.13) 可知，此时下层分界面的位置为 $d' =$

0.386 m，与图中的结果一致。通过与图 8.6(a) 和图 8.6(b) 比较可以发现，图 8.8 中下层分界面的成像结果不如图 8.6 中的明亮。这是由于当媒质 1 的厚度增加时，电磁波在媒质 1 中的损耗增大，到达下层分界面的电磁波能量减少造成的。因此随着媒质 1 厚度的增加，下层分界面的 SAR 成像逐渐变弱，而上层分界面的成像则不受影响。

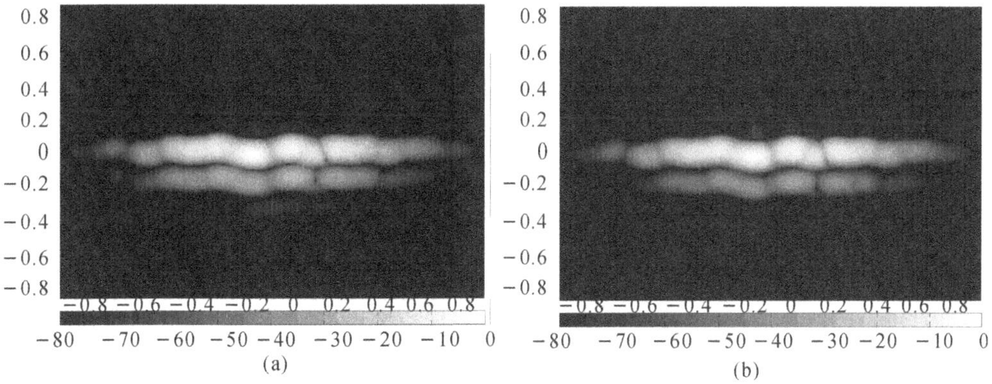

图 8.7　不同土层含水量对成像结果的影响

(a) V 极化结果；(b) H 极化结果

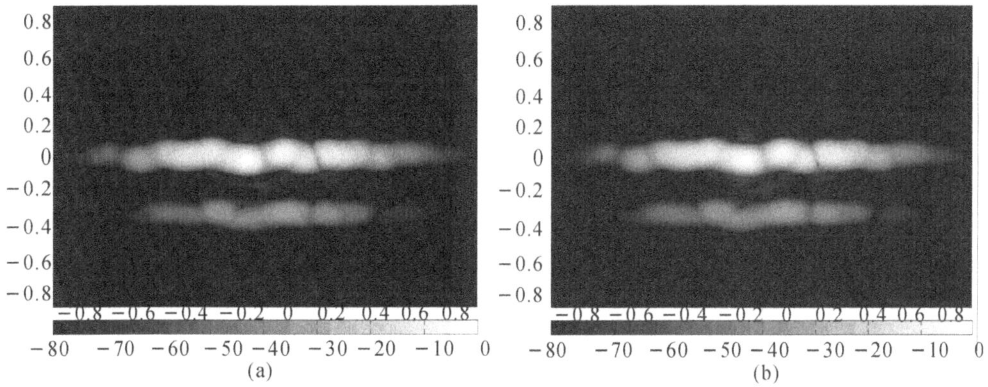

图 8.8　下层媒质取不同厚度时的成像结果

(a) V 极化结果；(b) H 极化结果

8.2　二维粗糙面与目标成像

8.2.1　三维 SAR 成像算法

三维 SAR 成像是通过对不同频率、不同角度的散射场数据进行处理以得到某一区域的详细信息的过程。应用远场近似，接收信号为一组数据 $E(\boldsymbol{k})$，则有

$$E(\boldsymbol{k})=\int f(\boldsymbol{r},\boldsymbol{k})\mathrm{e}^{\mathrm{j}\boldsymbol{k}\boldsymbol{r}}\,\mathrm{d}\boldsymbol{r} \tag{8.14}$$

式中：$\boldsymbol{k}=\boldsymbol{k}_i-\boldsymbol{k}_s$；$\boldsymbol{k}_i$ 为入射向量；$\boldsymbol{k}_s$ 为散射向量；$\boldsymbol{r}$ 时散射单元位置向量。因此 $\boldsymbol{k}$ 是频率与角度的函数。一般来讲，目标函数 $f(r,k)$ 与频率和角度相关。理想情况下，$f(\boldsymbol{r},\boldsymbol{k})$ 与频率无关，则有

$$f(\boldsymbol{r},\boldsymbol{k})\approx f_{\mathrm{id}}(\boldsymbol{r}) \tag{8.15}$$

此时，目标函数是接收信号的逆傅里叶变换，即

$$f_{\mathrm{id}}(\boldsymbol{r})=\frac{1}{(2\pi)^3}\int E(\boldsymbol{k})\mathrm{e}^{-\mathrm{j}\boldsymbol{k}\boldsymbol{r}}\mathrm{d}\boldsymbol{k} \tag{8.16}$$

还可以通过聚焦的方式来获得目标函数。由参考文献[16]，有

$$C_F(\boldsymbol{r}_0)=\frac{1}{(2\pi)^3}\int \mathrm{d}\boldsymbol{k}E(\boldsymbol{k})E_0^*\mathrm{e}^{-\mathrm{j}\boldsymbol{k}\boldsymbol{r}_0} \tag{8.17}$$

式中：E_0 为 $\boldsymbol{r}_0$ 处散射单元的回波信号。将式(8.14)代入式(8.17)，可得

$$C_F(\boldsymbol{r}_0)=\frac{1}{(2\pi)^3}\int \mathrm{d}\boldsymbol{k}\int \mathrm{d}\boldsymbol{r}f_{\mathrm{id}}(\boldsymbol{r})\mathrm{e}^{\mathrm{j}\boldsymbol{k}\boldsymbol{r}}E_0^*\mathrm{e}^{-\mathrm{j}\boldsymbol{k}\boldsymbol{r}_0}=f_{\mathrm{id}}(\boldsymbol{r}_0) \tag{8.18}$$

定义

$$\langle\omega(\boldsymbol{k})\rangle_k=\frac{1}{(2\pi)^3}\int \mathrm{d}\boldsymbol{k}\omega(\boldsymbol{k}) \tag{8.19}$$

式中：$\langle\bullet\rangle_k$ 表示对 k 取集总平均，对于不同向量 $\boldsymbol{k}_1$，$\boldsymbol{k}_2$ 有

$$\langle\omega(\boldsymbol{k}_1,\boldsymbol{k}_2)\rangle_{k_1k_2}=\frac{1}{(2\pi)^6}\int \mathrm{d}\boldsymbol{k}_1\int \mathrm{d}\boldsymbol{k}_2\omega(\boldsymbol{k}_1,\boldsymbol{k}_2) \tag{8.20}$$

上述两种确定目标函数的方法（逆傅里叶变换和聚焦）都是基于接收到的场，因此叫做场成像算法。在成像过程中，需要计算两个接收信号的相关函数，进一步引用谱平均聚焦，则有

$$C_\Gamma(\boldsymbol{r}_0)=\langle E(\boldsymbol{k}_1)\mathrm{e}^{-\mathrm{j}k_1r_0}E^*(k_1)\mathrm{e}^{-\mathrm{j}k_2r_0}\rangle_{k_1k_2}=\frac{1}{(2\pi)^3}\int \mathrm{d}\boldsymbol{k}_1\frac{1}{(2\pi)^3}\int \mathrm{d}\boldsymbol{k}_2E(\boldsymbol{k}_1)\mathrm{e}^{-\mathrm{j}k_1r_0}E^*(\boldsymbol{k}_1)\mathrm{e}^{-\mathrm{j}k_2r_0} \tag{8.21}$$

将式(8.14)代入式(8.21)可得

$$\begin{aligned}C_\Gamma(\boldsymbol{r}_0)&=\frac{1}{(2\pi)^3}\int \mathrm{d}k_1\frac{1}{(2\pi)^3}\int \mathrm{d}\boldsymbol{k}_2E(k_1)\mathrm{e}^{-\mathrm{j}k_1r_0}E^*(\boldsymbol{k}_1)\mathrm{e}^{-\mathrm{j}k_2r_0}=\\&\int \mathrm{d}\boldsymbol{r}_1\int \mathrm{d}\boldsymbol{r}_2f_{\mathrm{id}}(\boldsymbol{r}_1)f_{\mathrm{id}}^*(\boldsymbol{r}_2)\delta(\boldsymbol{r}_1-\boldsymbol{r}_0)\delta(\boldsymbol{r}_2-\boldsymbol{r}_0)=|f_{\mathrm{id}}(\boldsymbol{r}_0)|^2\end{aligned} \tag{8.22}$$

在理想情况下，$C_\Gamma(\boldsymbol{r}_0)$ 等于 $|f_{\mathrm{id}}(\boldsymbol{r}_0)|^2$。

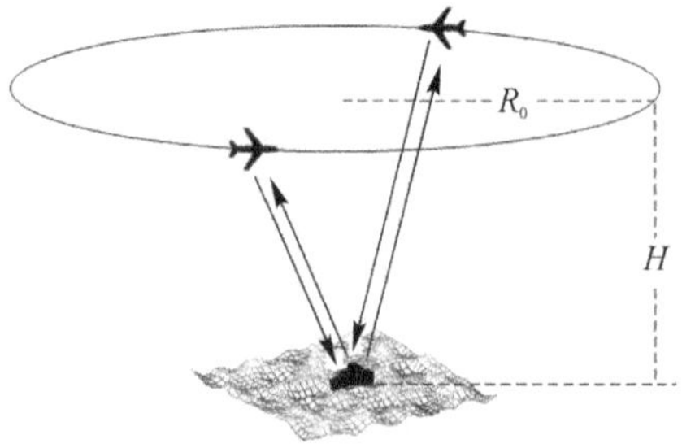

图 8.9　圆周 SAR 成像示意图

设一单站机载雷达在成像区域上方做圆周运动(见图 8.9)，半径为 R_0，高度为 H，雷达位置坐标为方位角 φ 的函数 $\boldsymbol{R}(\varphi)=\boldsymbol{R}_0\cos\varphi\hat{\boldsymbol{x}}+R_0\sin\varphi\hat{\boldsymbol{y}}+H\hat{\boldsymbol{z}}$。传统的 SAR 图像可以通过下式获得[17-18]，即

$$C_{\Gamma}(\boldsymbol{r}_0)=\sum_{m=1}^{N_k}\sum_{n=1}^{N_\varphi}E(k_m,\varphi_n)E_{\circ}^{*}\,\mathrm{e}^{-2jk_m|R(\varphi_n)-r_0|} \tag{8.23}$$

式中：$E(k_m,\varphi_n)$ 为后向散射电场，$E_{\circ}^{*}$ 为参考信号，文中统一取 1；N_k 和 N_φ 分别为频率与角度采样点个数。

8.2.2　二维海面上立方体目标成像

设雷达中心频率为 f_0，对应中心波长为 λ_0。仿真参数取：$R_0=1\,732\lambda_0$，$H=1\,000\lambda_0$。后向散射电场数据通过 8.2 节中介绍的 GO/PO＋SBR＋MEC 法计算。频率带宽为 $0.5f_0\sim1.5f_0$，步长取 $0.02f_0$，方位角取 $0\sim360°$，步长取 $1°$，对应采样点个数为 18 411。在个人计算机上编程计算，所用计算机配置为：主频 2.0 GHz，内存 2.0 GB。

计算海面上立方体的 SAR 成像。用 PM 谱随机粗糙面模拟海面，雷达中心频率取 $f_0=1$ GHz，海面上风速取 $U_{19.5}=5$ m/s，风向 $\varphi_v=0$，海面尺寸 $L_x\times L_y=100\lambda_0\times100\lambda_0$，锥形波参数取 $g=L_x/4$，立方体边长取 $10\lambda_0$。海面剖分三角面元总数为 318 402，立方体剖分为 11 148 个三角面元。

图 8.10 所示为不同极化入射波照射下海面上立方体的 SAR 成像，图像由 300×300 个像素组成，VV 极化时像素范围取(−40～0 dB)，HH 极化时像素范围取(−50～0 dB)。由图中可以清晰地看到立方体位于图像正中央，且 VV 极化时的成像结果要略优于 HH 极化时的成像结果。图 8.11 所示为立方体旋转 45° 时的成像结果。

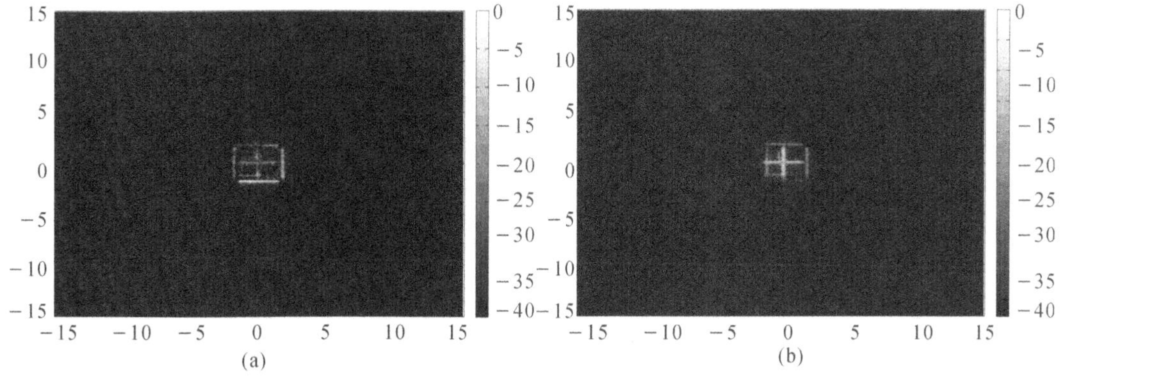

图 8.10　海面上立方体成像结果

(a)VV 极化；(b)HH 极化

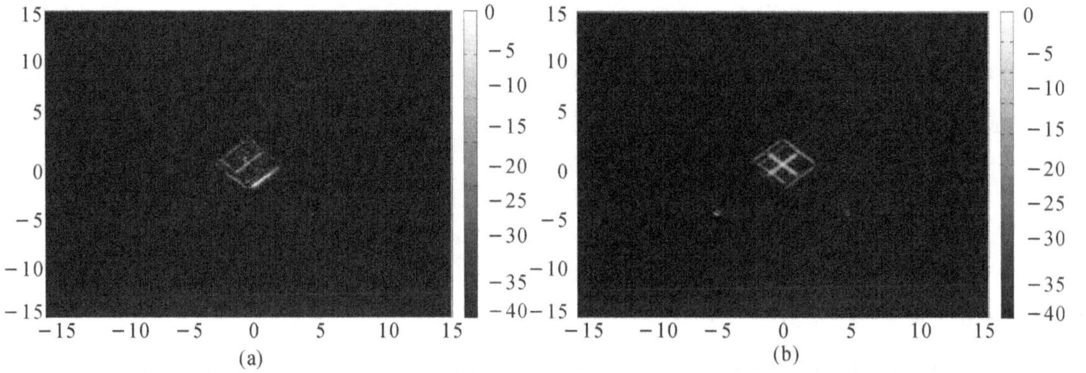

图 8.11　立方体旋转 45° 成像结果

(a)VV 极化；(b)HH 极化

8.2.3　二维海面上舰船目标成像

计算海面上舰船目标的 SAR 成像，如图 8.12 所示，舰船为复杂目标，首先应用 PO/GO + SBR + MEC 计算后向散射场数据，再应用本章介绍的圆周 SAR 成像算法计算 SAR 图像。海面与照射雷达参数设置不变，舰船的三视图如图 8.13 所示，舰船尺寸为 6 m × 1.6 m × 2.8 m，共剖分成 9046 个三角面元。

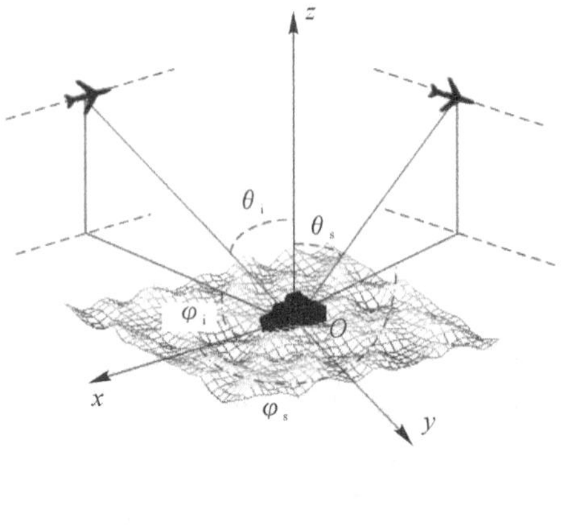

图 8.12　海面上舰船示意图

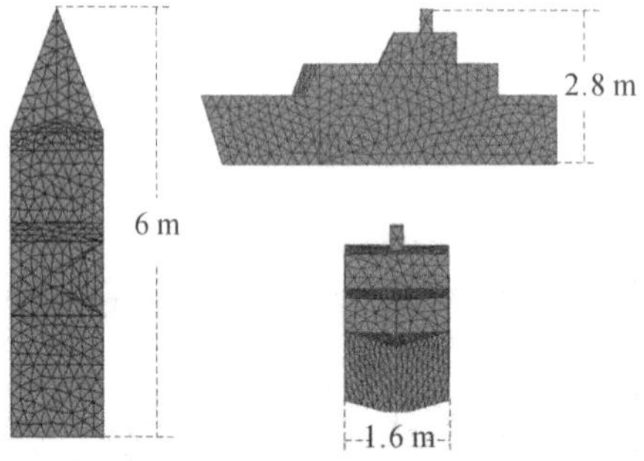

图 8.13　舰船目标三视图

图 8.14 所示为舰船取不同姿态时的示意图，VV 极化波入射情况下对应的成像结果如图 8.15 所示，图中横坐标为 y 轴，坐标为 x 轴，像素范围取(−40 ～ 0 dB)，成像所需要的计算时间为 31 870 s，其中计算后向散射场数据耗费 28620 s，成像耗费 3250 s。由图可知，不论舰船姿态如何变化，均能够得到舰船目标清晰的像。

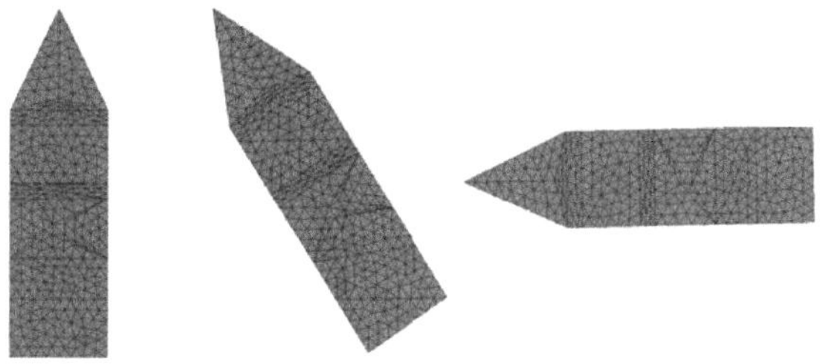

图 8.14 舰船不同姿态示意图

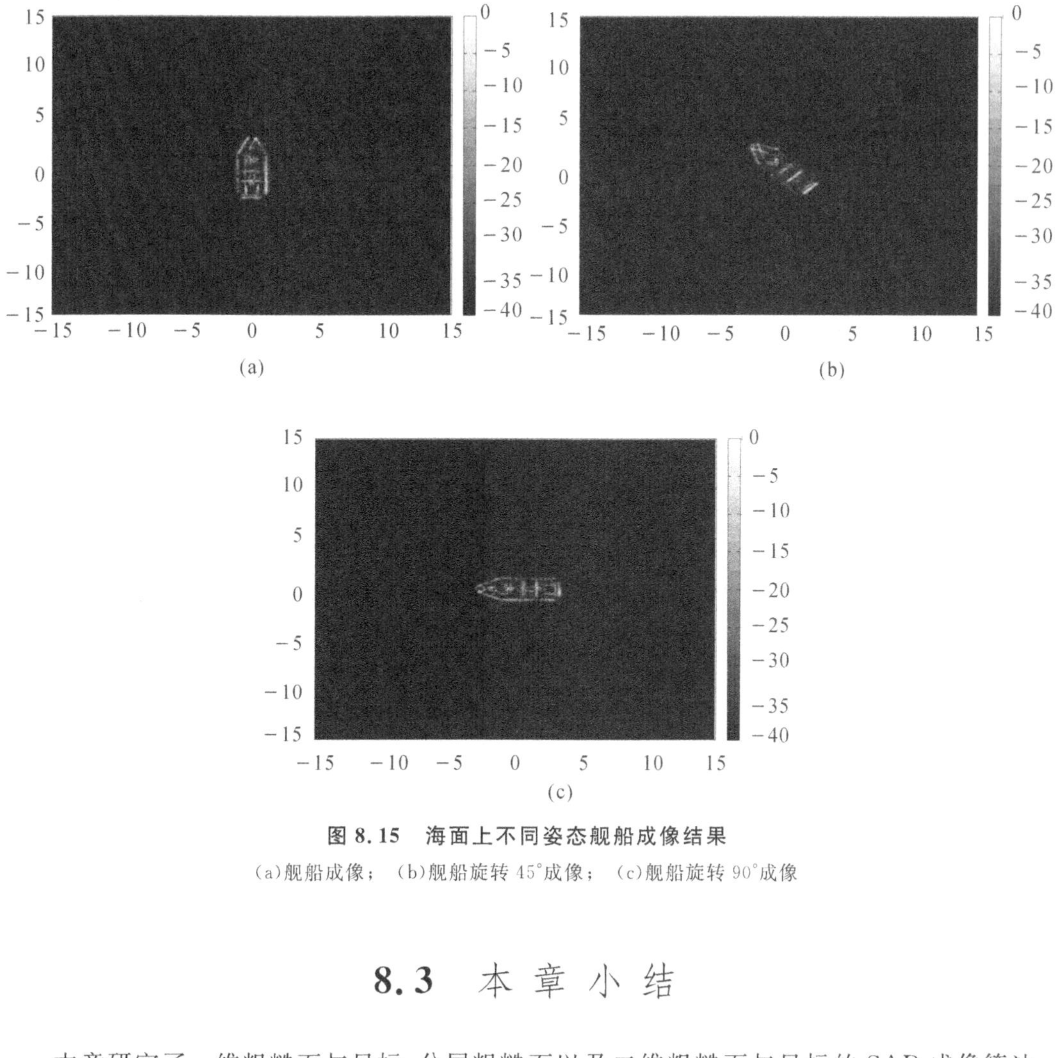

图 8.15 海面上不同姿态舰船成像结果

(a)舰船成像； (b)舰船旋转 45°成像； (c)舰船旋转 90°成像

8.3 本章小结

本章研究了一维粗糙面与目标、分层粗糙面以及二维粗糙面与目标的 SAR 成像算法。研究了二维 SAR 成像的后向投影算法，研究了取不同窗函数对成像结果的影响，结果表明取布莱克曼窗时能够得到好的成像结果。应用前述章节提出的快速算法计算成像所需的后向散射数据，结合成像算法得到一维埋藏目标与分层粗糙面的 SAR 图形，结果表明不论何种极化均能得到良好的结果。研究了目标位置与尺寸变化与粗糙面参数变化对成像结果的影响。结果表明当目标埋藏深度减小时或者目标尺寸增大时，由于目标与地面的作用增强，故目标的像更为清晰。对于分层粗糙面成像，当上层媒质介电常数增大时，由于其对电磁波反射增强，故下层粗糙分界面成像减弱。

研究了三维圆周 SAR 成像算法，用三角面元对海面及目标进行建模，应用第 5 章提出的 GO/PO＋SBR＋MEC 算法计算不同频率、不同角度的后向散射场数据。应用 SAR 成像算法计算得到海面上立方体的像，结果表明不论何种极化入射波照射，均能得到良好的成像结果。最后应用书中介绍的算法计算海面上舰船目标的 SAR 成像，得到不同姿态舰船目标的像。

参考文献

[1] KONG L Y, WANG J, YIN W Y. A novel dielectrec conformal FDTD method for computing SAR distribution of the human body in a metallic cabin Illuminated by an intentional electromagnetic pulse (IEMP) [J]. Progress In Electromagnetics Research, 2012(126):355 - 373.

[2] FORTUNY J, SIEBER A J, Three-dimensional synthetic aperture radar imaging of a fir tree: First results[J]. IEEE Trans. Geosci. Remote Sensing., 1999 (37): 1006 - 1014.

[3] Model-based polarimetric SAR calibration method using forest and surface-scattering targets. [J]. IEEE Transactions on Geoscience and Remote Sensing. 2011, 49(5): 1712 - 1733.

[4] KIM H, JOHNSON J T. Radar images of rough surface scattering: comparison of numerical and analytical models. IEEE Trans. Antennas and Propagation, 2002, 50 (2):94 - 100.

[5] KIM H, JOHNSON J T. Radar image studies of an ocean-like surface [J]. Microwave Opt. Technol Lett., 2001:381 - 384.

[6] KIM H, JOHNSON J T. Radar image studies of scattering from random rough surfaces [C]// Proc. Int. Geosci. Remote Sensing Symp. (IGARSS). Sydney, 2001:567 - 569.

[7] KIM H, JOHNSON J T. Radar images of an ocean-like rough surface at high incidence angles [C]// Proc. Int. Geosci. Remote Sensing Symp. (IGARSS). Sydney, 2001:351 - 353.

[8] ISHIMARU A, JARUWATANADILOK S, KUGA Y. Imaging through random multiple scattering media using integration of propagation and array signal processing [J]. Waves in Random and Complex Media, 2012,22(1):24 - 39.

[9] ALPERS W, HUANG W. On the Discrimination of Radar Signatures of Atmospheric Gravity Waves and Oceanic Internal Waves on Synthetic Aperture Radar Images of the Sea Surface [J]. IEEE Transactions on Geoscience and Sensing. 2011, 49(3):1114 - 1126.

[10] ZHAO Y M, ZHANG M, GENG X P, et al. A comprehensive Facet Model for Bistatic SAR Imagery of Dynamic Ocean Scene [J]. Propress In Electromagnetics Research, 2012(123):427 - 445.

[11] YU L J, ZHANG Y H. A 3D Target Imaging Algorithm Based on Two-Pass Circular SAR Observations [J]. Propress In Electromagnetics Research, 2012 (122):341 - 360.

[12] MENSA D L. High Resolution Radar Cross Section Imaging [M]. Boston:Artech House,1991.

[13] MUNSON D C, O'BRIEN JR J D, JENKINS W K. A tomographic formulation of spotlight-mode synthetic aperture radar [J]. Proc. IEEÈ, 1983(71):917 - 925.

[14] HARRIS F J. On the use of windows for harmonic anaylsis with the discrete Fourier transform. Proc. IEEE, 1978,66(5):55 - 58.

[15] 王蕊,郭立新,王安琪. 不同土壤类型的粗糙地面与其下方埋藏目标复合电磁散射研究 [J]. 物理学报,2010,59(5):3179 - 3186.

[16] TSANG L. Scattering of Electromagnetic Waves: Numerical Simulations[M]. New York: Wiley Interscience, 2001.

[17] ZHANG G F, TSANG L. Application of Angular Correlation Function of Clutter Scattering and Correlation Imaging in Target Detection [J]. IEEE Transcations on Geoscience and Remote Sensing, 1998,36(5):1485 - 1493.

[18] ZHANG G Z, TSANG L, KUGA Y. Studies of the Angular Correlation Function of Scattering by Random Rough Surfaces with and without a Buried Object [J]. IEEE Transcations on Geoscience and Remote Sensing, 1997,35(2):444 - 453.

第 9 章　导体-介质复合型目标与环境复合散射建模

随着军事科学技术的高速发展，军事目标的功能逐渐变得多样化，其几何形状与材料成分也随之变得更为复杂。在散射领域中，传统电磁计算中往往将目标理想化为均匀材质。实际目标常常是金属-介质混合体，这类目标在复杂环境中呈现出的目标特性也是现代雷达目标特性领域所特别关注的问题。本章介绍导体-介质复合型目标及其与环境复合散射的计算问题。讨论了导体-介质复合型目标散射计算，提出了 SIE - KA - FMM[1-3] 混合算法，用于计算导体-介质复合目标与理想导体环境的复合散射；进一步考虑介质环境表面的磁流以及改进加速策略，提出了 SIE - KA - MLFMA 混合算法，用于研究导体-介质复合目标与分区域环境的复合散射问题；最后，考虑超低空目标同时含有多种介质组成部分的情况，基于数值-高频算法迭代框架，提出了 JMCFIE - MSIE - PO 迭代算法，用于分析导体-多重介质目标与环境的复合散射特性。

9.1　导体-介质复合型目标散射建模

9.1.1　导体-多重介质复合目标的 JMCFIE

导体-多重介质复合目标的几何模型示意图如图 9.1 所示，其中 Ω_0 表示自由空间；Ω_1 表示导体区域；S_1 表示导体区域的表面；$\Omega_2, \Omega_3, \cdots, \Omega_n$ 分别表示第 2，3，…，n 个介质区域，$S_2, S_3, \cdots, S_n$ 表示第 2，3，…，n 个介质区域的表面；$S_{\Gamma 1p}$ 表示导体区域与第 p 个介质区域的交界面；第 p 个介质区域的内表面用 S_{d_p} 表示，它由 S_p 和 $S_{\Gamma 1p}$ 共同包围组成；上述的下标 p 的值取 2，3，…，n，其中 n 表示介质区域的总个数。导体-多重介质复合目标采用三角面元进行剖分，剖分密度一般取 $0.1\lambda \sim 0.2\lambda$，其中 λ 表示雷达工作波长。自此完成了导体-多重介质复合目标几何模型的建立。

构建导体-介质目标的 JMCFIE - MSIE 混合算法。如图 9.1 所示，$\boldsymbol{J}_1$ 表示导体表面 S_1 上的感应电流；$\boldsymbol{J}_p$ 和 $\boldsymbol{M}_p$ 分别表示第 p 块介质表面 S_p 上的感应电流与感应磁流。建立导体-介质复合目标的 JMCFIE[4] 方程如下：

$$
\begin{aligned}
&\alpha\, \boldsymbol{e}^{\mathrm{inc}}(\boldsymbol{r})/\eta_0 + \beta\, \boldsymbol{j}^{\mathrm{inc}}(\boldsymbol{r}) = \alpha\, \boldsymbol{n}_1 \times \boldsymbol{L}_{01}(\boldsymbol{J}_1) \times \boldsymbol{n}_1 + \alpha\, \boldsymbol{n}_1 \times [\boldsymbol{L}_{02}(\boldsymbol{J}_2) + \cdots + \\
&\boldsymbol{L}_{0n}(\boldsymbol{J}_n)] \times \boldsymbol{n}_1 - \alpha\, \boldsymbol{n}_1 \times [\boldsymbol{K}_{02}(\boldsymbol{M}_2) + \cdots + \boldsymbol{K}_{0n}(\boldsymbol{M}_n)] \times \boldsymbol{n}_1/\eta_0 + \\
&\beta \boldsymbol{J}_1/2 + \beta\, \boldsymbol{n}_1 \times \widetilde{\boldsymbol{K}}_{01}(\boldsymbol{J}_1) + \beta\, \boldsymbol{n}_1 \times [\boldsymbol{L}_{02}(\boldsymbol{M}_2) + \cdots + \boldsymbol{L}_{0n}(\boldsymbol{M}_n)]/\eta_0 +
\end{aligned}
$$

$$\beta \boldsymbol{n}_1 \times [\widetilde{\boldsymbol{K}}_{02}(\boldsymbol{J}_2)+\cdots+\widetilde{\boldsymbol{K}}_{0n}(\boldsymbol{J}_n)], \boldsymbol{r}\in S_1 \tag{9.1}$$

$$\alpha \boldsymbol{e}^{\mathrm{inc}}(\boldsymbol{r})/\eta_0+\beta \boldsymbol{j}^{\mathrm{inc}}(r)=\alpha \boldsymbol{n}_p\times \boldsymbol{L}_{01}(\boldsymbol{J}_1)\times \boldsymbol{n}_p+\alpha \boldsymbol{n}_p\times[\boldsymbol{L}_{02}(\boldsymbol{J}_2)+\cdots+ \boldsymbol{L}_{0n}(\boldsymbol{J}_n)]\times \boldsymbol{n}_p+\alpha \boldsymbol{n}_p\times[\boldsymbol{M}_2+\cdots+\boldsymbol{M}_n]/(2\eta_0)-\alpha \boldsymbol{n}_p\times[\widetilde{\boldsymbol{K}}_{02}(\boldsymbol{M}_2)+\cdots+ \widetilde{\boldsymbol{K}}_{0n}(\boldsymbol{M}_n)]\times \boldsymbol{n}_p/\eta_0+\beta \boldsymbol{n}_p\times\widetilde{\boldsymbol{K}}_{01}(\boldsymbol{J}_1)+\beta \boldsymbol{n}_p\times[\boldsymbol{L}_{02}(\boldsymbol{M}_2)+\cdots+\boldsymbol{L}_{0n}(\boldsymbol{M}_n)]/ \eta_0+\beta[\boldsymbol{J}_2+\cdots+\boldsymbol{J}_n]/2+\beta \boldsymbol{n}_p\times[\widetilde{\boldsymbol{K}}_{02}(\boldsymbol{J}_2)+\cdots+\widetilde{\boldsymbol{K}}_{0n}(\boldsymbol{J}_n)], \quad p=2,3,\cdots,n, \boldsymbol{r}\in S_{\mathrm{p}} \tag{9.2}$$

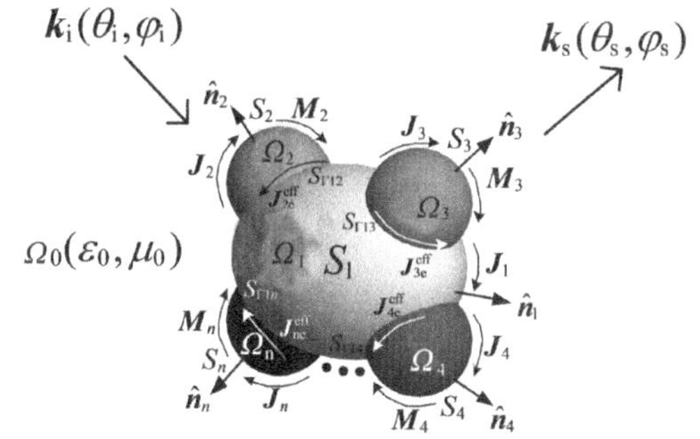

图 9.1 导体-多重介质复合目标示意图

式(9.1)和式(9.2)中,$\boldsymbol{e}^{\mathrm{inc}}=\boldsymbol{n}\times\boldsymbol{E}^{\mathrm{inc}}\times\boldsymbol{n}$ 和$\boldsymbol{j}^{\mathrm{inc}}=\boldsymbol{n}\times\boldsymbol{H}^{\mathrm{inc}}$ 分别表示入射波的切向电场和切向磁场;α 和 β 表示混合因子,它们满足关系:$0\leqslant\alpha,\beta\leqslant 1$ 和 $\alpha+\beta=1$;$\eta_0=\sqrt{\mu_1/\varepsilon_1}$ 是自由空间中的波阻抗;$\boldsymbol{L}_{0z}(\cdot)$ 和$\widetilde{\boldsymbol{K}}_{0z}(\cdot)$ 分别表示自由空间中的电场积分算子与磁场积分算子[5],其表达式为

$$\boldsymbol{L}_{0z}(\boldsymbol{X})=\mathrm{j}k_0\int_{S_z}\left[G_0(\boldsymbol{r},\boldsymbol{r}')\boldsymbol{X}(\boldsymbol{r}')+\frac{1}{k_0^2}\nabla G_0(\boldsymbol{r},\boldsymbol{r}')\nabla'\cdot\boldsymbol{X}(\boldsymbol{r}')\right]\mathrm{d}S' \tag{9.3}$$

$$\widetilde{\boldsymbol{K}}_{0z}(X)=\mathrm{p.v.}\int_{S_z}[\boldsymbol{X}(\boldsymbol{r}')\times\nabla G_0(\boldsymbol{r},\boldsymbol{r}')]\,\mathrm{d}S' \tag{9.4}$$

式(9.3)和式(9.4)中 $G_0(\boldsymbol{r},\boldsymbol{r}')$ 表示自由空间中的格林函数,表达式为 $\mathrm{e}^{-\mathrm{j}k_0|\boldsymbol{r}-\boldsymbol{r}'|}/(4\pi|\boldsymbol{r}-\boldsymbol{r}'|)$;$k_0=\omega\sqrt{\mu_0\varepsilon_0}$ 表示自由空间中的波数;p. v. 表示主值积分。电流与磁流均可按照以下方式进行展开,即

$$\boldsymbol{J}_1=\sum_{\mathrm{j}=1}^{N_1}x_{1\mathrm{j}}\mathrm{f}_{1\mathrm{j}}(\boldsymbol{r}) \tag{9.5}$$

$$\boldsymbol{J}_p=\sum_{\mathrm{j}=1}^{N_p}b_{pj}\boldsymbol{f}_{pj}(\boldsymbol{r}),\quad \boldsymbol{M}_p=\sum_{\mathrm{j}=1}^{N_p}c_{pj}\boldsymbol{f}_{pj}(\boldsymbol{r}) \tag{9.6}$$

式(9.5)和式(9.6)中 $\boldsymbol{f}_{1j}$ 和 $\boldsymbol{f}_{pj}$ 分别表示导体表面 S_1 与第 p 块介质表面 $S_p(p=2,\cdots,n)$ 上的 RWG[6] 基函数。导体表面上的棱边总数为 N_1,其中包含了导体与介质块的公共棱边;第 p 块介质表面上的棱边总数为 N_p,其中不包含公共棱边。定义复杂算子的表达式为 $\langle\boldsymbol{u},\boldsymbol{v}\rangle_\Gamma=\int_\Gamma\boldsymbol{u}\cdot\boldsymbol{v}\mathrm{d}\Gamma$。通过伽辽金方法,选择 $\boldsymbol{f}_{1j}$ 和 $\boldsymbol{f}_{pj}$ 为测试函数,通过式(9.1)和式(9.2)可以建立矩阵方程为

$$\begin{bmatrix} Q_{11} \\ Q_{21} \\ \vdots \\ Q_{n1} \end{bmatrix} \{x_1\} + \begin{bmatrix} Q_{12} & \cdots & Q_{1n} & P_{12} & \cdots & P_{1n} \\ Q_{22} & \cdots & Q_{2n} & P_{22} & \cdots & P_{2n} \\ & & \vdots & & & \\ Q_{n2} & \cdots & Q_{nn} & P_{n2} & \cdots & P_{nn} \end{bmatrix} \begin{bmatrix} b_2 \\ \vdots \\ b_n \\ c_2 \\ \vdots \\ c_n \end{bmatrix} = \begin{bmatrix} S_1 \\ S_2 \\ \vdots \\ S_n \end{bmatrix} \tag{9.7}$$

式中

$$Q_{pq}(i,j) = \alpha\langle \boldsymbol{f}_{pi}, \boldsymbol{L}_{01}(\boldsymbol{f}_{qj})\rangle_{T_{pi}} + \frac{\beta}{2}\langle \boldsymbol{f}_{pi}, \boldsymbol{f}_{qj}\rangle_{T_{pi}} + \beta\langle \boldsymbol{f}_{pi}, \boldsymbol{n}_{pi} \times \widetilde{\boldsymbol{K}}_{01}(\boldsymbol{f}_{qj})\rangle_{T_{pi}},$$
$$i \in [1, N_p], j \in [1, N_q], p, q = 1, 2, \cdots, n \tag{9.8}$$

$$P_{p2}(i,j) = \frac{\alpha}{2\eta_0}\langle \boldsymbol{f}_{pi} \times \boldsymbol{n}_{pi}, \boldsymbol{f}_{2j}\rangle_{T_{pi}} - \frac{\alpha}{\eta_0}\langle \boldsymbol{f}_{pi}, \widetilde{\boldsymbol{K}}_{01}(\boldsymbol{f}_{2j})\rangle_{T_{pi}} + \frac{\beta}{\eta_0}\langle \boldsymbol{f}_{pi}, \boldsymbol{n}_{pi} \times \boldsymbol{L}_{01}(\boldsymbol{f}_{2j})\rangle_{T_{pi}},$$
$$i \in [1, N_p], j \in [1, N_q], p, q = 1, 2, \cdots, n \tag{9.9}$$

$$S_p(i) = \frac{\alpha}{\eta_0}\langle \boldsymbol{f}_{pi}, \boldsymbol{E}_p^{\mathrm{inc}}\rangle_{T_{pi}} + \beta\langle \boldsymbol{f}_{pi}, \boldsymbol{n}_{2i} \times \boldsymbol{H}_p^{\mathrm{inc}}\rangle_{T_{pi}}, i \in [1, N_p], p = 1, 2, \cdots, n \tag{9.10}$$

9.1.2 基于多介质块的 SIE 方法

在 9.1.1 节，我们建立了导体-介质复合目标的 JMCFIE 方程，这个矩阵方程的维度为 $(N_1 + N_2 + \cdots + N_n) \times (N_1 + 2N_2 + \cdots + 2N_n)$，它的未知数与方程数的关系并不能满足电流与磁流的最终求解。因此，必须为矩阵方程式(9.7) 建立另外的方程组。于是，我们采用单积分方程法中的单有效流来表示第 p 块介质区域的内部场$\boldsymbol{E}_{\mathrm{d}_p}$ 和$\boldsymbol{H}_{\mathrm{d}_p}$，其中 S_{d_p} 表示由介质块外表面 S_p 和分界面 $S_{\Gamma 1p}$ 包围而成的介质区域内表面；它们满足如下关系：$\boldsymbol{E}_{\mathrm{d}_p} = -\eta_p \boldsymbol{L}_{p\mathrm{d}_p}(\boldsymbol{J}_{pe}^{\mathrm{eff}})$ 和$\boldsymbol{H}_{\mathrm{d}_p} = -K_{p\mathrm{d}_p}(J_{pe}^{\mathrm{eff}})$，这里 $\eta_p = \sqrt{\mu_p/\varepsilon_p}$ 表示第 p 块介质区域内的波阻抗；除此之外，在第 p 块介质区域内电场积分算子$\boldsymbol{L}_{p\mathrm{d}_p}(\cdot)$、磁场积分算子$\boldsymbol{K}_{p\mathrm{d}_p}(\cdot)$ 与格林函数 $G_p(\boldsymbol{r}, \boldsymbol{r}')$ 中的波数为 $k_p = \omega\sqrt{\mu_p \varepsilon_p}$。需要指出的是内部场由有效流来表示，它们必须得满足边界条件，在第 p 个介质块的外表面 S_p 上，有方程如下：

$$\boldsymbol{J}_p = \boldsymbol{n}_p \times \boldsymbol{H}_{\mathrm{d}_p} = -(\boldsymbol{J}_{pe}^{\mathrm{eff}}/2) - \boldsymbol{n}_p \times \widetilde{\boldsymbol{K}}_{p\mathrm{d}_p}(\boldsymbol{J}_{pe}^{\mathrm{eff}}), p = 2, 3, \cdots, n \tag{9.11}$$

$$-\boldsymbol{M}_p = n_p \times \boldsymbol{E}_{\mathrm{d}_p} = -\boldsymbol{n}_p \times \eta_p \boldsymbol{L}_{p\mathrm{d}_p}(J_{pe}^{\mathrm{eff}}), p = 2, 3, \cdots, n \tag{9.12}$$

在导体区域与第 p 个介质区域的交界面 $S_{\Gamma 1p}$ 上也要满足边界条件：

$$\alpha\boldsymbol{n}_{\Gamma_{1p}} \times L_{p\mathrm{d}_p}(\boldsymbol{J}_{2e}^{\mathrm{eff}}) \times \boldsymbol{n}_{\Gamma_{12}} - \frac{\beta}{2}\boldsymbol{J}_{pe}^{\mathrm{eff}} + \beta\boldsymbol{n}_{\Gamma_{1p}} \times \widetilde{K}_{p\mathrm{d}_p}(\boldsymbol{J}_{pe}^{\mathrm{eff}}) = 0, p = 2, 3, \cdots, n \tag{9.13}$$

这里导体区域与第 p 个介质区域的交界面 $S_{\Gamma 1p}$ 上的有效流消失。综上，我们再给出第 p 块介质块内表面的有效流通过 RWG 基函数展开的形式为

$$\boldsymbol{J}_{pe}^{\mathrm{eff}} = \sum_{j=1}^{N_p} x_{pj}\boldsymbol{f}_{pj}(\boldsymbol{r}) + \sum_{j=1}^{N_{\Gamma 1p}} x_{\Gamma 1pj}\boldsymbol{f}_{\Gamma 1pj}(\boldsymbol{r}), p = 2, 3, \cdots, n \tag{9.14}$$

式中：总的未知棱边数为 $N_p + N_{\Gamma 1p}$，其中 $N_{\Gamma 1p}$ 为导体区域与第 p 个介质区域的交界面 $S_{\Gamma 1p}$ 上的未知数数量。式(9.14) 的展开系数能够由经过棱边的有效流均值来近似表示，则有

$$x_{pj}=\frac{1}{l_{pj}}\int_{l_{pj}}(\hat{\boldsymbol{l}}_{pj}\times\boldsymbol{n}_{pj})\cdot\boldsymbol{J}_{pe}^{\mathrm{eff}}\mathrm{d}l,p=2,3,\cdots,n,\Gamma_{12},\Gamma_{13},\cdots,\Gamma_{1n}\tag{9.15}$$

联立式(9.11)、式(9.12) 和式(9.15)、式(9.7) 中的展开系数$\{b\}$ 和$\{c\}$ 满足矩阵方程：

$$\begin{bmatrix}\widetilde{P}_{22}-\widetilde{P}_{2\Gamma_{12}}\widetilde{Q}_{\Gamma_{12}\Gamma_{12}}^{-1}\widetilde{Q}_{\Gamma_{12}2} & \cdots & 0\\ \vdots & \ddots & \vdots\\ 0 & \cdots & \widetilde{P}_{nn}-\widetilde{P}_{n\Gamma_{1n}}\widetilde{Q}_{\Gamma_{1n}\Gamma_{1n}}^{-1}\widetilde{Q}_{\Gamma_{1n}n}\\ \widetilde{Q}_{22}-\widetilde{Q}_{2\Gamma_{12}}\widetilde{Q}_{\Gamma_{12}\Gamma_{12}}^{-1}\widetilde{Q}_{\Gamma_{12}2} & \cdots & 0\\ \vdots & & \vdots\\ 0 & \cdots & \widetilde{Q}_{nn}-\widetilde{Q}_{n\Gamma_{1n}}\widetilde{Q}_{\Gamma_{1n}\Gamma_{1n}}^{-1}\widetilde{Q}_{\Gamma_{1n}n}\end{bmatrix}\begin{bmatrix}x_2\\ \vdots\\ x_n\end{bmatrix}=\begin{bmatrix}b_1\\ \vdots\\ b_n\\ c_1\\ \vdots\\ c_n\end{bmatrix}\tag{9.16}$$

这里，$\{x_p\}$ 表示单有效流展开系数矢量，式(9.16) 中的各个元素的表达式为

$$\widetilde{P}_{pq}(i,j)=\delta_{ij}+\int_{l_{pi}}\frac{\hat{l}_{pi}}{l_{pi}}\cdot\widetilde{\boldsymbol{K}}_{pd}(\boldsymbol{f}_{qj})\mathrm{d}l,i\in[1,N_p],j\in[1,N_q],p=2,3,\cdots,n,q=p,\Gamma_{1p}\tag{9.17}$$

$$\widetilde{Q}_{pq}(i,j)=-\int_{l_{pi}}\eta_p\frac{\hat{l}_{pi}}{l_{pi}}\cdot\boldsymbol{L}_{pd}(\boldsymbol{f}_{qj})\mathrm{d}l,j\in[1,N_p],j\in[1,N_q],p=2,3,\cdots,n,q=p,\Gamma_{1p}\tag{9.18}$$

$$\widetilde{Q}_{\Gamma_{1p}q}(i,j)=\alpha\langle\boldsymbol{f}_{\Gamma_{1p}i},\boldsymbol{L}_{pd}(\boldsymbol{f}_{qj})\rangle_{T_{\Gamma_{1p}i}}-\frac{\beta}{2}\langle\boldsymbol{f}_{\Gamma_{1p}i},\boldsymbol{f}_{qj}\rangle_{T_{\Gamma_{1p}i}}+\beta\langle\boldsymbol{f}_{\Gamma_{1p}i},\boldsymbol{n}_{\Gamma_{1p}i}\times\widetilde{\boldsymbol{K}}_{pd}(\boldsymbol{f}_{qj})\rangle_{T_{\Gamma 1pi}},$$
$$i\in[1,N_p],\in[1,N_q],p=2,3,\cdots,n,q=p,\Gamma_{1p}\tag{9.19}$$

当 $i=j$ 时，$\delta_{ij}=1$；当 $i\neq j$ 时，$\delta_{ij}=0$。将式(9.16) 代入式(9.7)，新的矩阵形式为

$$\begin{bmatrix}A_{11} & (A_{12}-B_{12}) & \cdots & (A_{1n}-B_{1n})\\ A_{21} & (A_{22}-B_{22}) & \cdots & (A_{2n}-B_{2n})\\ \vdots & \vdots & & \vdots\\ A_{n1} & (A_{n2}-B_{n2}) & \cdots & (A_{nn}-B_{nn})\end{bmatrix}\begin{bmatrix}x_1\\ x_2\\ \vdots\\ x_n\end{bmatrix}=\begin{bmatrix}S_1\\ S_2\\ \vdots\\ S_n\end{bmatrix}\tag{9.20}$$

式中各元素表达式为

$$A_{p1}=Q_{p1}\tag{9.21}$$

$$A_{pq}=Q_{pq}\widetilde{P}_{qq}+P_{pq}\widetilde{Q}_{qq}\tag{9.22}$$

$$B_{pq}=A_{q\Gamma_{1q}}A_{\Gamma_{1q}\Gamma_{1q}}^{-1}A_{\Gamma_{1q}q}\tag{9.23}$$

$$A_{q\Gamma_{1q}}=Q_{pq}\widetilde{P}_{q\Gamma_{1q}}+P_{pq}\widetilde{Q}_{q\Gamma_{1q}}\tag{9.24}$$

$$A_{\Gamma_{1q}\Gamma_{1q}}=\widetilde{Q}_{\Gamma_{1q}\Gamma_{1q}}\tag{9.25}$$

$$A_{\Gamma_{1q}q}=\widetilde{Q}_{\Gamma_{1q}q}\tag{9.26}$$

式(9.21) ~ 式(9.26) 中，下标 p,q 的取值分别为 $p=1,2,\cdots,n$,$q=2,3,\cdots,n$。通过采用 SIE 方法，此时矩阵方程式(9.20) 的未知数量由 JMCFIE 方法的 $N_1+N_2+\cdots+N_n$ 变为 $N_1+2(N_2+\cdots+N_n)+N_{\Gamma_{12}}+\cdots+N_{\Gamma_{1n}}$。多层快速多极子方法(Multilevel Fast Multipole Algorithm，MLFMA)[7] 能被应用于加速计算过程中的矩阵相乘之中。

9.2 导体-介质复合目标与理想导体环境复合散射建模

9.2.1 基于环境表面电流的 SIE - KA 混合算法

目标与环境的几何模型均是采用三角面元进行剖分的。N_1 表示目标的 PEC 区域 S_1 所含棱边总数，这里 N_1 包括了 PEC 区域 S_1 与介质区域 S_2 的接触面 S_3 的公共棱边数；N_2 表示目标的介质区域所含棱边总数，它不包括公共棱边的数量；N_3 表示 PEC 区域 S_1 与介质区域 S_2 的接触面 S_3 的公共棱边数。定义目标的介质区域内表面为 $S_d = S_2 + S_3$。在本小节中，高斯谱函数用于生成陆地粗糙表面，它的统计特性由 $h_{\rm rms}$ 和 l_x，l_y 控制，N_4 表示环境区域 S_4 所含棱边总数。

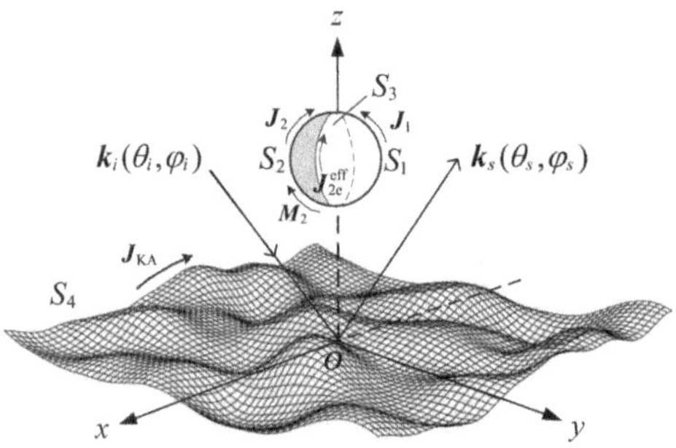

图 9.2 导体-介质复合目标位于高斯粗糙面上方示意图

如图 9.2 所示，当电磁波照射到目标或环境表面，则在各个区域会产生感应电、磁流。其中，在目标的 PEC 区域表面 S_1 会产生感应电流$\boldsymbol{J}_1$，在目标的介质区域表面 S_2 会同时产生感应电流$\boldsymbol{J}_2$ 和感应磁流$\boldsymbol{M}_2$。本小节中，假设高斯粗糙面是 PEC 表面，则$\boldsymbol{J}_{\rm KA}$ 表示高斯粗糙面表面的感应电流。$\boldsymbol{J}_1$、$\boldsymbol{J}_2$、$\boldsymbol{M}_2$ 和$\boldsymbol{J}_{\rm KA}$ 能采用 RWG 基函数进行展开，其表达式为

$$\text{导体面 } S_1: \eta_0 \boldsymbol{J}_1 = \sum_{j=1}^{N_1} a_j \boldsymbol{f}_{1j} \tag{9.27}$$

$$\text{介质面 } S_2: \begin{cases} \eta_0 \boldsymbol{J}_2 = \sum\limits_{j=1}^{N_2} b_j \boldsymbol{f}_{2j} \\ \boldsymbol{M}_2 = \sum\limits_{j=1}^{N_2} c_j \boldsymbol{f}_{2j} \end{cases} \tag{9.28}$$

$$\text{环境面 } S_4: \eta_0 \boldsymbol{J}_{\rm KA} = \sum_{j=1}^{N_4} d_j \boldsymbol{f}_{4j} \tag{9.29}$$

式中：$\boldsymbol{J}_{2e}^{\rm eff}$表示在介质区域内表面 S_d所产生的单一有效流（single effective current），$\boldsymbol{J}_{2e}^{\rm eff}$也能采用 RWG 基函数进行展开，表达式为

$$\text{Inner surface} S_d - \eta_0 \boldsymbol{J}_{2c}^{\text{eff}} = \sum_{j=1}^{N_2} g_j \boldsymbol{f}_{2j} + \sum_{j=1}^{N_3} h_j \boldsymbol{f}_{3j} \tag{9.30}$$

在上述各式中，$\boldsymbol{f}_{1j}$、$\boldsymbol{f}_{2j}$、$\boldsymbol{f}_{3j}$ 和 $\boldsymbol{f}_{4j}$ 表达RWG基函数，其中 a_j 表示目标的PEC区域表面 S_1 感应电流 $\boldsymbol{J}_1$ 的展开系数；b_j 和 c_j 分别表示目标的介质区域表面 S_2 感应电流 $\boldsymbol{J}_2$ 与感应磁流 $\boldsymbol{M}_2$ 的展开系数；d_j 表示环境粗糙面上感应电流 $\boldsymbol{J}_{\mathrm{KA}}$ 的展开系数；g_j 和 h_j 表示单一有效流的展开系数。根据惠更斯等效原理，粗糙面上的感应电流 $\boldsymbol{J}_{\mathrm{KA}}$ 可以写为 $\boldsymbol{J}_{\mathrm{KA}} = \hat{\boldsymbol{n}}_4 \times \boldsymbol{H}_{\mathrm{sur}}$，$\hat{\boldsymbol{n}}_4$ 表示粗糙面上任意一点的单位法向矢量，$\boldsymbol{H}_{\mathrm{sur}}$ 表示粗糙面的总磁场。当环境上方不存在目标时，总磁场 $\boldsymbol{H}_{\mathrm{sur}}$ 是由入射磁场 $\boldsymbol{H}^{\mathrm{i}}$ 与散射磁场 $\boldsymbol{H}_{\mathrm{sur}}^{\mathrm{s}}$ 共同决定的；如果有一个目标存在于环境上方，那么必须考虑目标与环境相互作用的影响，粗糙面的总磁场 $\boldsymbol{H}_{\mathrm{sur}}$ 可以写为

$$\boldsymbol{H}_{\mathrm{sur}} = \boldsymbol{H}^{\mathrm{i}} + \boldsymbol{H}_{\mathrm{sur}}^{\mathrm{s}} + \boldsymbol{H}_{\mathrm{t\text{-}sur}}^{\mathrm{s}} \tag{9.31}$$

式中：$\boldsymbol{H}_{\mathrm{t\text{-}sur}}^{\mathrm{s}}$ 表示导体-介质复合目标作为二次辐射源的入射磁场，其表达式为

$$\boldsymbol{H}_{\mathrm{t\text{-}sur}}^{\mathrm{s}} = -\boldsymbol{K}_{01}(\boldsymbol{J}_1) - \frac{1}{\eta_0}\boldsymbol{L}_{02}(\boldsymbol{M}_2) - \boldsymbol{K}_{02}(\boldsymbol{J}_2) \tag{9.32}$$

式中：η_0 表示自由空间中特征阻抗；$\boldsymbol{L}_{0z}(\cdot)$ 和 $\boldsymbol{K}_{0z}(\cdot)$ 分别表示电场积分算子与磁场积分算子，其表达式为

$$\boldsymbol{L}_{0z}(\boldsymbol{X}) = \mathrm{j}k_0 \int_{S_z} \left[G_0(\boldsymbol{r},\boldsymbol{r}')\boldsymbol{X}(\boldsymbol{r}') + \frac{1}{k_0^2} \nabla G_0(\boldsymbol{r},\boldsymbol{r}') \nabla' \cdot \boldsymbol{X}(\boldsymbol{r}') \right] \mathrm{d}S',\ z=1,2,4 \tag{9.33}$$

$$\boldsymbol{K}_{0z}(\boldsymbol{X}) = \int_{S_z} \left[\boldsymbol{X}(\boldsymbol{r}') \times \nabla G_0(\boldsymbol{r},\boldsymbol{r}') \right] \mathrm{d}S',\ z=1,2,4 \tag{9.34}$$

式中：$G_0(\boldsymbol{r},\boldsymbol{r}')$ 表示自由空间格林函数，其具体表达式为 $\mathrm{e}^{-\mathrm{j}k|\boldsymbol{r}-\boldsymbol{r}'|}/(4\pi|\boldsymbol{r}-\boldsymbol{r}'|)$。当粗糙面上每一点的曲率半径 ρ 与入射波波长 λ 满足以下关系：$\rho \gg \lambda$，则该粗糙面满足基尔霍夫近似条件，则粗糙面的散射磁场 $\boldsymbol{H}_{\mathrm{sur}}^{\mathrm{s}}$ 表达式为

$$\boldsymbol{H}_{\mathrm{sur}}^{\mathrm{s}} = \frac{1}{\eta_0} \hat{\boldsymbol{k}}_{\mathrm{r}} \times (\Gamma_{\parallel} E_{\parallel}^{\mathrm{i}} \hat{\boldsymbol{e}}_{\mathrm{i}\parallel} + \Gamma_{\perp} E_{\perp}^{\mathrm{i}} \hat{\boldsymbol{e}}_{\mathrm{i}\perp} + \Gamma_{\parallel} E_{\mathrm{t\text{-}sur}\parallel}^{\mathrm{s}} \hat{\boldsymbol{e}}_{\mathrm{i}\parallel} + \Gamma_{\perp} E_{\mathrm{t\text{-}sur}\perp}^{\mathrm{s}} \hat{\boldsymbol{e}}_{\mathrm{i}\perp}) \tag{9.35}$$

局部反射方向表示为 $\hat{\boldsymbol{k}}_{\mathrm{r}} = \hat{\boldsymbol{k}}_{\mathrm{i}} - 2\hat{\boldsymbol{n}}(\hat{\boldsymbol{n}} \cdot \hat{\boldsymbol{k}}_{\mathrm{i}})$；局部正交系为 $(\hat{\boldsymbol{e}}_{\mathrm{i}\parallel}, \hat{\boldsymbol{e}}_{\mathrm{i}\perp}, \hat{\boldsymbol{k}}_{\mathrm{i}})$；水平极化矢量与垂直极化矢量分别表示为 $\hat{\boldsymbol{e}}_{\mathrm{i}\parallel} = (\hat{\boldsymbol{n}} \times \hat{\boldsymbol{k}}_{\mathrm{i}})/|\hat{\boldsymbol{n}} \times \hat{\boldsymbol{k}}_{\mathrm{i}}|$，$\hat{\boldsymbol{e}}_{\mathrm{i}\perp} = \hat{\boldsymbol{e}}_{\mathrm{i}\parallel} \times \hat{\boldsymbol{k}}_{\mathrm{i}}$；局部入射角的表达式为 $\cos\theta' = -\hat{\boldsymbol{n}} \cdot \hat{\boldsymbol{k}}_{\mathrm{i}}$；$\Gamma_{\parallel}$ 和 $\Gamma_{\perp}$ 分别表示菲涅尔反射系数的水平极化分量与垂直极化矢量，具表达式为

$$\Gamma_{\parallel} = \frac{\cos\theta' - \sqrt{\varepsilon_{\mathrm{r}}\mu_{\mathrm{r}} - \sin^2\theta'}}{\cos\theta' + \sqrt{\varepsilon_{\mathrm{r}}\mu_{\mathrm{r}} - \sin^2\theta'}} \tag{9.36}$$

$$\Gamma_{\perp} = \frac{\varepsilon_{\mathrm{r}}\cos\theta' - \sqrt{\varepsilon_{\mathrm{r}}\mu_{\mathrm{r}} - \sin^2\theta'}}{\varepsilon_{\mathrm{r}}\cos\theta' + \sqrt{\varepsilon_{\mathrm{r}}\mu_{\mathrm{r}} - \sin^2\theta'}} \tag{9.37}$$

式中：ε_{r} 和 μ_{r} 分别表示局部表面的相对介电常数与相对电导率。考虑环境上方的目标将作为二次入射源，入射磁场表达式可以写为

$$\boldsymbol{H}^{i} = \frac{1}{\eta_0} \hat{\boldsymbol{k}}_{i} \times (E_{\parallel}^{\mathrm{i}} \hat{\boldsymbol{e}}_{\mathrm{i}\parallel} + E_{\perp}^{\mathrm{i}} \hat{\boldsymbol{e}}_{\mathrm{i}\perp} + E_{\mathrm{t\text{-}sur}\parallel}^{\mathrm{s}} \hat{\boldsymbol{e}}_{\mathrm{i}\parallel} + E_{\mathrm{t\text{-}sur}\perp}^{\mathrm{s}} \hat{\boldsymbol{e}}_{\mathrm{i}\perp}) \tag{9.38}$$

将式(9.35)和式(9.38)代入式(9.31)，粗糙面的总磁场 $\boldsymbol{H}_{\mathrm{sur}}$ 可以写为

$$\begin{aligned}\boldsymbol{H}_{\mathrm{sur}} = &\frac{1}{\eta_0} \hat{\boldsymbol{k}}_{\mathrm{i}} \times (E_{\parallel}^{\mathrm{i}} \hat{\boldsymbol{e}}_{\mathrm{i}\parallel} + E_{\perp}^{\mathrm{i}} \hat{\boldsymbol{e}}_{\mathrm{i}\perp} + E_{\mathrm{t\text{-}sur}\parallel}^{\mathrm{s}} \hat{\boldsymbol{e}}_{\mathrm{i}\parallel} + E_{\mathrm{t\text{-}sur}\perp}^{\mathrm{s}} \hat{\boldsymbol{e}}_{\mathrm{i}\perp}) + \\ &\frac{1}{\eta_0} \hat{\boldsymbol{k}}_{\mathrm{r}} \times (\Gamma_{\parallel} E_{\parallel}^{\mathrm{i}} \hat{\boldsymbol{e}}_{\mathrm{i}\parallel} + \Gamma_{\perp} E_{\perp}^{\mathrm{i}} \hat{\boldsymbol{e}}_{\mathrm{i}\perp} + \Gamma_{\parallel} E_{\mathrm{t\text{-}sur}\parallel}^{\mathrm{s}} \hat{\boldsymbol{e}}_{\mathrm{i}\parallel} + \Gamma_{\perp} E_{\mathrm{t\text{-}sur}\perp}^{\mathrm{s}} \hat{\boldsymbol{e}}_{\mathrm{i}\perp})\end{aligned} \tag{9.39}$$

基于式(9.39),粗糙面表面电流$\boldsymbol{J}_{\mathrm{KA}}$可以转换为

$$\boldsymbol{J}_{\mathrm{KA}}=\frac{1}{\eta_0}\hat{\boldsymbol{n}}_4\times\{\hat{\boldsymbol{k}}_{\mathrm{i}}\times[(\boldsymbol{E}^{\mathrm{i}}+\boldsymbol{E}^{\mathrm{s}}_{\mathrm{t\text{-}sur}})\cdot\bar{\bar{\boldsymbol{e}}}_{\mathrm{i}\parallel}+(\boldsymbol{E}^{\mathrm{i}}+\boldsymbol{E}^{\mathrm{s}}_{\mathrm{t\text{-}sur}})\cdot\bar{\bar{\boldsymbol{e}}}_{\mathrm{i}\perp}]+\hat{\boldsymbol{k}}_{\mathrm{r}}\times[\Gamma_{\parallel}(\boldsymbol{E}^{\mathrm{i}}+\boldsymbol{E}^{\mathrm{s}}_{\mathrm{t\text{-}sur}})\cdot\bar{\bar{\boldsymbol{e}}}_{\mathrm{i}\parallel}+\Gamma_{\perp}(\boldsymbol{E}^{\mathrm{i}}+\boldsymbol{E}^{\mathrm{s}}_{\mathrm{t\text{-}sur}})\cdot\bar{\bar{\boldsymbol{e}}}_{\mathrm{i}\perp}]\}\tag{9.40}$$

式中:$\bar{\bar{\boldsymbol{e}}}_{\mathrm{i}\parallel}$ 和$\bar{\bar{\boldsymbol{e}}}_{\mathrm{i}\perp}$ 分别表示水平极化并矢与垂直极化并矢:$\bar{\bar{\boldsymbol{e}}}_{\mathrm{i}\parallel}=\hat{\boldsymbol{e}}_{\mathrm{i}\parallel}\hat{\boldsymbol{e}}_{\mathrm{i}\parallel}$,$\bar{\bar{\boldsymbol{e}}}_{\mathrm{i}\perp}=\hat{\boldsymbol{e}}_{\mathrm{i}\perp}\hat{\boldsymbol{e}}_{\mathrm{i}\perp}$;将式(9.27)~式(9.29)和式(9.32)代入上式,将上式左右用检验函数$\hat{\boldsymbol{n}}_4\times\boldsymbol{f}_{4i}$进行检验,式(9.40)可以写为矢量矩阵形式为

$$\{d\}=[D_{41}]\cdot\{a\}+[D_{42}]\cdot\{b\}+[F_{42}]\cdot\{c\}+\{W\}\tag{9.41}$$

上式中的矩阵元素,其表达式为

$$D_{4q}(i,j)=-\int_{T_{4i}}\boldsymbol{f}_{4i}(\boldsymbol{r})\cdot[\hat{\boldsymbol{k}}_{\mathrm{i}}\times(\boldsymbol{L}_{0q}(\boldsymbol{f}_{qj})\cdot\bar{\bar{\boldsymbol{e}}}_{\mathrm{i}\parallel}+\boldsymbol{L}_{0q}(\boldsymbol{f}_{qj})\cdot\bar{\bar{\boldsymbol{e}}}_{\mathrm{i}\perp})+\hat{\boldsymbol{k}}_{\mathrm{r}}\times(\Gamma_{\parallel}\boldsymbol{L}_{0q}(\boldsymbol{f}_{qj})\cdot\bar{\bar{\boldsymbol{e}}}_{\mathrm{i}\parallel}+\Gamma_{\perp}\boldsymbol{L}_{0q}(\boldsymbol{f}_{qj})\cdot\bar{\bar{\boldsymbol{e}}}_{\mathrm{i}\perp})]\mathrm{d}S,\ i\in[1,N_4],j\in[1,N_q],q=1,2\tag{9.42}$$

$$F_{42}(i,j)=\int_{T_{4i}}\boldsymbol{f}_{4i}(\boldsymbol{r})\cdot[\hat{\boldsymbol{k}}_{\mathrm{i}}\times(\boldsymbol{K}_{02}(\boldsymbol{f}_{2j})\cdot\bar{\bar{\boldsymbol{e}}}_{\mathrm{i}\parallel}+\boldsymbol{K}_{02}(\boldsymbol{f}_{2j})\cdot\bar{\bar{\boldsymbol{e}}}_{\mathrm{i}\perp})+\hat{\boldsymbol{k}}_{r}\times(\Gamma_{\parallel}\boldsymbol{K}_{02}(\boldsymbol{f}_{2j})\cdot\bar{\bar{\boldsymbol{e}}}_{\mathrm{i}\parallel}+\Gamma_{\perp}\boldsymbol{K}_{02}(\boldsymbol{f}_{2j})\cdot\bar{\bar{\boldsymbol{e}}}_{\mathrm{i}\perp})]\mathrm{d}S,\ i\in[1,N_4],j\in[1,N_2]\tag{9.43}$$

$$W(i)=\int_{T_{4i}}\boldsymbol{f}_{4i}(\boldsymbol{r})\cdot[\hat{\boldsymbol{k}}_{\mathrm{i}}\times(\boldsymbol{E}^{\mathrm{i}}(\boldsymbol{r})\cdot\bar{\bar{\boldsymbol{e}}}_{\mathrm{i}\parallel}+\boldsymbol{E}^{\mathrm{i}}(\boldsymbol{r})\cdot\bar{\bar{\boldsymbol{e}}}_{\mathrm{i}\perp})+\hat{\boldsymbol{k}}_{\mathrm{r}}\times(\Gamma_{\parallel}\boldsymbol{E}^{\mathrm{i}}(\boldsymbol{r})\cdot\bar{\bar{\boldsymbol{e}}}_{\mathrm{i}\parallel}+\Gamma_{\perp}\boldsymbol{E}^{\mathrm{i}}(\boldsymbol{r})\cdot\bar{\bar{\boldsymbol{e}}}_{\mathrm{i}\perp})]\mathrm{d}S,\ i\in[1,N_4]\tag{9.44}$$

目标的 PEC 区域 S_1 中电场积分方程表达式为

$$\hat{\boldsymbol{n}}_1\times\boldsymbol{E}^{\mathrm{s}}_{\mathrm{t}}=-\hat{\boldsymbol{n}}_1\times(\boldsymbol{E}^{\mathrm{i}}+\boldsymbol{E}^{\mathrm{s}}_{\mathrm{sur\text{-}t}}),\quad \boldsymbol{r}\in S_1\tag{9.45}$$

目标的介质区域 S_2 中电场积分方程表达式为

$$\hat{\boldsymbol{n}}_2\times\boldsymbol{E}^{\mathrm{s}}_{\mathrm{t}}=-\hat{\boldsymbol{n}}_2\times(\boldsymbol{E}^{\mathrm{i}}+\boldsymbol{E}^{\mathrm{s}}_{\mathrm{sur\text{-}t}}),\quad \boldsymbol{r}\in S_2\tag{9.46}$$

式中:$E^{\mathrm{s}}_{\mathrm{t}}$ 表示来自目标的散射电场,可由下式计算得到,即

$$\boldsymbol{E}^{\mathrm{s}}_{\mathrm{t}}=-\eta_0\boldsymbol{L}_{01}(\boldsymbol{J}_1)-\eta_0\boldsymbol{L}_{02}(\boldsymbol{J}_2)+\boldsymbol{K}_{02}(\boldsymbol{M}_2)\tag{9.47}$$

当入射波照射到 PEC 粗糙面,在其表面会激发出感应电流$\boldsymbol{J}_{\mathrm{KA}}$,感应电流$\boldsymbol{J}_{\mathrm{KA}}$所产生的感应电场$\boldsymbol{E}^{\mathrm{s}}_{\mathrm{sur\text{-}t}}$将会作为照射目标的二次入射源,其下标“sur－t”表示“由环境表面作用到目标”,其表达式为

$$\boldsymbol{E}^{\mathrm{s}}_{\mathrm{sur\text{-}t}}=-\eta_0\boldsymbol{L}_{04}(\boldsymbol{J}_{\mathrm{KA}})\tag{9.48}$$

将式(9.47)与式(9.48)代入到式(9.45)和式(9.46),式(9.45)和式(9.46)可以写为

$$\hat{\boldsymbol{n}}_1\times\boldsymbol{E}^{\mathrm{i}}=\hat{\boldsymbol{n}}_1\times[\boldsymbol{L}_{01}(\eta_0\boldsymbol{J}_1)+\boldsymbol{L}_{02}(\eta_0\boldsymbol{J}_2)-\tilde{\boldsymbol{K}}_{02}(\boldsymbol{M}_2)+\boldsymbol{L}_{04}(\eta_0\boldsymbol{J}_{\mathrm{KA}})]\tag{9.49}$$

$$\hat{\boldsymbol{n}}_2\times\boldsymbol{E}^{\mathrm{i}}=\hat{\boldsymbol{n}}_2\times[\boldsymbol{L}_{01}(\eta_0\boldsymbol{J}_1)+\boldsymbol{L}_{02}(\eta_0\boldsymbol{J}_2)-(1/2)\boldsymbol{M}_2-\tilde{\boldsymbol{K}}_{02}(\boldsymbol{M}_2)+\boldsymbol{L}_{04}(\eta_0\boldsymbol{J}_{\mathrm{KA}})]\tag{9.50}$$

式中:$\tilde{\boldsymbol{K}}_{02}(\cdot)$表示磁场积分算子$\boldsymbol{K}_{02}(\cdot)$的主值积分形式。将式(9.27)~式(9.30)代入式(9.49)和式(9.50)中,将式(9.49)左右用检验函数$\hat{\boldsymbol{n}}_1\times\boldsymbol{f}_{1i}$进行检验,将式(9.50)左右用检验函数$\hat{\boldsymbol{n}}_2\times\boldsymbol{f}_{2i}$进行检验,式(9.49)和式(9.50)可以写为矢量矩阵形式为

$$[Q_{11}]\cdot\{a\}+[Q_{12}]\cdot\{b\}+[P_{12}]\cdot\{c\}+[R_{14}]\cdot\{d\}=\{S_1\}\tag{9.51}$$

$$[Q_{21}]\cdot\{a\}+[Q_{22}]\cdot\{b\}+[P_{22}]\cdot\{c\}+[R_{24}]\cdot\{d\}=\{S_2\}\tag{9.52}$$

上式中的矩阵元素表达式为

$$Q_{pq}(i,j)=\int_{T_{pi}} \boldsymbol{f}_{pi}(\boldsymbol{r})\cdot \boldsymbol{L}_{0q}(\boldsymbol{f}_{qj})\mathrm{d}S, i\in[1,N_p], j\in[1,N_q], p,q=1,2 \quad (9.53)$$

$$P_{12}(i,j)=-\int_{T_{1i}} \boldsymbol{f}_{1i}(\boldsymbol{r})\cdot \widetilde{\boldsymbol{K}}_{02}(\boldsymbol{f}_{2j})\mathrm{d}S, i\in[1,N_1], j\in[1,N_2] \quad (9.54)$$

$$P_{22}(i,j)=-\frac{\delta_{ij}}{2}-\int_{T_{2i}} \boldsymbol{f}_{2i}(\boldsymbol{r})\cdot \widetilde{\boldsymbol{K}}_{02}(\boldsymbol{f}_{2j})\mathrm{d}S, i,j\in[1,N_2] \quad (9.55)$$

$$R_{p4}(i,j)=\int_{T_{pi}} \boldsymbol{f}_{pi}(\boldsymbol{r})\cdot \boldsymbol{L}_{04}(\boldsymbol{f}_{4j})\mathrm{d}S, i\in[1,N_p], j\in[1,N_4], p=1,2 \quad (9.56)$$

$$S_p(i)=\int_{T_{pi}} \boldsymbol{f}_{pi}(\boldsymbol{r})\cdot \boldsymbol{E}^{i}(\boldsymbol{r})\mathrm{d}S, i\in[1,N_p], p=1,2 \quad (9.57)$$

在式(9.56)中,若 $i=j$,则 $\delta_{ij}=1$;若 $i\neq j$,则 $\delta_{ij}=0$。若将式(9.41)代入到式(9.51)和式(9.52),则仅需要求解$\{a\}$、$\{b\}$和$\{c\}$。为求解$\{a\}$、$\{b\}$和$\{c\}$,需要考虑目标的介质区域。目标介质区域内表面 S_d的电场$\boldsymbol{E}_\mathrm{d}$ 与磁场$\boldsymbol{H}_\mathrm{d}$ 由单一有效流$\boldsymbol{J}_{2\mathrm{e}}^{\mathrm{eff}}$产生,其具体表达式为

$$\boldsymbol{E}_\mathrm{d}=-\eta_1 \boldsymbol{L}_{1\mathrm{d}}(\boldsymbol{J}_{2\mathrm{e}}^{\mathrm{eff}}) \quad (9.58)$$

$$\boldsymbol{H}_\mathrm{d}=-\boldsymbol{K}_{1\mathrm{d}}(\boldsymbol{J}_{2\mathrm{e}}^{\mathrm{eff}}) \quad (9.59)$$

式中:η_1 表示特征阻抗,$\eta_1=\sqrt{\mu_1/\varepsilon_1}$,其中 μ_1 和 ε_1 分别表示介质区域内的电导率与介电常数;$\boldsymbol{L}_{1\mathrm{d}}(\cdot)$和$\boldsymbol{K}_{1\mathrm{d}}(\cdot)$分别表示介质区域内表面 S_d的电场积分算子与磁场积分算子,其中的介质参数需要相应地改变。介质区域表面 S_2的感应电流$\boldsymbol{J}_2$ 与感应磁流$\boldsymbol{M}_2$ 与其内部单一有效流$\boldsymbol{J}_{2\mathrm{e}}^{\mathrm{eff}}$的关系由边界条件确定,则有

$$\boldsymbol{J}_2=\hat{\boldsymbol{n}}_2\times\boldsymbol{H}_\mathrm{d}=-\frac{1}{2}\boldsymbol{J}_{2\mathrm{e}}^{\mathrm{eff}}-\hat{\boldsymbol{n}}_2\times\widetilde{\boldsymbol{K}}_{1\mathrm{d}}(\boldsymbol{J}_{2\mathrm{e}}^{\mathrm{eff}}) \quad (9.60)$$

$$-\boldsymbol{M}_2=\hat{\boldsymbol{n}}_2\times\boldsymbol{E}_\mathrm{d}=-\hat{\boldsymbol{n}}_2\times\eta_1 \boldsymbol{L}_{1\mathrm{d}}(\boldsymbol{J}_{2\mathrm{e}}^{\mathrm{eff}}) \quad (9.61)$$

式(9.60)中,式中$\widetilde{\boldsymbol{K}}_{1\mathrm{d}}(\cdot)$表示磁场积分算子$\boldsymbol{K}_{1\mathrm{d}}(\cdot)$的主值积分形式。在接触面 S_3上电场的切向分量消失,$\boldsymbol{E}_\mathrm{d}$ 与$\boldsymbol{J}_{2\mathrm{e}}^{\mathrm{eff}}$之间关系的对应表达式为

$$0=\hat{\boldsymbol{n}}_3\times\boldsymbol{E}_\mathrm{d}=-\hat{\boldsymbol{n}}_3\times\eta_1 \boldsymbol{L}_{1\mathrm{d}}(\boldsymbol{J}_{2\mathrm{e}}^{\mathrm{eff}}) \quad (9.62)$$

在介质区域内表面 S_d的单一有效流$\boldsymbol{J}_{2\mathrm{e}}^{\mathrm{eff}}$能通过 RWG 函数进行展开,其展开系数 g_j 和 h_j 可由棱边电流均值近似得到,则有

$$g_j=\frac{1}{l_{2j}}\int_{l_{2j}}(\hat{l}_{2j}\times\hat{\boldsymbol{n}}_{2j})\cdot(-\eta_0 \boldsymbol{J}_{2\mathrm{e}}^{\mathrm{eff}})\mathrm{d}l \quad (9.63)$$

$$h_j=\frac{1}{l_{3j}}\int_{l_{3j}}(\hat{l}_{3j}\times\hat{\boldsymbol{n}}_{3j})\cdot(-\eta_0 \boldsymbol{J}_{2\mathrm{e}}^{\mathrm{eff}})\mathrm{d}l \quad (9.64)$$

将式(9.28)代入式(9.60)和式(9.61),用检验函数$\hat{\boldsymbol{n}}_2\times\boldsymbol{f}_{2i}$ 进行检验,式(9.62)左右用检验函数$\hat{\boldsymbol{n}}_3\times\boldsymbol{f}_{3i}$ 进行检验,式(9.60) ~ 式(9.62)可以写为矢量矩阵形式:

$$\{b\}=[\widetilde{M}_{22}]\cdot\{g\}+[\widetilde{M}_{23}]\cdot\{h\} \quad (9.65)$$

$$\{c\}=[\widetilde{N}_{22}]\cdot\{g\}+[\widetilde{N}_{23}]\cdot\{h\} \quad (9.66)$$

$$\{0\}=[\widetilde{B}_{32}]\cdot\{g\}+[\widetilde{B}_{33}]\cdot\{h\} \quad (9.67)$$

上式中的矩阵元素具体表达式为

$$\widetilde{M}_{22}(i,j)=\frac{\delta_{ij}}{2}+\int_{l_{2i}}\frac{\hat{l}_{2i}}{l_{2i}}\cdot\widetilde{\boldsymbol{K}}_{1\mathrm{d}}(f_{2j})\mathrm{d}l, i,j\in[1,N_2] \quad (9.68)$$

$$\widetilde{M}_{23}(i,j)=\int_{l_{2i}}\frac{\hat{l}_{2i}}{l_{2i}}\cdot\widetilde{\boldsymbol{K}}_{1\mathrm{d}}(\boldsymbol{f}_{3j})\mathrm{d}l, i\in[1,N_2], j\in[1,N_3] \quad (9.69)$$

$$\widetilde{N}_{2q}(i,j)=\int_{l_{2i}}\frac{\hat{l}_{2i}}{l_{2i}}\cdot\frac{\eta_1}{\eta_0}\boldsymbol{L}_{1d}(f_{qj})\mathrm{d}l,i\in[1,N_2],j\in[1,N_q],q=2,3 \tag{9.70}$$

$$\widetilde{B}_{3q}(i,j)=\int_{T_{3i}}\boldsymbol{f}_{3i}(\boldsymbol{r})\cdot\frac{\eta_1}{\eta_0}\boldsymbol{L}_{1d}(\boldsymbol{f}_{qj})\mathrm{d}S,i\in[1,N_3],j\in[1,N_q],q=2,3 \tag{9.71}$$

在式(9.42)中,若 $i=j$,则 $\delta_{ij}=1$;若 $i\neq j$,则 $\delta_{ij}=0$。结合式(9.53)~式(9.57),可得矩阵方程为

$$\begin{bmatrix}A_{11} & A_{12} & A_{13}\\ A_{21} & A_{22} & A_{23}\\ 0 & A_{32} & A_{33}\end{bmatrix}\cdot\begin{Bmatrix}a\\ g\\ h\end{Bmatrix}=\begin{Bmatrix}\widetilde{S}_1\\ \widetilde{S}_2\\ 0\end{Bmatrix} \tag{9.72}$$

式中的矩阵元素具体表达式为

$$[A_{11}]=[Q_{11}]+[R_{14}]\cdot[D_{41}] \tag{9.73}$$

$$[A_{12}]=([Q_{12}]+[R_{14}]\cdot[D_{42}])\cdot[\widetilde{M}_{22}]+([P_{12}]+[R_{14}]\cdot[F_{42}])\cdot[\widetilde{N}_{22}] \tag{9.74}$$

$$[A_{13}]=([Q_{12}]+[R_{14}]\cdot[D_{42}])\cdot[\widetilde{M}_{23}]+([P_{12}]+[R_{14}]\cdot[F_{42}])\cdot[\widetilde{N}_{23}] \tag{9.75}$$

$$[A_{21}]=[Q_{21}]+[R_{24}]\cdot[D_{41}] \tag{9.76}$$

$$[A_{22}]=([Q_{22}]+[R_{24}]\cdot[D_{42}])\cdot[\widetilde{M}_{22}]+([P_{22}]+[R_{24}]\cdot[F_{42}])\cdot[\widetilde{N}_{22}] \tag{9.77}$$

$$[A_{23}]=([Q_{22}]+[R_{24}]\cdot[D_{42}])\cdot[\widetilde{M}_{23}]+([P_{22}]+[R_{24}]\cdot[F_{42}])\cdot[\widetilde{N}_{23}] \tag{9.78}$$

$$[A_{32}]=[\widetilde{B}_{32}] \tag{9.79}$$

$$[A_{33}]=[\widetilde{B}_{33}] \tag{9.80}$$

$$[\widetilde{S}_1]=\{S_1\}-[R_{14}]\cdot\{W\} \tag{9.81}$$

$$[\widetilde{S}_2]=\{S_2\}-[R_{24}]\cdot\{W\} \tag{9.82}$$

9.2.2 FMM 加速策略

针对导体-介质复合目标与理想导体环境的复合电磁散射问题,若直接应用表面积分方程法,则阻抗矩阵的维数取决于复合散射模型的总未知数 $N_1+N_2+N_3+N_4$,其中 $N_4\gg N_1+N_2+N_3$。通过运用 SIE - KA 混合算法,阻抗矩阵的维数仅取决于目标的总未知数 $N_1+N_2+N_3$,为了加快 SIE - KA 混合算法的计算速度与减少内存需求,引入 FMM 对式(9.72)进行求解。FMM 的核心是基于矢量加法定理的格林函数,其表达式为

$$G(\boldsymbol{r}_o,\boldsymbol{r}_{o'})=\frac{\mathrm{e}^{-\mathrm{j}k|\boldsymbol{r}_o-\boldsymbol{r}_{o'}|}}{4\pi|\boldsymbol{r}_o-\boldsymbol{r}_{o'}|}=\frac{-\mathrm{j}k}{(4\pi)^2}\oint\mathrm{d}^2\hat{k}\,\mathrm{e}^{-\mathrm{j}k\boldsymbol{r}_{om}}T(\hat{k},\hat{\boldsymbol{r}}_{mm'})\mathrm{e}^{\mathrm{j}k\boldsymbol{r}_{o'm'}} \tag{9.83}$$

式中

$$T(\hat{k},\boldsymbol{r}_{mm'})=\sum_{l=0}^{L}(-\mathrm{j})^l(2l+1)h_l^{(2)}(kr_{mm'})P_l(\hat{k}\cdot\hat{\boldsymbol{r}}_{mm'}) \tag{9.84}$$

相应地,并矢格林函数表达式为

$$\overline{\overline{G}}(\boldsymbol{r}_o,\boldsymbol{r}_{o'})=\left(\overline{\overline{\boldsymbol{I}}}-\frac{\nabla\nabla'}{k}\right)\frac{\mathrm{e}^{-\mathrm{j}k|\boldsymbol{r}_o-\boldsymbol{r}_{o'}|}}{4\pi|\boldsymbol{r}_o-\boldsymbol{r}_{o'}|}=\frac{-\mathrm{j}k}{(4\pi)^2}\oint\mathrm{d}^2\hat{k}(\overline{\overline{\boldsymbol{I}}}-\hat{k}\hat{k})\mathrm{e}^{-\mathrm{j}k\boldsymbol{r}_{om}}T(\hat{k},\boldsymbol{r}_{mm'})\mathrm{e}^{\mathrm{j}k\boldsymbol{r}_{o'm'}} \tag{9.85}$$

式中：$\boldsymbol{r}_o$ 位于立方体 m 中，立方体 m 中心点位置矢量为 $\boldsymbol{r}_m$；位于立方体 m' 中，立方体 m' 中心点位置矢量为 $\boldsymbol{r}_{m'}$，它们二者之间的关系是：$\boldsymbol{r}_{om}=\boldsymbol{r}_o-\boldsymbol{r}_m$，$\boldsymbol{r}_{o'm'}=\boldsymbol{r}_{o'}-\boldsymbol{r}_{m'}$。$h_l^{(2)}(\cdot)$ 表示第二类球面 Hankel 函数；$P_l(\cdot)$ 表示 l 项 Legendre 多项式；L 表示多极子展开项数量，按照如下关系设置：$L=kd+2\ln(kd+\pi)$，能够确保较高精度。根据 FMM 中的格林函数，式(9.38)中远区组的矩阵元素 D_{41}、D_{42} 和 F_{42} 可以写为

$$D_{4q}(i,j)=\iint \mathrm{d}^2\hat{k}\left[U_{im}^{D_{44}}\cdot T_{mm'}(\boldsymbol{k}_0,\boldsymbol{r}_{mm'})V_{jm'}^{D_{q4}}+M_{im}^{D_{44}}\cdot T_{mm'}(\boldsymbol{k}_0,\boldsymbol{r}_{mm'})N_{jm'}^{D_{q4}}\right],q=1,2 \tag{9.86}$$

$$F_{42}(i,j)=\iint \mathrm{d}^2\hat{k}\left[U_{im}^{F_{44}}\cdot T_{mm'}(k_0,r_{mm'})V_{jm'}^{F_{22}}+M_{im}^{F_{44}}\cdot T_{mm'}(\boldsymbol{k}_0,\boldsymbol{r}_{mm'})N_{jm'}^{F_{22}}\right] \tag{9.87}$$

上式各元素表达式如下：

$$U_{im}^{D_{44}}=M_{im}^{D_{44}}=-\frac{k_0^2}{16\pi^2}\int_{\Gamma_{4i}}\mathrm{e}^{-\mathrm{j}k_0\hat{\boldsymbol{k}}\cdot\boldsymbol{r}_{im}}(\bar{\boldsymbol{I}}-\hat{\boldsymbol{k}}\hat{\boldsymbol{k}})\boldsymbol{f}_{4i}\times\hat{\boldsymbol{k}}_i\mathrm{d}S \tag{9.88}$$

$$V_{jm'}^{D_{q4}}=\int_{\Gamma_{qj}}\mathrm{e}^{\mathrm{j}k_0\hat{\boldsymbol{k}}\cdot\boldsymbol{r}_{jm'}}(\boldsymbol{f}_{qj}(\boldsymbol{r}_{jm'})\cdot\hat{\boldsymbol{e}}_{i\parallel}\ \hat{\boldsymbol{e}}_{i\parallel}+\boldsymbol{f}_{qj}(\boldsymbol{r}_{jm'})\cdot\hat{\boldsymbol{e}}_{i\perp}\ \hat{\boldsymbol{e}}_{i\perp})\mathrm{d}S',q=1,2 \tag{9.89}$$

$$N_{jm'}^{D_{q4}}=\int_{\Gamma_{qj}}\mathrm{e}^{\mathrm{j}k_0\hat{\boldsymbol{k}}\cdot\boldsymbol{r}_{jm'}}(\Gamma_\parallel\ \boldsymbol{f}_{qj}(\boldsymbol{r}_{jm'})\cdot\hat{\boldsymbol{e}}_{i\parallel}\ \hat{\boldsymbol{e}}_{i\parallel}+\Gamma_\perp\ \boldsymbol{f}_{qj}(\boldsymbol{r}_{jm'})\cdot\hat{\boldsymbol{e}}_{i\perp}\ \hat{\boldsymbol{e}}_{i\perp})\mathrm{d}S',q=1,2 \tag{9.90}$$

$$U_{im}^{F_{44}}=M_{im}^{F_{44}}=-\frac{k_0^2}{16\pi^2}\int_{\Gamma_{4i}}\mathrm{e}^{-\mathrm{j}k_0\hat{\boldsymbol{k}}\cdot\boldsymbol{r}_{im}}\boldsymbol{f}_{4i}\times\hat{\boldsymbol{k}}_i\mathrm{d}S \tag{9.91}$$

$$V_{jm'}^{F_{22}}=\int_{\Gamma_{2j}}\mathrm{e}^{\mathrm{j}k_0\hat{\boldsymbol{k}}\cdot\boldsymbol{r}_{jm'}}(\boldsymbol{f}_{2j}(\boldsymbol{r}_{jm'})\times\hat{\boldsymbol{k}}\cdot\hat{\boldsymbol{e}}_{i\parallel}\ \hat{\boldsymbol{e}}_{i\parallel}+\boldsymbol{f}_{2j}(\boldsymbol{r}_{jm'})\times\hat{\boldsymbol{k}}\cdot\hat{\boldsymbol{e}}_{i\perp}\ \hat{\boldsymbol{e}}_{i\perp})\mathrm{d}S' \tag{9.92}$$

$$N_{jm'}^{F_{22}}=\int_{\Gamma_{2j}}\mathrm{e}^{\mathrm{j}k_0\hat{\boldsymbol{k}}\cdot\boldsymbol{r}_{jm'}}(\Gamma_\parallel\ \boldsymbol{f}_{2j}(\boldsymbol{r}_{jm'})\times\hat{\boldsymbol{k}}\cdot\hat{\boldsymbol{e}}_{i\parallel}\ \hat{\boldsymbol{e}}_{i\parallel}+\Gamma_\perp\ \boldsymbol{f}_{2j}(\boldsymbol{r}_{jm'})\times\hat{\boldsymbol{k}}\cdot\hat{\boldsymbol{e}}_{i\perp}\ \hat{\boldsymbol{e}}_{i\perp})\mathrm{d}S' \tag{9.93}$$

其中，$U_{im}^{(\cdot)}/M_{im}^{(\cdot)}$、$T_{mm'}(\cdot)$ 和 $V_{jm'}^{(\cdot)}/N_{jm'}^{(\cdot)}$ 分别表示具体等级的聚合、转移和分散矩阵。将 FMM 应用到目标的积分方程中，式(9.25)与式(9.26)中远区组的矩阵元素 Q_{11}、Q_{12}、Q_{21}、Q_{22}、P_{12}、P_{22}、R_{14} 和 R_{24} 可以写为

$$Q_{pq}(i,j)=\iint \mathrm{d}^2\hat{k}U_{im}^{Q_{pp}}\cdot T_{mm'}(\boldsymbol{k}_0,\boldsymbol{r}_{mm'})V_{jm'}^{Q_{qq}},p,q=1,2 \tag{9.94}$$

$$P_{12}(i,j)=\iint \mathrm{d}^2\hat{k}U_{im}^{P_{11}}\cdot T_{mm'}(\boldsymbol{k}_0,\boldsymbol{r}_{mm'})V_{jm'}^{P_{22}} \tag{9.95}$$

$$P_{22}(i,j)=-\frac{\delta_{ij}}{2}+\iint \mathrm{d}^2\hat{k}U_{im}^{P_{22}}\cdot T_{mm'}(\boldsymbol{k}_0,\boldsymbol{r}_{mm'})V_{jm'}^{P_{22}} \tag{9.96}$$

$$R_{p4}(i,j)=\iint \mathrm{d}^2\hat{k}U_{im}^{R_{pp}}\cdot T_{mm'}(\boldsymbol{k}_0,\boldsymbol{r}_{mm'})V_{jm'}^{R_{44}},p=1,2 \tag{9.97}$$

上式各元素表达式为

$$U_{im}^{Q_{pp}}=\frac{k_0^2}{16\pi^2}\int_{\Gamma_{pi}}\mathrm{e}^{-\mathrm{j}k_0\hat{\boldsymbol{k}}\cdot\boldsymbol{r}_{im}}\boldsymbol{f}_{pi}(\boldsymbol{r}_{im})\cdot(\boldsymbol{I}-\hat{\boldsymbol{k}}\hat{\boldsymbol{k}})\mathrm{d}S,p=1,2 \tag{9.98}$$

$$V_{jm'}^{Q_{qq}}=\int_{\Gamma_{qj}}\mathrm{e}^{\mathrm{j}k_0\hat{\boldsymbol{k}}\cdot\boldsymbol{r}_{jm'}}\boldsymbol{f}_{qj}(\boldsymbol{r}_{jm'})\mathrm{d}S',q=1,2 \tag{9.99}$$

$$U_{im}^{P_{pp}}=\frac{k_0^2}{16\pi^2}\int_{\Gamma_{pi}}\mathrm{e}^{-\mathrm{j}k_0\hat{\boldsymbol{k}}\cdot\boldsymbol{r}_{im}}(\hat{\boldsymbol{k}}\times\boldsymbol{f}_{pi})\mathrm{d}S,p=1,2 \tag{9.100}$$

$$V_{jm'}^{P_{22}}=\int_{\Gamma_{2j}}\mathrm{e}^{\mathrm{j}k_0\hat{\boldsymbol{k}}\cdot\boldsymbol{r}_{jm'}}\boldsymbol{f}_{2j}(\boldsymbol{r}_{jm'})\mathrm{d}S' \tag{9.101}$$

$$U_{im}^{R_{pp}}=\frac{k_0^2}{16\pi^2}\int_{\Gamma_{pi}}\mathrm{e}^{-\mathrm{j}k_0\hat{\boldsymbol{k}}\cdot\boldsymbol{r}_{im}}\boldsymbol{f}_{pi}(\boldsymbol{r}_{im})\cdot(\boldsymbol{I}-\hat{\boldsymbol{k}}\hat{\boldsymbol{k}})\mathrm{d}S,p=1,2 \tag{9.102}$$

$$V_{jm'}^{R_{44}}=\int_{\Gamma_{4j}}\mathrm{e}^{\mathrm{j}k_0\hat{\boldsymbol{k}}\cdot\boldsymbol{r}_{jm'}}\boldsymbol{f}_{4j}(\boldsymbol{r}_{jm'})\mathrm{d}S' \tag{9.103}$$

式中，$U_{im}^{(\cdot)}$，$T_{mm'}(\cdot)$ 和 $V_{jm'}^{(\cdot)}$ 分别表示聚合、转移和分散矩阵。就目标介质区域中的格林函数而言，FMM的具体执行过程需要根据介质区域的电磁参数进行相关调整，因此，在SIE方法中，式(9.68)～式(9.71)中远区组的矩阵元素 $\widetilde{M}_{22}$、$\widetilde{M}_{23}$、$\widetilde{N}_{22}$、$\widetilde{N}_{23}$、$\widetilde{B}_{32}$ 和 $\widetilde{B}_{33}$ 可以写为

$$\widetilde{M}_{22}(i,j)=\frac{\delta_{ij}}{2}+\iint\mathrm{d}^2\hat{k}U_{im}^{\widetilde{M}_{22}}\cdot T_{mm'}(\boldsymbol{k}_1,\boldsymbol{r}_{mm'})V_{jm'}^{\widetilde{M}_{22}} \tag{9.104}$$

$$\widetilde{M}_{23}(i,j)=\iint\mathrm{d}^2\hat{k}U_{im}^{\widetilde{M}_{22}}\cdot T_{mm'}(\boldsymbol{k}_1,\boldsymbol{r}_{mm'})V_{jm'}^{\widetilde{M}_{33}} \tag{9.105}$$

$$\widetilde{N}_{2q}(i,j)=\iint\mathrm{d}^2\hat{k}U_{im}^{\widetilde{N}_{22}}\cdot T_{mm'}(\boldsymbol{k}_1,\boldsymbol{r}_{mm'})V_{jm'}^{\widetilde{N}_{qq}},q=2,3 \tag{9.106}$$

$$\widetilde{B}_{3q}(i,j)=\iint\mathrm{d}^2\hat{k}U_{im}^{\widetilde{B}_{33}}\cdot T_{mm'}(\boldsymbol{k}_1,\boldsymbol{r}_{mm'})V_{jm'}^{\widetilde{B}_{qq}},q=2,3 \tag{9.107}$$

上式各元素表达式为

$$U_{im}^{\widetilde{M}_{22}}=-\frac{1}{l_{2i}}\cdot\frac{k_1^2}{16\pi^2}\int_{l_{2i}}\mathrm{e}^{-\mathrm{j}k_1\hat{\boldsymbol{k}}\cdot\boldsymbol{r}_{im}}(\hat{\boldsymbol{k}}\times\hat{l}_{2i})\mathrm{d}l \tag{9.108}$$

$$V_{jm'}^{\widetilde{M}_{qq}}=\int_{\Gamma_{d(S_q)j}}\mathrm{e}^{\mathrm{j}k_1\hat{\boldsymbol{k}}\cdot\boldsymbol{r}_{jm'}}f_{qj}(\boldsymbol{r}_{jm'})\mathrm{d}S',q=2,3 \tag{9.109}$$

$$U_{im}^{\widetilde{N}_{22}}=\frac{1}{l_{2i}}\cdot\frac{\eta_1}{\eta_0}\cdot\frac{k_1^2}{16\pi^2}\int_{l_{2i}}\mathrm{e}^{-\mathrm{j}k_1\hat{\boldsymbol{k}}\cdot\boldsymbol{r}_{im}}\hat{l}_{2i}\cdot(I-\hat{\boldsymbol{k}}\hat{\boldsymbol{k}})\mathrm{d}l \tag{9.110}$$

$$V_{jm'}^{\widetilde{N}_{qq}}=\int_{\Gamma_{d(S_q)j}}\mathrm{e}^{\mathrm{j}k_1\hat{\boldsymbol{k}}\cdot\boldsymbol{r}_{jm'}}f_{qj}(\boldsymbol{r}_{jm'})\mathrm{d}S',q=2,3 \tag{9.111}$$

$$U_{im}^{\widetilde{B}_{33}}=\frac{\eta_1}{\eta_0}\cdot\frac{k_1^2}{16\pi^2}\int_{T_{3i}}\mathrm{e}^{-\mathrm{j}k_1\hat{\boldsymbol{k}}\cdot\boldsymbol{r}_{im}}f_{3i}(\boldsymbol{r}_{im})\cdot(I-\hat{\boldsymbol{k}}\hat{\boldsymbol{k}})\mathrm{d}S \tag{9.112}$$

$$V_{jm'}^{\widetilde{B}_{qq}}=\int_{\Gamma_{d(S_q)j}}\mathrm{e}^{\mathrm{j}k_1\hat{\boldsymbol{k}}\cdot\boldsymbol{r}_{jm'}}f_{qj}(\boldsymbol{r}_{jm'})\mathrm{d}S',q=2,3 \tag{9.113}$$

式中：$U_{im}^{(\cdot)}$、$T_{mm'}(\cdot)$ 和 $V_{jm'}^{(\cdot)}$ 分别表示具体等级的聚合、转移和分散矩阵。以上即为SIE-KA混合算法的FMM加速策略，基于该方法能够完成对任意形状的导体-介质复合目标与理想导体环境复合电磁散射特性的计算。在该算法中，采用双共轭梯度法(Bi-CGM)对式(9.72)进行迭代求解，当未知电、磁流第 n 次迭代与第 $n-1$ 次迭代的相对误差小于 10^{-4} 时迭代计算过程停止。

当引入SIE方法来减少未知数数量时，EFIE的矩阵条件数得到了改善。在该方法中，磁场积分算子 $\boldsymbol{K}(\cdot)$ 是第二类Fredholm算子，它属于紧算子[9-10]；相比之下，电场积分算子 $\boldsymbol{L}(\cdot)$ 是第一类Fredholm算子，它属于非紧算子。由紧算子推导而来的矩阵条件数要优于非紧算子。然而在引入SIE方法后，SIE-KA-FMM混合算法含有双重算子[11]：$\boldsymbol{L}_0\cdot\boldsymbol{L}_0$、$\boldsymbol{L}_0\cdot\widetilde{\boldsymbol{K}}_1$ 和 $\widetilde{\boldsymbol{K}}_0\cdot\boldsymbol{L}_1$，它们有两个重要结论：① 紧算子与非紧算子的乘积仍为紧算子；② 两个非紧算子的乘积是紧算子。因此，这些在SIE-KA-FMM混合算法中的双重算子均为紧算子，它们能够改善矩阵的条件数，加速迭代算法的收敛。

9.2.3 算法有效性验证

设置验证算例来证明SIE-KA-FMM混合算法的有效性和精确性。后续仿真平台均

为主频 2.30 GHz 的 64 核 AMD 处理器，RAM 为 64 GB。在第一个算例中设置一个小型算例来验证 FMM 的高效性。选取传统的 MOM 算法作为参考算法。工作频率设置为 1 GHz；环境尺寸设置为 $L_x \times L_y = 10\lambda \times 10\lambda$；高斯粗糙面的表面材质设置为 PEC，其统计参数为：$h_{\rm rms} = 0.1\lambda$、$l_x = l_y = 2.0\lambda$；在此算例，数值结果的求解是基于单次粗糙面生成的。目标设置为理想导体球，其半径为 0.8λ，距离环境表面的高度为 2.0λ；为了克服环境的截断效应，采用锥形入射波，在本节中，x 轴与 y 轴方向的锥形波宽度分别设置为：$g_x = L_x/4$，$g_y = L_y/4$；入射角设置为：$\theta_{\rm i} = 45°$，$\varphi_{\rm i} = 0°$；观察角范围设置为：$\theta_{\rm s} = -90° \sim 90°$；极化方式设置为 VV 极化；经过剖分后，目标与环境相应的未知数分别为 5528 和 29833。图 9.3 给出了分别采用 FMM 与 MOM 计算 PEC 球体位于 PEC 高斯粗糙面上方的双站 RCS 曲线，经过观察可得，FMM 与 MOM 的计算结果基本吻合。传统 MOM 的内存需求与计算耗时分别为 3.93 GB 与 1.03 h；FMM 的内存需求与计算耗时分别为 2.34 GB 与 0.24 h，数值计算结果验证了 FMM 的高效性与准确性。

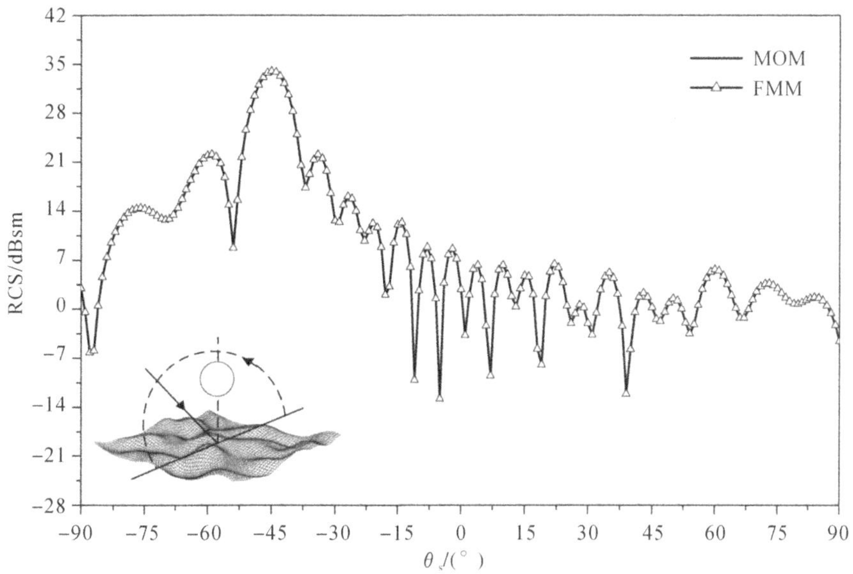

图 9.3 PEC 球体位于高斯粗糙面上方的双站 RCS 曲线对比

第二个算例用以证明 SIE-KA-FMM 混合算法的有效性和精确性。设置一个导体-介质复合球体位于高斯粗糙面上方；工作频率设置为 1 GHz；环境尺寸设置为 $L_x \times L_y = 30\lambda \times 30\lambda$；高斯粗糙面的表面材质设置为 PEC，其统计参数为：$h_{\rm rms} = 0.1\lambda$，$l_x = l_y = 2.0\lambda$；该复合球是由 PEC 半球与介质半球（相对介电常数：$\varepsilon_{\rm r} = 9.0$）组成，目标球体半径设置为 2.0λ，距离环境表面的高度为 5.0λ；入射角设置为：$\theta_{\rm i} = 45°$，$\varphi_{\rm i} = 0°$；观察角范围设置为：$\theta_{\rm s} = -90° \sim 90°$；极化方式设置为 VV 极化；我选择两种方法作为参考算法：① 基于传统混合积分方程的 FMM；②SIE-FMM 混合算法。

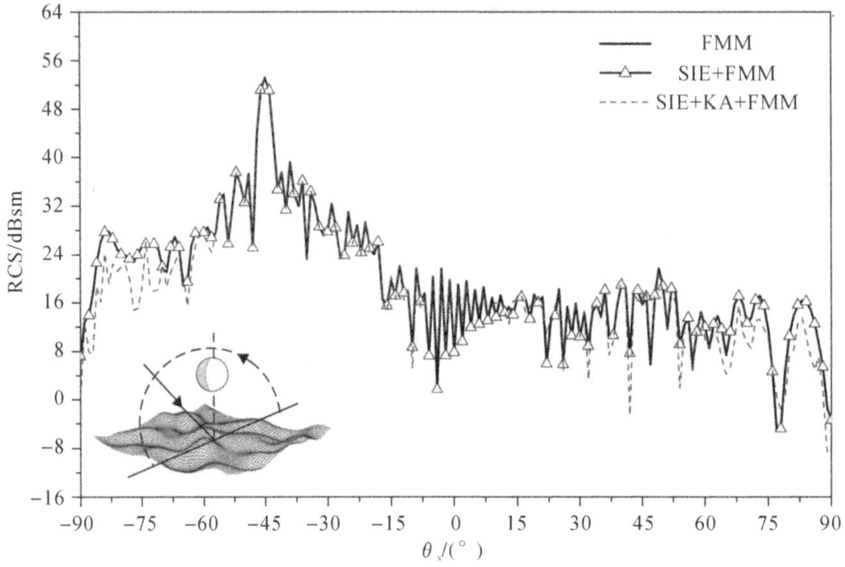

图 9.4　导体-介质复合球体位于高斯粗糙面上方的双站 RCS 曲线对比

表 9.1　内存需求与计算时间比较

计算方法	内存需求 /GB	计算时间 /h
FMM	20.67	3.08
SIE - FMM	19.94	2.17
SIE - KA - FMM	3.65	0.43

图 9.4 给出了分别采用 FMM、SIE - FMM 与 SIE - KA - FMM 计算导体-介质复合球体位于 PEC 高斯粗糙面上方的双站 RCS 曲线。经过剖分后，若采用 FMM，导体-介质复合目标与环境相应的未知数分别为 43187 和 268497；引入 SIE 后，导体-介质复合目标的未知数减少至 31228。如前文所述，当采用 SIE - KA 混合算法时，阻抗矩阵的维数仅取决于目标的未知数数量，这会很大程度上减少了算法的内存需求与计算时间。通过观察可得，SIE - KA - FMM混合算法的计算结果在多数散射角处与 FMM 和 SIE - FMM 吻合较好，但在大散射角处存在一定的差异，这是由于 KA 算法在计算粗糙面大散射角散射时的局限性所致[12]。表 9.1 给出了 FMM、SIE - FMM 和 SIE - KA - FMM 三种算法的内存需求与计算时间的比较结果。通过比较表 9.1 所提供的结果，SIE - KA - FMM 混合算法的内存需求是 SIE - FMM 的 29.43%，是 FMM 的 19.65%；SIE - KA - FMM 混合算法的计算耗时是 SIE - FMM 的 19.81%，是 FMM 的 13.96%。综上，证明 SIE - KA - FMM 混合算法能够有效、准确地计算导体-介质复合目标与理想导体环境的复合电磁散射。

第三个算例用以证明 SIE-KA-FMM 混合算法能够有效地计算不同形状的导体-介质复合目标与理想导体环境的复合电磁散射。工作频率设置为 1 GHz；环境的相关参数与前一算例相同；第一个目标为导体-介质复合立方体，其边长为 9.0λ，距离粗糙面的高度为

5.0λ，目标的具体位置与组合方式如图9.5中的图例，灰色区域即为目标的介质区域(相对介电常数：$\varepsilon_r = 9.0 - j2.0$)；第二个目标为导体-介质复合圆柱体，底面半径与高分别为2.0λ和9.0λ，距离粗糙面的高度为5.0λ，目标的具体位置与组合方式如图9.6中的图例，灰色区域即为目标的介质区域(相对介电常数：$\varepsilon_r = 9.0 - j2.0$)；入射角设置为：$\theta_i = 45°$、$\varphi_i = 0°$；观察角范围设置为：$\theta_s = -90° \sim 90°$；极化方式设置为VV极化。分别采用SIE-KA-FMM混合算法、SIE-FMM与FMM对上述两组复合散射模型进行计算，得到的结果如下。

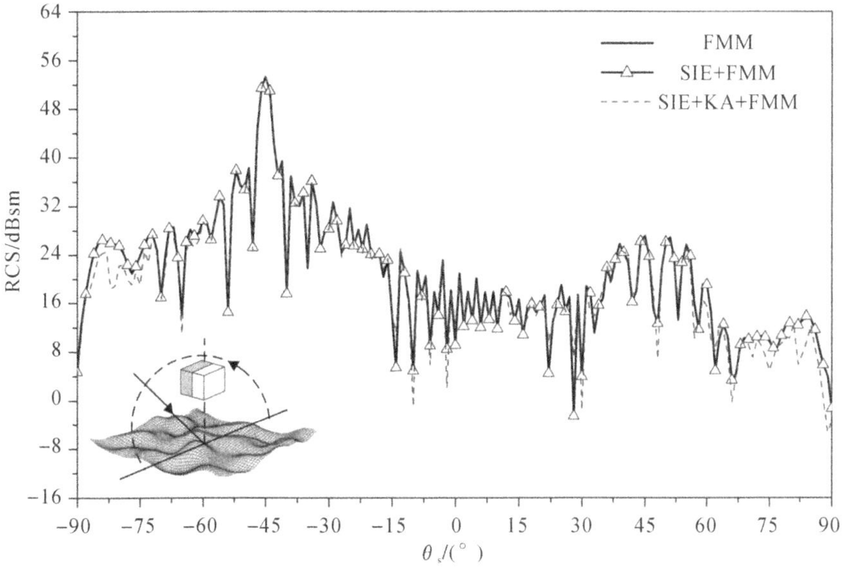

图9.5 导体-介质复合立方体位于高斯粗糙面上方的双站RCS曲线对比

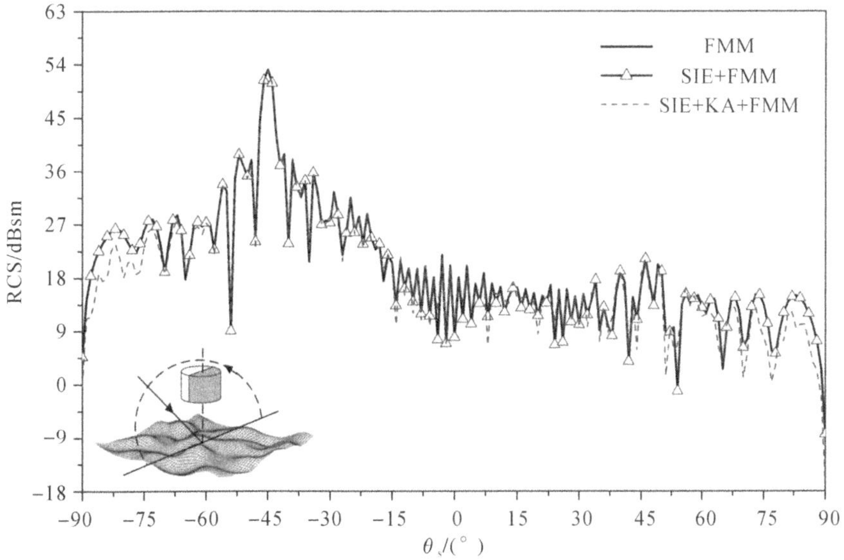

图9.6 导体-介质复合圆柱体位于高斯粗糙面上方的双站RCS曲线对比

通过观察图 9.5 与图 9.6 可得，SIE - KA - FMM 混合算法的计算结果在多数散射角处与 FMM 和 SIE - FMM 吻合较好，但在大散射角处存在一定的差异，这是由于 KA 算法在计算粗糙面大散射角散射时的局限性所致，与前一个算例得到结论保持一致，证明了 SIE - KA - FMM混合算法能够计算不同形状的导体-介质复合目标与理想导体环境的复合电磁散射。

9.2.4 数值计算与分析

采用 SIE - KA - FMM 混合算法对导体-介质复合目标与理想导体粗糙面的复合电磁散射特性进行研究。其中，讨论了纯 PEC 目标、纯介质目标与导体-介质复合目标分别位于理想导体粗糙面上方时的复合电磁散射特性的差异，研究了目标介质区域的相对介电常数、极化方式、工作频率、高斯粗糙面的均方根高度与相关长度、入射俯仰角与方位角、目标高度以及目标种类对复合散射特性的影响。首先，给出本小节后续算例的通用仿真条件：工作频率设置为 1 GHz(除了算例三)；极化方式设置为 VV 极化(除了算例二)；环境表面采用高斯谱函数生成，表面材质设置为 PEC，环境尺寸设置为 $L_x \times L_y = 30\lambda \times 30\lambda$(除了算例三)；目标距离粗糙面的高度设置为 5.0λ(除了算例三、六)；后续数值结果均由 30 次粗糙面 Monte Carlo 统计平均得到。

算例一：目标介质区域的相对介电常数对复合电磁散射特性的影响。导体-介质复合目标的介质区域是改变其散射特性的重要因素，因此，其介质区域相对介电常数的变化会对复合散射特性带来一定程度的影响。导体-介质复合目标设置为立方体，其边长为 9.0λ，它是由两块体积相等的长方体组成，其具体的组合形式如图 9.7 中的图例，图例中缩写 Die1 与 Die2 分别表示相对介电常数 $\varepsilon_{r1} = 9.0 - j2.0$ 和 $\varepsilon_{r2} = 8.0 - j9.0$，图例中灰色区域代表目标的介质区域。高斯粗糙面的统计参数为：$h_{rms} = 0.1\lambda$、$l_x = l_y = 2.0\lambda$；入射角设置为：$\theta_i = 45°$、$\varphi_i = 0°$；观察角范围设置为：$\theta_s = -90° \sim 90°$。得到不同立方体组合形式对应的双站 RCS 曲线如图 9.7 所示。

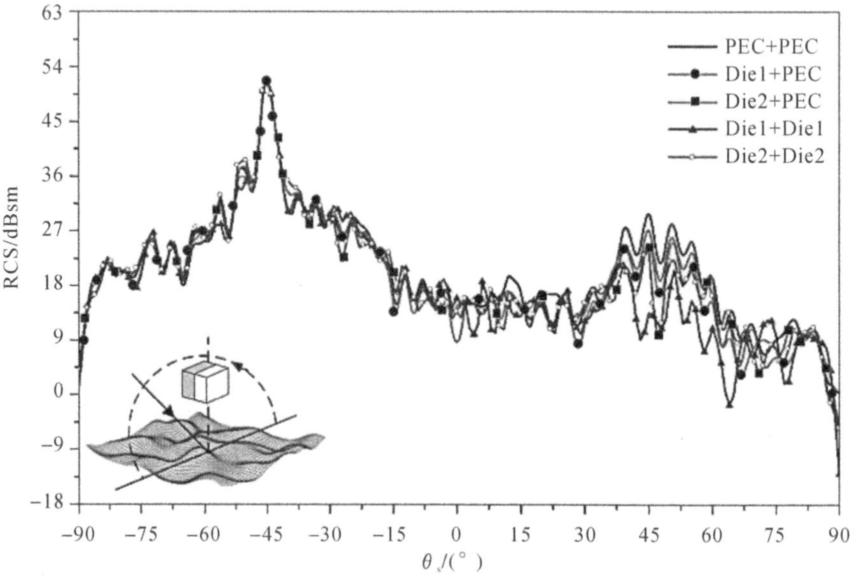

图 9.7　不同立方体组合形式对应的双站 RCS 曲线

在图9.7中,每条曲线均在镜向散射方向上出现了一个明显的峰值,而该峰值的大小与位置均不随目标介质属性改变而变化,这是由于目标带来的镜向散射很小,镜向散射主要取决于环境表面的特性。由于立方体的存在,在散射角 $\theta_s = 45°$ 处出现了强后向散射;相比之下,若目标是纯PEC材质,其后向散射最强;相应地,若目标是纯介质,其后向散射较弱,对比"Die1 + Die1"与"Die2 + Die2"两种组合方式对应的RCS曲线,显然,较小的相对介电常数会带来较小的后向散射。基于上述两个结论,进一步比较"Die1 + PEC"与"Die2 + PEC"两种组合方式对应的RCS曲线,发现这两条曲线的后向散射强度是位于前面提到的两种情况之间,对于具体的后向散射强度而言,组合"Die2 + PEC"所对应的曲线要强于"Die1 + PEC"所对应的曲线,由上述现象可以得到两个重要结论:①PEC与介质的组合使得其对应RCS曲线的后向散射正好介于纯PEC情况与纯介质情况两者之间;②若介质区域的相对介电常数越大,则复合散射模型的后向散射越强。

算例二:极化方式对复合电磁散射特性的影响。极化方式的选择会对复合电磁散射特性带来重要的影响。本算例中,组合目标的几何参数与算例一相同,其介质区域的相对介电常数固定为Die1:$\varepsilon_{r1} = 9.0 - j2.0$;高斯粗糙面的统计参数为:$h_{rms} = 0.1\lambda$、$l_x = l_y = 2.0\lambda$;入射角设置为:$\theta_i = 45°$、$\varphi_i = 0°$;观察角范围设置为:$\theta_s = -90° \sim 90°$。极化方式分别设置为HH、HV、VH、VV极化,得到不同极化方式对应的双站RCS曲线如图9.8所示。

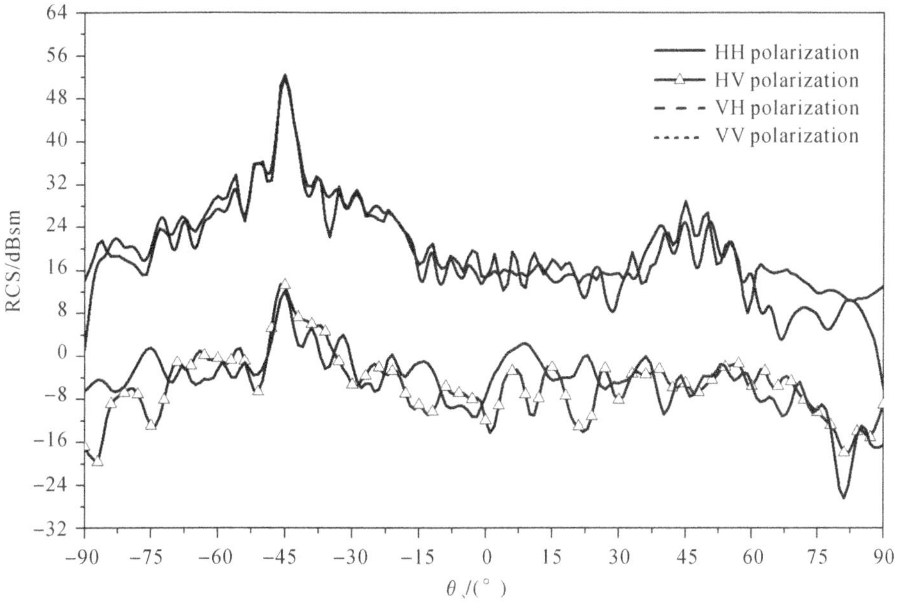

图9.8 不同极化方式对应的双站RCS曲线

观察图9.8可得,交叉极化所对应的双站RCS曲线在各个散射角度的RCS均远小于同极化所对应的情况;在每条曲线中,镜向散射方向均存在一个明显的峰值;HH极化所对应的RCS曲线的趋势与VV极化所对应的情况类似,但在散射角 θ_s 为 $60° \sim 90°$ 的范围,VV极化所对应的RCS要小于HH极化所对应的情况。在散射角$\theta_s=45°$处，HH极化与VV极化所对应的RCS曲线均出现了强后向散射，相比之下，HV极化与VH极化所对应的RCS曲线后向散射不显著。

算例三：工作频率对复合电磁散射特性的影响。工作频率的改变会导致复合散射特性发生显著的变化。因此考虑一组较小的复合散射模型：环境尺寸设置为$L_x\times L_y=6.0\ \text{m}\times 6.0\ \text{m}$，环境统计参数设置为：$h_{\text{rms}}=0.03\ \text{m}$、$l_x=l_y=0.06\ \text{m}$；导体-介质复合立方体的边长设置为0.9 m，距离粗糙面的高度设置为0.9 m，其介质区域的相对介电常数固定为Die1：$\varepsilon_{r1}=9.0-\text{j}2.0$。入射角设置为：$\theta_i=45°$、$\varphi_i=0°$；观察角范围设置为：$\theta_s=-90°\sim90°$。工作频率分别设置为：$f_1=500\ \text{MHz}$，$f_2=1.0\ \text{GHz}$和$f_3=3.0\ \text{GHz}$，得到不同工作频率对应的双站RCS曲线如图9.9所示。观察图9.9可得，随着工作频率的增加，位于镜向散射方向附近的散射能量逐渐趋于分散，造成这一现象的原因是环境的统计参数是不随频率改变的，当工作频率增加时，环境表面的粗糙度对于工作波长来说是增大的，因此环境粗糙度的增大会导致复合散射模型的漫散射特性增强；随着工作频率的增加，其后向散射区域的散射能量是增强的。

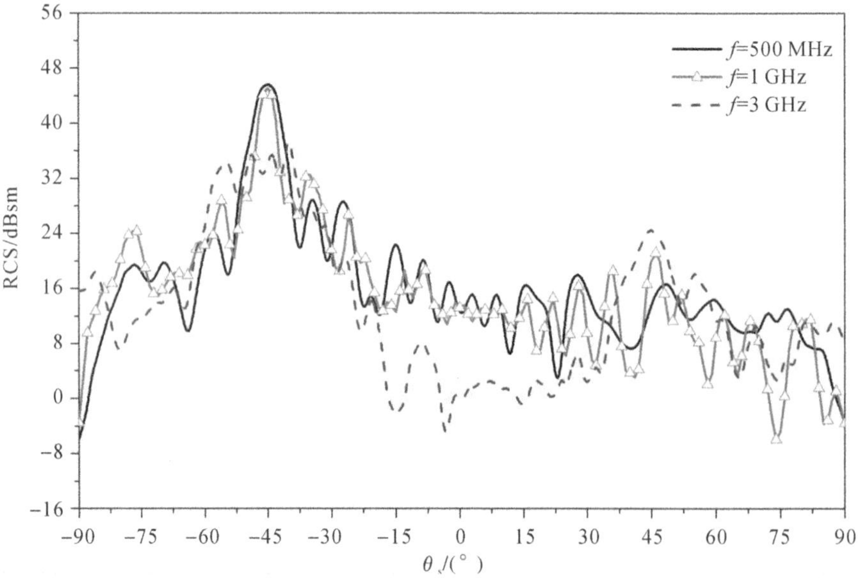

图9.9　不同工作频率对应的双站RCS曲线

算例四：环境的统计特性对复合电磁散射特性的影响。环境表面的统计参数改变会导致复合散射特性发生显著的变化。本算例中，组合目标的几何参数与算例一相同，其介质区域的相对介电常数固定为Die1：$\varepsilon_{r1}=9.0-\text{j}2.0$；入射角设置为：$\theta_i=45°$、$\varphi_i=0°$；观察角范围设置为：$\theta_s=-90°\sim90°$。首先将高斯粗糙面的相关长度固定为$l_x=l_y=2.0\lambda$，均方根高度分别设置为：$h_{\text{rms1}}=0.1\lambda$和$h_{\text{rms2}}=0.3\lambda$，得到不同均方根高度对应的双站RCS曲线如图9.10所示。观察图9.10可得，随着均方根高度的增加，位于镜向散射方向的峰值消失，同时其后向散射强度也大幅度减弱，造成这一现象的原因是环境的均方根高度增加会使得环境表面的粗糙度增强，从而其强烈的漫散射特性导致镜向峰值消失以及后向散射的减弱。

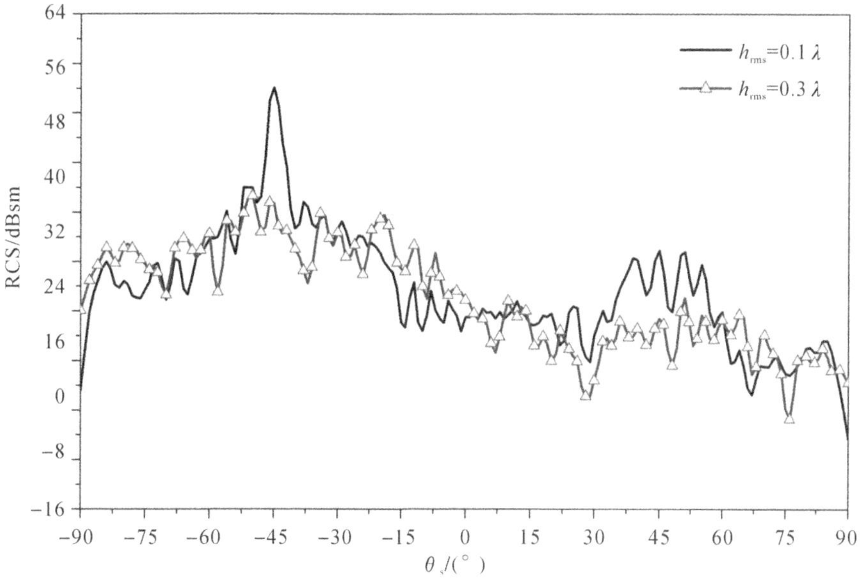

图 9.10　不同均方根高度对应的双站 RCS 曲线

将高斯粗糙面的均方根高度固定为 $h_{\mathrm{rms}}=0.1\lambda$，相关长度分别设置为：$l_{x1}=l_{y1}=2.0\lambda$ 和 $l_{x2}=l_{y2}=4.0\lambda$，得到不同相关长度对应的双站 RCS 曲线如图 9.11 所示。观察图 9.11 可得，随着相关长度的增加，位于镜向散射方向的峰值增大，同时其后向散射强度也有小幅度的增加，造成这一现象的原因是环境的相关长度增加会使得环境表面各点的相关性增强，使得整体的粗糙度减弱，因此镜向散射能量会更为集中并且后向散射小幅度增强。

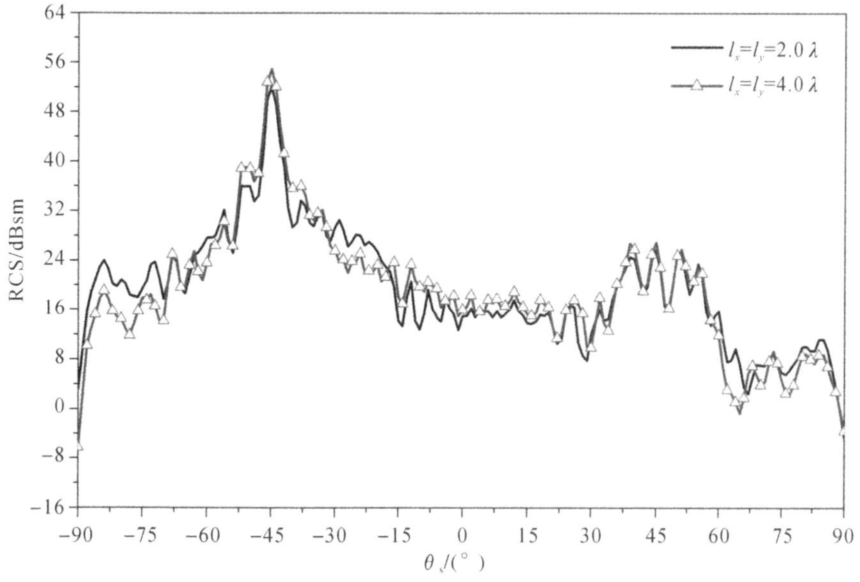

图 9.11　不同相关长度对应的双站 RCS 曲线

算例五：入射俯仰角对复合电磁散射特性的影响。本算例中，组合目标的几何参数与算例一相同，其介质区域的相对介电常数固定为 Die1：$\varepsilon_{r1}=9.0-j2.0$；高斯粗糙面的统计参数为：$h_{rms}=0.1\lambda$、$l_x=l_y=2.0\lambda$；入射方位角设置为 $\varphi_i=0°$；入射俯仰角分别设置为 $\theta_{i1}=30°$、$\theta_{i2}=45°$ 和 $\theta_{i3}=60°$；观察角范围设置为：$\theta_s=-90°\sim 90°$。得到不同入射俯仰角对应的双站 RCS 曲线如图 9.12 所示。

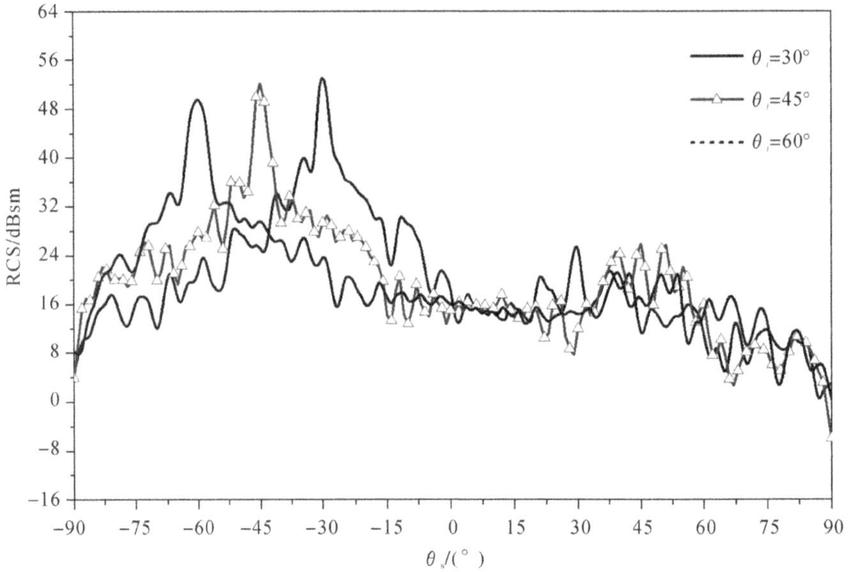

图 9.12　不同入射俯仰角对应的双站 RCS 曲线

观察图 9.12 可得，随着入射俯仰角的增加，镜向散射峰值的位置随之改变，镜向散射峰值逐渐降低；当入射俯仰角 θ_i 为 45° 时，其后向散射相比于另外两种情况最明显，这是由于导体-介质复合立方体的侧面与环境表面组成的类二面角结构，当入射波以该方向照射到其上时，后向散射最强。

算例六：目标高度对复合电磁散射特性的影响。目标距离环境表面的高度也会在一定程度上影响目标与环境的多次作用。本算例中，组合目标的几何参数与算例一相同，其介质区域的相对介电常数固定为 Die1：$\varepsilon_{r1}=9.0-j2.0$；高斯粗糙面的统计参数为：$h_{rms}=0.1\lambda$、$l_x=l_y=2.0\lambda$；入射角设置为：$\theta_i=45°$、$\varphi_i=0°$；观察角范围设置为：$\theta_s=-90°\sim 90°$。目标距离环境表面的高度分别设置为：$H_1=3\lambda$、$H_2=5\lambda$ 和 $H_3=7\lambda$，得到不同目标高度对应的双站 RCS 曲线如图 9.13 所示。观察图 9.13 可得，随着目标高度的增加，镜向散射峰值变化不显著，镜向散射方向附近的 RCS 有一定程度的降低，造成这一现象的原因是目标距离环境表面越远，其与环境表面的多次作用对镜向散射的贡献会有所减弱；通过比较得到，目标高度的变化对后向散射的影响较小，原因在于导体-介质复合立方体的侧面与环境表面组成的类二面角结构，即使目标高度发生了小幅度改变，该结构仍会带来较强的后向散射。

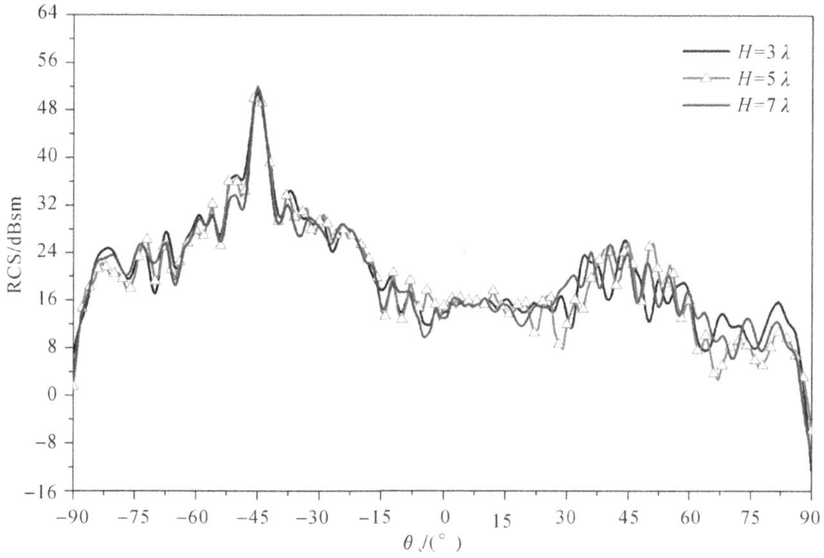

图 9.13 不同目标高度对应的双站 RCS 曲线

算例七：目标种类对复合电磁散射特性的影响。不同种类的导体-介质复合目标具有不同的形状以及电磁散射特性，本算例将讨论不同种类目标情况下复合散射的方位角分布特性。首先，考虑一个导体-介质复合圆柱体，它的底面半径与高分别为 2.0λ 和 4.0λ；如图 9.14 中的图例所示，复合圆柱体被分割为 4 等份，分别以“1”到“4”编号，其具体放置的位置如图例所示；缩写 Die1 与 Die2 分别表示相对介电常数 $\varepsilon_{r1}=9.0-j2.0$ 和 $\varepsilon_{r2}=8.0-j9.0$；入射角设置为：$\theta_i=45°$；观察角范围设置为：$\theta_s=45°$、$\varphi_s=0°\sim360°$。得到不同圆柱体组合形式对应的单站 RCS 方位角分布曲线如图 9.14 所示。观察图 9.14 可得，若圆柱体为纯 PEC，其单站 RCS 曲线近似均衡地分布在方位角范围内；当“1”部分的材质被替换为 Die1 时，方位角 φ_s 从 $0°\sim90°$ 范围内的单站 RCS 剧烈降低；当“2”部分的材质被替换为 Die1 时，方位角 φ_s 从 $90°\sim180°$ 范围内的单站 RCS 剧烈降低。这两个变化显著的现象反映了若目标某一区域由 PEC 材质替换为介质，则该区域的后向散射能力将显著下降。对比组合“Die1＋Die1＋PEC＋PEC”与“Die2＋Die2＋PEC＋PEC”所对应的单站 RCS 曲线，可得到结论：介电常数稍大的介质区域所带来的后向散射要更强，这与算例一所得结论相一致。当圆柱体的整体材质替换为介质 Die1 时，其对应的单站 RCS 曲线在全方位角范围内剧烈降低，这一现象也进一步印证了上述结论。

由于圆柱体的侧面是一个光滑曲面，为了证明上述结论的普遍性，第二个目标考虑一个导体-介质复合三棱柱，它的顶面和底面均为边长 4.0λ 的等边三角形，高为 4.0λ；如图9.15 中的图例所示，复合三棱柱被分割为 3 等份，分别以“1”到“3”编号，其具体放置的位置如图例所示；入射角设置为：$\theta_i=45°$；观察角范围设置为：$\theta_s=45°$，$\varphi_s=0°\sim360°$。得到不同三棱柱组合形式对应的单站 RCS 方位角分布曲线如图 9.15 所示。由于三棱柱结构的特殊性，它的三个侧面的垂线分别沿着 60°、180°和 300°方向，观察图 9.15 可以发现，若三棱柱为纯 PEC，其单站 RCS 曲线在方位角为 60°、180°和 300°处出现了 3 个显著的峰值区域。当“1”部分的材质被替换为 Die1 时，方位角 φ_s 从 0°～120°范围内的单站 RCS 剧烈降低，其中 $\varphi_s = 60°$附近的 RCS 值下降最为显著；当“2”部分的材质被替换为 Die1 时，方位角 φ_s 从 120°～240°范围内的单站 RCS 剧烈降低，其中 $\varphi_s = 180°$附近的 RCS 值下降最为显著。数值结果证明了上述结论并不仅存在于具备曲面的圆柱体目标中，与图 9.14 所示结果相比，导体-介质复合三棱柱位于高斯粗糙面上方的单站 RCS 方位分布也具有相似的结论：①介电常数稍大的介质区域所带来的后向散射要更强；②当三棱柱的整体材质替换为介质 Die1 时，其对应的单站 RCS 曲线在全方位角范围内剧烈降低。

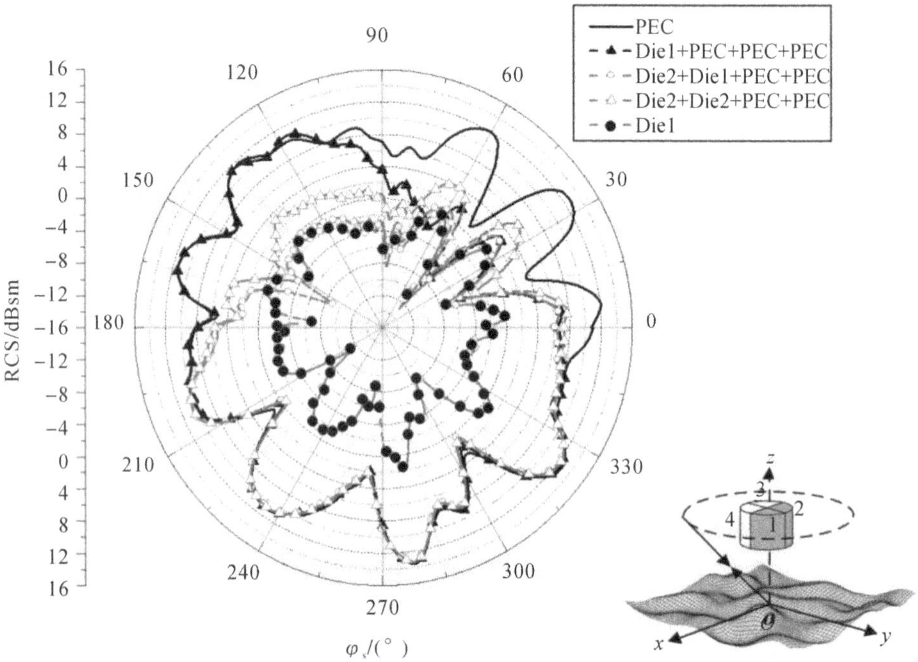

图 9.14　不同圆柱体组合形式对应的单站 RCS 方位角分布曲线

算例八：导体-介质复合导弹模型位于高斯粗糙面上方的复合电磁散射特性。如图9.16所示，建立了一个导体-介质复合导弹模型，其具体的尺寸参数均在图上进行了标注，导弹模型的弹头指向 x 轴的正方向，被灰色标记的弹头部分材质是介质 Die1，导弹距离高斯粗糙面的高度设置为 5.0λ。

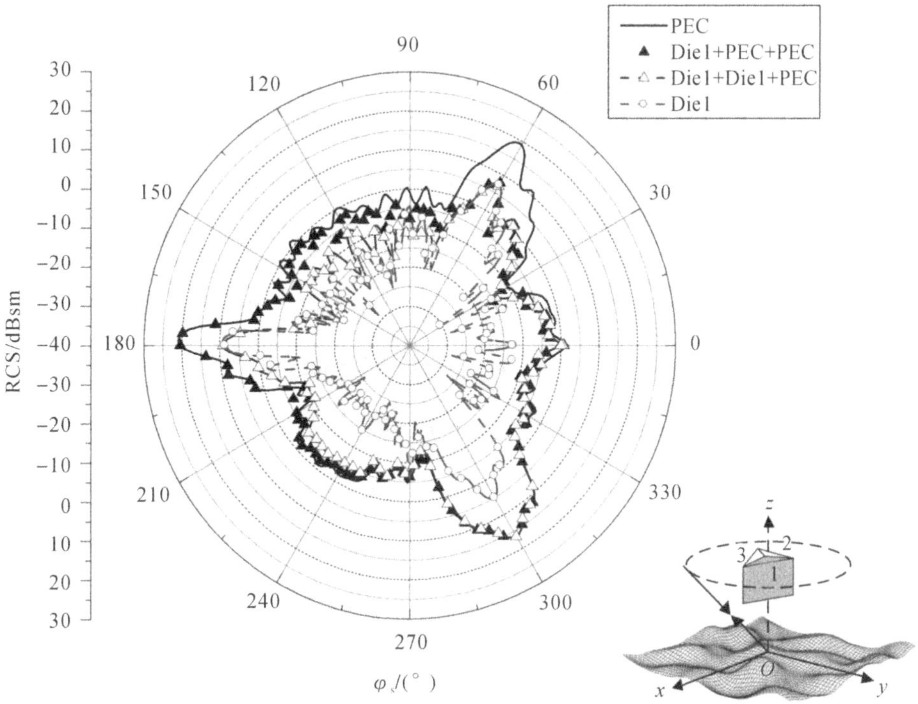

图 9.15　不同圆柱体组合形式对应的单站 RCS 方位角分布曲线

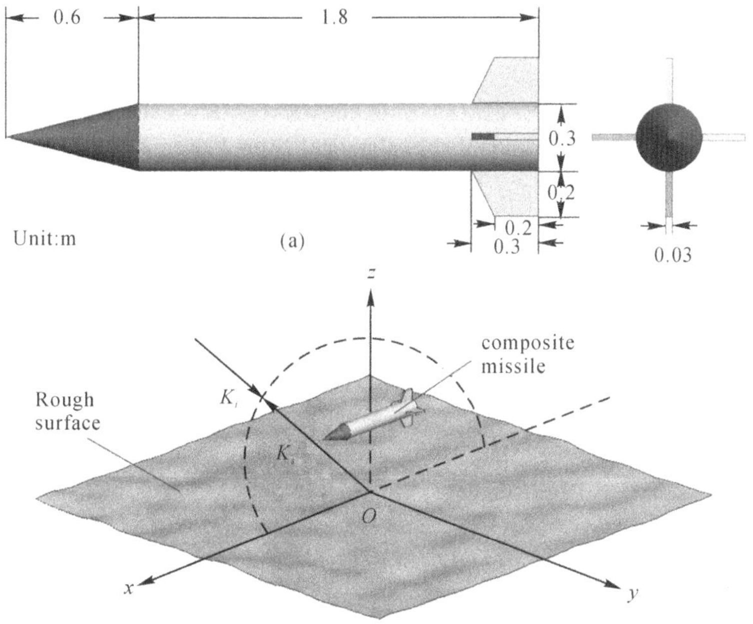

(b)

图 9.16　导体-介质复合导弹与高斯粗糙面复合散射模型示意图

入射俯仰角 θ_i 范围是 $-90°\sim 90°$，入射方位角 $\varphi_i=0°$；观察角 $\theta_s=\theta_i$。该算例计算单站 RCS 数据。图例“Com＋Sur”表示来自导体-介质复合导弹与环境的电磁散射；“PEC＋Sur”表示来自纯 PEC 导弹与环境的电磁散射；“Sur”来自纯环境的电磁散射；“Die1＋PEC”表示来自导体-介质复合导弹（弹头材质为 Die1，弹体材质为 PEC）的电磁散射；“PEC”表示来自纯 PEC 导弹的电磁散射。

如图 9.17 所示，观察图例“Com＋Sur”对应的单站 RCS 曲线，可以发现当散射角 θ_s 等于 0°时存在明显的峰值，这是由于当入射波垂直于环境所在水平面入射时，其后向散射能量最强。比较图例“Com＋Sur”与“PEC＋Sur”所对应的单站 RCS 曲线，可以发现弹头材质的变化对于复合散射的整体影响较小；将上述两条曲线与图例“Sur”所对应的纯环境电磁散射相比，发现三者仅在部分角度存在着微弱差异，因此需要进一步比较来展示更为细致的现象。

对比图例“Die1＋PEC”与“PEC”所对应的单站 RCS 曲线，当弹头部分的材质由“PEC”替换为“Die1”时，出现的两个重要现象值得我们注意：①在散射角度 θ_s 范围为 $-76°\sim-68°$、$-66°\sim-61°$、$-58°\sim-49°$ 和 $7°\sim27°$ 中导体-介质复合导弹的后向散射要弱于纯 PEC 导弹；②导体-介质复合导弹位于鼻锥位置处（$\theta_s=90°$）的单站 RCS 相比于纯 PEC 导弹要小 5.451 dB。数值仿真结果证明了介质材料会降低物体的后向散射能力，这一结论被广泛应用于巡航导弹以及隐身飞机领域。

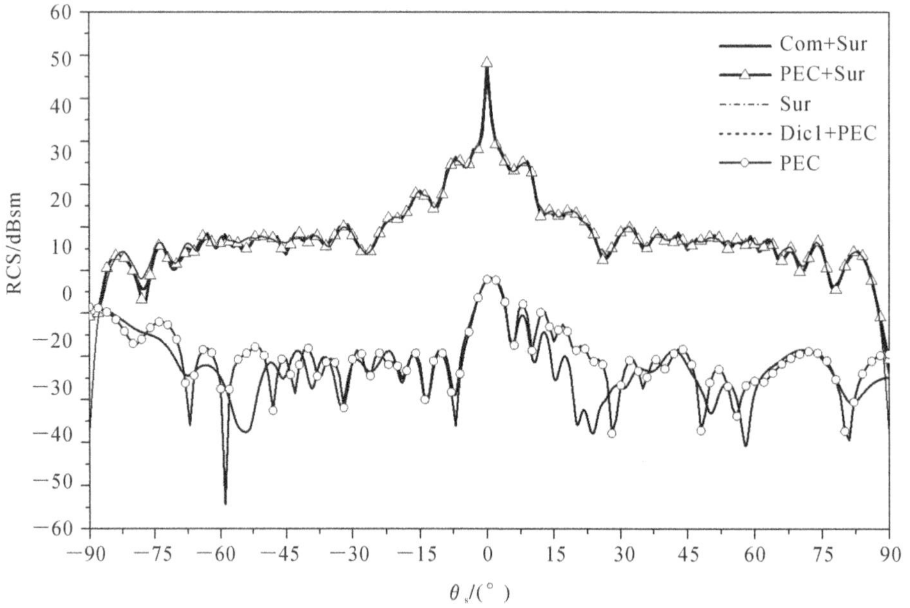

图 9.17　导体-介质复合导弹与高斯粗糙面单站 RCS 曲线

9.3　导体-多重介质目标与环境复合散射建模

9.3.1　JMCFIE - MSIE - PO 混合迭代算法

导体-介质复合目标与环境的几何模型示意图如图 9.18 所示，其中 Ω_0 表示自由空间；Ω_1 表示导体区域，S_1 表示导体区域的表面；$\Omega_2,\Omega_3,\cdots,\Omega_n$ 分别表示第 2，3，…，n 个介质区域，$S_2,S_3,\cdots,S_n$ 表示第 2，3，…，n 个介质区域的表面；$S_{\Gamma1\mathrm{p}}$ 表示导体区域与第 p 个介质区域的交界面；第 p 个介质区域的内表面用 $S_{\mathrm{d_p}}$ 表示，它由 S_p 和 $S_{\Gamma1\mathrm{p}}$ 共同包围组成；上述的下标 p 的值取 2，3，…，n，其中 n 表示介质区域的总个数；S_{sur} 表示介质环境表面。超低空目标距离环境表面有一定距离，具体距离大小可以根据需要进行设置；目标与环境均采用三角面元进行剖分，剖分密度一般取 0.1λ ～ 0.2λ，其中 λ 表示雷达工作波长。自此，完成了超低空导体-介质复合目标与环境的复合电磁散射模型的建立。

在超低空导体-多重介质复合目标的 JMCFIE - MSIE 混合算法，针对超低空导体-多重介质复合目标与环境的电磁散射问题，进一步构建 JMCFIE - MSIE - PO 混合迭代算法。在这个迭代方法中，先假定 PO 区域的感应电、磁流已经求解得到，然后这些表面流所激发的感应电、磁场会作为二次辐射源，同入射波一起作为目标的照射源。这里给出第 k 次迭代外表面 $S_1,S_2,\cdots,S_n$的 JMCFIE 方程如下：

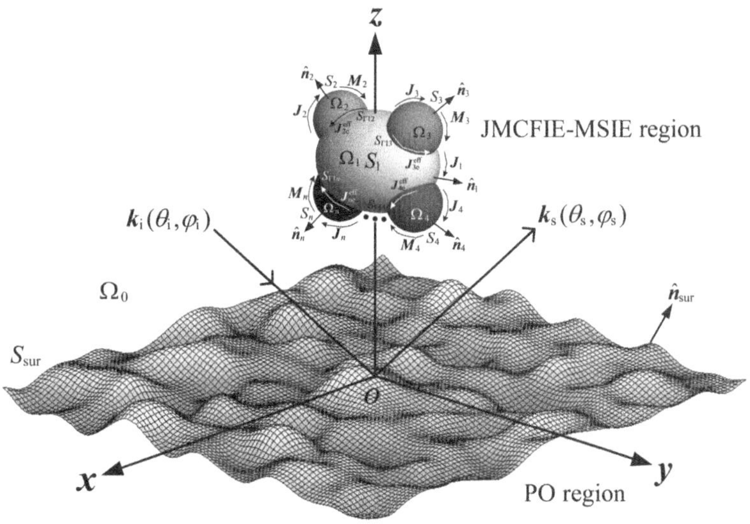

图 9.18　导体-多重介质复合目标与环境几何模型示意图

$$\alpha[\boldsymbol{e}^{\mathrm{inc}}(\boldsymbol{r})+\boldsymbol{e}_{\mathrm{PO}}^{\mathrm{s(k-1)}}(\boldsymbol{r})+\sum\nolimits_{\mathrm{j=2}}^{\mathrm{n}}\boldsymbol{e}_{\mathrm{j}}^{\mathrm{s(k-1)}}(\boldsymbol{r})]/\eta_0+\beta[\boldsymbol{j}^{\mathrm{inc}}(\boldsymbol{r})+\boldsymbol{j}_{\mathrm{PO}}^{\mathrm{s(k-1)}}(\boldsymbol{r})+$$

$$\sum_{j=2}^{n} \boldsymbol{j}_j^{s(k-1)}(\boldsymbol{r})] = \alpha \boldsymbol{n}_1 \times \boldsymbol{L}_{01}(\boldsymbol{J}_1^{(k)}) \times \boldsymbol{n}_1 + \beta \boldsymbol{J}_1^{(k)}/2 + \beta \boldsymbol{n}_1 \times \widetilde{\boldsymbol{K}}_{01}(\boldsymbol{J}_1^{(k)}), \boldsymbol{r} \in S_1 \tag{9.114}$$

$$\alpha[\boldsymbol{e}^{inc}(\boldsymbol{r}) + \boldsymbol{e}_{PO}^{s(k-1)}(\boldsymbol{r}) + \sum_{j=1,j\neq p}^{n} \boldsymbol{e}_j^{s(k-1)}(\boldsymbol{r})]/\eta_0 + \beta[\boldsymbol{j}^{inc}(\boldsymbol{r}) + \boldsymbol{j}_{PO}^{s(k-1)}(\boldsymbol{r}) + \sum_{j=1,j\neq p}^{n} \boldsymbol{j}_j^{s(k-1)}(\boldsymbol{r})] = \alpha \boldsymbol{n}_p \times \boldsymbol{L}_{0p}(\boldsymbol{J}_p^{(k)}) \times \boldsymbol{n}_p + \alpha \boldsymbol{n}_p \times \boldsymbol{M}_p^{(k)}/(2\eta_0) - \alpha \boldsymbol{n}_p \times \widetilde{\boldsymbol{K}}_{0p}(\boldsymbol{M}_p^{(k)}) \times \boldsymbol{n}_p/\eta_0 + \beta \boldsymbol{n}_p \times \boldsymbol{L}_{0p}(\boldsymbol{M}_p^{(k)})/\eta_0 + \beta \boldsymbol{J}_p^{(k)}/2 + \beta \boldsymbol{n}_p \times \widetilde{\boldsymbol{K}}_{0p}(\boldsymbol{J}_p^{(k)}), p = 2,3,\cdots,n, \boldsymbol{r} \in S_p \tag{9.115}$$

式(9.114)和式(9.115)中，$\boldsymbol{e}_j^{s(k-1)}(\boldsymbol{r})=0$；$\boldsymbol{e}_{PO}^{s(k-1)}=\boldsymbol{n}\times\boldsymbol{E}_{PO}^{s(k-1)}\times\boldsymbol{n}$ 和 $\boldsymbol{j}_{PO}^{s(k-1)}=\boldsymbol{n}\times\boldsymbol{H}_{PO}^{s(k-1)}$ 分别表示第 k－1 阶的环境表面切向电场与切向磁场；$\boldsymbol{E}_{PO}^{s(k-1)}$ 和 $\boldsymbol{H}_{PO}^{s(k-1)}$ 的表达式为

$$\boldsymbol{E}_{PO}^{s(k-1)} = -\eta_0 \boldsymbol{L}_{0s}(\boldsymbol{J}_{PO}^{s(k-1)}) + \boldsymbol{K}_{0s}(\boldsymbol{M}_{PO}^{s(k-1)}) \tag{9.116}$$

$$\boldsymbol{H}_{PO}^{s(k-1)} = -(1/\eta_0) \boldsymbol{L}_{0s}(\boldsymbol{M}_{PO}^{s(k-1)}) - \boldsymbol{K}_{0s}(\boldsymbol{J}_{PO}^{s(k-1)}) \tag{9.117}$$

在介质环境表面，其表面电场、磁场是切向连续的，相应的方程为

$$[\boldsymbol{E}^{inc} + \boldsymbol{E}_{T\text{-}PO}^{s(k-2)} + \boldsymbol{E}_{PO}^{s(k-1)}]_{tan} = [\boldsymbol{E}_{PO}^{t(k-1)}]_{tan} \tag{9.118}$$

$$[\boldsymbol{H}^{inc} + \boldsymbol{H}_{T\text{-}PO}^{s(k-2)} + \boldsymbol{H}_{PO}^{s(k-1)}]_{tan} = [\boldsymbol{H}_{PO}^{t(k-1)}]_{tan} \tag{9.119}$$

式(9.118)和式(9.119)中，$\boldsymbol{E}^{inc}$ 和 $\boldsymbol{H}^{inc}$ 分别表示入射电场与入射磁场；$\boldsymbol{E}_{T\text{-}PO}^{s}$ 和 $\boldsymbol{H}_{T\text{-}PO}^{s}$ 分别表示导体-介质复合目标作为二次辐射源时入射至环境表面的入射电场与入射磁场；$\boldsymbol{E}_{PO}^{t}$ 和 $\boldsymbol{H}_{PO}^{t}$ 分别表示环境表面的透射电场与透射磁场。式(9.118)与式(9.119)可以进一步写为

$$[(\eta_0 \boldsymbol{L}_0 + \eta_s \boldsymbol{L}_s)(\boldsymbol{J}_{PO}^{s(k-1)}) - (\boldsymbol{K}_0 + \boldsymbol{K}_s)(\boldsymbol{M}_{PO}^{s(k-1)})]_{tan} = [\boldsymbol{E}^{inc} - \eta_0 \boldsymbol{L}_{01}(J_1^{(k-2)}) - \eta_0 \sum_{j=2}^{n} \boldsymbol{L}_{0j}(\boldsymbol{J}_j^{s(k-2)}) + \sum_{j=2}^{n} \boldsymbol{K}_{0j}(\boldsymbol{J}_j^{s(k-2)})]_{tan} \tag{9.120}$$

$$[(\boldsymbol{K}_0 + \boldsymbol{K}_s)(\boldsymbol{J}_{PO}^{s(k-1)}) + [(1/\eta_0)\boldsymbol{L}_0 + (1/\eta_s)\boldsymbol{L}_s](\boldsymbol{M}_{PO}^{s(k-1)})]_{tan} = [\boldsymbol{H}^{inc} - \boldsymbol{K}_{01}(\boldsymbol{J}_1^{(k-2)}) - (1/\eta_0)\sum_{j=2}^{n} \boldsymbol{L}_{0j}(\boldsymbol{M}_j^{s(k-2)}) - \sum_{j=2}^{n} \boldsymbol{K}_{0j}(\boldsymbol{J}_j^{s(k-2)})]_{tan} \tag{9.121}$$

整体的迭代过程是从 PO 区域的 0 阶感应电流与感应磁流开始。基于上述迭代模型，迭代过程循环进行直至 PO 区域与 JMCFIE－MSIE 区域表面的感应电流和感应磁流均达到稳定。在整个迭代过程中，第 k 阶感应电流与感应磁流的迭代误差表达式为

$$\zeta^{(k)} = \frac{\| \boldsymbol{J}^{(k)} - \boldsymbol{J}^{(k-1)} \|_2}{\| \boldsymbol{J}^{(k)} \|_2}, \quad \xi^{(k)} = \frac{\| \boldsymbol{M}^{(k)} - \boldsymbol{M}^{(k-1)} \|_2}{\| \boldsymbol{M}^{(k)} \|_2} \tag{9.122}$$

式中：$\| \cdot \|_2$ 表示 2 范数。JMCFIE-MSIE-PO 混合算法的迭代过程将在迭代误差 $\zeta^{(k)}$ 和 $\xi^{(k)}$ 同时小于 10^{-2} 时停止。MLFMA 能被应用于加速计算过程中的矩阵相乘之中。

9.3.2 算法有效性验证

仿真计算平台是 64 核 2.30 GHz 主频 AMD 处理器，RAM 为 64 GB。我们展示一个对比验证算例，来证明所提出算法的高效性与准确性，参考算法为基于传统混合积分方程的 MLFMA 算法。工作频率设置为 1.0 GHz，环境表面由高斯谱函数生成，其尺寸设置为 40λ×40λ，均方根高度为 $h_{rms}=0.1\lambda$，x、y 轴方向的相关长度为 $l_x=l_y=2.0\lambda$，环境的相对介

电常数为 $\varepsilon_r=(10.93,-j6.48)$；导体-介质复合目标设置为三维尺寸 3.79 m×1.46 m×0.49 m的复合杏仁体模型，它是由中间部分为理想导体、两边部分为两种不同介质块组成的，距离环境的高度设置为 5λ。入射角设置为：俯仰角 $\theta_i=45°$，方位角 $\varphi_i=0°$；观察角设置为：$\theta_s=-90°\sim90°$，$\varphi_s=0°$。

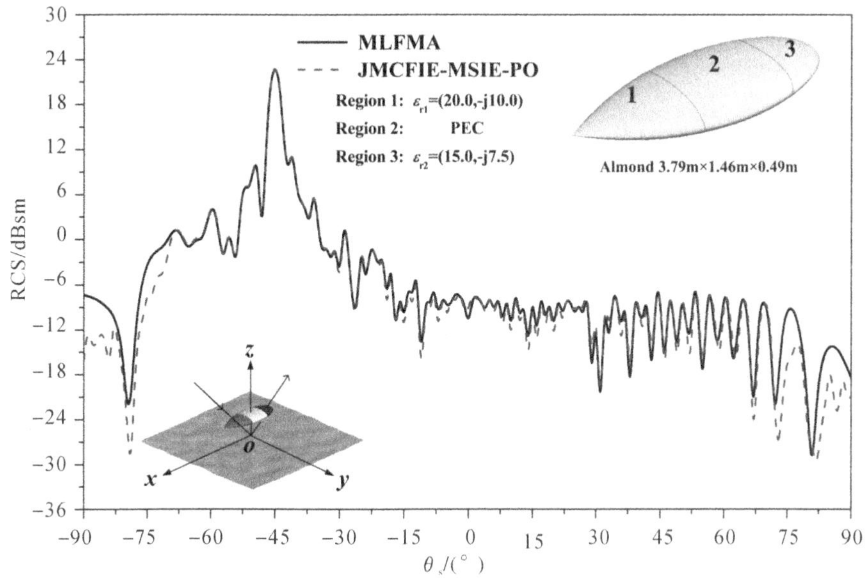

图 9.19 导体-多重介质复合杏仁体与环境的双站 RCS 曲线

图 9.19 所示分别采用 JMCFIE - MSIE - PO 混合迭代算法与 MLFMA 算法计算得到的导体-多重介质复合杏仁体与环境的双站 RCS 曲线。环境的未知数数量为 388435 个，当采用 MLFMA 算法时，导体-介质复合杏仁体的未知数数量为 74045 个，采用 JMCFIE - MSIE - PO 混合迭代算法时，该复合目标的未知数数量减少至 46943 个。观察图 9.32，可以得到两条曲线在各个散射角度均吻合较好；两条曲线在散射角为−45°附近均出现了一个明显的峰值。当采用 MLFMA 算法进行计算时，内存需求与计算时间分别为1.88 GB与 1.95 h；当采用 JMCFIE - MSIE - PO 混合迭代算法时，内存需求与计算时间分别为 0.84 GB 与 0.52 h。由此可以得到 JMCFIE - MSIE - PO 混合迭代算法相比于 MLFMA 算法在内存需求与计算速度上均有很大的改善。

9.3.3 数值计算与分析

本节给出一个 JMCFIE - MSIE - PO 混合迭代算法的应用算例。工作频率设置为 0.6 GHz，环境表面由高斯谱函数生成，其尺寸设置为 100λ × 100λ，均方根高度为 $h_{rms}=0.1\lambda$，x、y 轴方向的相关长度为 $l_x=l_y=2.0\lambda$，环境的相对介电常数为 $\varepsilon_r=(10.94,-j7.18)$；导体-多重介质复合目标设置为三维尺寸 5.57 m×3.22 m×9.26 m 的复合直升机模型，它是由图 9.20 中图例所示机身主体为理想导体，弹架、机翼与尾翼均为三种不同相对介电常数的介质组成，距离环境的高度设置为 5.0 m。入射方位角固定为 $\varphi_i=0°$，入射俯仰角设置为$\theta_i=-90°\sim 90°$。

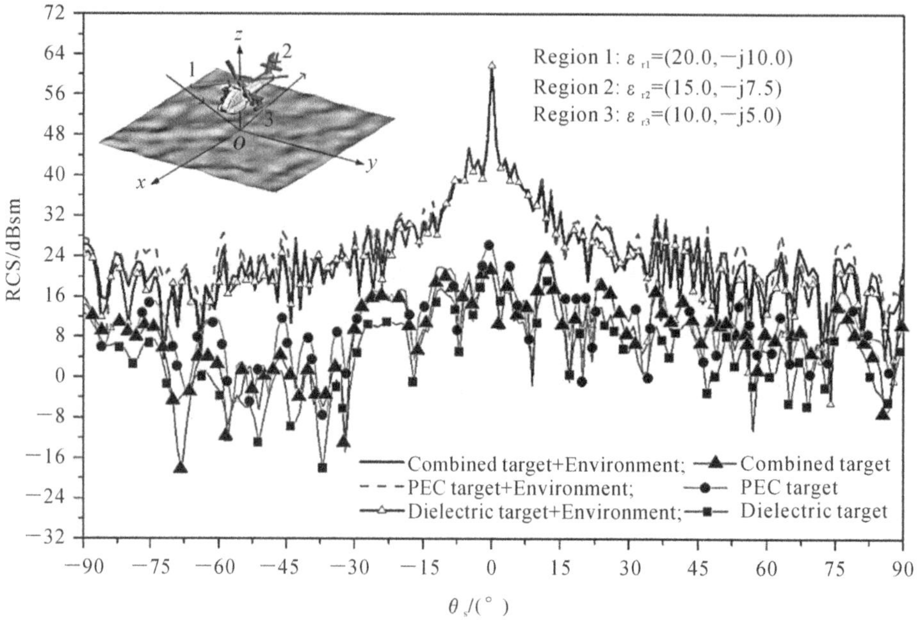

图 9.20 导体-多重介质复合直升机与环境的双站 RCS 曲线

图 9.20 所示分别采用 JMCFIE - MSIE - PO 混合迭代算法与 MLFMA 算法计算得到的导体-多重介质复合直升机与环境的单站 RCS 曲线。观察图 9.20，3 条目标与环境的复合散射 RCS 曲线均在散射角为 0°附近均出现了一个明显的峰值。相比于纯理想导体材质的直升机目标位于环境上方，若如图 9.20 中图例所示 1、2、3 部分分别由介电常数为 $\varepsilon_{r1}=(20.0,-j10.0)$、$\varepsilon_{r2}=(15.0,-j7.5)$和 $\varepsilon_{r3}=(10.0,-j5.0)$的介质进行替换，在除散射角为 0°附近外的其他散射角处的 RCS 值有明显的减小；进一步将直升机整体由介电常数为 $\varepsilon_{r3}=(10.0,-j5.0)$的介质进行替换，则在除散射角为 0°附近外的其他散射角处的 RCS 值会进一步降低。接着比较纯目标情况，以详细展示导体-多重介质复合直升机的目标散射特性。相比于纯理想导体材质的直升机，当 1、2、3 部分分别由介电常数为 $\varepsilon_{r1}=(20.0,-j10.0)$、$\varepsilon_{r2}=(15.0,-j7.5)$和 $\varepsilon_{r3}=(10.0,-j5.0)$的介质进行替换时，其目标散射特性将被明显地改变，尤其是散射角为−75°，−62°，−45°，−41°，34°，0°，6°，56°和 77°的情况；进一步将直升机整体由介电常数为 $\varepsilon_{r3}=(10.0,-j5.0)$的介质进行替换，该目标在绝大多数散射角处的 RCS 值均进一步减小。综上所述，可得结论：导体-介质复合目标所包含的多块介质，会引起相应散射角度范围的散射特性的改变，这一结论也与增强超低空突防目标隐身性能的原理相符合。

9.4　目标与分层环境复合散射建模

本节将进一步将环境拓展到分层情况。研究分层粗糙面与目标的电磁散射，不仅仅要研究上层粗糙面表面与目标之间的相互作用，还需要研究上层粗糙面与中间介质的散射问题，上层粗糙面与下层粗糙面的相互作用也需要进行考虑，因此这是散射机理相当复杂的散射模型。提出了 JMCFIE - MSIE - MKA 混合迭代算法，采用 JMCFIE - MSIE 混合方法计算导体-介质复合目标的表面电、磁流，采用 MKA 方法计算分层粗糙面各表面的电、磁流分布，最终使用数值-高频迭代算法框架，推导出 JMCFIE - MSIE - MKA 混合迭代算法的实施过程，完成复杂超低空目标与分层环境复合散射的求解，并对其特性与内在规律进行研究，其数值结果与相应结论为分层环境上方超低空目标检测与识别提供技术支撑与理论指导。

9.4.1　复杂目标与分层环境的 JMCFIE - MSIE - MKA 混合迭代算法

本小节以双层粗糙面为例建立导体-多重介质复合目标与分层粗糙面电磁散射模型，如图 9.21 所示。在计算分层环境电磁散射的 MKA 算法基础上，针对超低空导体-多重介质复合目标与分层环境的电磁散射问题，进一步构建 MSIE - MKA 混合迭代算法。如图 9.34 所示，S_1 表示目标的导体部分，S_2，S_3，…，S_n 分别表示目标的介质部分；Ω_1，Ω_2，…，Ω_n 分别表示各个部分的闭合区域；用 $S_{\Gamma 1p}$ 表示导体表面 S_1 与第 p 块介质表面 S_p 的共同接触面。$S_{\rm layer1}$ 和 $S_{\rm layer2}$ 分别表示上层粗糙面和下层粗糙面，这两个分界面将整个空间划分为三部分：$\Omega_0(\varepsilon_0,\mu_0)$、$\Omega_{s1}(\varepsilon_1,\mu_1)$ 和 $\Omega_{s2}(\varepsilon_2,\mu_2)$。$\Omega_0(\varepsilon_0,\mu_0)$ 表示自由空间，其介电常数与电导率分别为：$\varepsilon_0=1$ 和 $\mu_0=1$；$\Omega_{s1}(\varepsilon_1,\mu_1)$ 和 $\Omega_{s2}(\varepsilon_2,\mu_2)$ 分别表示两个各向同性均匀介质空间，其中 ε_1 和 ε_2 分别表示两个空间的相对介电常数。设定 3 个区域的相对电导率满足如下关系：$\mu_0=\mu_1=\mu_2=1$；上层粗糙面与下层粗糙面的平均距离设为 d。

在 MSIE - MKA 混合算法的迭代过程开始，假定分层粗糙面表面的感应电、磁流已经求解得到，然后这些表面流所激发的感应电、磁场会作为二次辐射源，同入射波一起作为目标的照射源。这里给出第 k 次迭代外表面 S_1，S_2，…，S_n 的 JMCFIE 方程为

$$\alpha[\boldsymbol{e}^{\rm inc}(\boldsymbol{r})+\boldsymbol{e}_{\rm PO}^{s(k-1)}(\boldsymbol{r})+\sum\nolimits_{j=2}^{n}\boldsymbol{e}_{j}^{s(k-1)}(\boldsymbol{r})]/\eta_0+\beta[\boldsymbol{j}^{\rm inc}(\boldsymbol{r})+\boldsymbol{j}_{\rm PO}^{s(k-1)}(\boldsymbol{r})+\sum\nolimits_{j=2}^{n}\boldsymbol{j}_{j}^{s(k-1)}(\boldsymbol{r})]=\alpha\,\boldsymbol{n}_1\times\boldsymbol{L}_{01}(\boldsymbol{J}_1^{(k)})\times\boldsymbol{n}_1+\beta\boldsymbol{J}_1^{(k)}/2+\beta\,\boldsymbol{n}_1\times\widetilde{\boldsymbol{K}}_{01}(\boldsymbol{J}_1^{(k)}),\boldsymbol{r}\in S_1 \tag{9.123}$$

$$\alpha[\boldsymbol{e}^{\rm inc}(\boldsymbol{r})+\boldsymbol{e}_{\rm PO}^{s(k-1)}(\boldsymbol{r})+\sum\nolimits_{j=1,j\neq p}^{n}\boldsymbol{e}_{j}^{s(k-1)}(\boldsymbol{r})]/\eta_0+\beta[\boldsymbol{j}^{\rm inc}(\boldsymbol{r})+\boldsymbol{j}_{\rm PO}^{s(k-1)}(\boldsymbol{r})+\sum\nolimits_{j=1,j\neq p}^{n}\boldsymbol{j}_{j}^{s(k-1)}(\boldsymbol{r})]=\alpha\,\boldsymbol{n}_p\times\boldsymbol{L}_{0p}(\boldsymbol{J}_p^{(k)})\times\boldsymbol{n}_p+\alpha\,\boldsymbol{n}_p\times\boldsymbol{M}_p^{(k)}/(2\eta_0)-\alpha\,\boldsymbol{n}_p\times\widetilde{\boldsymbol{K}}_{0p}(\boldsymbol{M}_p^{(k)})\times\boldsymbol{n}_p/\eta_0+\beta\,\boldsymbol{n}_p\times\boldsymbol{L}_{0p}(\boldsymbol{M}_p^{(k)})/\eta_0+\beta\boldsymbol{J}_p^{(k)}/2+\beta\,\boldsymbol{n}_p\times\widetilde{\boldsymbol{K}}_{0p}(\boldsymbol{J}_p^{(k)}),\quad p=2,3,\cdots,n,\boldsymbol{r}\in S_p \tag{9.124}$$

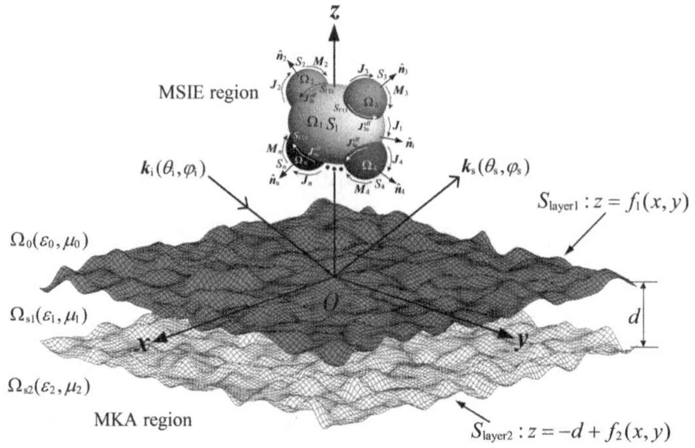

图 9.21 导体-多重介质复合目标与分层环境几何模型示意图

式中：$\boldsymbol{e}^{inc}=\boldsymbol{n}\times\boldsymbol{E}^{inc}\times\boldsymbol{n}$ 和 $\boldsymbol{j}^{inc}=\boldsymbol{n}\times\boldsymbol{H}^{inc}$ 分别表示入射波的切向电场与切向磁场；当 $k=1$ 时，$\boldsymbol{e}_j^{s(k-1)}(\boldsymbol{r})=0$；$\boldsymbol{e}_{sur}^{s(k-1)}=\boldsymbol{n}\times\boldsymbol{E}_{sur}^{s(k-1)}\times\boldsymbol{n}$ 和 $\boldsymbol{j}_{sur}^{s(k-1)}=\boldsymbol{n}\times\boldsymbol{H}_{sur}^{s(k-1)}$ 分别表示第 $k-1$ 阶分层粗糙面的切向电场与切向磁场；α 和 β 表示混合因子，它们满足关系：$0\leqslant\alpha,\beta\leqslant1$ 和 $\alpha+\beta=1$；$\boldsymbol{J}_1$ 表示导体表面 S_1 上的感应电流；$\boldsymbol{J}_p$ 和 $\boldsymbol{M}_p$ 分别表示第 p 块介质表面 S_p 上的感应电流与感应磁流；η_0 表示自由空间波阻抗；$\boldsymbol{L}_{0z}(\cdot)$ 和 $\widetilde{\boldsymbol{K}}_{0z}(\cdot)$ 分别表示自由空间中的电场积分算子与磁场积分算子，其表达式可参阅式(9.125)与式(9.126)。基于 SIE 方法，$\boldsymbol{J}_p$ 和 $\boldsymbol{M}_p$ 可由第 p 个介质内表面中的单一有效流计算得到，它们满足第 p 个介质表面 S_p 上的边界条件，则有

$$\boldsymbol{J}_p=-(\boldsymbol{J}_{pe}^{eff}/2)-\boldsymbol{n}_p\times\widetilde{\boldsymbol{K}}_{pd_p}(\boldsymbol{J}_{pe}^{eff}),\quad p=2,3,\cdots,n \tag{9.125}$$

$$-\boldsymbol{M}_p=-\boldsymbol{n}_p\times\eta_p\boldsymbol{L}_{pd_p}(\boldsymbol{J}_{pe}^{eff}),\quad p=2,3,\cdots,n \tag{9.126}$$

式中：$\eta_p=\sqrt{\mu_p/\varepsilon_p}$ 表示第 p 个介质区域内的波阻抗；在算子 $\boldsymbol{L}_{pd_p}(\cdot)$ 和 $\boldsymbol{K}_{pd_p}(\cdot)$ 中，$k_p=\omega\sqrt{\mu_p\varepsilon_p}$ 为第 p 个介质区域中的波数。导体与第 p 个介质的共同接触面上的边界条件为

$$\alpha\boldsymbol{n}_{\Gamma_{1p}}\times L_{pd_p}(\boldsymbol{J}_{2e}^{eff})\times\boldsymbol{n}_{\Gamma_{1p}}-\frac{\beta}{2}\boldsymbol{J}_{pe}^{eff}+\beta\boldsymbol{n}_{\Gamma_{1p}}\times\widetilde{K}_{pd_p}(\boldsymbol{J}_{pe}^{eff})=0,\quad p=2,3,\cdots,n \tag{9.127}$$

式中：$\boldsymbol{n}$ 表示共同接触面上的单位法向矢量；第 p 个介质区域内表面上的单一有效流 $\boldsymbol{J}_{pe}^{eff}$ 能够用 RWG 基函数进行展开。通过联立式(9.125)～式(9.127)，在介质区域中仅需要考虑单一有效流，这使得介质区域内的未知数减半。在上层粗糙面 S_{layer1} 上，电场与磁场在切向方向连续，则有

$$\hat{\boldsymbol{n}}_0\times[\boldsymbol{E}^{inc}+\boldsymbol{E}_{t\text{-}sur}^{s(k-2)}+\boldsymbol{E}_{sur}^{s(k-1)}]=\hat{\boldsymbol{n}}_0\times[\boldsymbol{E}_{sur}^{t(k-1)}] \tag{9.128}$$

$$\hat{\boldsymbol{n}}_0\times[\boldsymbol{H}^{inc}+\boldsymbol{H}_{t\text{-}sur}^{s(k-2)}+\boldsymbol{H}_{sur}^{s(k-1)}]=\hat{\boldsymbol{n}}_0\times[\boldsymbol{H}_{sur}^{t(k-1)}] \tag{9.129}$$

式中：$\boldsymbol{E}^{inc}$ 和 $\boldsymbol{H}^{inc}$ 分别表示入射电场与入射磁场；$\boldsymbol{E}_{t\text{-}sur}^{s}$ 和 $\boldsymbol{H}_{t\text{-}sur}^{s}$ 分别表示由导体-多重介质复合目标上的表面电、磁流所产生的感应电场与感应磁场。值得注意的是，在第一次迭代完成之后，导体-多重介质复合目标作为环境上层粗糙面二次照射源需要被考虑到入射波中。相应地，第 $k-1$ 次迭代关系式为

$$\boldsymbol{J}_{u0}^{(k-1)}(\boldsymbol{r}_0)=\hat{\boldsymbol{n}}_0\times[\boldsymbol{H}^{inc}(\boldsymbol{r}_0)+\boldsymbol{H}_{t\text{-}sur}^{s(k-2)}(\boldsymbol{r}_0)+\boldsymbol{H}_{s0}^{(k-1)}(\boldsymbol{r}_0)] \tag{9.130}$$

$$\boldsymbol{M}_{\mathrm{u0}}^{(k-1)}(\boldsymbol{r}_0)=-\hat{\boldsymbol{n}}_0\times\left[\boldsymbol{E}^{\mathrm{inc}}(\boldsymbol{r}_0)+\boldsymbol{E}_{\mathrm{t\text{-}sur}}^{\mathrm{s}(k-2)}(\boldsymbol{r}_0)+\boldsymbol{E}_{\mathrm{s0}}^{(k-1)}(\boldsymbol{r}_0)\right] \tag{9.131}$$

式中:来自导体-多重介质复合目标的电、磁场作为二次照射源照射分层环境的上层粗糙面 S_{layer1}。在第 $k-1$ 次迭代过程中的分层环境的第一阶等效电流 $\boldsymbol{J}_{\mathrm{u0}}^{(k-1)}$ 与等效磁流 $\boldsymbol{M}_{\mathrm{u0}}^{(k-1)}$ 由式(9.130)和式(9.131)进行更新。在第 $k-1$ 次迭代过程结束后,第一阶等效电流 $\boldsymbol{J}_{\mathrm{u0}}^{(k-1)}$ 与等效磁流 $\boldsymbol{M}_{\mathrm{u0}}^{(k-1)}$ 进入分层粗糙面的 MKA 迭代过程,对分层环境总电流 $\boldsymbol{J}_{\mathrm{u\text{-}total}}^{(k-1)}$ 与总磁流 $\boldsymbol{M}_{\mathrm{u\text{-}total}}^{(k-1)}$ 进行更新后,分层环境的散射电、磁场又将作为二次照射源照射目标,通过式(9.123)与式(9.124)开始第 k 次迭代。基于本小节所展示的迭代模型,迭代过程将在导体-介质多重复合目标与分层环境上的电、磁流均达到稳定时停止。在这里给出第 k 次迭代的感应电流与感应磁流的迭代误差表达式为

$$\chi_J^{(k)}=\frac{\|\boldsymbol{J}^{(k)}-\boldsymbol{J}^{(k-1)}\|_2}{\|\boldsymbol{J}^{(k)}\|_2} \tag{9.132}$$

$$\chi_M^{(k)}=\frac{\|\boldsymbol{M}^{(k)}-\boldsymbol{M}^{(k-1)}\|_2}{\|\boldsymbol{M}^{(k)}\|_2} \tag{9.133}$$

在式(9.132)与式(9.133)中,$\|\cdot\|_2$ 表示 2 范数。MSIE-MKA 混合算法的迭代过程将在迭代误差 $\chi_{\mathrm{J}}^{(k)}$ 和 $\chi_{\mathrm{M}}^{(k)}$ 同时小于 10^{-2} 时停止。MLFMA 能被应用于加速计算过程中的矩阵相乘之中。

9.4.2 数值计算与分析

采用 JMCFIE-MSIE-MKA 混合迭代算法对导体-介质复合目标与分层环境的复合散射特性进行研究。本节中所建立双层高斯粗糙面,下层粗糙面轮廓不是上层粗糙面轮廓的简单复制,各粗糙面为单独随机生成,且上、下层粗糙面的统计参数保持一致,极化方式均选用 VV 极化,所有算例均采用 10 次样本平均。

算例一:导体-介质复合目标分别位于单层环境与双层环境上方的双站散射特性对比。工作频率设置为 1 GHz;环境尺寸设置为 $L_{\mathrm{x}}\times L_{\mathrm{y}}=30\lambda\times30\lambda$;单层粗糙面的统计参数设置为:$h_{\mathrm{rms}}=0.2\lambda$、$l_{\mathrm{x}}=l_{\mathrm{y}}=2.0\lambda$;上、下层粗糙面统计参数均设置为:$h_{\mathrm{rms}}=0.2\lambda$、$l_{\mathrm{x}}=l_{\mathrm{y}}=2.0\lambda$,下层粗糙面轮廓不是上层粗糙面轮廓的简单复制,是单独随机生成的。设置环境温度为 22℃,土壤沙土含量为 15.0%,黏土含量为 59.5%,土壤体积含水量为 10.0%,得到相对介电常数为 $\varepsilon_{\mathrm{r1}}=(6.9873,-\mathrm{j}5.3219)$;上述参数不变,设置土壤体积含水量为 20.0%,得到相对介电常数为 $\varepsilon_{\mathrm{r2}}=(10.9301,-\mathrm{j}6.5041)$。那么单层粗糙面表面的相对介电常数为 $\varepsilon_{\mathrm{r1}}$,空间 Ω_{s1} 和 Ω_{s2} 的相对介电常数分别为 $\varepsilon_{\mathrm{r1}}$ 和 $\varepsilon_{\mathrm{r2}}$;上层粗糙面与下层粗糙面的平均距离设为 $z_{\mathrm{depth}}=2.0\lambda$;导体-介质复合目标设置为立方体,其边长为 9.0λ,它是由两块体积相等的长方体组成,目标距离粗糙面的高度设置为 5.0λ,目标几何中心在 xOy 平面上的投影为原点,以 xOz 平面为界,$y>0$ 的部分为 PEC 材质,$y<0$ 的部分为介质材质,相对介电常数 $\varepsilon_{\mathrm{rt}}=(4.0,-\mathrm{j}2.0)$。入射角设置为:$\theta_{\mathrm{i}}=45°$、$\varphi_{\mathrm{i}}=0°$;观察角范围设置为:$\theta_{\mathrm{s}}=-90°\sim90°$、$\varphi_{\mathrm{s}}=0°$。得到导体-介质复合目标分别位于单层环境与双层环境上方的双站 RCS 曲线如图9.22 所示。

当导体-介质复合立方体位于单层粗糙面上方时，在散射角 θ_s 为 45°处存在镜向峰值，在散射角 θ_s 范围 30°～60°能观察到由立方体与环境表面带来的后向散射，但散射强度不高，这是由于立方体含有的介质部分减弱了目标的散射能力，与第 4 章、第 6 章结论保持一致；当导体-介质复合立方体位于双层粗糙面上方时，在散射角 θ_s 为 45°处峰值不明显，取而代之的是散射角 θ_s 从 −50°到 −40°的强散射范围，在散射角 θ_s 从 −85°到 −72°范围的 RCS 值有所降低，在散射角 θ_s 从 −40°到 −81°的后向散射范围 RCS 值增大。

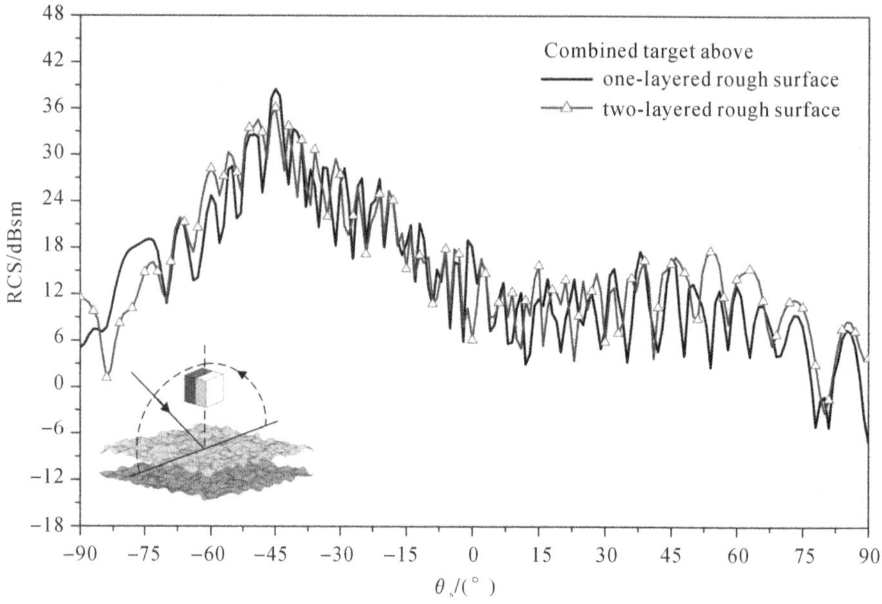

图 9.22 导体-介质复合目标分别位于单层环境与双层环境上方的双站 RCS 曲线

算例二：上层粗糙面与下层粗糙面平均距离 z_{depth} 变化对复合散射特性的影响。工作频率设置为 1 GHz；环境尺寸设置为 $L_x \times L_y = 30\lambda \times 30\lambda$；分层粗糙面的各项参数均与算例一相同，上层粗糙面与下层粗糙面的平均距离 z_{depth} 分别设置为 2.0λ 和 4.0λ；导体-介质复合立方体的各项参数与算例一相同。入射角设置为 $\theta_i = 45°$、$\varphi_i = 0°$；观察角范围设置为 $\theta_s = -90° \sim 90°$、$\varphi_s = 0°$。得到不同上、下层粗糙面平均距离 z_{depth} 所对应的双站 RCS 曲线如图 9.23 所示。当上、下层粗糙面平均距离增大时，散射角 θ_s 从 −62.5°到 −49.5°范围的 RCS 值有所减低，位于散射角 θ_s 为 −45°的峰值有小幅度的增加，表明上、下层粗糙面相距越远，耦合作用越弱，对于镜向散射的影响越小；当上、下层粗糙面平均距离增大时，散射角 θ_s 从 39.5°到 75°范围的 RCS 值有所减低，表明上、下层粗糙面相距越远，由复合立方体与环境表面带来的后向散射有所降低。

算例三：粗糙度变化对复合散射特性的影响。工作频率设置为 1 GHz；环境尺寸设置为 $L_x \times L_y = 30\lambda \times 30\lambda$；分层环境的介质参数与算例一相同，上、下粗糙面的统计参数设置为三组：(1) $h_{\text{rms}} = 0.2\lambda$、$l_x = l_y = 2.0\lambda$；(2) $h_{\text{rms}} = 0.2\lambda$、$l_x = l_y = 4.0\lambda$；(3) $h_{\text{rms}} = 0.4\lambda$、$l_x = l_y =$

2.0λ;入射角设置为:$\theta_i=45°$、$\varphi_i=0°$;观察角范围设置为:$\theta_s=-90°\sim90°$、$\varphi_s=0°$。得到不同粗糙度所对应的双站RCS曲线如图9.24所示。

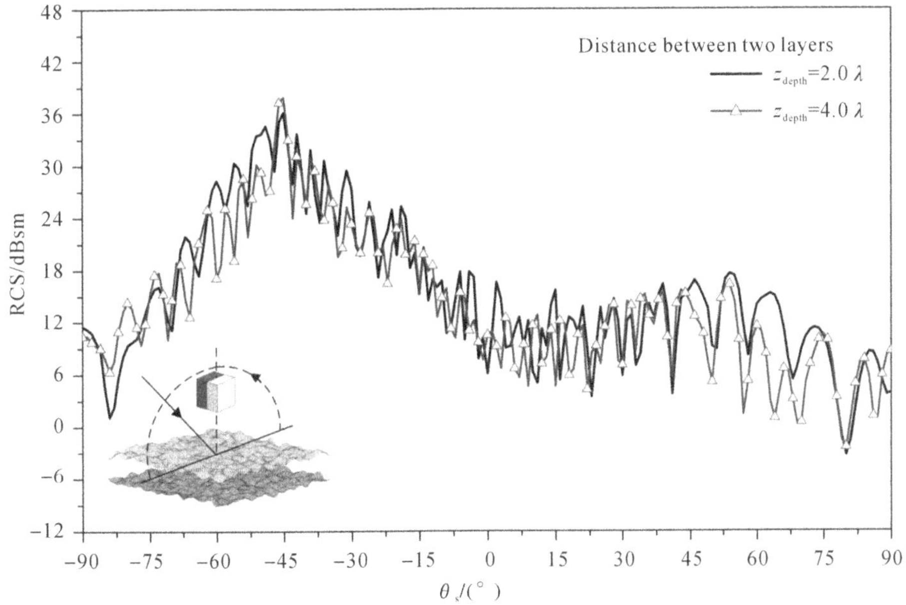

图9.23 不同上、下层粗糙面平均距离 z_{depth} 所对应的双站RCS曲线

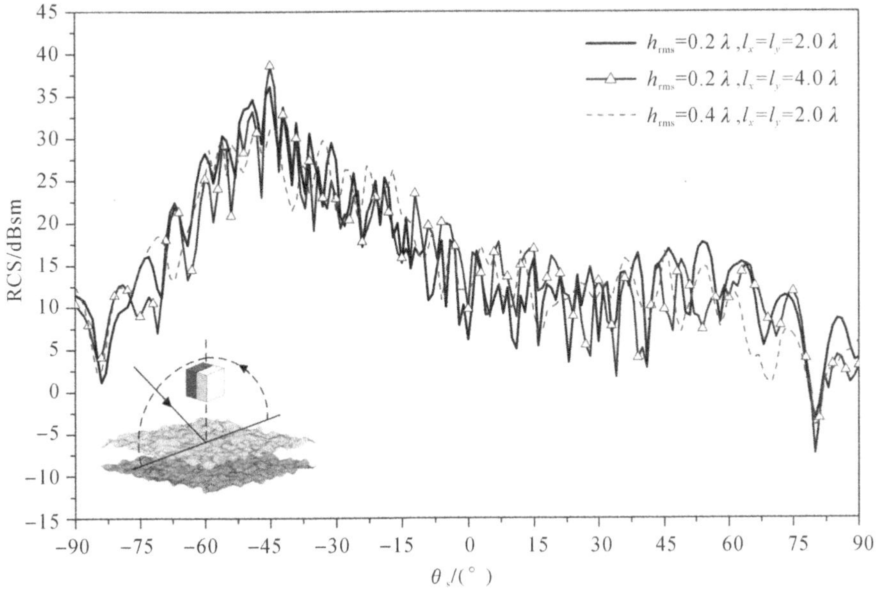

图9.24 不同分层环境粗糙度所对应的双站RCS曲线

如图9.24所示,对比曲线1和曲线2,随着相关长度的增加,分层表面粗糙度降低,复合RCS曲线在镜像方向的峰值有所凸显,整体曲线的波动性也有所增强,对后向散射区域

的 RCS 曲线影响较大;对比曲线 1 和曲线 3,随着 h_{rms} 的增大,分层表面粗糙度增加,漫散射特性增强,镜向散射区域内散射能量集中但无明显峰值,在后向散射区域内的 RCS 值有所减小,这是由于分层环境表面粗糙度增加使得分层环境表面与导体-介质复合目标的相互作用趋于发散。

9.5 本章小结

本章主要研究了复杂超低空目标与分层环境的复合电磁散射特性。提出了 JMCFIE - MSIE - MKA 混合迭代算法,采用 JMCFIE - MSIE 混合方法计算导体-介质复合目标的表面电、磁流,采用 MKA 方法计算分层粗糙面各表面的电、磁流分布,最终使用数值-高频迭代算法框架,推导出 JMCFIE - MSIE - MKA 混合迭代算法的实施过程,完成复杂超低空目标与分层环境复合散射的求解。基于 JMCFIE - MSIE - MKA 混合迭代算法,比较了导体-介质复合目标分别位于单层环境与双层环境上方散射特性的差异;研究了下层高斯粗糙面的深度 z_{depth} 与上、下层粗糙面粗糙程度等因素变化对于复合散射特性的影响。本章研究内容为复杂超低空目标与分层环境复合电磁散射特性的研究提供了理论依据,为超低空对抗提供了技术支撑,能够进一步地应用于分层环境上方超低空目标的探测与识别,分层环境上方超低空目标的遥感与 SAR 成像等多个重要领域。

参考文献

[1] YEUNG M S. Single integral equation for electromagnetic scattering three - dimensional homogeneous dielectric objects [J]. IEEE Trans. Antenna Propag., 1999, 47(10):1615 - 1622.

[2] 王湃. 三维复杂目标在频域、时域下电磁散射特性的若干算法研究[D]. 北京:北京大学, 2007.

[3] 邹高祥. 复杂目标与分区分层环境复合散射快速计算方法及应用研究[D]. 西安:空军工程大学, 2021.

[4] YLÄ - OIJALA P, MATTI. T. Application of combined field integral equation for electromagnetic scattering by dielectric and composite objects [J]. IEEE Trans. Antennas Propag., 2003, 53(3):1168 - 1173.

[5] 颜溯. 基于 Calderón 技术的计算电磁学积分方程方法研究[D]. 成都:电子科技大学, 2011.

[6] RAO S M, WILTON D R, GLISSON A W. Electromagnetic scattering by surfaces of arbitrary shape [J]. IEEE Trans. Antennas Propag., 1982, 30(3):409 - 418.

[7] SONG J M, LU C C, CHEW W C. Multilevel fast multipole algorithm for electromagnetic scattering by large complex objects [J]. IEEE Trans. Antennas Propag., 1997, 45(10): 1488 - 1493.

[8] TSANG L, KONG J A, DING K H, et al. Scattering of electromagnetic waves: numerical simulation [M]. New York:John Wiley & Sons, 2011.

[9] YAN S, JIN J M, NIE Z P. A comparative study of Calderón preconditioners for PMCHWT equations [J]. IEEE Trans. Antennas Propag., 2010, 58 (7): 2375 - 2383.

[10] BUDKO N V, SAMOKHIN A B. Spectrum of the volume integral operator of electro - magnetic scattering [J]. SIAM J. Sci. Comput., 2005, 28(2):682 - 700.

[11] YlÄ - OIJALA P, TASKINEN M. Well - conditioned Müller formulation for electromagnetic scattering by dielectric objects [J]. IEEE Trans. Antennas Propag., 2005, 53(10):3316 - 3323.

[12] YE H X, JIN Y Q. A hybrid KA - MOM algorithm for computation of scattering from 3 - D PEC target above a dielectric rough surface [J]. Radio Sci., 2008, 43 (3):1 - 15.